全国高职高专机电类专业创新型规划教材

电机与拖动控制

（修订本）

主　编　朱　毅　林梅芬　段正忠
副主编　王　娜　林梅珍　黄丽晶　张　萌
主　审　茹反反

U0235734

黄河水利出版社
·郑　州·

内 容 提 要

本书为适应高职高专机电类和电气类专业"工学结合、产教融合"教学改革实际需要而编写,主要内容包括电机原理、电力拖动、电气控制三大部分,全书共十二个项目。项目一主要阐述变压器的基本工作原理、电力变压器结构、变压器运行分析和工作特性等;项目二至项目四主要阐述三相异步电动机的工作原理与结构、电动机运行分析,三相异步电动机的机械特性与起动、制动和调速的方法及特点;项目五主要阐述同步电机的工作原理与结构;项目六、项目七主要阐述直流电机的工作原理与拖动;项目八主要阐述常用控制电机的工作原理及应用;项目九主要阐述电力拖动系统中电动机的选择;项目十主要阐述常用低压电器的分类、结构、动作原理、符号及选择;项目十一主要阐述继电—接触器控制的基本电路;项目十二主要阐述继电器控制系统设计的基础知识。本书在内容的选择和问题的阐述上突出了高职高专应用型人才培养的需求,力求做到以应用为主、够用为度。本书既体现了新颖性、理论性和系统性,又突出了实用性,主要适合高等职业技术学校机电类和电气类专业作为教材使用,也可作为同类专业大中专学校的教材或参考书。

图书在版编目(CIP)数据

电机与拖动控制/朱毅,林梅芬,段正忠主编. —郑州:黄河水利出版社,2019.5 (2025.1 修订本重印)
全国高职高专机电类专业创新型规划教材
ISBN 978-7-5509-2351-5

Ⅰ.①电… Ⅱ.①朱… ②林… ③段… Ⅲ.①电机-高等职业教育-教材②电力传动-自动控制系统-高等职业教育-教材 Ⅳ.①TM3②TM921.5

中国版本图书馆 CIP 数据核字(2019)第 086031 号

组稿编辑:王路平 电话:0371-66022212 E-mail:hhslwlp@ 163. com
韩莹莹 66025553 1025524002@ qq. com

出 版 社:黄河水利出版社 网址:www.yrcp. com
地址:河南省郑州市顺河路黄委会综合楼 14 层 邮政编码:450003
发行单位:黄河水利出版社
发行部电话:0371-66026940、66020550、66028024、66022620(传真)
E-mail:hhslcbs@ 126. com
承印单位:河南田源印务有限公司
开本:787 mm×1 092 mm 1/16
印张:22.75
字数:530 千字 印数:3 101—4 100
版次:2019 年 5 月第 1 版 印次:2025 年 1 月第 2 次印刷
2025 年 1 月修订本

定价:48.00 元

前　言

　　电机与拖动控制课程是作为高职高专机电类和电气类专业的基础课程。本书是贯彻落实中共中央办公厅、国务院办公厅《关于推动现代职业教育高质量发展的意见》，国务院《国家职业教育改革实施方案》（简称"职教20条"），教育部《职业院校教材管理办法》《高等学校课程思政建设指导纲要》《职业教育产教融合赋能提升行动实施方案（2023—2025年）》，教育部、财政部《关于实施中国特色高水平高职学校和专业建设计划的意见》等文件精神，结合"工学结合、产教融合"一体化课程改革和省级精品专业课程共享资源建设成果，针对相关职业岗位工作任务和专业技能要求，比照维修电工国家职业技能标准，在中国水利教育协会指导下，由中国水利教育协会职业技术教育分会高等职业教育教学研究会组织编写的第二轮机电类专业规划教材。

　　为了不断提高教材质量，编者于2025年1月，根据最新的规范、标准、规定等，以及在教学实践中发现的问题和错误，对全书进行了系统的修订完善。

　　为适应高职高专人才培养目标要求和我国职业技术教育课程改革的基本思路，本教材力求明确层次与定位，博采众长。按照课程教学要求，在教材编写过程中努力贯彻以能力为本的教学思想，在理论上以"适度、够用"为原则，淡化学科的系统性和完整性，着重物理概念的阐述与讨论，增加电机及拖动理论与工程实际联系的内容，力求做到内容精炼、重点突出、建立概念、掌握方法。在培养读者养成良好学习习惯和科学思维方法的同时，更加适应工学结合、"教、学、做"一体化教学需求。

　　电机与拖动控制是电气自动化技术、供用电技术和机电一体化技术等专业的一门重要的专业基础课。本书包括电机原理、电力拖动和电气控制三大部分内容，全书共分十二个项目，每个项目由学习目标、课程内容、项目小结和思考与习题几个部分组成。

　　本书编写人员及编写内容分工为：福建水利电力职业技术学院林梅芬负责编写绪论、项目十和项目十一；福建水利电力职业技术学院朱毅负责编写项目一、项目五；辽宁生态工程职业学院张萌负责编写项目二；辽宁生态工程职业学院王娜负责编写项目三、项目四；重庆水利电力职业技术学院段正忠负责编写项目六、项目七；福建水利电力职业技术学院黄丽晶负责编写项目八；福建水利电力职业技术学院林梅珍负责编写项目九、项目十二和附录。本书由朱毅、林梅芬和段正忠担任主编，且由朱毅负责全书统稿。

　　本书由福建水利电力职业技术学院茹反反老师担任主审。在编写过程中参考了部分相关教材和技术文献，在此向相关作者表示衷心的感谢！

　　由于编者水平有限，错误和不足之处在所难免，恳请读者批评指正。

编　者
2025年1月

目 录

绪　论

一、电机与拖动的分类及发展概况

当今世界最主要的能源是电能,目前生产或使用电能的主要设备是电机。电机是指利用电磁感应原理,实现机电能量转换的机械装置,是生产、传输、分配及应用电能的主要设备。在实际工农业生产和生活中,有许许多多的各种类型的电机。这些电机可以按不同的方法进行分类。如:按电流的种类来分,有交流电机和直流电机;按电机工作原理分,有变压器、发电机、电动机、控制电机(主要应用在自动控制和测量领域中)。现将主要用作机电能量转化的各种电机按工作原理分类,如图 0-1 所示。

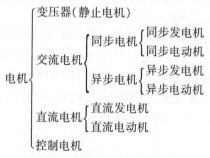

图 0-1　电机按工作原理分类

发电机的作用是把机械能转变成电能,即发电;电动机的作用是把电能转变成机械能,作为拖动各种生产机械设备工作的动力,是工矿企业和社会各部门使用最多的动力机械,也是实现生产过程的机械化和自动化的最主要电气设备,各种电动机所消耗的电能占全国发电量的 55% ~65%;变压器的作用是升高或降低电压,升高电压是为了减小输电线路的损耗,实现远距离、大容量经济地传输电能,降低电压是为了安全使用电能。可见,本课程研究的对象——发电机、变压器、电动机三大部分,涉及电能生产、输送、分配和使用的各个环节。

在现代工农业生产过程和交通运输中,为了实现各种生产工艺过程,需要使用各种各样的生产机械。而拖动这些生产机械运转的方法有三种:气动、液压拖动和电力拖动。所谓电力拖动就是用电动机拖动各种生产机械运转,实现工农业生产过程的机械化和自动化。由于电力拖动控制简单、方便、经济,能实现远距离控制,并能实现自动调节的功能,随着电气控制技术的不断发展,电力拖动在工农业生产、交通运输等方面都得到广泛采用。

电机的发展也伴随着电力拖动技术的发展。电力拖动是电动机在拖动系统中作为动力机械装置和元件拖动机械做功的运行方式。电力拖动又称电气拖动或电力转动。

电力拖动系统主要是由电动机、传动机构和工作机械等装置组成的机电一体化系统。电力拖动的任务就是使电动机实现由电能向机械能的转换,完成拖动机械装置进行起动、运行、调速、制动等工作,因此电动机是电力拖动的关键。同时随着自动化元件和控制技术的发展,通过对每台电机的控制,就可对机械装置的每个工作动作进行电气控制,成为自动化电力拖动系统。

近年来,随着计算机技术、微电子技术、电力电子技术、现代控制技术以及网络通信等新技术的发展和广泛应用,采用微电子、计算机技术与控制技术的结合改造传统产业,从而实现高性能、电子化、小型化、智能化的电机拖动系统。

二、分析电机与拖动的常用基本知识

无论是哪一类电机,无论技术如何向前发展,电机都是通过电磁感应原理,实现能量的转换和控制的。本书所研究的内容主要是电机基本原理和特性,也是电机与拖动技术的理论基础。

(一)磁场

磁场是由电流产生的。表征磁场的物理量有磁感应强度 B(也称为磁通密度)及磁通量 Φ 等。

磁场形成后按一定的方式分布,磁场的分布与电流及周围介质的情况有关。直导线(体)和螺线管(线圈)中流过电流时在空气介质中磁场的分布如图 0-2 所示。电流与磁场的方向关系满足右手螺旋定则:①对直导线:用右手握住直导线,大拇指指向电流方向,余下四个手指所指的方向为磁场的方向;②对螺线管:用右手握住线圈,四个手指指向电流的方向,大拇指所指的方向为线圈内部磁场的方向。

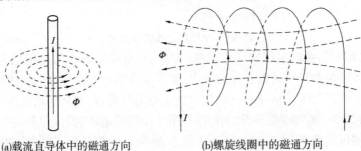

(a)载流直导体中的磁通方向　　　　　(b)螺旋线圈中的磁通方向

图 0-2　导线中流过电流时磁场的分布

在磁场中,沿任一闭合路径磁场强度矢量的线积分,等于穿过该闭合路径的所有电流的代数和,这就是安培全电流定律(或安培环路定律)。即有如下关系:

$$\oint \vec{H} d\vec{l} = \sum i$$

在电机中,当一个 N 匝的线圈流过电流 I 时,这一定律可写成:

$$\sum_{k=1}^{N} H_k l_k = \sum I = NI = F \tag{0-1}$$

式中　F——磁动势,安匝,$F = NI$。

磁路由 k 段组成。

磁通大小与磁通通过的路径有如下关系：

$$\Phi = \frac{F}{R_{\mathrm{m}}}, \quad R_{\mathrm{m}} = \frac{l}{\mu s} \tag{0-2}$$

式中　R_{m}——磁路的磁阻；

　　　l——磁路的长度；

　　　μ——磁路的导磁率；

　　　s——磁路的截面面积。

直流电流产生恒定磁场，交变电流产生与电流同频率的交变磁场。

(二)铁磁物质

电机是利用电磁感应作用实现能量转换的，所以在电机里有引导磁通的磁路和引导电流的电路。为了在一定的励磁电流下产生较强的磁场，电机中使用了大量的铁磁材料。铁磁材料具有以下特性：

1.导磁性

铁磁材料包括铁、钴、镍以及它们的合金。所有的非铁磁材料的导磁系数都接近于真空的导磁系数 $\mu_0 = 4\pi \times 10^{-7}\mathrm{H/m}$，而铁磁材料的导磁系数 μ_{Fe} 比真空的大几千倍。因此，在同样大小的电流(或磁动势)下，铁芯线圈产生的磁通比空心线圈产生的磁通大得多。

同时，铁芯也能起到引导磁场的作用，在电机中铁磁材料都制作成一定的形状，以使磁场按设计好的路径通过，并达到分布的要求。

2.磁饱和现象及剩磁

铁磁材料的磁化曲线见图 0-3。铁磁材料之所以有高导磁性能，是由于铁磁材料内部存在着很多很小的强烈磁化的自发磁化区域，相当于一块块小磁铁，称为磁畴。磁化前，这些磁畴杂乱地排列着，磁场互相抵消，所以对外界不显示磁性。但在外界磁场的作用下，这些磁畴沿着外界磁场的方向做有规则的排列，顺着外磁场方向的磁畴扩大了，逆着外磁场方向

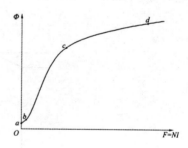

图 0-3　铁磁材料的磁化曲线

的磁畴缩小了，结果磁畴间的磁场不能互相抵消，从而形成一个附加磁场叠加在外磁场上，使总磁场增强。随着外磁场的不断增强，有更多的磁畴顺着外磁场的方向排列，总磁场不断增强，见图 0-3 中曲线 bc 段。当外磁场增强到一定的程度后，所有的磁畴都转到与外磁场一致的方向，这时它们所产生的附加磁场达最大值，总磁场的增强程度减缓，这就出现了磁饱和现象，见图 0-3 中曲线 cd 段。

由于磁畴靠得非常紧，彼此间存在摩擦，当外界磁场消失后磁畴不能完全恢复到磁化前状态，磁畴与外磁场方向一致的排列被部分保留下来，这时的铁磁材料对外呈磁性，这就是剩磁现象，见图 0-3 中 a 点。

3.磁滞损耗和涡流损耗

若作用在铁磁材料上的外界磁场为交变磁场，在交变磁场的作用下，磁畴不断翻转，因而磁畴之间不停地互相摩擦，消耗能量，因此引起损耗，这种损耗称为磁滞损耗。

当通过铁芯的磁通发生交变时，根据电磁感应定律，铁磁材料内将产生感应电动势和

感应电流。这些电流在铁芯内部围绕磁通呈旋涡状流动,称之为涡流。涡流在铁芯中引起的损耗(i^2r)称为涡流损耗。

可见,不论是磁滞损耗还是涡流损耗,产生的根源都是交变磁场。在电机中,通过交变磁场部分的铁磁材料都是由厚度为 0.35~0.5 mm 的硅钢片叠装而成的,硅钢片两面刷上绝缘漆,叠装后涡流被斩断,涡流所流经的路径变短,从而大大减小涡流,也就减小了涡流损耗。

磁滞损耗与涡流损耗合在一起,总称为铁损,铁损可用下式进行计算:

$$p_{Fe} = p_{1/50} \left(\frac{f}{50}\right)^{\beta} B_m^2 G \tag{0-3}$$

式中　$p_{1/50}$——频率为 50 Hz、最大磁感应强度为 1 T 时,1 kg 铁芯的铁损,W/kg;

B_m——磁感应强度的最大值,T;

f——磁通交变频率,Hz;

G——铁芯质量,kg。

β——指数,随硅钢片含硅量的增高而减小,其数值范围为 1.2~1.6。

(三)电磁感应定律

1. 感应电动势

一个匝数为 N 匝的线圈,若与线圈交链的磁通 Φ 随时间发生变化,在线圈内会产生感应电动势,如图 0-4 所示。

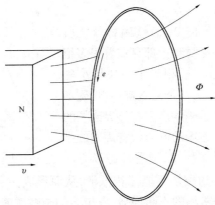

图 0-4　线圈中电动势的产生

感应电动势的正方向与磁通的正方向符合右手螺旋定则,即右手的大拇指表示磁通的正方向,其余四个手指表示电动势的正方向,则感应电动势可表示为:

$$e = -N\frac{d\Phi}{dt} \tag{0-4}$$

1)自感电动势

当线圈中有电流 I 流过时,就会产生与线圈自己交链的磁通 Φ。若电流随时间变化,则产生的磁通也随时间变化。根据电磁感应定律,磁通的变化将在线圈内感应电动势,这种由于电流本身随时间变化而在线圈内感应的电动势称为自感电动势,可得:

$$e_L = -N\frac{d\Phi}{dt} = -\frac{d\psi}{dt}$$

由于 $\psi = Li$，于是自感电动势

$$e_L = -\frac{\mathrm{d}\psi}{\mathrm{d}t} = -L\frac{\mathrm{d}i}{\mathrm{d}t} \tag{0-5}$$

式中　L——自感系数，H。

　　2）互感电动势

　　如图0-5，紧邻线圈1放置了线圈2，当线圈1内有电流 i_1 流过时，它产生的磁通也穿过线圈2。这样，当 i_1 随时间变化时，它所产生的磁通也随时间变化，线圈2中也会感应电动势。这种电动势称为互感电动势，用 e_M 表示，有：

$$e_M = -N_2\frac{\mathrm{d}\Phi}{\mathrm{d}t} = -\frac{\mathrm{d}\psi_2}{\mathrm{d}t} = -M\frac{\mathrm{d}i_1}{\mathrm{d}t} \tag{0-6}$$

式中　M——线圈1和线圈2之间的互感系数，简称互感，单位为 H。

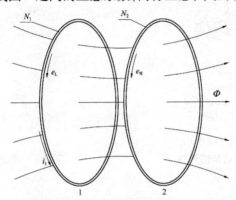

图0-5　电感及互感电动势的产生

　　若线圈1和线圈2靠得非常近，它们的匝数分别为 N_1 和 N_2，且 $N_1 \neq N_2$。当线圈1施加交流电压 u_1，线圈1内流过电流 i_1 时，产生磁通 Φ 同时穿过两个线圈，两线圈分别产生感应电动势

$$e_L = -N_1\frac{\mathrm{d}\Phi}{\mathrm{d}t}, \quad e_M = -N_2\frac{\mathrm{d}\Phi}{\mathrm{d}t} \tag{0-7}$$

　　相应线圈2有交流电压 u_2 输出，由于 $N_1 \neq N_2$，两线圈感应电动势 e_L、e_M 的大小不相等，对应的电压 u_1、u_2 也不相等。

　　变压器就是按此原理实现变压的。

　　2. 切割电动势

　　导体与磁场有相对运动时，导体切割磁力线，在导体中会产生感应电动势。在均匀磁场中，若直导体的有效长度为 l、磁感应强度为 B、导体相对切割速度为 v，则其感应电动势为：

$$e = Blv \tag{0-8}$$

　　切割电动势的方向可以用右手定则来确定，如图0-6所示，展开右手，使拇指与其余四指垂直，让磁力线穿过手心，大拇指指向导体切割磁场的方向，则四指所指的方向即为切割电动势的方向。

　　发电机就是按此原理工作的。

(四)电磁力定律

载流导体在磁场中会受到力的作用,由于这种力是磁场和电流相互作用产生的,所以称为电磁力。若磁场与载流导体互相垂直,导体的有效长度为 l、磁感应强度为 B、导体中的电流为 i,则作用在导体上的电磁力为:

$$f = Bli \qquad (0\text{-}9)$$

电磁力的方向可用左手定则来确定,见图0-7,把左手伸开,大拇指与其余四指垂直,让磁力线穿过掌心,四指指向电流的方向,则大拇指所指方向就是电磁力的方向。

电动机就是按此原理工作的。

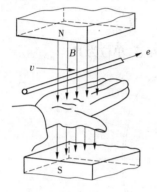

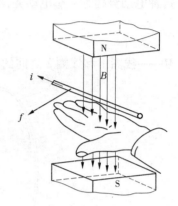

图0-6 切割电动势的产生　　　　图0-7 载流导体电磁力的产生

(五)基尔霍夫定律

1.基尔霍夫电流定律

在电路中,流入、流出任一节点的电流之和等于零。其数学表达式为:

$$\sum I = 0 \qquad (0\text{-}10)$$

2.基尔霍夫电压定律

在电路中,任一闭合回路的电位升等于电位降。其数学表达式为:

$$\sum E = \sum U \ \text{或} \ \sum U = 0 \qquad (0\text{-}11)$$

三、本书内容的特点及学习方法

电机与拖动控制这门课既是一门理论性很强的技术基础课,又具有专业课的性质。在本书的学习过程中,应在对本书进行充分阅读的基础上,注意对基本原理的掌握和基本概念的理解。本书每一项目的小结中均列出了重点和要点,须注意对这些知识点的学习,在初始学习时,有些知识点的联系可能较为松散,只有对这些知识点进行及时消化和记忆,才能建立较系统的知识体系。在学习过程中,还要注意进行比较,比如对变压器、异步电机和同步电机的相关比较,各种低压电器在电气控制中的作用和区别,各种电气控制方案的比较与选择等,这样可以使我们准确把握相关基本概念,明确各类电机的特点,掌握电动机拖动及控制原理和特点,有利于电机与拖动控制理论系统化。同时,还须注意与实践的结合,运用相关的知识要点解释和解决具体生活生产中电机和拖动问题。

■ 思考与习题

0-1　磁场是如何产生的？如何根据电流判断磁场的分布？

0-2　什么是铁磁材料？在电机中为什么要大量使用铁磁材料？什么是铁磁材料的磁滞损耗和涡流损耗？引起铁磁材料磁滞损耗和涡流损耗的原因是什么？铁损的大小与哪些因素有关？

0-3　铁磁材料的磁饱和及剩磁是怎么回事？

0-4　导线中可通过哪些方式产生感应电动势？如何计算电动势的大小？如何判断电动势的方向？

0-5　什么是自感电动势？什么是互感电动势？

0-6　什么是电磁力定律？如何计算电磁力的大小？如何判断电磁力的方向？

项目一 变压器

【学习目标】

熟悉变压器工作原理及变压必要条件。了解电力变压器主要部件的名称及作用。了解变压器铭牌数据的意义。理解变压器运行的电磁过程和关系;掌握变压器运行特性。了解三相变压器连接组别的意义。掌握变压器并联运行的条件,了解并联运行条件不满足情况下对运行带来的影响。了解自耦变压器的用途与结构特点。

变压器是一种静止电气设备。它利用电磁感应原理,将一种电压等级的交流电能变换成同频率的另一种电压等级的交流电能。

变压器广泛应用于电力系统和各种需要变换电压的电器和系统中。电力系统中的变压器主要用作升、降电压,升压以适应远距离输电的需要,降压以满足用户用电的要求。用于电力系统中升、降电压的变压器叫作电力变压器,本项目主要以讲述电力变压器为主。

任务一 变压器的基本工作原理与结构

一、变压器的基本工作原理

变压器是利用电磁感应原理工作的。如图 1-1 所示,普通变压器的主要部件是一个环形铁芯和套在铁芯上的两个相互绝缘的绕组。这两个绕组具有不同的匝数且互相绝缘,两绕组间只有通过磁的耦合而没有电路上的联系。其中,绕组 N_1 接交流电源,为电能输入侧,称为一次绕组或原绕组;绕组 N_2 接负载,为电能输出侧,称为二次绕组或副绕组。

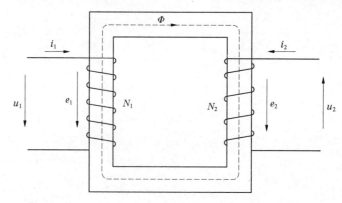

图 1-1 变压器工作原理图

当变压器一次侧施加电压为 u_1 的交流电源时，一次绕组将流过同频率的交流电流 i_1 ，并在铁芯中产生交变磁通 Φ ，这个磁通同时与一、二次绕组交链。根据电磁感应定律，交变磁通 Φ 分别在一、二次绕组中产生的感应电动势为

$$e_1 = -N_1 \frac{\mathrm{d}\Phi}{\mathrm{d}t}, \quad e_2 = -N_2 \frac{\mathrm{d}\Phi}{\mathrm{d}t}$$

那么
$$\frac{e_1}{e_2} = \frac{N_1}{N_2} \approx \frac{u_1}{u_2} \tag{1-1}$$

式中 N_1、N_2 ——一、二次绕组线圈的匝数。

从式(1-1)可见，一、二次绕组电动势的大小正比于各自绕组的匝数，而绕组的感应电动势又因近似等于各自侧的电压，故一、二次绕组电压之比近似正比于各自绕组的匝数之比。变压器如果 $N_1 \neq N_2$ ，相应输入、输出的电压也就不相等，从而起到了改变电压的作用，所以说 $N_1 \neq N_2$ 是变压器变压的必要条件。

如果变压器二次绕组接上负载，则在二次绕组输出电压的作用下产生输出电流，并输出功率，说明变压器起了传递电能的作用。

由上述可知，一、二次绕组的匝数不等是变压器变压的关键。其次，变压器的一、二次绕组之间没有电的直接联系，只有磁的耦合，而交链一、二次绕组的磁通，起联系一、二次绕组的桥梁作用。另外，变压器只能对交流电压进行变压，若一次绕组施加直流电压，一次绕组将流过直流电流，在铁芯中产生恒定磁通，这个磁通穿过一、二次绕组不会在绕组中产生感应电动势，二次绕组不会有电压输出，故变压器只能改变交流电能的电压。

在后面项目的论述中，变压器一、二次绕组电路的各物理量，例如功率、电压、电流、绕组匝数等，分别在其代表符号的右下角注以下标1或2，如 U_1、I_1、N_1 表示一次绕组电路的物理量，U_2、I_2、N_2 则表示二次绕组电路的物理量。

二、变压器的分类

为了适应不同的使用目的和工作条件，变压器的类型很多，可以从不同的角度予以分类。

按其用途的不同，变压器可分为电力变压器(又可分为升压变压器、降压变压器、配电变压器等)、仪用变压器(电流互感器、电压互感器等)、试验用变压器和整流变压器等。

按绕组数目可分为双绕组变压器、三绕组变压器、多绕组变压器(一般用于特种用途)及自耦变压器。

按相数可分为单相变压器、三相变压器、多相变压器。

按冷却方式的不同，可分为干式变压器、油浸自冷变压器、油浸风冷变压器、油浸水冷变压器、强迫油循环风冷变压器、强迫油循环水冷变压器等。

按线圈导线使用材质的不同，分为铝线变压器、铜线变压器。

按调压方式可分为无励磁调压变压器、有载调压变压器。

三、变压器的基本结构

从变压器的工作原理和功能来看，铁芯和绕组是变压器的核心部件，为保证变压器正

常、安全运行,还必须有其他部件。下面以电力系统常用的油浸式电力变压器为例,对变压器的主要部件的功能、构造及原理进行说明。图1-2为油浸式电力变压器的实物图及结构示意图。

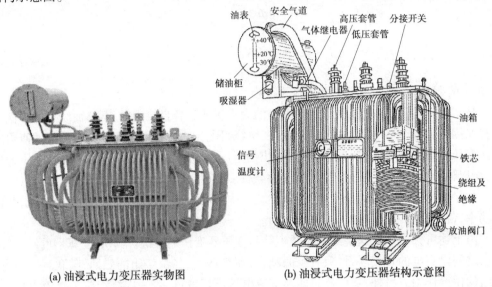

(a) 油浸式电力变压器实物图　　　　　(b) 油浸式电力变压器结构示意图

图1-2　油浸式电力变压器

变压器的基本结构部件包括铁芯、绕组、绝缘套管、油箱、分接开关和保护装置等。铁芯和绕组是变压器通过电磁感应进行能量传递的主要部件,称为变压器的器身,器身浸没在充满变压器油的油箱内。绝缘套管的作用是帮助变压器引线穿出油箱盖,确保与油箱绝缘;油箱用于装变压器油,同时起机械支撑、散热和保护器身的作用;分接开关用于改变输出电压;保护装置则起保护变压器的作用。下面分别加以介绍。

(一)铁芯

铁芯是变压器的主磁路,又作为变压器的机械骨架,其对变压器的性能有很大的影响。铁芯由铁芯柱和铁轭两部分构成。铁芯柱外套绝缘绕组,铁轭将铁芯柱连接起来形成闭合磁路。

1. 铁芯材料

为了提高磁路的导磁性能,减少铁芯中的磁滞、涡流损耗,铁芯一般用高磁导率的铁磁性材料——硅钢片叠成。硅钢片厚度为 $0.35 \sim 0.5$ mm,两面涂以厚 $0.01 \sim 0.13$ mm 的漆膜,使片与片之间绝缘。硅钢片有热轧和冷轧两种,冷轧硅钢片又分为有取向和无取向两类,通常变压器铁芯采用有取向的冷轧硅钢片,这种硅钢片沿辗轧方向有较高的导磁性能和较小的损耗。

2. 铁芯型式变压器

铁芯型式变压器的铁芯结构有芯式和壳式两类。芯式结构的特点是铁芯柱被绕组包围,如图1-3所示。芯式结构比较简单,绕组的装配及绝缘比较容易。因此,电力变压器的铁芯主要采用芯式结构。壳式结构的特点是铁芯包围绕组的顶面、底面和侧面,如图1-4所示。壳式结构的机械强度较好,但制造复杂,铁芯用材较多,只在一些特殊变压器(如电炉变压器)中采用。

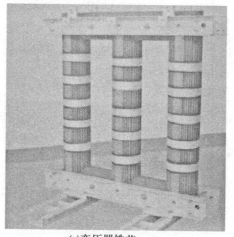

(a)变压器铁芯

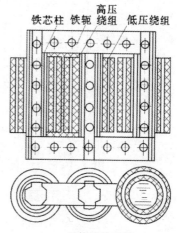

(b)绕组装配图

图1-3 芯式变压器铁芯及绕组装配图

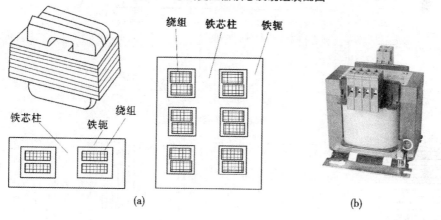

(a)　　　　　　　　　　　　　(b)

图1-4 壳式变压器结构示意图

3. 铁芯叠装变压器

铁芯叠装变压器的铁芯一般由剪成一定形状的硅钢片叠装而成。为了减小接缝间隙以减小励磁电流,一般采用交错式叠装,使相邻层的接缝错开。对热轧硅钢片,叠片次序如图1-5所示。当采用冷轧硅钢片时,由于这种钢片顺辗轧方向磁导率高,损耗小,如果按直角切片法裁料,则在拐角处会引起附加损耗,故三相变压器铁芯采用如图1-6所示的斜接缝叠装法。

4. 铁芯截面

铁芯柱的截面一般做成阶梯形,以充分利用绕组内圆空间,如图1-7所示。当铁芯柱直径超过380 mm时,还设有油道,以改善铁芯内部的散热条件。

铁轭的截面有矩形、T形和阶梯形,如图1-8所示。铁轭的截面面积一般比铁芯柱截面面积大 5% ~10%,以减少空载电流和空载损耗。

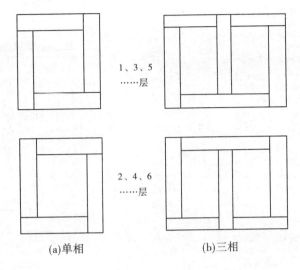

1、3、5
……层

2、4、6
……层

(a)单相　　　　　　　　(b)三相

图 1-5　交错式叠装法

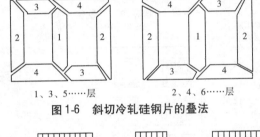

1、3、5……层　　　　　2、4、6……层

图 1-6　斜切冷轧硅钢片的叠法

 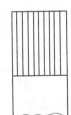 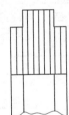 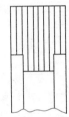 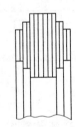

图 1-7　铁芯柱截面　　　　　　　　图 1-8　铁轭截面

　　近年来,出现了一种渐开线形铁芯变压器。它的铁芯柱硅钢片是在专门的成型机上采用冷挤压成型方法轧制的,铁轭则是由同一宽度的硅钢带卷制而成,铁芯柱按三角形方式布置,三相磁路完全对称,如图 1-9 所示。渐开线形铁芯变压器的主要优点在于可以节省硅钢片,便于生产机械化和减少装配工时。

　　(二)绕组

　　绕组是变压器的电路部分,由外部包裹着绝缘材料的铜或铝绝缘导线绕制而成。变压器绕组用于产生磁场和感应电动势,按照高、低压绕组在铁芯上的排列方式,变压器的绕组可分为同芯式和交叠式两类。同芯式绕组的高、低压绕组同心地套在铁芯柱上,一般高压绕组套在最外圈,主要是便于绝缘,低压绕组靠近铁芯柱,高压绕组套在低压绕组外

图1-9　三相渐开线形铁芯图

面,两个绕组之间留有油道,如图1-3(b)所示。交叠式绕组的高、低压绕组交替放置在铁芯柱上,如图1-10所示。为减小绝缘距离,通常低压绕组靠近铁轭。

(a)同芯式绕组

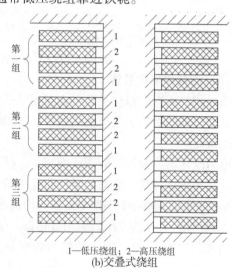

1—低压绕组；2—高压绕组
(b)交叠式绕组

图1-10　变压器绕组

同芯式绕组结构简单,制造方便,故电力变压器多采用这种形式。交叠式绕组机械强度好,引出线布置方便,多用于低电压大电流的电焊、电炉变压器及壳式变压器中。

同芯式绕组尚有多种不同的结构形式,如圆筒式、螺旋式、连续式、纠结式等。

(三)绝缘套管

为了将变压器绕组的引出线从油箱内引出到油箱外,引线在穿过接地的油箱时,必须将带电的引线与箱体可靠地绝缘,所用的绝缘装置便是绝缘套管,绝缘套管同时还起到做固定引线的作用。

绝缘套管一般是瓷质的,它的结构主要取决于电压等级。电压1 kV以下的采用实心瓷套管,电压10~35 kV采用空心充气式或充油式套管,如图1-11所示。电压110 kV及以上时,采用电容式套管。为了增加表面放电距离,套管外形做成多级伞形,电压愈高,级数愈多。

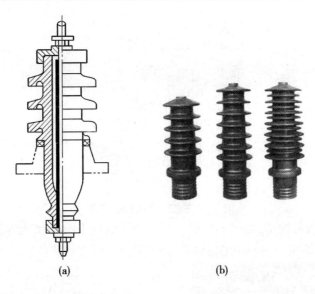

(a)   (b)

图1-11   35 kV 充油式绝缘套管结构示意图

（四）油箱和保护装置

油浸式变压器的器身浸没在充满变压器油的油箱里。变压器油起绝缘、冷却和灭弧作用。变压器的保护装置包括储油柜、气体继电器、呼吸器、净油器和安全气道等。

1. 油箱

电力变压器的油箱一般做成椭圆形,这样可使油箱有较高的机械强度,而且需油量较少。油箱用钢板焊成。油箱的结构与变压器的容量、发热情况密切相关。容量很小的变压器采用平板式油箱;中小型变压器为增加散热表面采用管式油箱;大容量变压器采用散热器式油箱。油箱分箱式和钟罩式,箱式即将箱壁与箱底制成一体,器身至于箱中;钟罩式即将箱盖和箱体制成一体,罩在铁芯和绕组上。为了检修方便,变压器器身质量大于 15 t 时,通常做成钟罩式油箱,检修时只需把上节油箱吊起,避免了必须使用起重设备。图1-12 为器身检修时的起吊状况。

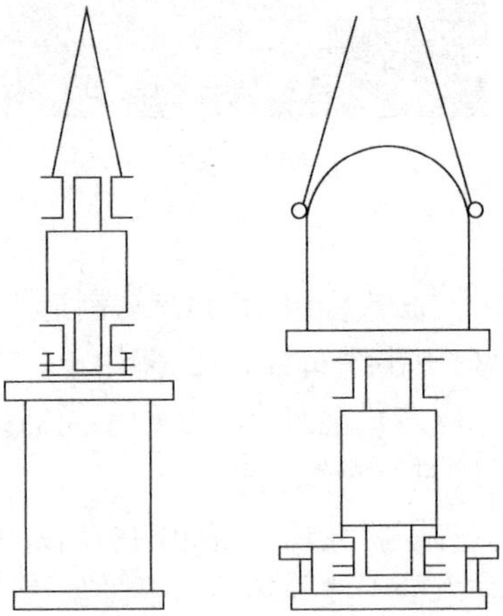

2. 储油柜

储油柜又叫油枕,它装在油箱上部,用连通管与油箱接通,它的作用有两个:调节油量,保证变压器油箱内经常充满油;减少油和空气的接触面,从而降低变压器油受潮和老化的速度。储油柜内装有吸湿器,储油柜上部的空气通过吸湿器与外界空气相通。吸湿器内装有硅胶,用以过滤储油柜内空气中的杂质和水分。

(a)吊器身   (b)吊上节油箱

图1-12   变压器器身检修时起吊状况图

变压器设置储油柜的目的就是给油浸式变压器的油提供一个热胀冷缩的空间。而小容量箱式变压器一般不设置储油柜,主要是利用变压器油箱外的可伸缩散热片来为变压器油提供膨胀空间。

3.气体继电器

气体继电器又俗称瓦斯继电器,是变压器的主要保护装置。它安装在变压器的油箱和油枕之间的管道上,内部有一个带有水银开关的浮筒和一块能带动另一水银开关的挡板。当变压器内部有故障时,变压器油分解产生的气体聚集在瓦斯继电器的上部,使其内部油面降低,浮筒随油面下降,带动水银开关接通信号回路,发出信号。当变压器内部发生严重故障时,油流冲击瓦斯继电器内部挡板,挡板偏转时带动一套机构,使另一个水银开关接通变压器跳闸回路,切断电源,避免故障扩大。

4.呼吸器

呼吸器又称吸湿器,油枕上部的空气通过呼吸器与外界空气相通,如图1-2(b)所示。当变压器油热胀冷缩时,气体经过它进出油枕上部,以保持油箱内压力正常。呼吸器内部装有颗粒状硅胶,具有很强的吸潮能力,当空气经呼吸器进入油枕时,水分将被硅胶所吸收,同时滤掉空气中的杂质,延缓变压器油的老化时间。呼吸器内的硅胶正常是浅蓝色,当吸湿饱和后则变成粉红色。

5.净油器

它是利用油的自然或强迫循环,使油通过吸附剂进行过滤,以改善运行中的变压器油的品质。

6.安全气道

安全气道又叫防爆管,它装在油箱的顶盖上。当变压器内部发生严重故障而产生大量气体时,油箱内压力迅速增大,油流和气体将冲破气道上端的玻璃板向外喷出,以免油箱受到强大压力而破裂。

现在防爆管已逐渐被压力释放阀所取代。变压器正常工作时,油箱内部压力在压力释放阀的关闭压力以下,压力释放阀处于关闭状态;当变压器内部故障,压力增高超过释放阀的开启压力时,压力释放阀能在2 ms内迅速开启,将变压器箱体内气体排出,使油箱内的压力很快降低,避免变压器爆炸。

各保护装置的连接如图1-13所示。

（五）分接开关

电压是电能质量的指标之一,变压器在运行过程中,会因为多方面的原因引起输出电压发生改变。变压器可利用改变高压绕组匝数的方法来进行调压。为了改变高压绕组匝数,常把高压绕组引出若干个抽头,这些抽头叫分接头,用以切换分接头的装置称为分接开关,分接开关可在±5%范围内调整高压绕组的匝数。分接开关放置于变压器的箱盖上。分接

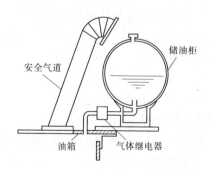

图1-13　油箱及附件的连接示意图

开关又分为无励磁调压分接开关和有载调压分接开关。前者必须在变压器停电的情况下切换;后者可以在不切断负载电流的情况下切换。

（六）散热器

由于变压器运行中有损耗，并且各种损耗都以热的形式散发出来，使变压器的温度升高。为了使运行中的变压器始终保持在规定温度之下，一般变压器外侧都装设有散热器，有的还安装有风扇组，以通过增加散热面积，改善散热条件。

（七）温度计

变压器在运行的过程中，有铁芯损耗、绕组铜损耗等，这些损耗都转变成热量，使变压器相关部分温度升高。变压器运行时不允许温度超过规定值，否则会加快变压器绝缘材料的老化速度，缩短变压器的寿命。

温度计是用来测量油箱上层油温的，通过对油温的监视，可判断变压器的运行是否正常。常用的是信号温度计。信号温度计表盘的指针带有电接点，它可以适时地指示变压器的上层油温，也能在温度超过规定值时发出信号，即时提醒运行人员。

四、变压器的铭牌

每一台变压器在其外部显眼处都有一个铭牌，铭牌上标示着变压器的型号和各种额定参数值。它是设计和使用变压器的依据。

（一）型号

变压器的型号包括说明其结构和性能特点的基本代号、额定容量、额定电压等。例如：

型号为"SL－8000/10"的变压器应为三相油浸自冷式双线圈铝线电力变压器，额定容量是 8 000 kVA，高压侧额定电压等级为 10 kV。

（二）额定参数

1. 额定容量 S_N

额定容量指变压器传输电能过程中输出能力（视在功率）的保证值，单位为 kVA。双绕组变压器一、二次绕组的额定容量是相等的。

2. 额定电压 U_{1N}/U_{2N}

原绕组额定电压 U_{1N} 是指规定加到一次绕组的电压；副绕组额定电压 U_{2N} 是指分接开关设置在额定电压位置，一次绕组加额定电压时二次绕组的开路电压。对于三相变压器，额定电压指线电压。单位为 kV。

3. 额定电流 I_{1N}/I_{2N}

额定电流指变压器在额定容量下，允许长期通过的电流。对三相变压器，额定电流均指线电流。单位为 A 或 kA。

额定容量、额定电压、额定电流之间的关系是：

对单相变压器 $\qquad S_N = U_{1N}I_{1N} = U_{2N}I_{2N}$

对三相变压器 $\qquad S_N = \sqrt{3}\,U_{1N}I_{1N} = \sqrt{3}\,U_{2N}I_{2N}$

4. 额定频率 f_N

额定频率指规定的工作频率，额定频率的单位为 Hz。我国的工业额定频率是 50 Hz。

5. 额定温升

额定温升指变压器内绕组或上层油温与变压器周围大气环境温度之差的允许值。根据国家标准,周围大气环境的最高温度规定为 40 ℃,绕组的额定温升为 65 ℃。

此外,铭牌上还标有接线图和连接组别、短路电压、变压器质量和制造厂家等。

任务二 变压器空载运行

本任务是变压器的基本内容。主要研究变压器的运行原理、运行参数间的关系及运行性能,为后续各任务的学习奠定基础。本任务以变压器的最基本类型——单相双绕组普通变压器作为分析对象,其结论也完全适用于三相变压器对称运行时每一相的情况。

变压器一次绕组接入额定频率、额定电压的交流电源,二次绕组开路,变压器无电能输出时的运行状态称为空载运行。

一、空载运行的物理过程

图 1-14 为单相变压器空载运行的原理图。

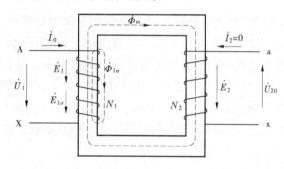

图 1-14 单相变压器空载运行的原理图

二次绕组 a、x 端开路,把一次绕组 A、X 端接入交流电压为 $\dot{U}_1$ 的电源上,一次绕组便有交流电流 $\dot{I}_0$ 流过,这个电流称为变压器的空载电流,这个电流在一次绕组建立空载磁动势 $\vec{F}_0 = \dot{I}_0 N_1$,在这个空载磁动势的作用下变压器内部产生磁通。空载时变压器内部分磁通按闭合路径的不同分为两部分(如图 1-14 所示):一部分磁通 $\dot{\Phi}_m$ 以闭合铁芯为通道,同时交链一、二次绕组,该磁通称为主磁通;另一部分磁通 $\dot{\Phi}_{1\sigma}$ 主要以非铁磁性物质(变压器油、油箱壁等)为通道,仅与一次绕组交链,该磁通称为漏磁通。

空载时,这两种磁通虽然都是由同一空载磁动势 $\vec{F}_0$ 产生的,但两者却有很大的差异。由于主磁通是以铁芯作为闭合路径,而漏磁通则主要以非铁磁性物质作为闭合路径,所以主磁通远远大于漏磁通,主磁通可占到全部磁通的 99% 以上。此外,主磁通的路径是铁芯,存在饱和现象,则主磁通 $\dot{\Phi}_m$ 与产生它的电流 $\dot{I}_0$ 之间呈非线性关系;而漏磁通的磁路主要是非铁磁性物质,磁路不饱和,相应的一次绕组的漏磁通 $\dot{\Phi}_{1\sigma}$ 与 $\dot{I}_0$ 之间具有简单的线性关系。从电磁关系上看,因交变的主磁通 $\dot{\Phi}_m$ 既与一次线圈交链,又与二次线圈交链,它分别在一、二次线圈中感应电动势 $\dot{E}_1$ 和 $\dot{E}_2$,由于 $\dot{E}_2$ 的存在,二次绕组有了电压 $\dot{U}_2$ 输出,当二次绕组与负载相连接,则可向负载输出电功率。所以,主磁通起传递能量的媒介作用。而一次绕组漏磁通 $\dot{\Phi}_{1\sigma}$ 仅与一次线圈交链,它只在一次线圈中感应电动势 $\dot{E}_{1\sigma}$（一次漏感电动势）,只起电压降作用,不传递能量。

另外,空载电流还在原绕组电阻 r_1 上形成一个很小的电阻压降 $\dot{I}_0 r_1$。

归纳起来,变压器空载时,各物理量之间的关系可以表示为：

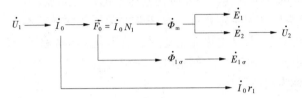

二、各物理量正方向的规定

变压器中的电压、电流、电动势和磁通都是随时间变化的交变量,在讨论它们各量之间的相互关系时,必须先规定它们的正方向。各物理量正方向是可以任意规定的,但正方向规定得不同,同一电磁过程所列的方程式的正、负号也就不同,为了统一起见,一般按惯例规定它们的正方向。习惯上将变压器的一次绕组看作负载,各物理量正方向的规定遵循"电动机惯例";将变压器二次绕组看作电源,各物理量正方向的规定遵循"发电机惯例"。各物理量的正方向见图1-14。对各物理量正方向的规定说明如下：

（1）电源电压 $\dot{U}_1$ 的正方向：规定从 A 指向 X；

（2）空载电流 $\dot{I}_0$ 的正方向与 $\dot{U}_1$ 一致,即 $\dot{I}_0$ 由 A 端流经一次绕组至 X 端；

（3）以 $\dot{I}_0$ 的正方向以及一次绕组的绕向,按"右手螺旋定则",确定主磁通 $\dot{\Phi}_{\mathrm{m}}$ 及一次绕组漏磁通 $\dot{\Phi}_{1\sigma}$ 的正方向；

（4）以主磁通 $\dot{\Phi}_{\mathrm{m}}$、漏磁通 $\dot{\Phi}_{1\sigma}$ 的正方向以及一、二次绕组的绕向,按"右手螺旋定则",确定一、二次绕组的电动势 $\dot{E}_1$、$\dot{E}_2$ 及一次绕组漏电动势 $\dot{E}_{1\sigma}$ 的正方向。

（5）当 a、x 端接上负载时,二次绕组电流 $\dot{I}_2$ 的正方向应与 $\dot{E}_2$ 的正方向一致,即从 x 端流经负载至 a 端（由 a 端流经二次绕组至 x 端）；

（6）电压 $\dot{U}_2$ 的正方向与电流 $\dot{I}_2$ 的正方向一致,即从 x 端指向 a 端。

三、线圈中的电动势

设变压器的主磁通为正弦交变磁通量,即

$$\phi = \Phi_{\mathrm{m}}\sin\omega t \tag{1-2}$$

式中　Φ_{m}——主磁通的最大值；

　ω——电源电压的角频率,$\omega = 2\pi f$。

在所规定正方向的前提下,主磁通在一、二次绕组中产生的电动势的瞬时值为

$$e_1 = -N_1 \frac{d\phi}{dt} = -\omega N_1 \Phi_m \cos\omega t = \sqrt{2} E_1 \sin(\omega t - 90°) \tag{1-3}$$

$$e_2 = -N_2 \frac{d\phi}{dt} = -\omega N_2 \Phi_m \cos\omega t = \sqrt{2} E_2 \sin(\omega t - 90°) \tag{1-4}$$

$$e_{1\sigma} = -N_1 \frac{d\phi}{dt} = -\omega N_1 \Phi_{1\sigma m} \cos\omega t = \sqrt{2} E_{1\sigma} \sin(\omega t - 90°) \tag{1-5}$$

感应电动势的有效值为

$$E_1 = \frac{\omega N_1 \Phi_m}{\sqrt{2}} = 4.44 f N_1 \Phi_m \tag{1-6}$$

$$E_2 = \frac{\omega N_2 \Phi_m}{\sqrt{2}} = 4.44 f N_2 \Phi_m \tag{1-7}$$

同理

$$E_{1\sigma} = \frac{\omega N_1 \Phi_{1\sigma m}}{\sqrt{2}} = 4.44 f N_1 \Phi_{1\sigma m} \tag{1-8}$$

式中 $\Phi_{1\sigma m}$ ——一次绕组漏磁通的最大值。

感应电动势与磁通的相量关系式为

$$\dot{E}_1 = -j4.44 f N_1 \dot{\Phi}_m \tag{1-9}$$

$$\dot{E}_2 = -j4.44 f N_2 \dot{\Phi}_m \tag{1-10}$$

$$\dot{E}_{1\sigma} = -j4.44 f N_1 \dot{\Phi}_{1\sigma m} \tag{1-11}$$

由以上分析可知,感应电动势有效值的大小,分别与主磁通的频率、绕组匝数及主磁通最大值成正比;电动势的频率与主磁通频率相同;电动势相位滞后主磁通90°。

由于变压器漏磁路为线性不饱和磁路,故漏磁电动势的有效值也还可以用相应的漏抗压降来表示,即

$$E_{1\sigma} = x_1 I_0$$

$$\dot{E}_{1\sigma} = -j\omega L_{1\sigma} \dot{I}_0 = -j x_1 \dot{I}_0 \tag{1-12}$$

式中 x_1 ——一次绕组的漏电抗,$x_1 = \omega L_{1\sigma}$;

$L_{1\sigma}$ ——一次绕组漏电感,$L_{1\sigma} = \frac{N_1 \Phi_{1\sigma m}}{\sqrt{2} I_0}$,为常数。

在漏磁路径中,磁通所通过的主要是非铁磁性物质,在任何工作状态下磁路都不饱和,相应的漏电抗应是一个常数。对一台已制成的变压器来说,漏电抗 x_1 是个定值,它不随变压器的原边工作电压和负载的改变而改变。

四、空载时电动势平衡方程式

变压器运行时,各运行物理量和参数之间的相互关系可通过电动势平衡方程式反映出来。从一次绕组与电源构成的电路看,有外施电压 $\dot{U}_1$,一次绕组中有电动势 $\dot{E}_1$、$\dot{E}_{1\sigma}$ 和绕组电阻 r_1 上的电压降 $\dot{I}_0 r_1$。由图 1-14 可知,根据基尔霍夫第二定律,一次绕组回路电动势方程式为

$$\dot{U}_1 = -\dot{E}_1 - \dot{E}_{1\sigma} + \dot{I}_0 r_1 = -\dot{E}_1 + j\dot{I}_0 x_1 + \dot{I}_0 r_1 = -\dot{E}_1 + \dot{I}_0 (r_1 + j x_1) = -\dot{E}_1 + \dot{I}_0 z_1$$

$$\tag{1-13}$$

式中 z_1 ——一次绕组的漏阻抗，$z_1 = r_1 + j x_1$，为常数。

空载运行时，二次绕组电流为零，所以二次绕组空载电压 U_{20} 与二次绕组的感应电动势 E_2 相等，即

$$U_{20} = E_2 \tag{1-14}$$

一般情况下 $I_0 = (2\% \sim 10\%) I_{1N}$，$I_0 z_1 < 0.5\% U_N$，由于 $I_0 z_1$ 很小，因此工程中在分析问题时可以忽略不计，所以有

$$\dot{U}_1 \approx - \dot{E}_1 = - j4.44 f N_1 \dot{\Phi}_m \tag{1-15}$$

$$U_1 \approx E_1 = 4.44 f N_1 \Phi_m \tag{1-16}$$

$$\Phi_m \approx \frac{U_1}{4.44 f N_1} \tag{1-17}$$

式（1-17）表明了一个重要的结论：在 f、N_1 一定的情况下，主磁通 Φ_m 的大小取决于外施电源电压 U_1 的大小，而与变压器的负载大小和铁芯所用的材料及尺寸无关；当电源电压 U_1 为定值时，变压器在运行过程中不论负荷变化与否，铁芯内磁通 Φ_m 可认为是一常数。这一概念对分析变压器的运行非常重要。另外还可看出，感应电动势 E_1 和电源电压 U_1 大小近似相等，相位互差 $180°$。

五、变压器的变比

在变压器中，一、二次绕组的感应电动势 E_1 和 E_2 之比称为变压器的变比，用 k 表示。即

$$k = \frac{E_1}{E_2} = \frac{4.44 f N_1 \Phi_m}{4.44 f N_2 \Phi_m} = \frac{N_1}{N_2} \tag{1-18}$$

式（1-18）表明，变压器的变比等于一、二次绕组的匝数比。当变压器空载运行时，由于 $U_1 \approx E_1$，$U_{20} = E_2$，故可近似地用空载运行时一、二次绕组的电压比作为变压器的变比，即

$$k = \frac{U_1}{U_{20}} = \frac{U_{1N\phi}（额定相电压）}{U_{2N\phi}（额定相电压）} \tag{1-19}$$

对于三相变压器，变比是指一、二次绕组相电动势之比，也就近似为额定相电压之比。而三相变压器额定电压指线电压，故其变比与一、二次绕组额定电压之间的关系为

Y, d 连接

$$k = \frac{U_{1N}}{\sqrt{3} U_{2N}} \tag{1-20}$$

D, y 连接

$$k = \frac{\sqrt{3} U_{1N}}{U_{2N}} \tag{1-21}$$

而对于 Y, y 连接和 D, d 连接，其关系式与式（1-19）相同。

变比 k 是变压器的一个重要参数，在设计变压器或作等效电路时都用到它，在电力工程的计算中也常用到它。对于降压变压器，$U_1 > U_{20}$，变比 $k > 1$；对于升压变压器，$U_1 < U_{20}$，变比 $k < 1$。对任一变压器，习惯上取 $k > 1$ 的值，即在讨论变压器的变比时，都取变压器高压绕组的匝数比低压绕组的匝数。

六、变压器的空载电流和空载损耗

(一)空载电流的大小、性质及波形

从前面的分析可知,空载电流 $\dot{I}_0$ 流过一次绕组后,在变压器铁芯中建立交变磁动势 $\vec{F}_0 = \dot{I}_0 N_1$,该磁动势在铁芯中建立起交变磁通,而交变磁通通过铁芯时也会产生损耗,因此空载电流应包含两个分量:无功分量 I_{0h},又称为磁化电流分量,起产生磁场的作用;有功分量 I_{0r},提供给空载时变压器的损耗。

$$\dot{I}_0 = \dot{I}_{0h} + \dot{I}_{0r} \tag{1-22}$$

其有效值
$$I_0 = \sqrt{I_{0r}^2 + I_{0h}^2}$$

空载电流常以它占额定电流的百分数来表示,即 $I_0\% = (I_0/I_N)\times100\%$,一般的电力变压器,$I_0 = (2\%\sim10\%)I_N$,变压器的容量越大,空载电流的百分数越小。变压器空载电流中有功分量所占比例极小,仅为无功分量的 1/10 左右。所以,空载电流基本上是纯感性无功性质的,故变压器不允许长时间空载运行在电网上。

影响空载电流大小的因素很多,可从外加电压及与之平衡的一次电动势进行分析。例如,一个制造好的变压器,当外加电压一定时,其空载电流的大小只与磁路的磁阻大小有关,而磁阻的大小与铁芯尺寸、铁芯材料及叠片工艺等多方面的因素有关。又如,一个制造好的变压器,当外加电压增大超过额定电压时,磁路饱和程度加大,铁芯的导磁能力下降,磁路磁阻增大,空载电流也会上升。

变压器空载电流的波形与变压器铁芯的饱和程度有关,为了充分利用铁芯的有效材料,变压器的正常工作点设置在铁芯磁化曲线的拐弯点,受磁路饱和的影响,空载电流与由它产生的主磁通呈非线性关系。由图 1-15 可知,虽然外施电压为正弦波,与其相应的主磁通也是正弦波,但空载电流的波形却变成尖顶波。铁芯饱和得愈厉害,电流曲线幅值增长得也愈快。

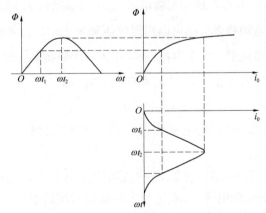

图 1-15 不考虑铁芯损耗的空载电流波形图

(二)空载损耗

变压器空载运行时没有功率输出,但它要从电源吸收一定的有功功率维持空载运行,

这部分功率称为变压器的空载损耗,用 p_0 表示。

空载损耗主要包括两部分,一部分是空载电流 I_0 流经一次绕组时产生的铜损 $p_{Cu} = 3 I_0^2 r_1$,另一部分是交变磁通在铁芯中产生的铁损 p_{Fe}。由于空载电流 I_0 和一次绕组电阻 r_1 很小,所以空载时的铜损 p_{Cu} 很小,如忽略铜损,则空载损耗 p_0 等于铁损 p_{Fe}。

变压器的铁损可采用以下经验公式进行计算,即

$$p_{Fe} = p_{1/50} \times B_m^2 \left(\frac{f}{50}\right)^{1.3} G \tag{1-23}$$

式中　　$p_{1/50}$ ——频率为 50 Hz,最大磁通密度为 1 特斯拉(T)时,1 kg 铁芯的铁损,W/kg;

　　　　B_m ——磁通密度的最大值,T;

　　　　f ——磁通变化频率,Hz;

　　　　G ——铁芯质量,kg。

对已制造好的变压器,可以用空载试验的方法来测量出空载损耗。

由式(1-23)可知:$p_{Fe} \propto B_m^2 \cdot f^{1.3}$。运行于额定频率下的变压器,其铁芯损耗有如下关系:$p_{Fe} \propto B_m^2 \propto \Phi_m^2 \propto E_1^2 \approx U_1^2$,即铁芯损耗近似与电源电压的平方成正比。可见,当电源电压 U_1 不变时,铁芯损耗的大小可认为是恒定的,因此铁芯损耗也称为不变损耗,即这部分损耗不随负载大小而变。

空载损耗占额定容量的 0.2% ~ 1%,随着变压器容量的增大,空载损耗的百分值还要小些,这一数值并不大,但因为电力变压器在电力系统中的使用量很大,且常年接在电网上,所以减少空载损耗具有重要的经济意义。

七、变压器空载运行时的等效电路

从前文对变压器电动势平衡方程式的推导,已有

$$\dot{U}_1 = -\dot{E}_1 - \dot{E}_{1\sigma} + \dot{I}_0 r_1 = -\dot{E}_1 + j\dot{I}_0 x_1 + \dot{I}_0 r_1 = -\dot{E}_1 + \dot{I}_0 z_1 \tag{1-24}$$

式中,漏电动势 $\dot{E}_{1\sigma}$ 的作用,可看成是空载电流 $\dot{I}_0$ 流过漏电抗 x_1 时所引起的电压降。同样,对主磁通所感应的电动势 $\dot{E}_1$,也可以用阻抗压降来表示。但考虑到主磁通在铁芯中要引起铁损,故不能单独地引入一个电抗,而应引入一个阻抗 z_m,把 $\dot{E}_1$ 和 $\dot{I}_0$ 联系起来,这时电动势 $\dot{E}_1$ 的作用可以看成是 $\dot{I}_0$ 流过 z_m 的阻抗压降,即

$$-\dot{E}_1 = \dot{I}_0 z_m = \dot{I}_0 (r_m + j x_m) \tag{1-25}$$

式中　　z_m ——变压器的励磁阻抗,它是表征变压器铁芯磁化性能和铁损的一个综合参数;

　　　　r_m ——变压器的励磁电阻,它是反映铁芯损耗的等值电阻,即 $p_{Fe} = \dot{I}_0^2 r_m$;

　　　　x_m ——变压器的励磁电抗,它表示与主磁通相对应的电抗,是用来表征变压器铁芯磁化性能的一个重要参数。

将式(1-25)代入式(1-24),得

$$\dot{U}_1 = -\dot{E}_1 + \dot{I}_0 z_1 = \dot{I}_0 z_m + \dot{I}_0 z_1 = \dot{I}_0 (z_m + z_1) \tag{1-26}$$

对应于式(1-26)可得图 1-16 所示的等效电路。

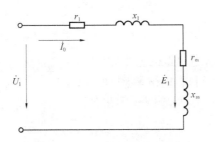

图 1-16 变压器空载时的等效电路

由等效电路图可见,空载运行的变压器可以看成是两个阻抗串联的电路,其中一个是一次绕组的漏阻抗 $z_1 = r_1 + jx_1$,另一个是励磁阻抗 $z_m = r_m + jx_m$ 。

r_1 是一次绕组的电阻,为常数。x_1 是一次绕组漏磁通对应的漏电抗,漏磁路径是不饱和的,因此漏电抗 x_1 也是常数。但 r_m 和 x_m 是变量,随磁路饱和程度的改变而改变。因 x_m 是对应于主磁通的电抗,其数值随主磁通 Φ_m 的大小而变化,即随铁芯饱和程度而改变。变压器运行时, $U_1 \approx E_1 = 4.44f N_1 \Phi_m$,当 $U_1 =$ 常数时, $\Phi_m =$ 常数, x_m 近似为一常数。若 U_1 增大, Φ_m 增大,磁路饱和程度增大,磁阻增大, x_m 减小。若 U_1 减小, Φ_m 减小,磁路饱和程度降低,磁阻减小,则 x_m 增大。通常,变压器在额定电压下运行,故对在正常运行情况下的变压器作定量计算时,可以认为 z_m 基本不变。

在数值上, z_m 远远大于 z_1 :由于空载运行时铁损 p_{Fe} 远大于铜损 p_{Cu} ,所以 $r_m \gg r_1$;由于主磁通 Φ_m 远大于一次绕组的漏磁通 $\Phi_{1\sigma}$,所以 $x_m \gg x_1$ 。例如,一台 750 kVA 的三相变压器, $z_1 = 3.92\ \Omega$ 、$z_m = 2\ 244\ \Omega$, z_m 比 z_1 大 560 倍左右。故在近似分析空载运行时可忽略 r_1 和 x_1 。

从图 1-16 可以看出,变压器空载电流 I_0 的大小主要取决于励磁阻抗 z_m 的大小, z_m 越大, I_0 越小。从变压器运行的角度,希望 I_0 小些,以提高变压器的效率和电网的功率因数,所以变压器的铁芯均采用高磁导率的铁芯材料,铁芯所用材料导磁性能越好,则励磁阻抗越大,空载电流就越小。

综上所述,可以得出以下重要的结论:

(1)变压器中主磁通 Φ_m 的大小主要取决于一次绕组电源电压、电源频率和一次绕组的匝数,而与变压器负载大小和磁路所用材料性质及尺寸基本无关。

(2)铁芯所用材料的导磁性能越好,则励磁电抗 x_m 越大,空载电流 I_0 就越小。因此,变压器(及其他电机)的铁芯都采用高磁导率的材料制成。

(3)铁芯的饱和程度越高,则导磁性能越差,励磁电抗也就越小,即励磁电流越大。因此,变压器在制造时应合理地选择铁芯截面面积,即合理地确定铁芯中的最大磁密 B_m ,对变压器(及其他电机)制造和运行性能有重要影响。

(4)铁芯接缝气隙对空载电流 I_0 大小的影响很大,气隙越大,主磁通回路的磁阻 r_m 就越大,励磁电抗 x_m 就越小,空载电流 I_0 就越大。因而工艺上要严格控制铁芯叠片的接缝之间的气隙。

(5)为控制变压器的铁芯损耗,应采用 0.35 ~ 0.5 mm 厚的含硅量较高的硅钢片及合理的叠片工艺,并选取合理的最大磁密 B_m 。这对长年接在线路上的电力变压器尤其重要。

八、空载时相量图

相量图能直观地反映各电磁量的大小和相位关系,变压器空载运行时的相量图如图 1-17 所示。变压器空载时的相量图作图步骤如下:

(1)以主磁通 $\dot{\Phi}_m$ 为参考相量,画在水平横轴上。

(2)根据公式 $\dot{E}_1 = -j4.44 f N_1 \dot{\Phi}_m$,$\dot{E}_2 = -j4.44 f N_2 \dot{\Phi}_m$ 画出电动势 $\dot{E}_1$ 和 $\dot{E}_2$,它们均滞后 $\dot{\Phi}_m$ $90°$。

(3)将空载电流 $\dot{I}_0$ 分解为有功分量 I_{0r} 和无功分量 $\dot{I}_{0h}$。$\dot{I}_{0h}$ 与 $\dot{\Phi}_m$ 同相,$\dot{I}_{0r}$ 超前 $\dot{I}_{0h}$ $90°$,$\dot{I}_{0r}$ 与 $\dot{I}_{0h}$ 相加得到 $\dot{I}_0$。

(4)根据公式 $\dot{U}_1 = -\dot{E}_1 + j\dot{I}_0 x_1 + \dot{I}_0 r_1$,依次做出相量 $-\dot{E}_1$、$j\dot{I}_0 x_1$、$\dot{I}_0 r_1$,叠加得到 $\dot{U}_1$。

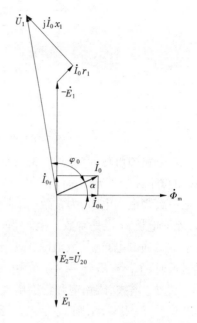

图 1-17 变压器空载时的相量图

$\dot{U}_1$ 和 $\dot{I}_0$ 之间的相位角 φ_0 为变压器空载时的功率因数角,从图 1-17 上可见 $\varphi_0 \approx 90°$,即变压器空载运行时功率因数 $\cos\varphi_0$ 很低。

注:在做此相量图时,各相量的长度应按实际量的比例进行确定,图 1-17 为使各量看得清楚,将相量 $\dot{I}_0$($\dot{I}_{0r}$、$\dot{I}_{0h}$)、$j\dot{I}_0 x_1$ 及 $\dot{I}_0 r_1$ 有意进行了放大。

任务三　变压器负载运行

将变压器的一次绕组接上电源电压,二次绕组接上负载,此时二次绕组中有负载电流流过,功率从变压器的一次绕组回路经交变主磁通传递到二次绕组回路,并提供给负载,变压器这样的运行状态称为负载运行。负载运行是变压器的主要运行状态,是应当进行重点分析的内容。

一、负载时的电磁过程

图 1-18 是单相变压器负载运行原理图。一次绕组接入额定频率、额定电压的交流电源,二次绕组所接的负载用阻抗 Z_L 表示,各物理量正方向如前所述。

变压器空载运行时,二次绕组中电流为零,一次线组回路只流过较小的空载电流 $\dot{I}_0$,它建立空载磁动势 $\vec{F}_0 = \dot{I}_0 N_1$,作用在铁芯磁路上产生主磁通 $\dot{\Phi}_m$,主磁通在一、二次绕组中分别感应出电动势 $-\dot{E}_1$ 和 $\dot{E}_2$。电源电压 $\dot{U}_1$ 与一次绕组的反电动势 $-\dot{E}_1$ 和一次绕组漏阻抗压降 $\dot{I}_0 z_1$ 相平衡,此时变压器处于空载运行时的电磁平衡状态。

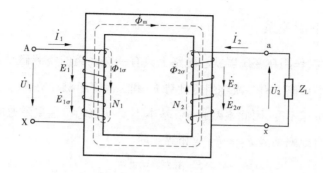

图 1-18　单相变压器负载运行原理图

当二次绕组接上负载,二次绕组流过电流 $\dot{I}_2$, $\dot{I}_2$ 建立起副边磁动势 $\vec{F}_2 = \dot{I}_2 N_2$,这个磁动势也作用在铁芯的主磁路上,它将使主磁通 $\dot{\Phi}_{\mathrm{m}}$ 趋于改变,电动势 $\dot{E}_1$ 也随之趋于改变,从而打破了原来的平衡状态,使一次绕组的电流也发生变化,一次绕组中的电流就由原来的 $\dot{I}_0$ 变为 $\dot{I}_1$,且一次绕组的磁动势大小就从 $\vec{F}_0$ 变为 $\vec{F}_1 = \dot{I}_1 N_1$,这时一、二次绕组建立的这两个磁动势共同作用在铁芯上形成合成磁动势 ($\vec{F}_1 + \vec{F}_2$) ,这个合成磁动势在铁芯中产生同时交链一、二次绕组的主磁通 $\dot{\Phi}_{\mathrm{m}}$ 。如前所述,由于外加电源电压 $\dot{U}_1$ 不变,主磁通 $\dot{\Phi}_{\mathrm{m}}$ 必须基本保持不变,正是一次绕组中电流 $\dot{I}_1$ 的相应改变(即磁动势 $\vec{F}_1$ 的改变)维持了铁芯中主磁通 $\dot{\Phi}_{\mathrm{m}}$ 不变,此时变压器处于负载运行时新的电磁平衡状态。

上述过程说明了二次绕组电流的变化引起一次绕组电流变化的原因。从功率的角度来看,当二次绕组接上负载,变压器有功率输出,而变压器自身是不产生能量的,它所提供给负载的功率只能从电源获取,即变压器输出的功率增加,则输入的功率就相应增加,输入的电流也相应增加了。这也说明了二次绕组电流增加引起一次绕组电流也随着增加的现象。

负载运行时, $\vec{F}_1$ 和 $\vec{F}_2$ 除共同建立铁芯中的主磁通 $\dot{\Phi}_{\mathrm{m}}$ 以外,还分别产生交链一、二次绕组的漏磁通 $\dot{\Phi}_{1\sigma}$ 和 $\dot{\Phi}_{2\sigma}$,并分别在一、二次绕组中感应出漏磁电动势 $\dot{E}_{1\sigma}$ 和 $\dot{E}_{2\sigma}$ 。同样可以用漏电抗压降的形式来表示一、二次绕组中的漏磁电动势,即 $\dot{E}_{1\sigma} = -\mathrm{j}\dot{I}_1 x_1$ 、 $\dot{E}_{2\sigma} = -\mathrm{j}\dot{I}_2 x_2$,其中 x_2 称为二次绕组漏电抗,对应于二次绕组的漏磁通 $\dot{\Phi}_{2\sigma}$,也是常数。

此外,一、二次绕组中电流 I_1 、 I_2 还会分别在一、二次绕组上产生电阻压降 $\dot{I}_1 r_1$ 和 $\dot{I}_2 r_2$ 。

综上所述,变压器负载运行时各物理量之间的关系可以表示如下:

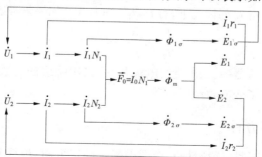

二、磁动势平衡关系

变压器空载时,作用在变压器铁芯磁路上只有一次绕组的空载磁动势 $\vec{F}_0$。负载时,作用在变压器铁芯磁路上有一次绕组磁动势 $\vec{F}_1$ 和二次绕组磁动势 $\vec{F}_2$。由于空载运行与负载运行时电源电压不变,因此主磁通 $\dot{\Phi}_m$ 基本不变,那么,产生主磁通的空载磁动势 $\vec{F}_0$ 和负载运行时的合成磁动势 $\vec{F}_1 + \vec{F}_2$ 应相等。即

$$\vec{F}_1 + \vec{F}_2 = \vec{F}_0 \tag{1-27}$$

或

$$\dot{I}_1 N_1 + \dot{I}_2 N_2 = \dot{I}_0 N_1 \tag{1-28}$$

式(1-27)、式(1-28)称为变压器的磁动势平衡方程式,它决定了变压器一、二次绕组间电流的关系,是一个极为重要的公式。

如果忽略 $\dot{I}_0$,则 $\dot{I}_1 N_1 = -\dot{I}_2 N_2$,二次绕组磁动势与一次绕组磁动势方向相反,即二次绕组磁动势对一次绕组磁动势起去磁作用。

若将式(1-28)中的 $\dot{I}_2 N_2$ 移到等式右边,得

$$\dot{I}_1 N_1 = \dot{I}_0 N_1 + (-\dot{I}_2 N_2) \tag{1-29}$$

从式(1-29)可知,负载时,一次绕组磁动势 $\vec{F}_1 = \dot{I}_1 N_1$ 由两个分量组成,第一部分 $\dot{I}_0 N_1$ 为励磁分量,用来产生负载时的主磁通 $\dot{\Phi}_m$;第二部分 $-\dot{I}_2 N_2$ 称为负载分量磁动势,用来补偿二次绕组磁动势的去磁作用,维持主磁通不变。

将式(1-29)磁动势平衡式两边同时除以 N_1,得

$$\dot{I}_1 = \dot{I}_0 + (-\dot{I}_2 \frac{N_2}{N_1}) = \dot{I}_0 + (-\frac{\dot{I}_2}{k}) = \dot{I}_0 + \dot{I}_{1L} \tag{1-30}$$

式中 $\dot{I}_{1L}$——一次绕组电流的负载分量, $\dot{I}_{1L} = -\dot{I}_2/k$。

式(1-30)表明,变压器负载运行时,原边回路电流由两个分量组成,其中 $\dot{I}_0$ 用来产生主磁通 $\dot{\Phi}_m$,称为励磁分量;另一部分 $\dot{I}_{1L} = -\dot{I}_2/k$ 用来补偿二次绕组电流的去磁作用,称为负载分量。通过式(1-30)也可以得出变压器中的能量传递过程:当变压器的二次绕组电流改变时,必将引起一次绕组电流的改变,用以平衡二次绕组电流所产生的影响,即二次绕组输出功率发生变化,必然同时引起一次绕组从电网中吸取功率的变化。电能就是通过这样的方式由一次绕组传送到二次绕组的。

由式(1-30),在忽略 $\dot{I}_0$ 的情况下,有 $\dot{I}_1 N_1 = -\dot{I}_2 N_2$,如果只考虑 $\dot{I}_1$ 和 $\dot{I}_2$ 的绝对值,则

$$\frac{I_1}{I_2} = \frac{N_2}{N_1} = \frac{1}{k} \tag{1-31}$$

式(1-31)表明,变压器一、二次绕组电流与一、二次绕组的匝数成反比。这说明变压器在变压的同时,也起了变流的作用。

三、电动势平衡方程

按图 1-18 单相变压器负载运行原理图中规定的正方向,根据基尔霍夫第二定律,可

列出变压器负载时一、二次绕组的电动势平衡方程式，即

$$\dot{U}_1 = -\dot{E}_1 - \dot{E}_{1\sigma} + \dot{I}_1 r_1 = -\dot{E}_1 + j\dot{I}_1 x_1 + \dot{I}_1 r_1 = -\dot{E}_1 + \dot{I}_1 z_1 \tag{1-32}$$

$$\dot{U}_2 = \dot{E}_2 + \dot{E}_{2\sigma} - \dot{I}_2 r_2 = \dot{E}_2 - j\dot{I}_2 x_2 - \dot{I}_2 r_2 = \dot{E}_2 - \dot{I}_2 z_2 \tag{1-33}$$

$$\dot{U}_2 = \dot{I}_2 Z_L \tag{1-34}$$

式中　z_2——二次绕组漏阻抗，它也是常数，与负载的大小无关，$z_2 = r_2 + j x_2$；

　　　　Z_L——负载阻抗，$Z_L = R_L + j X_L$。

综上所述，将变压器负载时的基本电磁关系归纳起来，可得以下基本方程组：

$$\left. \begin{aligned} \dot{U}_1 &= -\dot{E}_1 + \dot{I}_1(r_1 + j x_1) \\ \dot{U}_2 &= \dot{E}_2 - \dot{I}_2(r_2 + j x_2) \\ \dot{I}_1 &= \dot{I}_0 + (-\dot{I}_2/k) \\ E_1/E_2 &= k \\ \dot{E}_1 &= -\dot{I}_0 z_m \\ \dot{U}_2 &= \dot{I}_2 Z_L \end{aligned} \right\} \tag{1-35}$$

以上这六个方程式，反映了变压器负载运行时各电磁量的主要关系。利用这组联立方程式，便能对变压器进行定量的分析计算。例如，当已知电源电压 $\dot{U}_1$、变比 k 和参数 z_1、z_2、z_m 以及负载阻抗 Z_L 时，就能从上述六个方程式求出六个未知量 $\dot{I}_1$、$\dot{I}_2$、$\dot{I}_0$、$\dot{E}_1$、$\dot{E}_2$ 和 $\dot{U}_2$。但是解联立复数方程组是非常复杂的，为了便于分析和简化计算，通常引入了变压器负载分析的折算法。

四、折算

通过联立方程组(1-35)对变压器进行定量分析计算的难度很大，困难的关键在于变压器一、二次绕组的匝数不同。折算就是用一台一、二次绕组匝数相等（$N_2' = N_1$）的假想变压器，来等效地代替一、二次绕组匝数不相等的实际变压器的计算方法。所谓等效，就是折算前后变压器内部的电磁效应不变，即折算前后磁动势平衡、功率传递、有功功率损耗和漏磁场储能等均保持不变。

在变压器中，常把二次绕组（低压侧）折算到一次绕组（高压侧），即把二次绕组匝数变换成一次绕组的匝数，折算后的变压器一、二次绕组匝数相同，即折算后的变压器的变比为1。折算后，二次绕组各物理量的数值，称为二次绕组折算到一次绕组的折算值。折算值用原来二次绕组各物理量的符号在右上角加上一撇"′"来表示。例如，二次绕组各物理量的折算值为 N_2'、U_2'、E_2'、I_2'、r_2'、x_2'、Z_L' 等。

下面根据变压器折算的原则（$N_2' = N_1$），导出折算值。

1. 电动势的折算值

$$\frac{E'_2}{E_1} = \frac{N'_2}{N_1} = \frac{N_1}{N_1} = 1$$

根据折算前后二次绕组磁动势不变的原则,则主磁通不变。因折算后变压器二次绕组匝数与一次绕组匝数相等,可得

$$E'_2 = k E_2 = E_1 \tag{1-36}$$

同理

$$U'_2 = k U_2 = U_1 \tag{1-37}$$

2. 电流的折算

根据折算前后二次绕组磁动势不变的原则,可得

$$N'_2 I'_2 = N_2 I_2$$

即

$$I'_2 = \frac{N_2}{N'_2} I_2 = \frac{N_2}{N_1} I_2 = \frac{1}{k} I_2 \tag{1-38}$$

3. 漏阻抗的折算

根据折算前后二次绕组电阻上所消耗的铜损不变的原则,可得

$$I'^2_2 r'_2 = I^2_2 r_2$$

即

$$r'_2 = \left(\frac{I_2}{I'_2}\right)^2 r_2 = k^2 r_2 \tag{1-39}$$

根据折算前后二次绕组漏电抗上所消耗的无功功率不变的原则,可得

$$I'^2_2 x'_2 = I^2_2 x_2$$

$$x'_2 = k^2 x_2 \tag{1-40}$$

即

4. 负载阻抗的折算

根据折算前后变压器输出的视在功率不变的原则,可得

$$I'^2_2 Z'_L = I^2_2 Z_L$$

同理有

$$Z'_L = k^2 Z_L \tag{1-41}$$

综上所述,把二次绕组各物理量折算到一次绕组时,凡单位是伏特的物理量折算值等于原值乘以变比 $k(k > 1)$,凡单位为安倍的物理量折算值等于原值除以变比 k,凡单位为欧姆的物理量折算值等于原值乘以 k^2。若已知折算值,可用逆运算的方法求得实际值。

折算后,式(1-35)的基本方程组将变为

$$\left.\begin{aligned}
\dot{U}_1 &= -\dot{E}_1 + \dot{I}_1(r_1 + j x_1) \\
\dot{U}'_2 &= \dot{E}'_2 - \dot{I}'_2(r'_2 + j x'_2) \\
\dot{I}_1 &= \dot{I}_0 - \dot{I}'_2 \\
\dot{E}_1 &= \dot{E}'_2 = -\dot{I}_0(r_m + j x_m) \\
\dot{U}'_2 &= \dot{I}'_2 Z'_L
\end{aligned}\right\} \tag{1-42}$$

五、负载时的等效电路

根据基本方程组(1-42),可推出负载运行时变压器的等效电路。

（一）"T"形等效电路

根据方程式 $\dot{U}_1 = -\dot{E}_1 + \dot{I}_1 r_1 + j\dot{I}_1 x_1$，可画出一次绕组的等效电路；根据方程式 $\dot{U}_2' = \dot{E}_2' - \dot{I}_2'(r_2' + jx_2')$，可画出二次绕组的等效电路，如图 1-19（a）所示。因为把一、二次绕组中的分布参数用了等效的集中参数 r_1、x_1、r_2'、x_2' 表示，并移到绕组外，则一、二次绕组成为了一个有 N_1 匝没有电阻和漏抗的"理想"绕组，如图 1-19（a）中的 bh、$b'h'$ 所示。在一、二次绕组的理想绕组中，只有电动势 $\dot{E}_1$、$\dot{E}_2'$，且 $\dot{E}_1 = \dot{E}_2'$，若将一、二次绕组合并在一起（bb'、hh' 分别接在一起）成为一个绕组，就将磁耦合的变压器变成了有直接电联系的等效电路。此时，一次绕组中的电流为 $\dot{I}_1 = \dot{I}_0 - \dot{I}_2'$，而根据 $-\dot{E}_1 = \dot{I}_0(r_m + jx_m)$，则 E_1 所在的回路可用 r_m 和 x_m 的串联电路来表示。最后得到如图 1-19（b）所示的变压器"T"形等效电路。

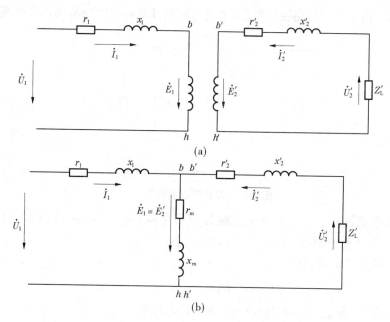

（a）

（b）

图 1-19　变压器"T"形等效电路图

图 1-19（b）电路中各参数的意义，在前面都已分别作过介绍。这里再明确一下：二次绕组的各量，都是已折算到一次绕组的量，由 r_m、x_m 组成的回路称为变压器的励磁回路；由 z_2' 和 Z_L' 所组成的回路称为负载回路。

（二）近似等效电路

"T"形等效电路虽然能准确地表达变压器内部的电磁关系，但其结构为串、并联混合电路，运算较繁。考虑到 $z_m \gg z_1$，$I_{1N} \gg I_0$，因而压降 $\dot{I}_0 z_1$ 很小，可忽略不计；同时，当 $\dot{U}_1$ 一定时，负载变化时 $\dot{E}_1$ 变化很小，可以认为 $\dot{I}_0$ 不随负载的变化而变化。这样，便可把"T"形等效电路中的励磁支路移到电源端，励磁支路移动后，使负载支路电压和励磁支路电压略有升高，造成了很小的误差，故称为近似"Γ"形等效电路，如图 1-20 所示。

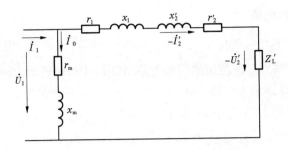

图 1-20　变压器近似"Γ"形等效电路

（三）简化等效电路

变压器的空载电流很小，在实际工程中可以忽略不计，即可去掉励磁支路，从而可由近似等效电路进一步得到一个简单的串联电路，如图 1-21 所示，这个电路称为变压器的简化等效电路。由于这个电路很简单，用来进行定量计算和定性分析都非常方便。

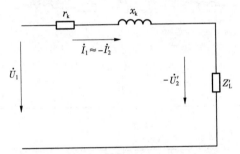

图 1-21　简化等效电路图

简化等效电路图中，$r_k = r_1 + r'_2$，称为短路电阻；$x_k = x_1 + x'_2$，称为短路电抗；$z_k = r_k + j x_k$，称为短路阻抗。

对应于简化等效电路，有

$$\dot{U}_1 = -\dot{U}'_2 + \dot{I}_1 r_k + j\dot{I}_1 x_k \qquad (1\text{-}43)$$

对应短路阻抗，称 $\varphi_k = \tan^{-1}(x_k / r_k)$ 为短路阻抗角。

从变压器一次绕组所接的电网来看，变压器只不过是整个电力系统中的一个元件，有了等效电路，就很容易用一个等效阻抗接在电网上来代替整个变压器及其所带的负载，这对研究和计算电力系统的运行情况带来很大的方便，从这一点看，等效电路的作用尤其显著。

六、负载时的相量图

前面已对基本方程式和等效电路作了介绍，下面就变压器在不同运行情况下的相量图的作法及相量图的应用进行介绍。

根据式（1-43）和图 1-20，假设变压器带一感性负载，并已知 $\dot{U}_2$、$\dot{I}_2$ 和 $\cos\varphi_2$ 及变压器的各个参数，画相量图的步骤如下：根据变比 k 求出 $\dot{U}'_2$，按比例画出 $\dot{U}'_2$ 和 $\dot{I}'_2$ 相量，它们的夹角是 φ_2。在 $\dot{U}'_2$ 末端加上一次漏阻抗压降 $\dot{I}'_2 r'_2$ 和 $j\dot{I}'_2 x'_2$，得到电动势 $\dot{E}'_2$，同时也得到了

$\dot{E}_1$ ($\dot{E}_1 = \dot{E}'_2$)。相应得出 $-\dot{E}_1$ 相量,主磁通 $\dot{\Phi}_m$ 领先 $\dot{E}_1 90°$, Φ_m 的大小根据 $E_1 = 4.44 f N_1 \Phi_m$ 算出。励磁电流 $\dot{I}_0 = \dot{E}_1 / z_m$,相位落后于 $-\dot{E}_1$ 一个角度 $\varphi_0 = \tan^{-1}(x_m / r_m)$,有了 $\dot{I}_0$ 和 I'_2 后,根据 $\dot{I}_1 = \dot{I}_0 + (-\dot{I}'_2)$ 便可求出 $\dot{I}_1$ 相量。再在 $-\dot{E}_1$ 上加上一次漏阻抗 $\dot{I}_1 r_1$ 和 $j\dot{I}_1 x_1$,便可得出一次绕组电压 $\dot{U}_1$。$\dot{U}_1$ 与 $\dot{I}_1$ 之间的夹角 φ_1 是一次绕组输入功率的功率因数角。负载时相量图如图 1-22 所示。

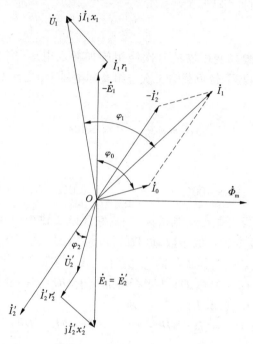

图 1-22 变压器负载时的相量图

对应变压器的简化等效电路,有 $\dot{U}_1 = -\dot{U}'_2$, $\dot{U}'_2 = \dot{I}'_2 Z'_L$, $\dot{I}_1 = -\dot{I}'_2$,这三个关系式是画出简化相量图的依据。作图时,假设已知 $\dot{U}_2$、$\dot{I}_2$ 和 $\cos\varphi_2$ 及变压器的参数 r_k、x_k,以 $\dot{U}'_2$ 为参考相量,根据 φ_2 角绘出 $\dot{I}'_2$。再由 $\dot{U}_1 = -\dot{U}'_2$ 得出 $\dot{U}_1$。变压器带感性负载时的简化相量图如图 1-23 所示。

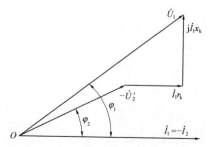

图 1-23 变压器带感性负载时的简化相量图

任务四 变压器的运行特性

变压器负载运行时,标志变压器特性的主要指标是电压变化率和效率。电压变化率是反映变压器供电质量的质量指标,效率是反映变压器运行时的经济指标。

一、电压变化率和外特性

(一)电压变化率

所谓电压变化率是指当变压器的一次绕组施加额定电压,空载时的二次绕组电压 U_{20} 与在给定负载功率因数下带负载时二次绕组实际电压 U_2 之差($U_{20} - U_2$),与二次绕组额定电压的比值,即

$$\Delta U = \frac{U_{20} - U_2}{U_{2N}} \times 100\% \tag{1-44}$$

也可写成

$$\Delta U = \frac{k(U_{20} - U_2)}{k\,U_{2N}} \times 100\% = \frac{U_{1N} - U_2'}{U_{1N}} \times 100\% = (1 - U_2^*) \times 100\% \tag{1-45}$$

电压变化率是变压器的主要性能指标之一,它反映了供电电压的质量(电压的稳定性)。电压变化率可根据变压器的参数、负载的性质和大小,由简化相量图求出。

图 1-24 是带感性负载时变压器的简化相量图。ΔU 与阻抗标幺值的关系可以通过作图法求出。延长 OC,以 O 为圆心,OA 为半径画弧交于 OC 的延长线上 P 点,作 $BF \perp OP$,作 $AE /\!/ BF$,并交 OP 于 D 点,取 $DE = BF$。则

$$U_{1N} - U_2' = OP - OC = CF + FD + DP$$

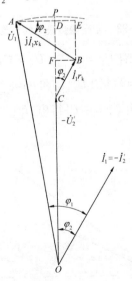

图 1-24 用标幺值表示的简化相量图

因为 DP 很小,可忽略不计,又因为 $FD = BE$,故

$$U_{1N} - U_2' = CF + BE = CB\cos\varphi_2 + AB\sin\varphi_2 = I_1 r_1 \cos\varphi_2 + I_1 x_1 \sin\varphi_2$$

则
$$\Delta U = \frac{U_{1N} - U_2'}{U_{1N}} = \frac{I_1 r_k \cos \varphi_2 + I_1 x_k \sin \varphi_2}{U_{1N}}$$

因为
$$I_1 = \frac{I_1}{I_{1N}} I_{1N} = \beta I_{1N}$$

于是可得

$$\Delta U = \frac{\beta I_{1N} r_k \cos \varphi_2 + \beta I_{1N} x_k \sin \varphi_2}{U_{1N}} = \frac{\beta (r_k \cos \varphi_2 + x_k \sin \varphi_2)}{U_{1N} / I_{1N}} = \beta (r_k^* \cos \varphi_2 + x_k^* \sin \varphi_2)$$

$$(1-46)$$

从式(1-46)可以看出,变压器负载运行时的电压变化率,与变压器所带负载的大小(β)、负载的性质($\cos \varphi_2$)及变压器的阻抗参数(r_k、x_k)有关。在实际变压器中,x_k^*比r_k^*大很多倍,故在纯电阻负载时($\cos \varphi_2 = 1$),电压变化率很小;在感性负载时,$\varphi_2 > 0$,ΔU为正值,说明这时变压器二次绕组电压比空载时低;带容性负载时,$\varphi_2 < 0$,$\sin \varphi_2$为负值,当$| x_k^* \sin \varphi_2 | > | r_k^* \cos \varphi_2 |$时,$\Delta U$为负值,此时二次绕组电压比空载时高。当$\cos \varphi_2 = 0.8$(感性)时,$\Delta U = 4\% \sim 5.5\%$。故国家标准规定,电力变压器高压绕组要有抽头,用分接开关在额定电压±5%范围内进行调节。

【例1-1】 一台单相变压器,$S_N = 100$ kVA,$U_{1N} / U_{2N} = 3\ 464$ V/230 V,$I_{1N} / I_{2N} = 28.9$ A/434.8 A,绕组用铜线绕制。通过试验时,测算得该变压器的$r_{k75 °C}^* = 0.008$,$x_k^* = 0.052$。试求:在额定负载下,功率因数:(1)$\cos \varphi_2 = 0.8$(感性);(2)$\cos \varphi_2 = 0.8$(容性);(3)$\cos \varphi_2 = 1$三种情况下的电压变化率。

解: 由已知可得$r_{k75 °C}^* = 0.008$,$x_k^* = 0.052$。

(1)当额定负载($\beta = 1$),功率因数$\cos \varphi_2 = 0.8$(感性)时,则$\sin \varphi_2 = 0.6$,代入式(1-46)得

$$\Delta U = 1 \times (0.008 \times 0.8 + 0.052 \times 0.6) = 0.037\ 6 = 3.76\%$$

即二次绕组电压相对于额定电压降低了3.76%。

(2)当额定负载($\beta = 1$),功率因数$\cos \varphi_2 = 0.8$(容性)时,则$\sin \varphi_2 = -0.6$,代入式(1-46)得

$$\Delta U = 1 \times (0.008 \times 0.8 - 0.052 \times 0.6) = -0.024\ 8 = -2.48\%$$

即二次绕组电压相对于额定电压升高了2.48%。

(3)当额定负载($\beta = 1$),功率因数$\cos \varphi_2 = 1$时,则$\sin \varphi_2 = 0$,代入式(1-46)得

$$\Delta U = 1 \times 0.008 \times 1 = 0.008 = 0.8\%$$

即二次绕组电压相对于额定电压降低了0.8%。

(二)外特性

从前面的分析可见,变压器运行时,变压器输出电压随负载的变化而变化,变压器的外特性就是用来描述变压器二次绕组输出电压随负载变化的规律。

通过相应的变压器负载试验可知,当$U_1 = U_{1N}$,$\cos \varphi_2 = $常数时,二次绕组输出电压随负载电流变化的规律$U_2 = f(I_2)$,如图1-25所示。图中,纵、横坐标可用实际值$U_2$、$I_2$表示,也可用标幺值$U_2^*$、$I_2^*$表示。从图1-25中可以看出,变压器带纯电阻负载时,二次绕

组输出电压下降,电压变化比较小;带感性负载时,二次绕组输出电压也下降,且电压变化较大;而带容性负载时,电压变化可能是负值,即随着负载电流的增加,变压器二次绕组输出电压会上升。

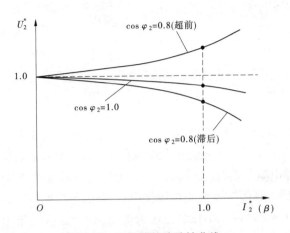

图 1-25 变压器的外特性曲线

(三)变压器的电压调整

从上述分析可见,变压器运行时,二次绕组输出电压随负载变化而变化。如果电压变化太大,则会给用户带来不良影响,为了保证输出电压在一定范围内变化就必须进行电压调整。

变压器调压的原理是根据 $U_1 : U_2 = N_1 : N_2$,变压器的高压侧线圈设有抽头,通过调整变压器高压侧线圈的匝数就可对二次绕组的输出电压进行调整。变压器一次绕组所施电压 U_1 的大小由电源决定,可看成是一常数,输出电压 $U_2 = (N_2 / N_1) U_1$ 。

若变压器为升压变压器,N_2 为高压绕组匝数,可通过调整 N_2 对输出电压 U_2 进行调整,N_2 增加则 U_2 增加;反之则 U_2 减小。由于这时电源侧 U_1 、N_1 为定数,磁通不变,因此这种调压方式为恒磁通调压。

若变压器为降压变压器,N_1 为高压绕组匝数,可通过调整 N_1 对输出电压 U_2 进行调整,N_1 增加则 U_2 减小,反之则 U_2 增加。由于这时电源侧 N_1 改变,调整电压时磁通会发生改变,因此这种调压方式为变磁通调压。

变压器的分接头之所以在高压绕组抽出,是因为变压器高压绕组通常套在最外面,分接头引线方便,其次高压侧电流小,分接线和分接开关的载流部分截面小,制造方便,运行中也不容易发生故障。

对于小容量变压器,线圈设有三个抽头,即 $U_N \pm 5\%$ 的抽头;对于容量稍大一些的变压器,线圈设有五个抽头,即 $U_N \pm 2.5\%$ 和 $U_N \pm 5\%$ 的抽头。因此,变压器的输出电压可通过分接开关在额定电压上、下5%范围内进行调压。

二、效率特性

变压器工作时,存在着两种基本损耗。其一是铜损 p_{Cu} ,它是一、二次绕组中的电流流过相应的绕组电阻形成的,其大小为

$$p_{\mathrm{Cu}} = I_1^2 (r_1 + r_2') = \left(\frac{I_1}{I_{1N}}\right)^2 I_{1N}^2 r_k = \beta^2 p_{kN} \tag{1-47}$$

式(1-47)表明,变压器的铜损等于负载系数的平方与额定铜损的乘积,即铜损与负载的大小有关,所以铜损又称为可变损耗。

变压器另一损耗是铁损 p_{Fe}。当电源电压不变时,变压器主磁通幅值基本不变,铁损也是不变的,而且近似地等于空载损耗 p_0。因此,把铁损叫作不变损耗。

此外,还有很少的其他损耗,统称为附加损耗,计算变压器的效率时往往忽略不计,因此,变压器的总损耗为

$$\sum p = p_{\mathrm{Cu}} + p_{\mathrm{Fe}} = \beta^2 p_{kN} + p_0 \tag{1-48}$$

变压器的效率为输出的有功功率 P_2 与输入的有功功率 P_1 之比,用 η 表示,其计算公式为

$$\eta = \frac{P_2}{P_1} \times 100\% = \frac{P_1 - \sum p}{P_1} \times 100\% = \left(1 - \frac{\sum p}{P_2 + \sum p}\right) \times 100\% \tag{1-49}$$

对于变压器的输出功率

$$P_2 = \sqrt{3}\, U_2 I_2 \cos\varphi_2 \approx \sqrt{3}\, U_{2N}\beta I_{2N}\cos\varphi_2 = \beta S_N \cos\varphi_2 \tag{1-50}$$

式中,$U_2 \approx U_{2N}$,$S_N = \sqrt{3}\, U_{2N} I_{2N}$ 是变压器的额定容量。

将式(1-48)和式(1-50)代入式(1-49)中,则得到变压器效率的实用计算公式

$$\eta = 1 - \frac{p_0 + \beta^2 p_{kN}}{\beta S_N \cos\varphi_2 + p_0 + \beta^2 p_{kN}} \tag{1-51}$$

对于给定的变压器,p_0 和 p_{kN} 是一定的,可以通过空载试验和短路试验测定。由式(1-51)不难看出,当负载的功率因数也一定时,效率只与负载系数有关,可用图1-26 的曲线表示。

由图1-26 中的效率曲线可知,变压器的效率有一个最大值 η_{m}。进一步的数学分析证明,当变压器的铜损等于空载损耗时,变压器的效率达到最大值,即当 $p_0 = \beta^2 p_{kN} = p_{\mathrm{Cu}}$ 时变压器效率最高。所以

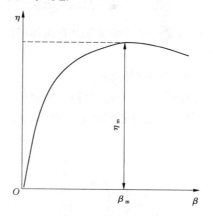

图1-26　变压器的效率曲线

$$\beta_{\mathrm{m}} = \sqrt{\frac{p_0}{p_{kN}}} \tag{1-52}$$

式(1-52)中的 β_{m} 是效率最高时的负载系数。由图1-26 可看出,当 $\beta < \beta_{\mathrm{m}}$ 时,变压器的效率急剧上升,而 $\beta > \beta_{\mathrm{m}}$ 时,变压器的效率下降得不多。所以,要使变压器有较高的运行效率,就不要让变压器在较低的负荷下运行。

【例1-2】　一台容量为100 kVA 的单相变压器,$U_{1N} / U_{2N} = 6\,000\ \mathrm{V}/230\ \mathrm{V}$,空载损耗 $p_0 = 600\ \mathrm{W}$,短路损耗 $p_{kN} = 2\,100\ \mathrm{W}$。求变压器带额定负载,$\cos\varphi_2 = 0.8$(滞后)时

的效率及最高效率。

解: (1)变压器额定负载时的负载系数 $\beta = 1$。

变压器的运行效率

$$\eta = 1 - \frac{p_0 + \beta^2 p_{kN}}{\beta S_N \cos \varphi_2 + p_0 + \beta^2 p_{kN}} = 1 - \frac{600 + 2\,100}{1 \times 100 \times 10^3 \times 0.8 + 600 + 2\,100} = 0.967$$

(2)最高效率时的负载系数 β_m。

$$\beta_m = \sqrt{\frac{p_0}{p_{kN}}} = \sqrt{\frac{600}{2\,100}} = 0.534$$

(3)最高效率 η_m

$$\eta_m = 1 - \frac{2 p_0}{\beta_m S_N \cos \varphi_2 + 2 p_0} = 1 - \frac{2 \times 600}{0.534 \times 100 \times 10^3 \times 0.8 + 2 \times 600} = 0.973$$

任务五　三相变压器

现代电力系统均采用三相制,因此三相变压器的应用极为广泛。三相变压器在对称负载下运行时,各相电流、电压的大小相等,相位互差120°,就其一相而言,与单相变压器没有什么区别。因此,分析单相变压器的方法,如基本方程式、等效电路、相量图以及性能计算公式,完全适用于对称运行的三相变压器,这里不再重复。本任务主要讨论三相变压器的几个特殊问题,即三相变压器的磁路系统、三相变压器绕组的连接方式和连接组别、三相变压器绕组连接方式和磁路系统对电动势波形的影响等。

一、三相变压器的磁路系统

目前采用的三相变压器有两种结构形式:一种是三相变压器组;另一种是三相芯式变压器。

(一)三相变压器组

三相变压器组由三台独立的单相变压器按一定的方式作三相连接,构成一台三相变压器,其特点是每相有独立的磁路,如图1-27所示。

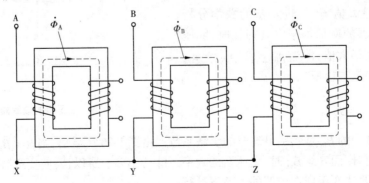

图1-27　三相变压器组磁路系统图

(二)三相芯式变压器

三相芯式变压器磁路由三个单相铁芯演变而成。把三个单相铁芯合并成如图1-28(a)所示的结构,则通过中间芯柱的磁通,应为三相磁通的总和。如果外施电源为一对称的三相交流电压,则三相磁通的总和 $\dot{\Phi}_A + \dot{\Phi}_B + \dot{\Phi}_C = 0$,即中间铁芯柱无磁通通过,因此可以省去中间芯柱而对变压器的运行状况无什么影响,形成如图1-28(b)所示的铁芯。为了使结构简单、制造工艺方便和节省材料,可将三个铁芯柱安排在同一个平面内,如图1-28(c)所示,这就是目前广泛采用的芯式变压器的铁芯结构。在这样的磁路系统中,每相的主磁通都要借另外两相的磁路闭合,所以这种磁路系统是彼此有关的。

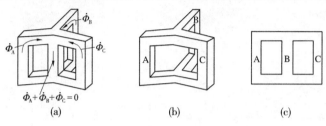

图1-28 三相芯式变压器磁路系统图

由图1-28(c)可见,芯式变压器三相磁路长度不等,两边两相磁路的磁阻比中间相的磁阻大,故两边相 A 和 C 的空载电流大于中间相 B 的空载电流,不过由于空载电流较小,在带负载的情况下空载电流的差别对变压器的影响很小,可忽略不计,仍可把它看作三相对称系统。

二、三相变压器绕组的连接方式和连接组别

变压器不但能改变电压的大小,变压器也会使高、低压侧的电压具有不同的相位关系。所谓变压器的连接组别,就是讨论高、低压侧的连接以及高、低压侧电压(电动势)之间的相位关系。

(一)三相绕组的连接方式

在三相变压器中,通常用大写字母 A、B、C 表示高压绕组的首端,用 X、Y、Z 表示高压绕组的末端;用小写字母 a、b、c 表示低压绕组的首端,用 x、y、z 表示低压绕组的末端,星形连接的中点用 N(高压侧)或 n(低压侧)表示。

在三相变压器中,不论是一次绕组或二次绕组,我国最常用的有星形和三角形两种连接方法。高压绕组的星形、三角形连接分别用 Y、D 表示;低压绕组的连接用 y、d 表示。把代表变压器绕组连接方法的符号按高压、低压的顺序写在一起,就是变压器的连接。例如:高压绕组为星形连接,低压绕组为星形连接并中点引出,则此变压器连接为 Y,yn;高压绕组为星形连接并中性点引出,低压绕组为三角形连接,则绕组连接为 YN,d。

星形接法:将三个绕组的末端 X、Y、Z 连接在一起,而把它们的三个首端 A、B、C 引出,便构成星形连接,如图1-29(a)所示。

三角形连接:将一个绕组的末端与另一个绕组的首端连接在一起,顺次构成一个闭合回路,便是三角形连接。三角形连接可以按 a—xc—zb—ya 的顺序连接,称为逆序三角形连接,如图1-29(b)所示;也可以按 a—xb—yc—za 的顺序连接,称为顺序三角形连接,如

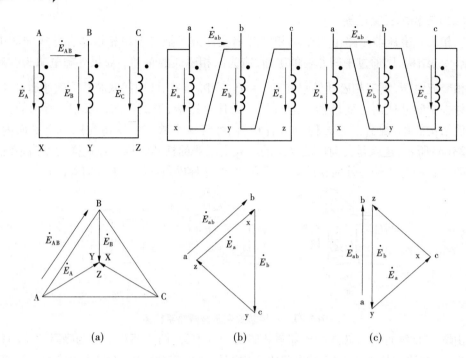

图 1-29 三相绕组连接方式

图 1-29(c)所示。

（二）单相绕组的极性

单相变压器的原、副绕组被同一主磁通 $\dot{\Phi}$ 所交链,当 $\dot{\Phi}$ 交变时,在原、副绕组中感应电动势有一定的极性关系,即在任一瞬间,高压绕组的某一端头的电位若为正时,低压绕组必有一个端头的电位也为正,这两个具有相同极性的端头,称为同名端。对同名端在端头用符号"·"表示。

如图 1-30(a)所示的单相绕组,高、低压绕组绕向相同,当 $(d\varphi/dt) < 0$ 瞬间,根据楞次定律可判定两个绕组感应电动势的实际方向,均由绕组上端指向下端,在此瞬间,两个绕组的上端同为负电位,即为同名端,而两个绕组的下端同为正电位,也为同名端。同理,当 $(d\varphi/dt) > 0$ 瞬间,同名端的关系仍然没有改变。将两绕组极性不相同的端子称为异名端。

用同样的方法分析,如果两绕组绕向不同,同名端的标记就要改变,如图 1-30(b)所示。可见,单相绕组的极性与绕组的绕向有关。

对于绕制好的变压器来说,绕组的绕向是一定的,因此同名端也就是确定了的。

（三）单相变压器的连接组别

连接组别即是用来表述变压器高、低压绕组的接法及高、低压侧感应电动势（电压）的相位关系。

由于变压器的电动势（电压）为交变量,因此先规定高、低压绕组相电动势的正方向：各绕组相电动势正方向从首端指向尾端,即高压绕组相电动势正方向为 $\dot{E}_{AX}$,为简便用

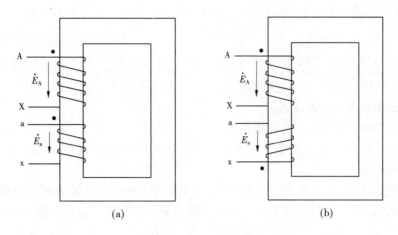

(a) (b)

图 1-30 单相绕组的极性

$\dot{E}_A$ 表示,低压绕组相电动势正方向为 $\dot{E}_{ax}$,也用 $\dot{E}_a$ 表示,如图 1-31 所示。

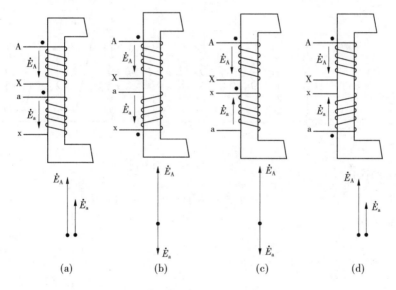

(a) (b) (c) (d)

图 1-31 单相变压器高、低压绕组相电动势的相位关系

对于单相变压器来说,高、低压绕组相电动势之间只有两种相位关系:

(1)若高、低压绕组首端 A 与 a 为同名端,则高、低压相电动势 $\dot{E}_A$、$\dot{E}_a$ 相位相同;

(2)若高、低压绕组首端 A 与 a 为异名端,则高、低压相电动势 $\dot{E}_A$、$\dot{E}_a$ 相位相反。

对于上述相位问题,通常用"连接组别"这一表示方法来表明高、低压绕组的连接法及其电动势的相位关系,相位关系采用"时钟法"进行表示,所谓"时钟法"是指:把变压器高压侧线电动势相量 $\dot{E}_{AB}$ 看成时钟的长针,并固定指向时钟的"12"点,把低压侧同名线电动势的相量 $\dot{E}_{ab}$ 看成时钟的短针,短针所指的时数就是变压器组别的标号。对于单相变压器,上述电动势指相电动势。用"时钟法"表示高、低压侧电动势的相位关系简捷、明了。

单相变压器高、低压绕组的连接用 I,I 表示。如图 1-31(a)、(d)的单相变压器,其高、低压绕组首端 A 与 a 为同名端,高、低压相电动势 $\dot{E}_A$、$\dot{E}_a$ 相位相同,所以它的连接组别为 I,I0;如图 1-31(b)、(c)的单相变压器,其高、低压绕组首端 A 与 a 为异名端,高、低压相电动势 $\dot{E}_A$、$\dot{E}_a$ 相位相反,所以它的连接组别为 I,I6。单相变压器的标准连接组别为 I,I0。

(四)三相变压器的连接组别

1.三相变压器的连接及电动势相量图

三相变压器的高、低压绕组主要有星形连接和三角形连接两种连接法。

1)星形连接

以高压绕组星形连接为例,其接线及电动势相量图如图 1-32(a)所示。因为绕组为星形连接,相电动势相量的尾端为等电位,因此将相电动势尾端连在一起。在图 1-32(a)所规定的正方向下,有 $\dot{E}_{AB} = \dot{E}_A - \dot{E}_B$,$\dot{E}_{BC} = \dot{E}_B - \dot{E}_C$,$\dot{E}_{CA} = \dot{E}_C - \dot{E}_A$。各相量相位关系如图 1-32(a)所示。

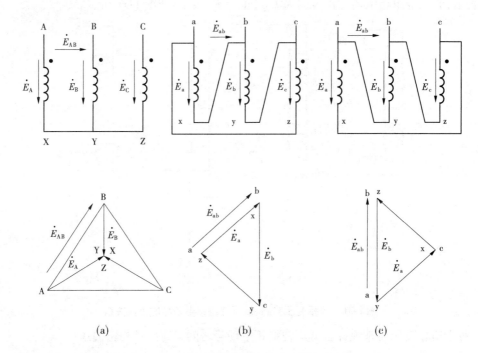

图 1-32　三相绕组的连接及电动势相量图

2)三角形连接

(1)以低压绕组逆序三角形连接为例,其接线及电动势相量图如图 1-32(b)所示,根据绕组的连接,将 a 相电动势相量的尾端与 b 相电动势相量的首端相连接,c 相电动势相量的连接关系类推。在图 1-32(b)所规定的正方向下,有 $\dot{E}_{ab} = \dot{E}_a$,$\dot{E}_{bc} = \dot{E}_b$,$\dot{E}_{ca} = \dot{E}_c$。各相量相位关系如图 1-32(b)所示。

(2)以低压绕组顺序三角形连接为例,其接线及电动势相量图如图 1-32(c)所示。在图 1-32(c)所规定的正方向下,有 $\dot{E}_{ab} = -\dot{E}_b$,$\dot{E}_{bc} = -\dot{E}_c$,$\dot{E}_{ca} = -\dot{E}_a$。各相量相位关系

如图1-32(c)所示。

2.三相变压器的连接组别

在讨论三相变压器的组别时,要利用单相变压器的组别结论。

1)Y,y连接

图1-33(a)为Y,y连接的三相变压器绕组接线图。图1-33(a)中垂直对应的高、低压绕组为同一芯柱上的绕组,如AX和ax绕组,因此可得到对应的三个单相变压器。图1-33(a)中各相高、低压绕组的首端为同名端,因此各相高、低压绕组电动势同相位。取A、a点重合的相量图,如图1-33(b)所示,可见,$\dot{E}_{AB}$指向"12",$\dot{E}_{ab}$也指向"12",其连接组别就记为Y,y0。

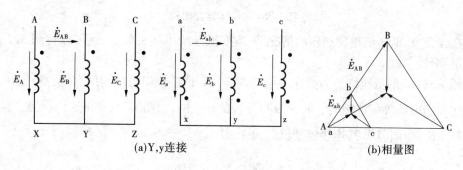

(a)Y,y连接   (b)相量图

图1-33 Y,y0 连接组别

在保证高、低压绕组同相序的情况下,改变低压绕组端头标记,还可以得到4、8两个偶数组别号。

若高、低压绕组的首端为异名端,如图1-34(a)所示,则高、低压绕组各对应相的电动势相位相反。取A、a点重合的相量图,如图1-34(b)所示,可见,$\dot{E}_{AB}$指向"12",$\dot{E}_{ab}$指向"6",其连接组别就记为Y,y6。

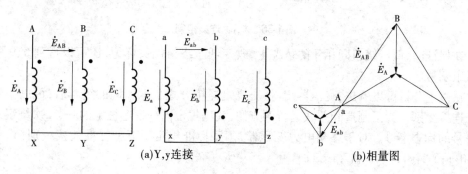

(a)Y,y连接   (b)相量图

图1-34 Y,y6 连接组别

在保证高、低压绕组同相序的情况下,改变低压绕组端头标记,还可以得到2、10两个偶数组别号。

2)Y,d连接

图1-35(a)的低压绕组为逆序三角形连接,高、低压绕组首端为同名端,高、低压绕组各对应相的电动势相位相同。取A、a点重合的相量图,如图1-35(b)所示,可见,$\dot{E}_{AB}$指

向"12"，$\dot{E}_{ab}$ 指向"11"，其连接组别就记为 Y,d11。

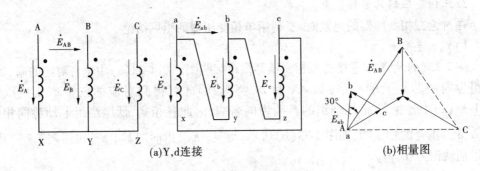

(a)Y,d连接 (b)相量图

图 1-35　Y,d11 连接组别

在保证高、低压绕组同相序的情况下，改变低压绕组端头标记，还可以得到 3、7 两个奇数组别号。

图 1-36(a)的低压绕组为顺序三角形连接，高、低压绕组首端为同名端，高、低压绕组各对应相的电动势相位相同。取 A、a 点重合的相量图，如图 1-36(b)所示。可见，$\dot{E}_{AB}$ 指向"12"，$\dot{E}_{ab}$ 指向"1"，其连接组别就记为 Y,d1。

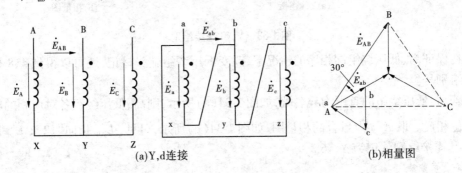

(a)Y,d连接 (b)相量图

图 1-36　Y,d1 连接组别

在保证高、低压绕组同相序的情况下，改变低压绕组端头标记，还可以得到 5、9 两个奇数组别号。

从以上分析可以看出，变压器高、低压绕组连接方式采取不同的组合后，可以得到很多个连接组别。为了制造和并联运行的方便，我国规定同一铁芯柱上的一、二次绕组采用同符号的标志字母。对于三相电力变压器，国家标准规定了五种标准连接组别：Y,yn0；YN,d11；YN,y0；Y,y0 和 Y,d11。

三、三相变压器绕组连接方式和磁路系统对电动势波形的影响

变压器绕组交链交变磁通而在绕组上产生感应电动势，因此绕组上感应的相电动势波形与磁通的波形有关，前面在讨论变压器的空载运行时，看到磁通的波形、励磁电流的波形与磁路系统的状态有关，而励磁电流的波形与三相绕组的连接方式有关，同时还与磁路系统的状态、铁芯结构及饱和程度有关。下面讨论励磁电流、磁通、感应电动势波形之间的相互关系。

在分析单相变压器空载运行时曾经指出:当外加电压 u_1 为正弦波时,其相应的主磁通 $\dot{\Phi}$ 也为正弦波,但由于磁路饱和的影响,空载电流 i_0 将是尖顶波,其中除基波外还主要包含有三次谐波。而在三相变压器中,三次谐波电流在时间上相位相同,即

$$\left.\begin{array}{l} i_{03A} = I_{03m}\sin(3\omega t) \\ i_{03B} = I_{03m}\sin3(\omega t - 120°) = I_{03m}\sin(3\omega t) \\ i_{03C} = I_{03m}\sin3(\omega t - 240°) = I_{03m}\sin(3\omega t) \end{array}\right\} \tag{1-53}$$

它能否流通与三相绕组的连接方式有关,这将影响主磁通和相电动势的波形。还因为磁路对磁通也有影响,故作下面分析。

如果三相变压器的一次绕组为 YN 或 D 接法,则三次谐波电流可以流通,各相空载电流为尖顶波。在这种情况下,不论二次是 y 接法或 d 接法,铁芯中的主磁通均为正弦波,因此各相电动势也为正弦波。

如果一次绕组为 Y 接法,则三次谐波电流不能流通,即使电源电压(线电压)为正弦波,相绕组的电动势也不一定是正弦波,下面着重分析这一情况。

(一)Y,y 连接的三相变压器

在这种接法里,三次谐波电流不能流通,励磁电流近似为正弦波。由于铁芯磁路的饱和现象,主磁通近似为平顶波,除基波磁通 $\dot{\Phi}_1$ 外,还主要包含有三次谐波磁通 $\dot{\Phi}_3$,如图 1-37 所示。但三次谐波磁通的大小决定于三相变压器的磁路系统,现分组式和芯式变压器两种情况来讨论。

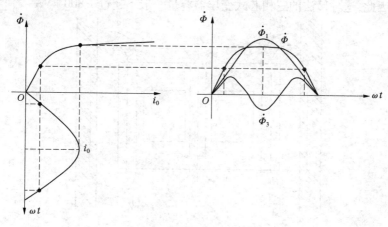

图1-37 正弦空载电流产生的主磁通波形

1. 组式 Y,y 连接变压器

如图 1-38 所示,在这种磁路结构中,由于三相磁路彼此无关,三次谐波磁通 $\dot{\Phi}_3$ 与基波磁通 $\dot{\Phi}_1$ 沿同一磁路闭合。由于铁芯磁路的磁阻很小,故三次谐波磁通较大,加上三次谐波磁通的频率为基波频率的 3 倍,即 $f_3 = 3f_1$,所以由它所感应的三次谐波相电动势较大,其幅值可达基波幅值的 45%~60%,甚至更高。结果使相电动势的最大值升高很多,导致相电动势波形严重畸变,所产生的过电压可能将绕组绝缘击穿。因此,三相变压器组不能采用 Y,y 连接。但在三相线电动势中,由于三次谐波电动势互相抵消,故线电动势

仍为正弦波形。

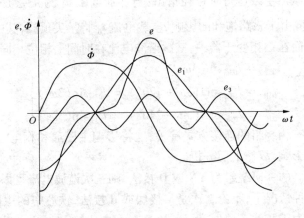

图 1-38　Y,y 连接三相变压器组的相电动势波形

2. 芯式 Y,y 连接变压器

如图 1-39 所示,在这种磁路结构中,由于三相磁路彼此相关联,各相大小相等、相位相同的三次谐波磁通不能在铁芯中闭合,只能沿铁芯周围的油和油箱壁等形成回路。由于该磁路磁阻很大,使三次谐波磁通 $\dot{\Phi}_3$ 很小,可以忽略不计,主磁通及相电动势仍可近似地看作正弦波。因此,三相芯式变压器可以接成 Y,y 连接(包括 Y,yn 连接)。但因三次谐波磁通经过油箱壁及其他铁夹件时会在其中产生涡流,引起变压器局部发热,降低变压器效率。因此,这种接法的三相芯式变压器容量一般不超过 1 800 kVA。

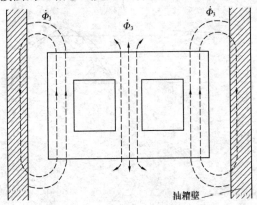

图 1-39　三相芯式变压器中三次谐波磁通路径

(二)Y,d 连接的三相变压器

当三相变压器采用 Y,d 连接时,如图 1-40 所示。由于一次绕组作 Y 连接,无三次谐波空载电流通路,故 i_0 为正弦波,而主磁通为平顶波。主磁通中的三次谐波 $\dot{\Phi}_3$ 在二次绕组中感应三次谐波电动势 $\dot{E}_{23}$,且滞后 $\dot{\Phi}_3$ 90°。在 $\dot{E}_{23}$ 作用下,二次绕组闭合的三角形回路中产生三次谐波电流 $\dot{I}_{23}$。由于二次绕组电阻远小于其三次谐波电抗,所以 $\dot{I}_{23}$ 接近滞后 $\dot{E}_{23}$ 90°,$\dot{I}_{23}$ 建立的磁通 $\dot{\Phi}_{23}$ 的相位与 $\dot{\Phi}_3$ 接近相反,其结果大大削弱了 $\dot{\Phi}_3$ 的作用,如图 1-41 所示。因此,合成磁通及其感应电动势均接近正弦波。所以,在高压线路中大容

量变压器可接成 Y,d 连接,无论对三相芯式变压器或是三相变压器组都适用。

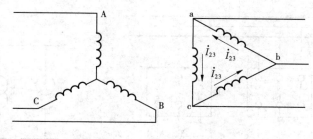

图 1-40　Y,d 连接的三相变压器

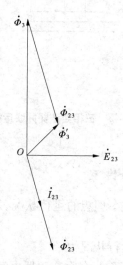

图 1-41　Y,d 连接变压器三次谐波电流去磁作用相量图

有些大容量变压器需要接成 Y,y 连接时,可在铁芯柱上加装一套附加绕组,接成 d 连接。它不带负载,专门提供空载电流中所需的三次谐波分量,以改善电动势的波形。

任务六　变压器的并联运行

将两台或两台以上变压器的一次绕组和二次绕组分别接在公共母线上,共同向负载供电,这种运行方式称为变压器的并联运行,如图 1-42 所示。

变压器采用并联运行有以下优点:

(1)可以提高供电的可靠性。采用了并联运行,若其中某台变压器发生故障或需要检修,将其退出运行后,其他变压器仍可继续供电。

(2)可以提高运行的经济性。采用并联运行后,可根据负荷的大小,调整投入变压器运行的台数,充分利用变压器的容量,使运行中的变压器始终处于高效率区,从而达到提高效率、减小损耗的目的。

(3)可随着负荷的增加,分批安装新增变压器,以减少初次投资。

变压器并联台数过多也不好,并联台数过多使得投资增大,占地面积增大,运行中总

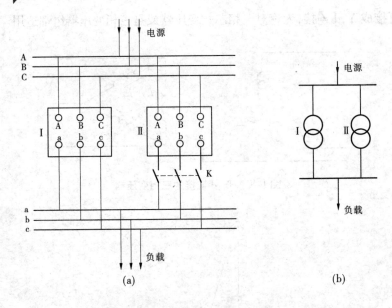

图 1-42   三相变压器并联运行

损耗增大。

一、变压器理想并联运行条件

对变压器的并联运行希望有一个理想的运行状况,而要达到理想运行状况必须满足理想的并联运行条件。

变压器并联运行的理想并联运行状况为:

(1)并联运行的变压器空载运行时,各台变压器之间无环流。

(2)并联运行的变压器带上负载后,各变压器承担的负载大小按照它们各自容量的大小成比例分配,使各并联运行变压器的容量能够得到充分利用。

(3)并联运行的变压器带上负载后,各变压器所分担的负载电流相位相同,并且与总的负载电流同相位,以使共同承担的总电流最大,也即使共同传送的总功率最大。

要达到上述的理想并联运行状况,要求并联运行的变压器满足以下三个理想并联条件:

(1)各台变压器的一、二次绕组额定电压分别相等,即各变压器变比相等;

(2)各台变压器的连接组别相同;

(3)各台变压器的短路电压(或短路阻抗)的标幺值相等,且短路阻抗角相同。

如果变压器并联运行时满足不了上述的理想并联运行条件,则并联运行的变压器就达不到理想并联运行状况,甚至于还有可能对变压器造成严重的不良影响。下面逐一分析。为了简单起见,在分析某一条件不满足的情况时,假定其他条件已满足。

二、并联条件不满足时并联的情况

(一)变比不相等时并联

为了简单明了,用两台单相变压器来进行分析。用简化等效电路表示的两台变压器并联运行电路,如图 1-43 所示。

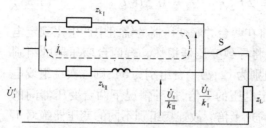

图 1-43　变比不相等的两台变压器并联运行

设第一台变压器的变比为 k_I,第二台变压器的变比为 k_{II},且 $k_I < k_{II}$。因两台变压器的一次绕组接到同一电源上,一次绕组电压相等。但由于两台变压器变比不同,因此二次绕组的空载电压不等。第一台变压器二次绕组电动势 $\dot{E}_{2I} = \dot{U}_1/k_I$,第二台变压器二次绕组电动势 $\dot{E}_{2II} = \dot{U}_1/k_{II}$。因为 $k_I < k_{II}$,所以 $\dot{E}_{2I} > \dot{E}_{2II}$。两台变压器二次绕组接在同一母线上,在两台变压器二次绕组所构成的闭合回路内出现电动势差:

$$\Delta \dot{E}_2 = \dot{E}_{2I} - \dot{E}_{2II}$$

并联投入后,闭合回路在电动势差 $\Delta \dot{E}_2$ 的作用下产生环流,它等于电动势差 $\Delta \dot{E}_2$ 除以两台变压器的短路阻抗,即

$$\dot{I}_h = \frac{\Delta \dot{E}_2}{z_{kI} + z_{kII}} = \frac{\dot{U}_1/k_I - \dot{U}_1/k_{II}}{z_{kI} + z_{kII}} \tag{1-54}$$

式(1-54)中的 z_{kI} 和 z_{kII} 分别为两台变压器折算到二次绕组时的短路阻抗。由于一般电力变压器短路阻抗很小,故即使两台变压器变比相差不大也能引起很大的环流,引起附加铜损,影响变压器的正常运行。一般要求环流不超过额定电流的 10%,为此变比的差值 $\Delta k = (k_I - k_{II})/\sqrt{k_I k_{II}}$ 不应大于 1%。

从式(1-54)可以看出,此时环流的方向是从变比小的第一台变压器流向变比大的第二台变压器,即在空载状态下第一台变压器相当于已有了输出电流。若变压器带上负载,每台变压器的实际电流分别为各自的负载电流与环流的合成,那么第一台变压器的实际输出电流就要比负载电流大,第二台变压器的实际输出电流就要比负载电流小。显然,若第一台变压器满载,则第二台变压器就达不到满载。

综上所述,变压器变比不等的情况下并联运行,在变压器之间产生环流,产生额外的功率损耗。负载时,由于环流的存在,变比小的变压器电流大,可能过载;变比大的变压器电流小,可能欠载,这就限制了变压器的输出功率,变压器的容量不能得到充分利用。为此,变比稍有不同的变压器如需并联运行,容量大的变压器具有较小的变比为宜。

(二)连接组别不同时的并联

如果两台变压器的变比和短路阻抗均相等,但是连接组别不同时并联运行,则其后果十分严重。因为连接组别不同时,两台变压器二次绕组电压的相位差就不同,它们线电压的相位差至少相差 30°,因此会产生很大的电压差 $\Delta \dot{U}_2$。图 1-44 所示为 Y,y0 和 Y,d11 两台变压器并联,二次绕组线电压之间的电压差,其数值约为

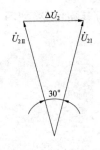

$$\Delta U_2 = 2U_{2N}\sin\frac{30°}{2} = 0.518U_{2N} \qquad (1\text{-}55)$$

这样大的电压差将在两台并联变压器的绕组中产生比额定电流大得多的空载环流,将导致变压器损坏。若两台变压器的组别相反(如一台变压器组别为12,另一台组别为6),则二次绕组线电压之间的电压差为额定电压的2倍,这种情况下两台变压器间的环流将达到额定电流的几十倍。故连接组别不同的变压器绝对不允许并联运行。

图1-44 Y,y0 和 Y,d11 两台变压器并联运行的电压差图

(三)短路阻抗标幺值不等时的并联

设并联运行的两台变压器的变比相等,组别相同,但短路阻抗标幺值不等。

由于两台变压器一、二次绕组分别接在公共母线 $\dot{U}_1$ 和 $\dot{U}_2$ 上,故其简化电路如图1-45所示。下面分两种情况分析。

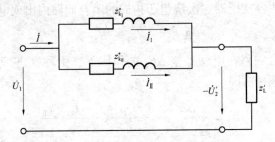

图1-45 并联运行时的简化等效电路图

1. 短路阻抗标幺值相等($z_{kI}^* = z_{kII}^*$)而阻抗角不等($\varphi_{kI} \neq \varphi_{kII}$)时的并联运行

由图1-45可知,变压器二次绕组输出的总电流为

$$\dot{I} = \dot{I}_I + \dot{I}_{II} \qquad (1\text{-}56)$$

由于短路阻抗角 $\varphi_{kI} \neq \varphi_{kII}$,故 $\dot{I}_I$ 与 $\dot{I}_{II}$ 之间必有相位差 $\varphi_i = \varphi_{kI} - \varphi_{kII}$。由简化相量图1-46可知,$|\dot{I}| < |\dot{I}_I| + |\dot{I}_{II}|$,即两台变压器输出的总电流小于两台变压器电流绝对值之和。又由于两台变压器二次绕组电压相等,因此 $\sqrt{3}U_2I_I + \sqrt{3}U_2I_{II} > \sqrt{3}U_2I$。这说明,两台变压器并联运行时,如果 $\varphi_{kI} \neq \varphi_{kII}$,输出总容量小于两台变压器容量之和。一般情况下,两台变压器容量差越大,φ_i 也越大,而输出总容量越小,故并联运行的两台变压器容量比一般不得超过3:1。

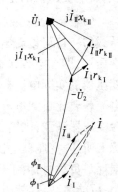

图1-46 两台并联运行变压器的简化相量图

2. 阻抗角相等($\varphi_{kI} = \varphi_{kII}$)而短路阻抗标幺值不等($z_{kI}^* \neq z_{kII}^*$)时的并联运行

由图1-45可知,两台并联运行变压器的短路阻抗压降应相等,即

$$I_{\text{I}} z_{k_{\text{I}}} = I_{\text{II}} z_{k_{\text{II}}} \tag{1-57}$$

$$I_{\text{I}} z_{k_{\text{I}}} = \frac{I_{\text{I}}}{I_{N_{\text{I}}}} \frac{I_{N_{\text{I}}} z_{k_{\text{I}}}}{U_N} U_N = \beta_{\text{I}} z_{k_{\text{I}}}^* U_N$$

所以

$$I_{\text{II}} z_{k_{\text{II}}} = \frac{I_{\text{II}}}{I_{N_{\text{II}}}} \frac{I_{N_{\text{II}}} z_{k_{\text{II}}}}{U_N} U_N = \beta_{\text{II}} z_{k_{\text{II}}}^* U_N$$

有

$$\beta_{\text{I}} z_{k_{\text{I}}}^* = \beta_{\text{II}} z_{k_{\text{II}}}^* \tag{1-58}$$

式中, β_{I}、β_{II} 为第一、二台变压器的负载系数。

得

$$\beta_{\text{I}} : \beta_{\text{II}} = \frac{1}{z_{k_{\text{I}}}^*} : \frac{1}{z_{k_{\text{II}}}^*} \tag{1-59}$$

式(1-59)表明,变压器并联运行时,各台变压器的负载系数与短路阻抗(短路电压)的标幺值成反比。如果并联运行的变压器短路阻抗标幺值不相等,那么当短路阻抗标幺值大的变压器满载时,短路阻抗标幺值小的变压器已过载;当短路阻抗标幺值小的变压器满载时,短路阻抗标幺值大的变压器处于轻载运行。变压器长期过载运行是不允许的,因此短路阻抗标幺值不相等的变压器并联运行时,变压器的容量得不到充分利用,是极不经济的。为了充分利用各台变压器的容量,合理分配负载,各台变压器的短路阻抗标幺值应尽量相等。要求各变压器短路阻抗标幺值的算术平均值相差不超过 $\pm 10\%$。

对于多台并联运行的变压器,其中任意一台变压器的负载系数可用式(1-60)计算。

$$\beta_i = \frac{\sum\limits_{i=1}^{n} S_i}{z_{k_i}^* \sum\limits_{i=1}^{n} \dfrac{S_{N_i}}{z_{k_i}^*}} \tag{1-60}$$

且有

$$\beta_{\text{I}} : \beta_{\text{II}} : \cdots : \beta_n = \frac{1}{z_{k_{\text{I}}}^*} : \frac{1}{z_{k_{\text{II}}}^*} : \cdots : \frac{1}{z_{k_n}^*} \tag{1-61}$$

式中　$\sum S_i$——并联变压器所承担的总负载;

β_i——第 i 台变压器的负载系数;

$z_{k_i}^*$——第 i 台变压器的短路阻抗标幺值(也可以是短路电压标幺值);

S_{N_i}——第 i 台变压器的额定容量;

n——并联变压器的台数。

【例1-3】 两台变压器并联运行,它们的数据为

$S_{N_{\text{I}}} = 1\ 800\ \text{kVA}$,Y,d11 连接, $U_{1N}/U_{2N} = 35\ \text{kN}/10\ \text{kN}$, $u_{k_{\text{I}}} = 8.25\%$;

$S_{N_{\text{II}}} = 1\ 000\ \text{kVA}$,Y,d11 连接, $U_{1N}/U_{2N} = 35\ \text{kN}/10\ \text{kN}$, $u_{k_{\text{II}}} = 6.75\%$。

试求:(1)当总负载为 2 800 kVA 时,每台变压器承担的负载是多少?

(2)欲不使任何一台变压器过载时,问最多能供给多大负载?

(3)当第一台变压器达到满载时,第二台变压器的负载是多少?

解:(1)因为

$$z_{kI}^* = u_{kI} = 0.082\ 5 \quad z_{kII}^* = u_{kII} = 0.067\ 5$$

由已知条件可得方程组:

$$\beta_I S_{NI} + \beta_{II} S_{NII} = \sum S = 2\ 800\ kVA$$

$$\beta_I : \beta_{II} = \frac{1}{z_{kI}^*} : \frac{1}{z_{kII}^*} = \frac{1}{0.082\ 5} : \frac{1}{0.067\ 5}$$

解方程组可得

$$\beta_I = \frac{z_{kII}^*}{z_{kI}^*} \beta_{II} = 0.818\ 2\beta_{II} = 0.926, \beta_{II} = 1.133$$

则有 $S_I = \beta_I S_{NI} = 1\ 667\ kVA, S_{II} = \beta_{II} S_{NII} = 1\ 133\ kVA$。

由计算结果知,变压器Ⅰ只达到额定容量的92.6%,而变压器Ⅱ已过载13.3%。

(2)为使任何一台变压器不过载,应取 $\beta_{II} = 1$,则有

$$S_{II} = \beta_{II} S_{NII} = S_{NII} = 1\ 000\ kVA$$

$$S_I = \beta_I S_{NI} = \frac{z_{kII}^*}{z_{kI}^*} \beta_{II} S_{NI} = 0.818\ 2 \times 1\ 800 = 1\ 473(kVA)$$

$$\sum S = S_I + S_{II} = 2\ 473(kVA)$$

计算结果表明,此时最大能承担的负载为 2 473 kVA,小于两台变压器容量之和,变压器Ⅰ尚有18.2%的容量没有得到利用。

(3)这时 $\beta_I = 1$,有

$$\beta_{II} = \frac{z_{kI}^*}{z_{kII}^*} \beta_I = \frac{0.082\ 5}{0.067\ 5} \beta_I = 1.222$$

$$S_{II} = \beta_{II} S_{NII} = 1\ 222(kVA)$$

可见,短路电压标幺值大的变压器达到满载时,短路电压标幺值小的变压器则处于过载状态,过载量为其容量的22.2%。

任务七 其他变压器

一、三绕组变压器

在电力系统中,常常需要把几个不同电压等级的系统相互联系起来,这时可采用一台三绕组变压器来取代两台双绕组变压器(见图1-47,这不仅在经济上是合理的,而且使发电厂、变电站的设备简单,维护方便,占地少,因此三绕组变压器在电力系统中得到了广泛使用。

(一)结构特点

三绕组变压器的工作原理与双绕组变压器类同,但在结构上有它的特殊之处。

三绕组变压器的铁芯结构与双绕组变压器没有区别,一般采用芯式结构。绕组的结构形式也与双绕组变压器相同,但每一相有三个线圈,对应于三个线圈有高、中、低三种电

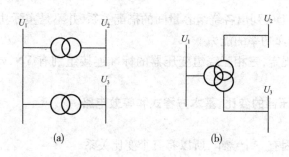

图 1-47　三个电压等级系统的连接

压等级。如把高压作为一次绕组，中、低压作为二次绕组，则为降压变压器；若把低压作为一次绕组，高、中压作为二次绕组，则为升压变压器。

　　三个绕组也同心地套在一个铁芯柱上。从绝缘上考虑，高压绕组放在最外层(这与双绕组变压器相同)，至于中、低压绕组哪个在最里层，需从功率的传递情况及短路阻抗的合理性来定。一般来说，相互传递功率多的两个线圈，其耦合应紧密一些，应靠得近一点，这样漏磁通就少，短路阻抗可小些，以保证有较好的电压变化率和提高运行性能。例如，当三绕组变压器用在发电厂的升压场合时，功率传递方向是从低压绕组分别向高、中压侧传递，应将低压绕组放在中间，中压绕组放在内层，如图 1-48(a)所示；当用在降压场合时，功率传递方向是从高压绕组分别向中、低压侧传递，应将中压绕组放在中间，低压绕组放在内层，如图 1-48(b)所示。

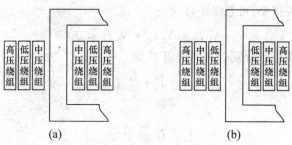

图 1-48　三绕组变压器的绕组布置图

（二）容量与连接组别

　　双绕组变压器，一、二次绕组容量相等，但三绕组变压器，各绕组的容量可以相等，也可以不相等。三绕组变压器铭牌上的额定容量，是指容量最大的那个绕组的容量。而另外两个绕组的容量，可以是额定容量，也可以小于额定容量。将额定容量作为 100，三个绕组容量的搭配关系如表 1-1 所示。

表 1-1　三绕组容量搭配表

高压绕组	中压绕组	低压绕组
100	100	100
100	50	100
100	100	50

需要指出,表1-1中列出各绕组容量间的搭配关系,并不是实际功率传递时的分配比例,而是指各绕组传递功率的能力。

根据国家标准规定,三相三绕组变压器的标准连接组别有 YN,yn0,d11 和 YN,yn0,y0 两种。

(三)三绕组变压器的变比、基本方程式和等效电路

1. 变比

三绕组变压器因有三个绕组,所以有三个变比关系

$$\left.\begin{array}{l} k_{12} = \dfrac{N_1}{N_2} = \dfrac{U_{1N}}{U_{2N}} \\[2mm] k_{13} = \dfrac{N_1}{N_3} = \dfrac{U_{1N}}{U_{3N}} \\[2mm] k_{23} = \dfrac{N_2}{N_3} = \dfrac{U_{2N}}{U_{3N}} \end{array}\right\} \tag{1-62}$$

式中　N_1、N_2、N_3 及 U_{1N}、U_{2N}、U_{3N}——各绕组的匝数和额定相电压。

2. 磁动势方程式 U_{1N}、U_{2N}、U_{3N}

三绕组变压器每个铁芯柱上有三个绕组,故主磁通 $\boldsymbol{\Phi}_m$ 由三个绕组的合成磁动势所产生,其磁动势平衡方程式为:

$$N_1 \dot{I}_1 + N_2 \dot{I}_2 + N_3 \dot{I}_3 = N_1 \dot{I}_0$$

由于励磁电流 I_0 很小,可忽略不计,得:

$$N_1 \dot{I}_1 + N_2 \dot{I}_2 + N_3 \dot{I}_3 = 0$$

若把绕组 2 与绕组 3 分别折算到绕组 1,则

$$\dot{I}_1 + \dot{I}_2' + \dot{I}_3' = 0 \tag{1-63}$$

式中

$$I_2' = I_2 \frac{N_2}{N_1} = \frac{I_2}{k_{12}}$$

$$I_3' = I_3 \frac{N_3}{N_1} = \frac{I_3}{k_{13}}$$

I_2' 和 I_3' 分别为绕组 2 电流的折算值和绕组 3 电流的折算值。

3. 等效电路

与双绕组变压器相同,经折算后可得出变压器的等效电路。三绕组变压器的等效电路如图 1-49 所示。

在图 1-49 的等效电路中,x_1、x_2'、x_3' 为各绕组的等值电抗,其中包括自感及与其他绕组间的互感,它不是单纯的漏电抗,这是和双绕组变压器等效电路中的漏电抗不同的地方。此外,由于与自感漏电抗和互感漏电抗相对应的自漏磁通和互漏磁通主要通过空气闭合,故等值电抗仍为常数。

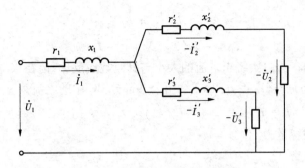

图1-49 三绕组变压器等效电路图

二、自耦变压器

（一）连接方式

普通双绕组变压器的一、二次绕组之间互相绝缘，它们之间只有磁的耦合，没有电的联系。如果把普通变压器的一、二次绕组合并在一起，如图 1-50（a）所示，就成为只有一个绕组的变压器，其中低压绕组是高压绕组的一部分，这种变压器称为自耦变压器。

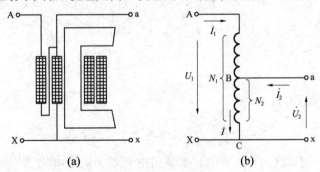

(a)   (b)

图1-50 自耦变压器

这种变压器的高、低压绕组之间既有磁的联系，又有电的直接联系，如图 1-50（b）所示，其中 AB 段为串联线圈，匝数为 $N_1 - N_2$；BC 段为公共线圈（也为二次绕组），匝数为 N_2。

（二）电压、电流与容量的关系

在双绕组变压器中，变压器的容量就等于一次绕组的容量或二次绕组的容量，这是因为变压器的功率全部是通过一、二次绕组间的电磁感应关系从一次绕组传递到二次绕组的，可是在自耦变压器中却不是这样简单的关系。现分析如下：

当一次绕组加上额定电压 U_{1N} 后，若忽略漏阻抗压降，则

$$\frac{U_{1N}}{U_{2N}} \approx \frac{E_1}{E_2} = \frac{N_1}{N_2} = k_Z \tag{1-64}$$

式中 k_Z——自耦变压器的变比。

根据磁动势平衡关系，在有负载时，AB 和 BC 两部分磁动势在忽略空载电流时应大小相等、方向相反，即

$$\dot{I}_1 N_1 + \dot{I}_2 N_2 = \dot{I}_0 N_1 \approx 0$$

或
$$\dot{I}_1 = -\dot{I}_2(N_2/N_1) = -\dot{I}_2/k_z \tag{1-65}$$

式(1-65)说明,一、二次绕组电流的大小与其匝数成反比,但在相位上相差180°。

根据图1-50(b)所规定正方向,在绕组公共部分BC中的电流为
$$\dot{I} = \dot{I}_1 + \dot{I}_2 = (-\dot{I}_2/k_z) + \dot{I}_2 = \dot{I}_2(1 - 1/k_z) \tag{1-66}$$

自耦变压器的容量为
$$S_{ZN} = U_{1N} I_{1N} = U_{2N} I_{2N} \tag{1-67}$$

绕组AB段的容量为
$$S_A = U_{AB} I_{1N} = \left(U_{1N}\frac{N_1 - N_2}{N_1}\right)I_{1N} = S_{ZN}\left(1 - \frac{1}{k_z}\right) \tag{1-68}$$

绕组BC段的容量为
$$S_{BC} = U_{BC}I = U_{2N} I_{2N}\left(1 - \frac{1}{k_z}\right) = S_{ZN}\left(1 - \frac{1}{k_z}\right) \tag{1-69}$$

若有一台普通的两绕组变压器,其一、二次绕组的匝数分别为 $N_{AB} = N_1 - N_2$ 和 $N_{BC} = N_2$,额定电压为 U_{AB} 和 U_{BC} ,额定电流为 I_{1N} 和 I ,则这台普通变压器的变比为
$$k = \frac{N_{AB}}{N_{BC}} = \frac{N_1 - N_2}{N_2} = k_z - 1 \tag{1-70}$$

其额定容量为
$$S_N = U_{AB} I_{1N} = U_{BC}I = U_{2N}I \tag{1-71}$$

由式(1-70)和式(1-71)可得
$$S_{ZN} = \frac{k_z}{k_z - 1}S_N = S_N + \frac{1}{k_z - 1}S_N \tag{1-72}$$

从上述可见,普通双绕组变压器的二次绕组电流等于输出电流,借助电磁感应作用,由一次绕组传递到二次绕组的电磁功率和输出功率相等(忽略二次绕组损耗不计),其额定容量和计算容量是相同的。而自耦变压器的额定容量和计算容量则不同,额定容量决定于输出功率,计算容量决定于电磁功率,变压器的重量和尺寸(耗材多少)由计算容量确定。因此,当将额定容量为 S_N 、变比为 k 的普通双绕组变压器的两个绕组串联而改接成为自耦变压器时,由于只改变了绕组的外部连接,变压器内部的电磁关系完全没有改变,所以两种情况下的绕组计算容量毫无差别,均应为 S_N ;但是自耦变压器的额定容量为计算容量 S_N 的 $k_z/(k_z - 1)$ 倍(或 $1 + 1/(k_z - 1)$ 倍)。

式(1-72)中说明,额定容量中仅有计算容量 S_N 这部分功率是通过电磁感应关系从一次绕组传递到二次绕组的,这部分功率就称为感应(电磁)功率;剩下的 $S_N/(k_z - 1)$ 这部分功率则是通过一、二次绕组之间的电联系直接传递的,称为传导功率。一、二次绕组间除了磁的耦合外,还有电的联系,输出功率中有部分(或大部分)功率是从一次绕组传导而来的,这是自耦变压器和普通双绕组变压器的根本差别。

由于 $k_z/(k_z - 1) > 1$,所以 $S_{ZN} > S_N$,与双绕组变压器比较,自耦变压器可以节省材料,变比 k_z 越接近于1,传导功率所占的比例越大,感应功率(计算功率)所占的比例越小,其优越性就越显著。所以,自耦变压器适用于变比不大的场合,一般适用于变比 k_z 在

1.2～2.0 范围内的场合。

（三）自耦变压器的优缺点及其应用

与普通双绕组变压器比较优缺点时,可将一台普通双绕组变压器改接成自耦变压器,并将它与原来作普通变压器运行来比较。

1. 优点

（1）与相同容量双绕组变压器比较,自耦变压器用料省,体积小,造价低。

（2）由于用料省,铜损和铁损小、效率高。

（3）由于用料省,则体积小、重量轻,便于运输和安装。

2. 缺点

（1）自耦变压器短路阻抗标幺值比普通变压器小,短路电流大,万一发生短路对设备的冲击大,因此需采用相应的限制和保护措施。

（2）由于自耦变压器一、二次绕组有电的直接联系,当高压侧过电压时,会引起低压侧过电压,因此继电保护及过压保护较复杂,高、低压侧都要装避雷器,且变压器中性点必须可靠接地。

3. 应用场所

（1）用于变比小于 2 的电力系统。由于自耦变压器的上述优缺点,其在高电压、大容量而且电压相近的电力系统中应用愈来愈广泛。

（2）在实验室中用作调压器。

（3）用于某些场合异步电动机的降压起动。

4. 自耦调压器

将自耦变压器的二次绕组做成匝数可调的,就成了自耦调压器。自耦调压器的外形结构及电路结构示意图如图 1-51 所示。自耦调压器的绕组缠绕在环形铁芯上,二次绕组分接头经滑动触头 K 引出,如图 1-51(b)所示,通过手柄改变滑动触头 K 的位置,就改变了二次绕组匝数,达到调节输出电压 U_2 的目的。

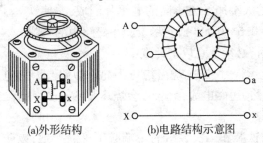

(a)外形结构　　(b)电路结构示意图

图 1-51　自耦调压器

使用自耦调压器注意事项:

（1）不论是正接还是反接,从安全出发,必须将公共端 X(x)接零线,A(a)端接火线。

（2）不论是正接还是反接,在使用中必须防止输出(入)电流超出调压器的额定电流。

（3）不论是正接还是反接,调压器停止使用时,应将电刷转至输出电压最小处(即正接时,电刷转至输出电压为零处;反接时,电刷转至正接使用的最大输出电压处)。

三、仪用互感器

仪用互感器是一种测量用的特殊变压器,分为电压互感器和电流互感器两种。

互感器的主要作用是:①为了工作人员的安全,把测量回路与高压电网分开;②将高电压、大电流转换成低电压、小电流便于测量。

(一)电压互感器

电压互感器实质上就是一台降压变压器。它原边绕组匝数多,副边绕组匝数少。原边接到被测的高压电路,副边接电压表、其他仪表或电器的电压线圈,如图1-52所示。由于仪表电压线圈的阻抗很大,所以电压互感器的运行相当于变压器的空载状态。若电压互感器的高、低压绕组匝数分别为 N_1、N_2,则应有:

$$\frac{U_1}{U_2} = \frac{E_1}{E_2} = \frac{N_1}{N_2} = k_u$$

或 $$U_1 = k_u U_2 \tag{1-73}$$

式(1-73)中,k_u 为电压互感器的电压比,也为一、二次绕组匝数之比,k_u 为定值。可见,利用电压互感器,可以将被测线路的高电压变换为低电压,通过电压表测量出,电压表上的读数 U_2 乘上其电压比,就是被测线路的高电压 U_1。

电压互感器二次绕组的额定电压规定为100 V,一次绕组的额定电压为其规定的电压等级。实际应用中,电压表表面上的刻度是二次绕组电压与变比的乘积,因而表面上指示的读数就是高压侧的实际电压值。

由于原、副绕组的漏阻抗存在,测量总存在一定的误差。按照误差的大小,电压互感器的准确度级共分为0.1,0.2,0.5,1,3五个等级。

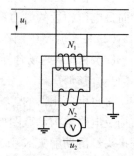

图1-52 电压互感器

为了减小其误差,应减小空载电流和一、二次绕组的漏抗,因此电压互感器的铁芯大都用导磁率高的硅钢片制成,并使铁芯不饱和(铁芯磁密为0.6 ~ 0.8 T),且尽量减小磁路中的气隙。

使用电压互感器时,必须注意以下几点:

(1)电压互感器在运行时,二次绕组绝对不允许短路。因为电压互感器绕组本身的阻抗很小,如果发生短路,短路电流会很大,会烧坏互感器。为此,二次绕组电路中应串接熔断器作短路保护。

(2)电压互感器的铁芯和二次绕组的一端必须可靠接地,以防止高压绕组绝缘损坏时,铁芯和二次绕组带上高电压而造成事故。

(3)电压互感器有一定的额定容量,使用时二次绕组不宜接过多的仪表,以免影响互感器的精确度。

除了双线圈的电压互感器,在三相系统中还广泛应用三线圈的电压互感器。三线圈电压互感器有两个二次线圈:一个叫作基本线圈,用来接各种测量仪表和电压继电器等;另一个叫辅助线圈,用它接成开口的三角形,引出两个端头,这端头可接电压继电器用来组成零序电压保护等。

(二)电流互感器

电流互感器的工作原理、主要结构与普通双绕组变压器相似，也是由铁芯和一、二次绕组两个主要部分组成。其不同点在于，电流互感器一次绕组的匝数很少，只有一匝到几匝，它的一次绕组串联在被测量电路中，流过被测量电流，如图1-53所示。电流互感器一次绕组电流与普通变压器的一次绕组电流不相同，它与电流互感器二次绕组的负载大小无关，只取决于被测线路电流的大小。电流互感器二次绕组的匝数比较多，与电流表或其他仪表或电器的电流线圈串联成闭合电路，由于这些线圈的阻抗都很小，所以电流互感器的二次绕组近于短路状态。若忽略励磁电流，根据磁动势平衡关系应有：

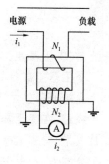

图1-53　电流互感器

$$\dot{I}_1 N_1 + \dot{I}_2 N_2 \approx 0$$

即
$$\dot{I}_1 = -(N_2/N_1)\dot{I}_2 = -k_i \dot{I}_2 \text{ 或 } I_1 \approx k_i I_2 \tag{1-74}$$

式(1-74)中，k_i 为电流互感器的电流比，k_i 为定值。式(1-74)表明，在电流互感器中，二次绕组电流与电流比的乘积等于一次绕组电流。电流互感器二次绕组的额定电流通常为5 A，一次绕组的额定电流为 $10 \sim 25\,000$ A。

在选择电流互感器时，必须按互感器的额定电压、一次绕组额定电流、二次绕组额定负载阻抗值及要求的准确度等级适当选取。若没有与主电路额定电流相符的电流互感器，应选取容量接近而稍大的。

电流互感器存在误差，其误差主要是由空载电流和一、二次绕组的漏阻抗及仪表的阻抗所引起。为了减小误差，铁芯也必须采用导磁率高的硅钢片制成，尽量减小磁路气隙，减小两个绕组之间的漏磁。

按照误差的大小，电流互感器的精度可分成0.1,0.2,0.5,1,3,10六个等级。

使用电流互感器时，必须注意以下几点：

(1)电流互感器在运行时，二次绕组绝对不允许开路。由于二次绕组中电流的去磁作用，铁芯中合成磁动势是很小的，若二次绕组开路，二次绕组电流的去磁作用消失，而一次绕组电流不变，全部安匝 $I_1 N_1$ 用于励磁，使铁芯中的磁通密度增大很多倍，磁路严重饱和，造成铁芯过热。同时很大的磁通将在绕组匝数多的二次绕组上产生过电压，危及人身安全或击穿绕组绝缘。

(2)铁芯及二次绕组的一端必须可靠接地，以防高压侵入，危及人身安全。

(3)互感器二次绕组所接的仪表阻抗，不应超过互感器额定负载的欧姆值，否则二次电流减小，铁芯磁通和励磁电流增大，从而增大误差，降低互感器的精度。

■ 项目小结

变压器是一种变换交流电能的静止电气设备。变压器的功能是将一种等级的电压和电流转变为同频率的另一种等级的电压和电流，以满足电能的传输、分配和使用。变压器的工作原理是基于电磁感应定律，以磁场作为工作的媒介，利用一、二次绕组的匝数不相等来实现变压。

铁芯、绕组是变压器的核心部件,称其为器身。为保证变压器安全正常运行,还离不开油箱、变压器油、油枕、呼吸器、防爆管、瓦斯继电器、分接开关、温度计等。

变压器空载时的磁场,依分布情况和作用的不同,分为主磁通和一次绕组漏磁通两部分。主磁通沿铁芯闭合,主磁通与建立它的空载电流为非线性关系,主磁通同时交链一、二次绕组,在变压器中起能量传递的媒介作用。一次绕组漏磁通与建立它的空载电流为线性关系,漏磁通只交链一次绕组,在一次绕组中起电抗压降作用。

公式 $U_1 \approx 4.44 f N_1 \Phi_m$ 说明一个重要概念,即当 f、N_1 不变时,铁芯中的主磁通最大值由电源电压决定,当 U_1 为常数时,Φ_m 也为常数。

漏磁通在一次绕组中感应电动势可用电抗压降表示,即 $\dot{E}_{1\sigma} = -j \dot{I}_0 x_1$。

基本方程式、等效电路及相量图,是分析变压器电磁关系的三种常用的重要方法,三者之间是完全一致的。等效电路中 r_1 和 x_1 是常数,r_m 和 x_m 是变量,并随磁路的饱和程度的增加而减小,而且 $r_m \gg r_1$,$x_m \gg x_1$。

变压器变比大小是高低压侧相电动势之比,也是高低压侧绕组匝数之比,也是高低压侧额定相电压之比。

空载电流的大小为额定电流的 2% ~ 10%,其性质基本上是感性的无功分量,用于建立磁场,所以又称为励磁电流,空载电流的波形视铁芯饱和程度而定。

空载损耗的大小为额定容量的 0.2% ~ 1%,主要是铁损。损耗大小取决于电源电压,由于电压恒定,所以是不变损耗。

变压器二次绕组输出功率变化时,通过二次绕组磁动势的作用,一次绕组磁动势及电流必然相应地发生变化,反映这一变化关系的是磁动势平衡方程。磁动势平衡方程也从电磁内在关系反映了变压器电能的传递过程。

为分析问题方便、简单起见,工程中常用简化等效电路。等效电路中的励磁阻抗 r_m、x_m 由空载试验测定,短路阻抗 r_k、x_k($r_1 \approx r_2' = r_k/2$、$x_1 \approx x_2' = x_k/2$)由短路试验测定。

电压变化率反映了二次绕组电压随负载变化的波动程度,反映了负载运行时二次绕组电压的稳定性,电压变化率的大小与负载大小、负载性质及变压器阻抗参数有关;效率则反映了变压器运行时的经济性,当铁损等于铜损时变压器效率最高。

普通电力变压器可通过分接开关在 $U_N \pm 5\%$ 范围内对输出电压进行调整。

三相变压器分为三相变压器组和三相芯式变压器两大类。三相变压器组每相的磁路是独立的,三相芯式变压器各相磁路彼此关联。

两个以上绕组在同一变化磁通作用下具有相同极性的端子称为同名端。变压器的连接组别表明了变压器高、低压绕组的连接情况及高、低压侧电动势的相位关系。如果变压器高、低压绕组的首端为同名端,则高、低压绕组的相电动势同相位。变压器高、低压侧电动势的相位关系用时钟法表示。变压器共可获得 12 种连接组别,国家标准规定的三相电力变压器常用的连接组别为:Y,yn0;Y,d11;YN,d11;YN,y0 和 Y,y0。

三相变压器的相电动势的波形与三相线圈的连接方式和三相磁路系统两个因素有关,高、低压绕组中只要有一个绕组接成三角形(或用第三绕组接成三角形),或高压绕组为星形接法并有中性线,就能改善相电动势的波形。

采用并联运行可提高供电的可靠性,并在一定程度上提高经济性。变压器并联运行的理想状况是:空载运行时并联运行的变压器之间无环流;负载运行时各台变压器能合理地分担负载;各台变压器二次绕组电流一定时,共同供给的负载电流最大。要达到理想并联运行状况,并联运行的变压器必须满足下列条件:变比相等;组别相同;短路阻抗标幺值(短路电压标幺值)相等。

变比相等是为了保证空载运行时不产生环流;短路阻抗标幺值相等是为了保证负载运行时,各台变压器能合理地分配负载,使设备容量能得到充分利用;短路阻抗角相等是为了供给负载的电流最大。组别不相同并联运行后果严重,环流会很大,会烧坏变压器,因此组别不同的变压器绝对不允许并联运行。

三绕组变压器的工作原理与双绕组变压器相同,适用于有三个电压等级网络连接的场合。对三绕组变压器同样可以利用基本方程式、等效电路和相量图对各电磁量进行分析。

自耦变压器的结构特点是一、二次绕组共用一个绕组,一、二次绕组不仅有磁的联系,而且还有电的联系。因此,自耦变压器通过电磁功率和传导功率两种形式将电能从一次绕组传递到二次绕组。自耦变压器较同容量双绕组变压器节省材料、损耗小、尺寸小。

■ 思考与习题

1-1　变压器的主要用途有哪些?它是如何实现变压的?

1-2　变压器一次绕组接直流电源,二次绕组有电压输出吗?为什么?

1-3　变压器有哪些主要部件?各部件的作用是什么?

1-4　变压器铁芯为什么要用 $0.35 \sim 0.5$ mm 厚、两面涂绝缘漆的硅钢片叠成?

1-5　为什么变压器的低压绕组在里面,高压绕组在外面?

1-6　变压器绝缘套管起什么作用?如何根据套管的大小和出线的粗细来判别哪一侧是高压侧?

1-7　变压器有哪些主要的额定值?各额定值的含义是什么?

1-8　有一台单相变压器,额定容量 $S_N = 250$ kVA,额定电压 $U_{1N}/U_{2N} = 10$ kV/0.4 kV,试求一、二次绕组的额定电流 I_{1N}、I_{2N}。

1-9　有一台三相变压器,额定容量 $S_N = 5\,000$ kVA,额定电压 $U_{1N}/U_{2N} = 35$ kN/10.5 kV,Y,d 连接,试求一、二次绕组的额定电流 I_{1N}、I_{2N}。

1-10　试述主磁通和一次绕组漏磁通两者之间的主要区别。它们的作用和性质有什么不同?在等效电路中如何反映它们的作用?

1-11　试述空载电流的大小、性质、波形。

1-12　为什么空载损耗近似等于铁损?

1-13　变压器空载运行时,一次绕组加额定电压,为什么空载电流 I_0 很小?如果接在直流电源上,一次绕组也加额定电压,这时一次绕组中电流将有什么变化?铁芯中的磁通有什么变化?

1-14　变压器空载运行时,为什么功率因数较低?

1-15 在下述四种情况下,变压器的 Φ_m、x_m、I_0、p_{Fe} 各作何种变化? ①电源电压 U_1 增高;②一次绕组匝数 N_1 增加;③铁芯接缝变大;④铁芯叠片减少。

1-16 变压器变比为 2,能否一次绕组用 2 匝,二次绕组用 1 匝? 为什么?

1-17 变压器铁芯中的主磁通是否随负载变化? 为什么?

1-18 为什么变压器一次绕组电流随输出电流的变化而变化?

1-19 变压器一次绕组输入的功率是如何传递到二次绕组去的?

1-20 说明变压器等效电路中各参数的物理意义。

1-21 影响变压器供电电压稳定性的因素有哪些? 变压器运行时什么情况下最经济?

1-22 什么叫作变压器绕组的同名端? 试述判定变压器绕组同名端的方法?

1-23 有一台单相变压器,额定电压为 220 V/110 V,做极性试验时,将 A 与 a 相连,如图 1-54 所示。如果 A 与 a 为同名端,电压表的读数为多少? 如果 A 与 a 为异名端,电压表的读数又为多少?

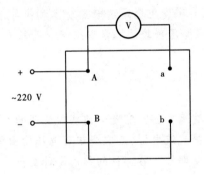

图 1-54 题 1-23 图

1-24 什么是变压器的连接组别? 连接组别 Y,d9 的变压器表示什么意思? 变压器连接组别和什么因素有关?

1-25 什么是变压器的并联运行? 变压器为什么需要进行并联运行?

1-26 什么是理想并联运行? 并联运行的变压器应满足什么条件才能达到理想并联运行? 哪些条件需要严格遵守?

1-27 为什么并联运行的两台变压器,其容量比不得超过 3:1?

1-28 一台 Y,yn0 和一台 Y,yn4 的三相变压器,其变比和相对应的额定电压分别相等、短路电压标幺值相等,能否想办法并联运行?

1-29 变电所有两台变压器,数据如下:

变压器 I:S_{IN} = 3 200 kVA,U_{1N}/U_{2N} = 35 kV/6.3 kV,u_{kI} = 6.9%;

变压器 II:S_{IIN} = 5 600 kVA,U_{1N}/U_{2N} = 35 kV/6.3 kV,u_{kII} = 7.5%。

试求:(1)两台变压器并联运行,输出总负载为 800 kVA 时,每台变压器所承担的负载是多少? (2)在变压器均不过载的情况下,能输出的最大总功率为多少? (3)当第一台变压器承担的负载为 3 000 kVA 时,第二台变压器负载为多少?

1-30 三绕组变压器应用于什么场合? 三绕组变压器的三个绕组是如何排列的?

1-31 自耦变压器的结构有什么特点? 自耦变压器较双绕组变压器有什么优点? 在

什么情况下使用最合适？

1-32　为什么要使用电压互感器、电流互感器？电压互感器与电流互感器的功能是什么？工作状态有什么不同？

1-33　使用电压互感器和电流互感器时须注意哪些事项？

项目二 异步电动机

【学习目标】

掌握三相异步电动机的工作原理。了解其基本结构和铭牌参数含义;了解异步电机的三种运行状态。了解交流电机电机绕组作用和构成原则。熟悉交流电机绕组电动势大小和频率的计算方法。了解交流电机绕组产生旋转磁动势原理,磁动势的性质和特点。了解异步电动机空载和负载运行时的电磁过程,了解三相异步电动机运行时内部的电磁关系、功率传递过程和转矩平衡关系。熟悉异步电动机的转矩特性,熟悉电磁转矩的物理表达式。

交流电机按照电机转子转速与旋转磁场速度(同步速度)的异同,可分为交流同步电机与交流异步电机。同步电机转子的速度与旋转磁场的速度相同,所以称为同步电机,一般应用于恒速负载与发电场合,主要作为发电机;异步电机正常运行时,其转子转速与电机旋转磁场的速度不相等,会随着负载的大小而改变,所以称为异步电机,其主要用作电动机。异步电机的定子结构与同步电机的定子结构基本相同,本项目主要探讨交流异步电动机。

异步电动机按电源相数可分为三相异步电动机与单相异步电动机。三相异步电动机使用三相交流电源,它具有结构简单、成本较低、效率较高,以及使用与维修方便、坚固耐用等优点,应用广泛。

异步电动机的主要缺点是不能经济地实现范围较广的平滑调速,起动性能较差,且异步电动机是一感性负载,运行时需从电网吸收感性无功电流来建立磁场,使电网的功率因数降低,而必须采用相应的无功补偿措施。因此,对一些调速性能要求较高的机械负载,仍须使用调速性能较好的直流电动机拖动,对于单机容量较大、恒转速运转的机械负载,常采用改善系统功率因数的同步电动机拖动。

任务一 三相异步电动机的基本工作原理与结构

一、三相异步电动机

(一)三相异步电动机的工作原理

如工作原理示意图 2-1 中,假设永久磁铁的磁极是逆时针旋转的,这相当于金属导体框相对于永久磁铁以顺时针方向切割磁力线,金属导体框中产生感应电流的方向如图中所标的方向。此时的金属框已成为通电导体,于是它又会受到磁场作用的磁场力,力的方向可由左手定则判断,如图 2-1 中小箭头所指示的方向。金属框的两边受到两个反方向的力 F,它们相对转轴产生电磁转矩(磁力矩),使金属导体框发生转动,转动方向与磁场旋转方向一致。分析发现,永久磁铁旋转的速度 n_1 总是要大于金属框旋转的速度 n 方能继续带动金属框不停地旋转。从上述试验可以看到,在旋转的磁场里,闭合导体会因发生电磁感应而成为通电导体,进而又受到电磁转矩作用而顺着磁场旋转的方向转动起来;实际的电动机中不可能用手去摇动永久磁铁产生旋转的磁场,而是通过其他方式产生旋转磁场,如在交流电动机的定子绕组(按一定规律排列的绕组)通入对称的交流电,便会产生旋转磁场;这个磁场虽然看不到,但是人们可以感受到它所产生的效果,与有形旋转磁场的效果一样。通过这个试验,可以比较清楚地解释交流电动机的工作原理。

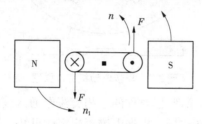

图2-1 闭合金属框受力示意图

在实际异步电动机的定子铁芯槽中嵌放着对称的三相绕组 $U_1 - U_2$、$V_1 - V_2$、$W_1 - W_2$,如图 2-2 所示。现以笼型异步电动机为例,电机转子嵌放有一闭合的多相绕组,当异步电动机三相对称定子绕组中通入 U、V、W 相序的三相对称交流电流时,定子电流会产生一个以同步转速 n_1 旋转的圆形旋转磁场,且 $n_1 = \dfrac{60f}{p}$,旋转方向取决于定子三相绕组的排列以及三相电流的相序。图中 U、V、W 三相绕组顺时针排列,当定子绕组中通入 U、V、W 相序的三相交流电流时,定子旋转磁场为顺时针转向。转子开始是静止的,故转子与旋转磁场之间存在相对运动,转子导体切割定子磁场而感应电动势,因转子绕组自身闭合,转子绕组内便产生了感应电流。其中,转子绕组电流的有功分量与转子感应电动势同相位,其方向由右手定则确定。载有有功分量电流的转子绕组在磁场中受到电磁力作用,由左手定则可判定电磁力 F 的方向。电磁力 F 对转轴形成一个电磁转矩,其作用方向与旋转磁场方向一致,驱动着转子沿着旋转磁场方向旋转,将输入的电能变成转子旋转的机械能。如果电动机轴上带有机械负载,则机械负载便可随电动机转动起来。

由上述可知,异步电动机的转子旋转方向始终与旋转磁场的方向一致,而旋转磁场的方向又取决于通入交流电的相序,因此只要改变定子电流相序,即任意对调电动机的两根电源线,便可使异步电动机反转。

进一步分析可知,异步电动机不可能依靠自身的电磁转矩达到旋转磁场的同步转速,因为两者转速若相等,转子导体与磁场之间便没有相对切割运动,转子绕组导体中便不会感应出电动势和感应电流,电动机便无法产生驱动电磁转矩,因此 $n \neq n_1$ 是异步电机稳定运行的必要条件。正因为这种电机的转子转速与定子旋转磁场的转速必须有差异才能产生电磁转矩,所以称其为异步电动机。另外,由于电机转子绕组中的电动势和电流是由电磁感应产生的,所以异步电动机又称感应电动机。

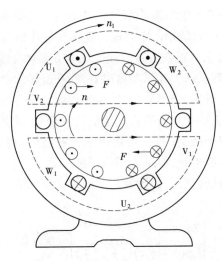

图 2-2　异步电动机工作原理

三相异步电动机的基本原理:把对称的三相交流电通入彼此间隔 $120°$ 电角度的三相定子绕组,可建立起一个旋转磁场。根据电磁感应定律可知,转子导体中必然会产生感生电流,该电流在磁场的作用下产生与旋转磁场同方向的电磁转矩,并随磁场同方向带动负载转动起来。

(二)转差率和三相异步电机的转速与运行状态

1. 转差率

定子旋转磁场的同步转速 n_1 与转子转速 n 之差,称为转差,$\Delta n = n_1 - n$,其与同步转速 n_1 的比值,称为异步电动机的转差率,即

$$s = \frac{n_1 - n}{n_1} \tag{2-1}$$

式中,s 为转差率。当异步电动机刚要起动时,$n = 0$,$s = 1$;当 $n = n_1$ 时,$s = 0$。异步电动机正常额定运行时,电动机转速一般略小于同步转速,s 很小,通常 $s = 0.01 \sim 0.05$。

2. 三相异步电机的转速与运行状态

假如在外力的作用下,使异步电动机转子逆着旋转磁场的方向旋转,即 $n < 0$(设电机磁场旋转方向为正),$s > 1$,如图 2-3(a)中所示,此时转子导体(条)中的电动势与电流方向仍和电动机时一样,电磁转矩方向仍与旋转磁场方向一致,但与电动机转动的方向相反。此时电磁转矩为制动转矩,异步电机在这种情况下,一方面电机吸取外力输入的机械功率,另一方面因转子导条中电流方向并未改变,对定子来说,电磁关系和电动机状态一样,定子绕组中电流方向仍和电动机状态相同,也就是说,电网还对电动机输送电功率。因此,异步电机在这种情况下,同时从转子输入机械功率和通过定子由电网输入电功率,两部分功率一起转换为电动机内部的损耗。异步电动机的这种运行状态称为"电磁制动"状态,又称"反接制动"状态。这种运行状态的电机一般只适合短时制工作。

如果用原动机,或者由其他转矩(如惯性转矩、重力所形成的转矩)去拖动异步电动机,使它的转速超过同步转速,这时在异步电动机中的电磁情况有所改变,因 $n > n_1$,$s < 0$,旋转磁场切割转子导条的方向相反,导条中的电动势与电流方向都反向。根据左手定则

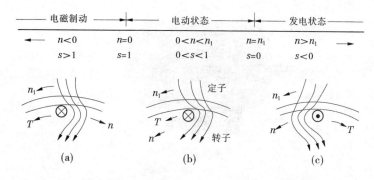

图 2-3 异步电动机的 3 种运行状态

所确定的电磁力及电磁转矩方向都是与旋转磁场及转子的旋转方向相反。这种电磁转矩是一种制动性质的转矩,如图 2-3(c)所示,这时原动机就向异步电动机输入机械功率。在这种情况下,异步电机通过电磁感应由定子向电网输送电功率,电动机就处在异步发电运行状态,这在后面的项目中还会讲述。

二、三相异步电动机的结构

三相异步电动机的结构也可分为定子、转子两大部分。定子就是电动机运行中固定不动的部分,转子是电动机的可旋转部分。由于异步电动机的定子产生旋转磁场,同时从电源吸收电能,通过旋转磁场把电能转换成转子上的机械能,所以与直流电机不同,交流电机定子是电枢。转子安装在圆筒状的定子内腔中,定子、转子之间必须有一定间隙,称为空气隙,以保证转子的自由转动。异步电动机的空气隙较其他类型的电动机气隙要小,一般为 0.2 ~ 2 mm。

三相异步电动机外形有开启式、防护式、封闭式等多种形式,以适应不同的工作需要。在某些特殊场合,还有特殊的防护形式,如防爆式、潜水泵式等。不管外形如何,电动机结构基本上是相同的。现以封闭式电动机为例,介绍三相异步电动机的结构。图 2-4(a)、(b)所示分别为一台封闭式三相异步电动机的实物图和解体后的零部件图。

(一)定子部分

定子部分由机座(也称机壳)、定子铁芯、定子绕组及端盖、轴承等部件组成。

1.机座

机座用来支承定子铁芯和固定端盖。中、小型电动机机座一般用铸铁浇铸成,大型电动机多采用钢板焊接而成,如图 2-5 所示。

2.定子铁芯

定子铁芯是电动机磁路的一部分。为了减小涡流和磁滞损耗,通常用 0.5 mm 厚的硅钢片叠压成圆筒,热轧硅钢片表面的氧化层(冷轧硅钢片外表涂有绝缘漆)作为片间绝缘,在铁芯的内圆上均匀分布有与轴平行的槽,用以嵌放定子绕组,如图 2-6 所示。

3.定子绕组

定子绕组是电动机的电路部分,也是最重要的部分,一般是由绝缘铜(或铝)导线绕制的绕组连接而成的,如图 2-7 所示。它的作用就是利用通入的三相交流电产生旋转磁

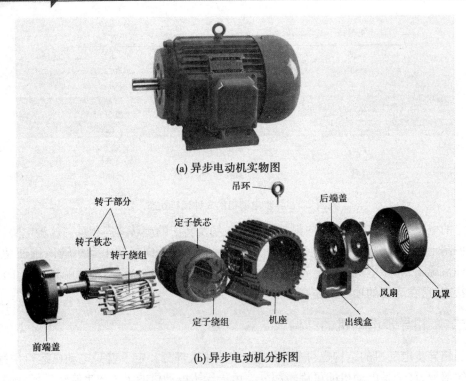

(a) 异步电动机实物图

吊环

转子部分

转子铁芯   转子绕组   定子铁芯   后端盖

定子绕组   机座   出线盒   风扇   风罩

前端盖

(b) 异步电动机分拆图

图2-4   三相交流异步电动机结构图

图2-5   异步电动机机座

场。通常,定子绕组是用高强度绝缘漆包线绕制成各种形式的绕组,按一定的排列方式嵌入定子铁芯槽内。槽口用槽楔(一般为竹制)塞紧。槽内绕组匝间、绕组与铁芯之间都要有良好的绝缘。如果是双层绕组(就是一个槽内分上、下两层嵌放两条绕组边),还要加放层间绝缘。

4. 轴承

轴承是电动机定子、转子衔接的部位,轴承有滚动轴承和滑动轴承两类,滚动轴承又叫滚珠轴承(也称为球轴承),目前多数电动机都采用滚动轴承。这种轴承的外部有贮存润滑油的油箱,轴承上还装有油环,轴转动时带动油环转动,把油箱中的润滑油带到轴与

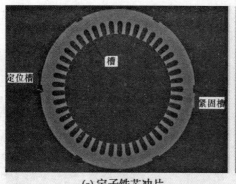
(a) 定子铁芯冲片

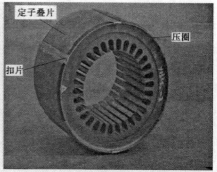
(b) 定子铁芯

图 2-6　异步电动机定子铁芯冲片和定子铁芯

图 2-7　三相异步电动机定子绕组

轴承的接触面上。为使润滑油能分布在整个接触面上,轴承上紧贴轴的一面一般开有油槽。

(二)转子部分

转子是电动机的旋转部分,一般由转轴、转子铁芯、转子绕组、风扇等组成。转轴用碳钢制成,两端轴颈与轴承相配合。出轴端铣有键槽,用以固定皮带轮或联轴器。转轴是输出转矩、带动负载的部件。转子铁芯也是电动机磁路的一部分,由 0.5 mm 厚的硅钢片叠压成圆柱体,并紧固在转子轴上。转子铁芯的外表面有均匀分布的线槽,用以嵌放转子绕组,见图 2-8。

三相交流异步电动机按照转子绕组形式的不同,一般可分为笼型异步电动机和绕线型异步电动机。

(1)笼型转子线槽一般都是斜槽(线槽与轴线不平行),目的是改善起动与调速性能。笼型绕组(也称为导条)是在转子铁芯的槽里嵌放裸铜条或铝条,然后用两个金属环(称为端环)分别在裸金属导条两端把它们全部接通(短接),即构成了转子绕组;小型笼型电动机一般用铸铝转子,这种转子是用熔化的铝液浇在转子铁芯上,导条、滑环一次浇铸出来。如果去掉铁芯,整个绕组形似鼠笼,所以得名笼型绕组,如图 2-8(d)所示。

(2)绕线型转子绕组与定子绕组类似,由镶嵌在转子铁芯槽中的三相绕组组成。绕组一般采用星形连接,三相绕组的尾端接在一起,首端分别接到转轴上的 3 个铜滑环上,通过电刷把 3 根旋转的线变成了固定线,与外部的变阻器连接,构成转子的闭合回路,以便于控制,如图2-9所示。有的电动机还装有提刷短路装置,当电动机起动后又不需要调速时,可提起电刷,同时使用3个滑环短路,以减少电刷磨损。

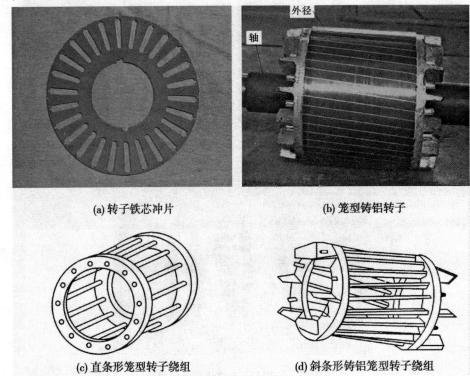

(a) 转子铁芯冲片　　(b) 笼型铸铝转子

(c) 直条形笼型转子绕组　　(d) 斜条形铸铝笼型转子绕组

图2-8　笼型异步电动机的转子图

　　两种转子相比较,笼型转子结构简单,造价低廉,并且运行可靠,因而应用十分广泛。绕线型转子结构较复杂,造价也高,但是它的起动性能较好,并能利用变阻器阻值的变化,使电动机能在一定范围内调速;在起动频繁、需要较大起动转矩的生产机械(如起重机)中常常被采用。

　　一般电动机转子上还装有风扇或风翼,便于电动机运转时通风散热。铸铝转子一般是将风翼和绕组(导条)一起浇铸出来,如图2-9(b)所示。

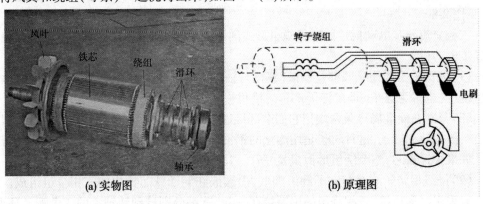

(a) 实物图　　(b) 原理图

图2-9　绕线型异步电动机的转子图

（三）气隙 δ

所谓气隙，就是定子与转子之间的空隙。中、小型异步电动机的气隙一般为 0.2 ～ 1.5 mm。气隙的大小对电动机性能影响较大，气隙大，磁阻也大，产生同样大小的磁通，所需的励磁电流也越大，电动机的功率因数也就越低。但气隙过小，将给装配造成困难，运行时定子、转子容易发生摩擦，使电动机运行不可靠。

（四）三相异步电动机的铭牌

在异步电动机的机座外部显眼处都装有一块铭牌，铭牌上标出了该电动机的型号及一些技术数据，了解铭牌上的额定值及有关数据，对正确选择、使用和维修电动机具有重要意义。表 2-1 所示是三相异步电动机的铭牌，现分别说明如下。

表 2-1　三相异步电动机的铭牌

型号	Y180M2 – 4	功率	18.5 kW	电压	380 V
电流	35.9 A	频率	50 Hz	转速	1 470 r/min
接法	△	工作方式	连续	绝缘等级	E
防护形式	IP44（封闭式）			产品编号	
××××电机厂				××××年××月	

1. 型号

异步电动机的型号主要包括产品代号、设计序号、规格代号和特殊环境代号等。产品代号表示电机的类型，如电机名称、规格、防护形式及转子类型等，一般采用大写印刷体的汉语拼音字母表示。设计序号是指电动机产品设计的顺序，用阿拉伯数字表示。规格代号用中心高、铁芯外径、机座号、机座长度、铁芯长度、功率、转速或极数表示。型号中汉语拼音字母是根据电机的全名称选择有意义的汉字，再用该汉字第一个拼音字母组成。常用的字母含义是：

J——交流异步电动机；

Y——异步电动机（新系列）；

O——封闭式（没有 O 是防护式）；

R——绕线式转子（没有 R 为笼型转子）；

S——双笼型转子；

C——深槽式转子；

Z——冶金和起重用的铜条笼型转子；

Q——高起重转矩；

L——铝线电机；

D——多速；

B——防爆。

现以 Y 系列异步电动机为例说明型号中各字母及阿拉伯数字所代表的含义。

2. 额定值

额定值是制造厂对电机在额定工作条件下所规定的一个量值。

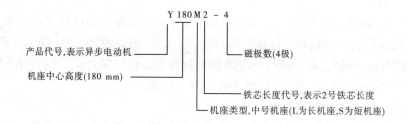

1）额定电压 U_N

额定电压是指电动机在额定工作状态下运行时，定子绕组上规定使用的线电压，单位为 V 或 kV。

2）额定电流 I_N

额定电流是指电动机在额定工作状态下运行时，电源输入电动机的线电流，单位为 A 或 kA。

3）额定功率 P_N

额定功率是指电动机在额定工作状态下运行时，轴上输出的机械功率，单位为 W 或 kW。

对于三相异步电动机，其额定功率为

$$P_N = \sqrt{3}\,U_N I_N \eta_N \cos\varphi_N \tag{2-2}$$

式中　η_N ——电动机的额定效率；

$\cos\varphi_N$ ——电动机的额定功率因数。

4）额定转速 n_N

额定转速表示电动机在额定工作状态下运行时的转速，单位为 r/min。

5）额定频率 f_N

额定频率表示电动机在额定工作状态下运行时，输入电动机交流电的频率，单位为 Hz。我国交流电的频率为工频 50 Hz。

3. 接法

表示电动机在额定电压下运行时，定子三相绕组的连接方式。其连接方式取决于电源电压。如铭牌上标明 380 V/220 V，Y/△接法。说明电源线电压为 380 V 时应接成 Y 形；电源线电压为 220 V 时应接成 △形。无论采用哪种接法，相绕组承受的电压应相等。

定子三相绕组共有 6 个出线端，三相绕组的首端分别用 U_1、V_1、W_1 表示，尾端分别用 U_2、V_2、W_2 表示。通常把这 6 个出线端按图 2-10（a）所示的排列次序接在机座上的接线盒中。图 2-10（b）及图 2-10（c）所示分别为定子绕组的 Y 形接线及△形接线。

4. 防护等级

表示电动机外壳的防护形式，以字母"IP"和其后面的两位数字表示。"IP"为国际防护的缩写。后面的第一位数字代表防尘的等级，共分 0～6 七个等级。第二位数字代表防水的等级，共分 0～8 九个等级，数字越大，表示防护的能力越强。

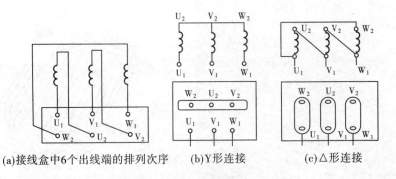

(a)接线盒中6个出线端的排列次序 (b)Y形连接 (c)△形连接

图2-10 三相异步电动机的接线图

5.绝缘等级与温升

绝缘等级表示电动机所用绝缘材料的耐热等级,一般有6个等级,即A、E、B、F、C、H。温升表示电动机发热时允许升高的温度。

6.工作方式

电动机的工作方式也称定额工作制,指运行持续的时间。分为连续运行、短时运行、断续运行三种。

【例2-1】 三相异步电动机,额定功率 $P_N = 55\ \text{kW}$,额定电压 $U_N = 380\ \text{V}$,额定电流 $I_N = 119\ \text{A}$,额定转速 $n_N = 570\ \text{r/min}$,额定功率因数 $\cos\varphi_N = 0.89$,求同步转速、磁极对数、额定负载时的效率和转差率。已知电网频率为 50 Hz。

解:因电动机额定运行时的转速接近同步转速,所以同步转速应为 $n_N = 600\ \text{r/min}$。由于 $n_1 = \dfrac{60f_1}{p}$,所以电动机的磁极对数为

$$p = \frac{60f_1}{n_1} = \frac{60 \times 50}{600} = 5$$

额定负载时的效率

$$\eta_N = \frac{P_N}{\sqrt{3}\ U_N I_N \cos\varphi_N} \times 100\% = \frac{55 \times 10^3}{\sqrt{3} \times 380 \times 119 \times 0.89} \times 100\% = 79\%$$

额定负载时的转差率

$$s_N = \frac{n_1 - n}{n_1} = \frac{600 - 570}{600} = 0.05$$

任务二 三相电机绕组电动势和旋转磁场

交流电机主要分为异步电机和同步电机两大类。如果电机额定转速与电机磁场转速相同的交流电机称为同步电机,不同的则称为异步电机。交流电机一般由定子和转子两部分组成。异步电机的定子铁芯槽中按一定规律分布式安放三套完全相同的绕组,即对称三相绕组,转子铁芯槽内也安放有三相或多相对称绕组;同步电机定子铁芯同样安放有三相交流绕组,又称作电枢绕组,如图2-11所示。

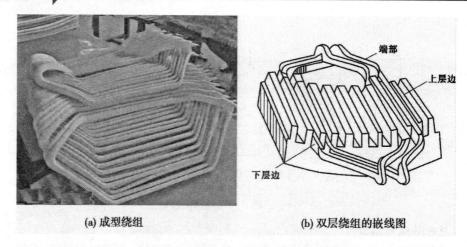

(a) 成型绕组　　　　　　　　　(b) 双层绕组的嵌线图

图 2-11　交流电机绕组和绕组的嵌线图

一、交流电机绕组作用

交流电机绕组是按一定规律排列和连接的线圈总称,是交流电机的核心部件。交流电机定子铁芯中的三相绕组是电机机电能量转换的中枢,其在电机工作时应产生一个磁极数、大小、波形均满足电机工作要求的磁动势;同时在定子绕组中能够感应出频率、大小、波形及其对称性均能符合要求的电动势。交流绕组构成电机的电路,主要作用是产生旋转磁动势和感应电动势。

如图 2-12 所示,表示一台 2 极异步电动机,转子铁芯中嵌放有自身形成闭合回路的转子绕组。当三相定子绕组通入三相对称交流电流时,就会产生一个旋转磁场切割转子绕组,在转子绕组中产生感应电动势和电流,转子感应电流又与定子旋转磁场相互作用,进而产生驱动转子旋转的电磁力矩。

如图 2-13 所示,表示一台 2 极交流同步发电机,其定子绕组的分布与交流异步电机完全一样,转子磁极由直流电励磁,当原电机拖动转子磁极旋转时,转子磁极产生的磁场分别切割电机定子铁芯中嵌放的绕组,产生感应电动势。由于三相绕组匝数完全相同,且在空间上对称分布(彼此相隔120°),故磁场依次交替切割三相绕组,产生对称感应电动势。

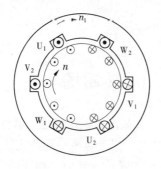

图 2-12　2 极异步电动机原理结构图

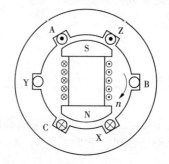

图 2-13　2 极交流同步发电机原理结构图

而实际交流电机每相绕组是由若干个线圈按一定规律串联或并联构成的,电机定子绕组是分布式对称嵌放在定子铁芯内圆的若干个槽内。

二、交流电机绕组的构成原则

交流电机绕组,也称电枢绕组。一台电机的电枢绕组是由许多完全相同的线圈,按一定的规律连接而成的。虽然交流电机绕组的种类很多,但各种交流绕组的基本要求是相同的。从设计制造和运行性能两个方面考虑,三相交流绕组构成应满足以下基本要求:

(1)三相绕组应能产生三相对称感应电动势和磁动势,即要求交流电机定子铁芯槽中的三相交流绕组在气隙圆周空间依次按互差120°电角度对称分布,在气隙旋转磁场的切割作用下,定子绕组才会感应对称三相交流电动势。

(2)在导体数一定的条件下,力求获得尽可能大的基波电动势和磁动势,尽可能减少谐波,以使电动势波形和磁动势波形接近正弦波形。因此,交流绕组构成时,线圈的两个有效边(直边)应相距180°电角度,线圈的组成和线圈之间的连接应遵循电动势相加的原则,以获得尽可能大的绕组电动势和磁动势。

(3)绕组使用铜(铝)量少,以节约材料,结构上要保证足够绝缘性能和机械强度,散热条件满足要求,且制造工艺简单,维修方便。

满足上述构成原则的三相绕组,即为三相对称绕组。交变磁场只有在三相对称绕组中才能产生对称的三相电动势。

三、交流电机绕组的电动势

交流电机绕组是由许多同样的线圈按一定规律连接而成的,根据交流电机绕组构成规律,由导体切割磁场感应电动势计算公式 $e = Blv$ 进一步分析推导,可得出三相交流绕组每一相感应电动势为

$$E_{\Phi_1} = 4.44 f k_{w1} N \Phi_1 \tag{2-3}$$

式中　f——电流频率;

　　　N——绕组匝数;

　　　Φ_1——每极基波磁通量;

　　　k_{w1}——交流绕组系数,与绕组构成方式有关,一般 $k_{w1} < 1$。

上述说明,对于已制造好的交流电机,其交流绕组电动势的大小与转子的每极磁通量成正比。若要调节同步发电机的电压,可以调节转子的励磁电流,即改变转子每极磁通量 Φ_1。

四、交流电机绕组的磁动势

在交流电机绕组中,通过分析可知:单相绕组通入交流电产生的磁动势是一个脉动磁动势。它在空间中按余弦规律分布,其位置固定不变;各点的磁动势大小又随时间按余弦规律脉动,脉动频率为电流的频率。而当定子三相绕组流过三相交流电流时将会建立定子旋转磁动势,它对电机能量转换和运行性能都有很大影响。下面讨论定子磁动势形成原理和特点。

由于电机定子绕组是三相对称绕组,它们的结构相同,只是各相绕组的轴线在空间互

差120°电角度,当它们流过三相对称交流电流时,三相对称绕组联合产生的磁动势则是一个旋转磁动势,其形成原理分析如下:

设通入三相对称绕组的三相交流电流为

$$i_U = \sqrt{2}I\cos\omega t$$

$$i_V = \sqrt{2}I\cos(\omega t - 120°)$$

$$i_W = \sqrt{2}I\cos(\omega t + 120°)$$

图 2-14 为三相对称交流电流的波形。三相对称绕组在电机定子中采用三个集中线圈表示,如图 2-15 所示。为了便于分析,假定某瞬间电流从绕组的末端流入,首端流出时为正值;某瞬间电流从绕组的首端流入,末端流出时则为负值。电流流入绕组用⊗表示,电流流出绕组用⊙表示。

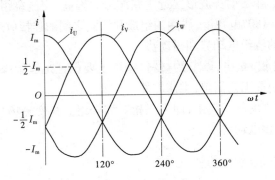

图 2-14　三相对称交流电流的波形

由于每相交流电流产生的磁动势的大小与电流成正比,其方向可用右手螺旋定则确定。因此,当某相绕组电流达到最大值时,电机绕组合成磁动势的幅值位置就处在该相绕组的轴线上。

从图 2-14 可见,当 $\omega t = 0$ 时,$i_U = I_m$,$i_V = i_W = -\frac{1}{2}I_m$。U 相磁动势向量 $\vec{F}_U$ 幅值为最大,等于 $F_{\varphi 1}$,V、W 相磁动势的幅值等于 $-\frac{1}{2}F_{\varphi 1}$,如图 2-15(a)所示。此时,U 相电流达到最大值,三相合成磁动势 $\vec{F}_1$ 的幅值恰好处在 U 相绕组的轴线上,将各相磁动势向量相加,其幅值 $F_1 = \frac{3}{2}F_{\varphi 1}$。

按同样的方法,继续分析 $\omega t = 120°$、$240°$、$360°$ 几个瞬间时的情况。当 $\omega t = 120°$ 时,V 相电流达到最大值,三相合成磁动势 $\vec{F}_1$ 旋转到 V 相绕组的轴线上,如图 2-15(b)所示;当 $\omega t = 240°$ 时,W 相电流达到最大值,三相合成磁动势 $\vec{F}_1$ 旋转到 W 相绕组的轴线上,如图 2-15(c)所示;当 $\omega t = 360°$ 时,U 相电流又达到最大值,合成磁动势 $\vec{F}_1$ 旋转到 U 相绕组的轴线上,如图 2-15(d)所示。从图中可见,无论哪一瞬时合成磁动势的幅值 $F_1 = \frac{3}{2}F_{\varphi 1}$ 始终保持不变,同时电流变化每一个周期,合成磁动势 $\vec{F}_1$ 相应地在空间旋转了 360°电角

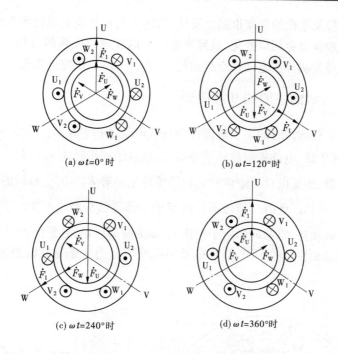

(a) $\omega t=0°$时 　(b) $\omega t=120°$时

(c) $\omega t=240°$时 　(d) $\omega t=360°$时

图 2-15　三相合成磁动势的图解

度。对于一对极电机,合成磁动势 $\vec{F}_1$ 也在空间旋转了 360° 机械角度,即旋转了一周。对于 p 对极的电机,则合成磁动势 $\vec{F}_1$ 在空间旋转了 $\dfrac{360°}{p}$ 机械角度,即旋转 $\dfrac{1}{p}$ 周。因此,p 对极的电机,当电流变化频率为 f 时,旋转磁动势在空间的转速 $n_1 = \dfrac{f}{p}$（r/s）$= \dfrac{60f}{p}$（r/min）,即为同步转速。不难理解,若要改变电机定子旋转磁动势的转向,只要改变三相交流电流的相序,即把三相电源接到电机三相绕组的任意两根导线对调,三相绕组中的电流相序就将改变为 U→W→V,旋转磁动势随之改变为反向旋转。

由上述分析,三相绕组产生的磁动势具有以下的特征:

三相对称绕组产生的磁动势是一个旋转磁动势,其转速为同步转速 $n_1 = \dfrac{60f}{p}$（r/min）;旋转磁动势的转向取决于电流的相序。

任务三　三相异步电动机空载运行

由电机结构可知,异步电动机定子与转子之间只存在磁的耦合,无电路上的直接联系,异步电动机定子绕组从电源吸取的电能借助于电磁感应作用传递给转子。实际上从电磁感应原理和能量传递来看,异步电动机运行时的内在电磁关系与变压器相似,其定子绕组相当于变压器的一次绕组,转子绕组相当于二次绕组,故分析变压器内部电磁关系的基本方法也适用于异步电动机。异步电动机正常运行时是旋转着的,随转速变化,电机转子中的感应电动势及电流的频率也随之变化,与定子电动势及电流频率不相等。同时,转子回路各电磁物理量也会相应变化,故异步电动机内在电磁关系的分析与计算要比变压器复杂。一般也是先从异步电动机空载运行分析入手,然后研究异步电动机负载运行。

一、空载运行时的主磁通和漏磁通

异步电动机空载运行时的定子电流称为空载电流,用 $\dot{I}_0$ 表示。异步电动机空载运行时,轴上没带机械负载,电动机空载转速很高,很接近于同步转速 n_1。转子与定子旋转磁场几乎无相对运动,于是电动机空载时的转子感应电动势 $\dot{E}_2 \approx 0$,空载时的转子电流 $\dot{I}_2 \approx 0$,转子磁动势 $\dot{F}_2 \approx 0$。此时气隙磁场只由定子空载磁动势激励产生。空载时的定子磁动势也称为励磁磁动势,空载时的定子电流 $\dot{I}_0$ 即为励磁电流,且近似为一无功性质电流。

根据磁通路径和性质的不同,异步电动机磁通可分为主磁通和漏磁通,如图 2-16 所示。

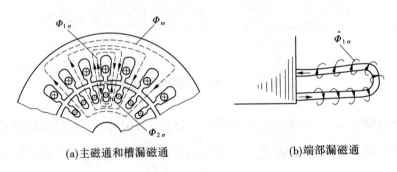

(a)主磁通和槽漏磁通   (b)端部漏磁通

图 2-16 主磁通和漏磁通分布图

(一)主磁通 $\dot{\Phi}_m$

定子磁动势产生的磁通绝大部分通过定子铁芯、转子铁芯及气隙形成闭合回路,并同时与定子、转子绕组相交链,这部分磁通称为主磁通,用 $\dot{\Phi}_m$ 表示。

主磁通同时交链定、转子绕组,在定子、转子绕组中产生感应电动势,并在闭合的转子绕组中产生感应电流。转子载流导体与定子磁场相互作用产生电磁转矩,从而将定子绕组输入的电能转化为电动机轴上输出的机械能。因此,主磁通是实现异步电动机机电能量转换的关键。

(二)定子漏磁通

定子磁动势除产生主磁通外,还产生仅与定子绕组相交链的磁通,称为定子漏磁通 $\dot{\Phi}_{1\sigma}$。漏磁通主要由槽漏磁通和端部漏磁通组成。由于漏磁通沿磁阻很大的空气形成闭合回路,故漏磁通相对于主磁通比较小,且定子漏磁通仅与定子绕组交链,只在定子绕组中产生漏电动势,故不能起能量转换的媒介作用,只能起电压降的作用。此外,定子高次谐波磁通也当作漏磁通。

二、空载电流和空载磁动势

当电动机空载,定子三相绕组接到对称的三相电源时,在定子绕组中流过空载电流 $\dot{I}_0$。和变压器空载时一样,空载电流 $\dot{I}_0$ 的有功分量 $\dot{I}_{0r}$ 用来供给空载损耗,包括空载时的定子铜损耗、定子铁芯损耗和机械损耗;无功分量 $\dot{I}_{0A}$ 用来产生气隙磁场,也称磁化电流,它是空载电流的主要部分。因此, $\dot{I}_0$ 也可写为

$$\dot{I}_0 = \dot{I}_{0r} + \dot{I}_{0A} \tag{2-4}$$

三相空载电流所产生的合成磁动势的基波分量的幅值为 $F_0 = 1.35 \dfrac{I_0 N_1}{p} k_{w1}$, F_0 又称励磁磁动势,它以同步转速 n_1 旋转。

三、电磁关系

异步电动机空载运行时的电磁关系如下:

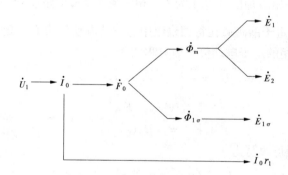

四、空载运行时的电动势平衡方程

(一)感应电动势

由于电动机空载运行时,转子回路电动势 $\dot{E} \approx 0$,转子电流 $\dot{I}_2 \approx 0$,故我们只讨论定子电路。

1. 定子绕组电动势 $\dot{E}_1$

异步电动机三相定子绕组内通入三相交流电后产生的主磁场 $\dot{\Phi}_m$ 为旋转磁场,定子绕组因切割旋转磁场而感应电动势 $\dot{E}_1$,且 $\dot{E}_1$ 滞后主磁通 $\dot{\Phi}_m$,所以其复数表达式为

$$\dot{E}_1 = -j4.44 k_{w1} N_1 f_1 \dot{\Phi}_m \tag{2-5}$$

式中　$\dot{\Phi}_m$ ——气隙旋转磁场的每极磁通;

　　　N_1 ——定子每相绕组匝数;

　　　k_{w1} ——定子基波绕组系数;

　　　f_1 ——定子电流频率。

与变压器分析相似,感应电动势 $\dot{E}_1$ 可以用励磁电流 $\dot{I}_0$ 在电动机的励磁阻抗 Z_m 上的电压降来表示,即

$$-\dot{E}_1 = \dot{I}_0(r_\mathrm{m} + jx_\mathrm{m}) = \dot{I}_0 Z_\mathrm{m} \tag{2-6}$$

式中　Z_m——励磁阻抗,$Z_\mathrm{m} = r_\mathrm{m} + jx_\mathrm{m}$;

　　　r_m——励磁电阻,是反映铁耗的等效电阻;

　　　x_m——励磁电抗,它是对应于主磁通的电抗。

2. 定子漏电动势 $\dot{E}_{1\sigma}$

电动机的定子漏磁通只交链定子绕组,在定子绕组中感应电动势 $\dot{E}_{1\sigma}$,与变压器一样,漏电动势可以用空载电流在漏抗上的电压降来表示,由于 $\dot{E}_{1\sigma}$ 滞后于 $\dot{I}_0$ 90°,故

$$\dot{E}_{1\sigma} = -j\dot{I}_0 x_1 \tag{2-7}$$

式中　x_1——定子绕组漏抗,它是对应于定子漏磁通的电抗,空载时的漏抗记为 $x_{1\sigma}$。

(二)空载时电动势平衡关系与等值电路

设定子三相绕组每相所加的端电压为 $\dot{U}_1$,相电流为 $\dot{I}_0$,主磁通 $\dot{\Phi}_\mathrm{m}$ 在定子绕组中感应的每相电动势为 $\dot{E}_1$,定子漏磁通在每相绕组中感应的电动势为 $\dot{E}_{1\sigma}$,定子的每相电阻为 r_1,则电动机空载时每相的定子电动势平衡方程式为

$$\dot{U}_1 = -\dot{E}_1 - \dot{E}_{1\sigma} + \dot{I}_0 r_1$$

与变压器类似　　　$\dot{E}_1 = -\dot{I}_0(r_\mathrm{m} + jx_\mathrm{m})$

其中　　　　　　　$\dot{E}_{1\sigma} = -j\dot{I}_0 x_1$

于是电压平衡方程可改写为

$$\dot{U}_1 = -\dot{E}_1 + \dot{I}_0(r_1 + jx_1) = -\dot{E}_1 + \dot{I}_0 Z_1$$

式中　Z_1——定子绕组的漏阻抗,$Z_1 = r_1 + jx_1$。

由于 r_1 与 x_1 很小,定子绕组漏阻抗压降 $\dot{I}_0 Z_1$ 与外加电压 $\dot{U}_1$ 和感应电动势 $\dot{E}_1$ 相比很小,一般为额定电压的 2% ~5%,为了简化分析,可以忽略。故

$$\dot{U}_1 \approx -\dot{E}_1$$
$$U_1 \approx E_1 = 4.44 k_{\mathrm{w}1} N_1 f_1 \Phi_\mathrm{m}$$

于是电动机每极主磁通为

$$\Phi_\mathrm{m} \approx \frac{U_1}{4.44 k_{\mathrm{w}1} N_1 f_1} \tag{2-8}$$

由式(2-8)可知,对于已制成的异步电动机,$k_{\mathrm{w}1}$、N_1 均为常数,当频率 f_1 一定时,主磁通 Φ_m 与电源电压 U_1 近似成正比,如外施电压 U_1 不变,则主磁通 Φ_m 也基本不变,这和变压器的情况相同,它是分析异步电动机运行的基本理论。

由式(2-8)可得出感应电动机空载时的等效电路图和相量图,如图 2-17 所示。

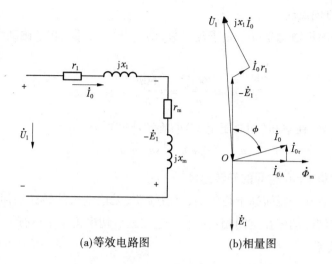

(a)等效电路图　　　　(b)相量图

图2-17　感应电动机空载时的等效电路图和相量图

■ 任务四　三相异步电动机负载运行

一、负载运行时的物理情况

异步电动机负载运行时,电机将以低于同步转速的速度 n 旋转,其转向仍与 n_1 的方向相同。因此,气隙磁场与转子的相对速度为 $\Delta n = n_1 - n = sn_1$, Δn 也就是气隙磁场切割转子绕组的速度,于是在转子绕组中感应出电动势 $\dot{E}_2$ 和电流 $\dot{I}_2$,其频率为:

$$f_2 = \frac{p\Delta n}{60} = s\frac{pn_1}{60} = sf_1 \tag{2-9}$$

对异步电动机,一般 $s = 0.02 \sim 0.06$,当 $f_1 = 50$ Hz 时,f_2 仅为 $1 \sim 3$ Hz。负载运行时,除定子电流产生一个定子磁动势 $\vec{F}_1$ 外,由于转子电流 $\dot{I}_2 \neq 0$,转子电流 $\dot{I}_2$ 还将产生一个转子磁动势 $\vec{F}_2$,故负载时,电机总的气隙磁动势则是 $\vec{F}_1$ 与 $\vec{F}_2$ 的合成,根据它们来共同建立气隙磁场。

（一）转子磁动势的分析

无论是笼型电机还是绕线型转子电机,其转子绕组都是一个对称的多相系统。正常负载运行时,转子中的电流也一定是一个对称的多相电流,转子绕组产生的磁动势就是一个旋转磁动势。定子旋转磁动势转向与定子绕组通入的三相电流相序有关,若定子旋转磁场沿 U→V→W 相序顺时针方向旋转,因为 $n < n_1$,因此在转子绕组中感应电动势和感应电流的相序也必然为 U→V→W。又因为转子磁动势转向取决于转子绕组中电流的相序,始终从超前电流相转向滞后电流相,故转子磁动势转向也是从 U→V→W 沿顺时针方向,于是可以得出如下结论:转子电流与定子电流相序一致,转子旋转磁动势 $\vec{F}_2$ 与定子旋

转磁动势 $\vec{F}_1$ 同方向旋转。

由于转子的磁极数总是等于定子磁极数,即 $p_2 = p_1$,那么转子磁动势相对于转子的转速为

$$n_2' = \frac{60f_2}{p_2} = s\,\frac{60f_1}{p_1} = sn_1 \tag{2-10}$$

转子磁动势 $\vec{F}_2$ 在空间(相对于定子)的旋转速度则为

$$n_2 = n_2' + n = sn_1 + n = n_1$$

即等于定子磁动势 $\vec{F}_1$ 在空间的旋转速度。

上面的式子是在任意转速下得到的,这就说明,无论电机的转速如何变化,定子旋转磁动势与转子旋转磁动势在空间相对静止。这也是一切电机正常运行的必要条件。

(二)电磁关系

异步电动机负载运行时,定子磁动势 $\vec{F}_1$ 与转子磁动势 $\vec{F}_2$ 的合成磁动势 $\vec{F}_{\mathrm{m}}$ 建立气隙主磁通 $\dot{\Phi}_{\mathrm{m}}$。主磁通 $\dot{\Phi}_{\mathrm{m}}$ 分别交链于定、转子绕组,并分别在定、转子绕组中感应电动势 $\dot{E}_1$ 和 $\dot{E}_2$。同时定、转子磁动势 $\vec{F}_1$ 和 $\vec{F}_2$ 分别产生只交链于本侧的漏磁通 $\dot{\Phi}_{1\sigma}$ 和 $\dot{\Phi}_{2\sigma}$,并感应出相应的漏电动势 $\dot{E}_{1\sigma}$ 和 $\dot{E}_{2\sigma}$。其电磁关系如下:

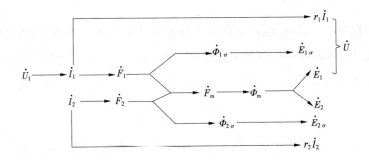

(三)电动势平衡方程

1.定子绕组电动势平衡方程

异步电动机负载运行时,定子绕组电动势平衡方程与空载时相同,此时定子电流为 $\dot{I}_1$,即

$$\dot{U}_1 = -\dot{E}_1 + \dot{I}_1(r_1 + \mathrm{j}x_1) = -\dot{E}_1 + \dot{I}_1 Z_1 \tag{2-11}$$

其中
$$E_1 = 4.44 f_1 N_1 k_{\mathrm{w1}} \Phi_{\mathrm{m}}$$

2.转子绕组电动势平衡方程

异步电动机负载运行时,气隙主磁场 $\dot{\Phi}_{\mathrm{m}}$ 以同步转速切割定子绕组,也以 $\Delta n = n_1 - n$ 的相对速度切割转子绕组,并在转子绕组中感应频率为 f_1 的电动势 $\dot{E}_2$。其相量表达式为

$$\dot{E}_2 = -\mathrm{j}4.44f_2N_2k_{w2}\dot{\Phi}_m \tag{2-12}$$

式中　$\dot{\Phi}_m$——主磁场的每极磁通；

　　　f_2——转子电流频率。

此外，转子电流还将产生仅与转子绕组相交链的转子漏磁通 $\dot{\Phi}_{2\sigma}$，并在转子绕组上产生漏电动势 $\dot{E}_{2\sigma}$。与定子侧相似，转子漏电动势也可以用转子的漏抗压降来表示，即

$$\dot{E}_{2\sigma} = -\mathrm{j}\dot{I}_2x_2 \tag{2-13}$$

式中　x_2——转子绕组漏抗，它是对应于转子漏磁通的电抗，空载时的转子绕组漏抗表示为 x_{20}。

在转子回路中，主磁通 $\dot{\Phi}_m$、转子漏磁通 $\dot{\Phi}_{2\sigma}$ 在转子绕组中分别感应电动势 $\dot{E}_2$ 和 $\dot{E}_{2\sigma}$。此外，当转子电流 $\dot{I}_2$ 通过转子绕组时，将在转子绕组电阻 r_2 上产生电压降 $\dot{U}_r = \dot{I}_2x_2$。正常运行时，转子绕组都是闭合的，依据变压器二次绕组各电磁量的正方向规定，根据基尔霍夫第二定律，可得转子电路的电动势平衡方程为

$$\dot{E}_2 + \dot{E}_{2\sigma} - \dot{I}_2r_2 = 0$$

或

$$\dot{E}_2 = \dot{I}_2r_2 + \mathrm{j}\dot{I}_2x_2 = \dot{I}_2Z_2 \tag{2-14}$$

式中　Z_2——转子绕组的漏阻抗，$Z_2 = r_2 + \mathrm{j}x_2$。

转子电流的有效值为

$$I_2 = \frac{E_2}{\sqrt{r_2^2 + x_2^2}} \tag{2-15}$$

（四）磁动势平衡

由于定、转子磁动势相对静止，对于 $\vec{F}_1$ 与 $\vec{F}_2$ 及合成磁动势 $\vec{F}_m$，在电动机工作电压不变时，显然 $\vec{F}_m$ 近似等于空载时的定子励磁磁动势 $\vec{F}_0$，则有

$$\vec{F}_1 + \vec{F}_2 = \vec{F}_m = \vec{F}_0 \tag{2-16}$$

$$\vec{F}_1 = \vec{F}_0 + (-\vec{F}_2) = \vec{F}_0 + \vec{F}_{1L}$$

式中，$\vec{F}_{1L} = (-\vec{F}_2)$，为定子磁动势的负载分量。

可见，定子磁动势 $\vec{F}_1$ 包含两个分量：一个是励磁磁动势 $\vec{F}_0$ 分量，它用来产生电机气隙主磁通 $\dot{\Phi}_m$；另一个是负载磁动势分量 $\vec{F}_{1L}$，用来平衡转子磁动势 $\vec{F}_2$，即用来抵消转子电流产生的磁动势 $\vec{F}_2$ 的影响，从而保持电机总磁动势近似不变。

（五）转子各物理量与转差率 s 的关系

当异步电动机以转速 n 旋转时，气隙旋转磁场以 $\Delta n = n_1 - n$ 的相对速度切割转子绕组，转速 n 变化时，转子绕组与气隙旋转磁场的切割速度也相应变化，因此转子感应电动势 E_2、转子频率 f_2、转子电流、转子电抗 x_2、转子功率因数 $\cos\varphi_2$ 的大小都将随转差率 s

的变化而变化。

1. 转子频率 f_2

当转子以转速 n 旋转时,旋转磁场以 $\Delta n = n_1 - n$ 的相对速度切割转子绕组,所以感应电动势的频率为

$$f_2 = \frac{p\Delta n}{60} = s\frac{pn_1}{60} = sf_1 \tag{2-17}$$

2. 转子绕组感应电动势

当转子不动时, $n = 0$, $s = 1$, $f_2 = f_1$,将转子感应电动势大小记为 E_{20} ,则

$$E_{20} = 4.44k_{w2}N_2f_1\Phi_m \tag{2-18}$$

当电动机转动起来时

$$E_2 = 4.44k_{w2}N_2f_2\Phi_m = 4.44k_{w2}N_2sf_1\Phi_m = sE_{20} \tag{2-19}$$

3. 转子绕组漏抗

当转子不动时, $f_2 = f_1$,将转子绕组漏抗记为 x_{20} ,即

$$x_{20} = 2\pi f_2L_2 = 2\pi f_1L_2 \tag{2-20}$$

当电动机转动起来时

$$x_2 = 2\pi sf_2L_2 = 2\pi sf_1L_2 = sx_{20} \tag{2-21}$$

4. 转子绕组电流

转子绕组电流的有效值为

$$I_2 = \frac{E_2}{\sqrt{r_2^2 + x_2^2}} = \frac{sE_{20}}{\sqrt{r_2^2 + (sx_{20})^2}} = \frac{E_{20}}{\sqrt{\left(\dfrac{r_2}{s}\right)^2 + x_{20}^2}} \tag{2-22}$$

5. 转子功率因数

转子功率因数 $\cos\varphi_2$ 为

$$\cos\varphi_2 = \frac{r_2}{\sqrt{r_2^2 + x_2^2}} = \frac{r_2}{\sqrt{r_2^2 + (sx_{20})^2}} \tag{2-23}$$

以上各式表明,异步电动机转动时,转子各物理的大小与转差率 s 有关。转差率 s 是异步电动机的一个重要参数。转子频率 f_2 、转子电抗 x_2 、电动势 E_2 与转差率 s 成正比。转子电流 I_2 随转差率增大而增大,转子功率因数随转差率增大而减小。例如:异步电动机起动时, $n = 0$, $s = 1$,此时,转子回路频率 $f_2 = f_1$,转子回路电抗 x_2 、电动势 E_2 、转子电流 I_2 最大,转子功率因数 $\cos\varphi_2$ 最小。

二、异步电动机负载时的等值电路

异步电动机与变压器一样,定子电路与转子电路之间只有磁的耦合而无电路上的直接联系。为了便于分析和简化计算,也采用了与变压器相似的等效电路的方法,即设法将电磁耦合的定、转子电路变为有直接电联系的电路。由于异步电动机定、转子绕组的有效

匝数、绕组系数不相等,因此在推导等效电路时,与变压器相仿,必须要进行相应的绕组折算。此外,由于定、转子电流频率也不相等,还要进行频率折算。在折算时,必须保证转子对定子绕组的电磁作用和异步电动机的电磁性能不变。可推导出经频率和绕组折算后的定、转子等值电路,如图 2-18 所示。等值电路的获得为异步电动机运行分析及计算带来了方便。

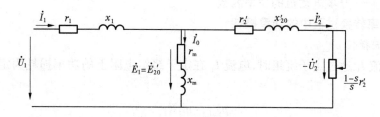

图 2-18 异步电动机 T 型等值电路的形成

图 2-18 的等效电路是一个复联电路,分析计算比较复杂。和变压器相似,也可以把异步电动机的 T 型等效电路的励磁支路前移到输入端,使电路简化,如图 2-19 所示,成为异步电动机的近似等效电路。但考虑到异步电动机的励磁阻抗较小,励磁电流较大,而定子漏抗又较变压器大,故不能像变压器那样把励磁支路除去进一步简化电路,否则误差较大,尤其是小容量电动机。因此,采用近似等效电路时,为了减少误差,工程计算上需要引入一个修正系数进行修正计算。

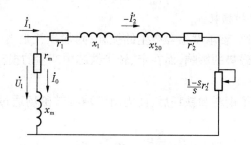

图 2-19 异步电动机的近似等效电路图

■ 任务五 三相异步电动机的功率和电磁转矩

异步电动机是一种机电能量转换元件,是通过电磁感应作用把电能传送到转子再转化为轴输出的机械能。本任务从能量观点出发阐述电动机的能量转换过程,分析其功率和转矩的平衡关系。

一、功率转换过程和功率平衡方程式

异步电动机运行时,不可避免地存在着一定的损耗,本任务着重分析各种损耗之间的关系。

(一)输入电功率 P_1

异步电动机由电网向定子输入的电功率 P_1 为

$$P_1 = m_1 U_1 I_1 \cos\varphi_1 \tag{2-24}$$

式中 U_1——定子绕组的相电压；

$\quad\quad I_1$——定子绕组的相电流；

$\quad\quad \cos\varphi_1$——异步电动机的功率因数。

(二)功率转换过程中的功率损耗

1.定子铜损耗 p_{Cu1}

定子电流 I_1 通过定子绕组时，电流 I_1 在定子绕组电阻上的功率损耗为定子铜损耗，即

$$p_{Cu1} = m_1 I_1^2 r_1 \tag{2-25}$$

2.铁芯损耗 p_{Fe}

由于异步电动机正常运行时，额定转差率很小，转子频率很低，一般为 $1\sim3$ Hz，转子铁耗很小，可略去不计。定子铁耗实际上就是整个电动机的铁芯损耗，根据 T 型等效电路可知，电动机铁芯损耗为

$$p_{Fe} = m_1 I_0^2 r_m \tag{2-26}$$

3.转子铜损耗 p_{Cu2}

根据 T 型等效电路可知，转子铜损耗为

$$p_{Cu2} = m_1 I_2'^2 r_2' \tag{2-27}$$

4.机械损耗 p_{Ω} 及附加损耗 p_{ad}

机械损耗是由于通风、轴承摩擦等产生的损耗；附加损耗是由于电动机定、转子铁芯存在齿槽以及高次谐波磁势的影响，而在定、转子铁芯中产生的损耗。

(三)电磁功率 P_M

输入电功率扣除定子铜耗和铁耗后，便为由气隙旋转磁场通过电磁感应传递到转子的电磁功率 P_M

$$P_M = P_1 - p_{Cu1} - p_{Fe} \tag{2-28}$$

由 T 型等效电路看能量传递关系，输入功率 P_1 减去 r_1 和 r_m 上的损耗 p_{Cu1} 和 p_{Fe} 后，应等于在电阻 $\dfrac{r_2'}{s}$ 上所消耗的功率，即

$$P_M = P_1 - p_{Cu1} - p_{Fe} = m_1 E_2' I_2' \cos\varphi_2 = m_1 I_2'^2 \frac{r_2'}{s} \tag{2-29}$$

(四)总机械功率 P_{Ω}

电磁功率减去转子绕组的铜损耗后，即是电动机转子上的总机械功率，即

$$P_{\Omega} = P_M - p_{Cu2} = m_1 I_2'^2 \frac{r_2'}{s} - m_1 I_2'^2 r_2' = m_1 I_2'^2 \frac{1-s}{s} r_2' \tag{2-30}$$

该式说明了 T 型等值电路中引入电阻 $\dfrac{1-s}{s} r_2'$ 的物理意义。

由式(2-27)、式(2-29)、式(2-30)可得

$$p_{\mathrm{Cu2}} = sP_{\mathrm{M}} \qquad\qquad (2\text{-}31)$$

$$P_{\Omega} = (1 - s)P_{\mathrm{M}} \qquad\qquad (2\text{-}32)$$

式(2-31)、式(2-32)说明,转差率 s 越大,电磁功率消耗在转子铜耗中的比重就越大,电动机效率就越低,故异步电动机正常运行时,转差率较小,通常在 0.01~0.06 的范围内。

(五)输出机械功率 P_2

总机械功率减去机械损耗 p_{Ω} 和附加损耗 p_{ad} 后,才是转子输出的机械功率 P_2,即

$$P_2 = P_{\Omega} - (p_{\Omega} + p_{\mathrm{ad}}) = P_{\Omega} - p_0 \qquad\qquad (2\text{-}33)$$

式中　p_0——异步电动机空载时的转动损耗。

由上述可得异步电动机的功率平衡方程为

$$P_1 = P_{\mathrm{M}} + p_{\mathrm{Cu1}} + p_{\mathrm{Fe}}$$

$$P_{\mathrm{M}} = P_{\Omega} + p_{\mathrm{Cu2}}$$

$$P_{\Omega} = P_2 + p_{\Omega} + p_{\mathrm{ad}}$$

异步电动机的功率变换过程可用功率传递图表示,如图 2-20 所示。

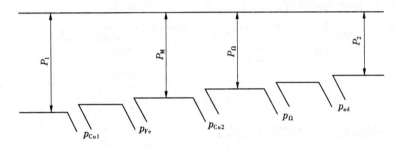

图 2-20　异步电动机的功率传递图

二、转矩平衡方程式和电磁转矩公式

(一)转矩平衡方程式

当电机稳定运行时,作用在电机上有三个转矩。

(1)使电机旋转的转矩 T。

(2)由电机的机械损耗和附加损耗引起的空载制动转矩 T_0。

(3)由电机所拖动的负载的反作用转矩 T_2。

由于机械功率等于转矩与角速度的乘积,在式(2-33)两边同除以机械角速度 Ω,$\Omega = \dfrac{2\pi n}{60}$ rad/s,可得转矩平衡方程式为

$$P_{\Omega} = P_2 + p_{\Omega} + p_{\mathrm{ad}}$$

$$P_{\Omega} = P_2 + p_0$$

$$\frac{P_{\Omega}}{\Omega} = \frac{P_2}{\Omega} + \frac{p_0}{\Omega}$$

$$T = T_0 + T_2 \qquad\qquad (2\text{-}34)$$

式中　T——电磁转矩,$T = \dfrac{P_{\Omega}}{\Omega}$;

T_2——负载转矩,$T_2 = \dfrac{P_2}{\Omega}$;

T_0——空载转矩,$T_0 = \dfrac{p_\Omega + p_{ad}}{\Omega} = \dfrac{p_0}{\Omega}$。

式(2-34)表明,当电动机稳定运行时,驱动性质的电磁转矩 T 与制动性质的负载转矩 T_2 及空载转矩 T_0 相平衡。

(二)电磁转矩公式

1.电磁转矩的物理表达式

$$T = \frac{P_\Omega}{\Omega} = \frac{(1-s)P_M}{\dfrac{2\pi n}{60}} = \frac{(1-s)P_M}{\dfrac{2\pi(1-s)n_1}{60}} = \frac{P_M}{\Omega_1} \tag{2-35}$$

式中 Ω_1——同步角速度,$\Omega_1 = \dfrac{2\pi n_1}{60} = \dfrac{2\pi f_1}{p}$。

由式(2-29)和式(2-35)可得

$$T = \frac{P_M}{\Omega_1} = \frac{m_1 E'_2 I'_2 \cos\varphi_2}{\dfrac{2\pi n_1}{60}} = \frac{m_1 \times 4.44 f_1 N_1 k_{w1} \Phi_m I'_2 \cos\varphi_2}{\dfrac{2\pi f_1}{p}}$$

$$= \frac{m_1 \times 4.44 p N_1 k_{w1}}{2\pi} \Phi_m I'_2 \cos\varphi_2 = C_T \Phi_m I'_2 \cos\varphi_2 \tag{2-36}$$

式中 C_T——转矩常数,与电机结构有关;

Φ_m——异步电动机的每极磁通量;

I'_2——转子电流折算值;

$\cos\varphi_2$——转子电路的功率因数。

式(2-36)表明,电磁转矩的大小与主磁通及转子电流的有功分量的乘积成正比,即电磁转矩是由气隙磁场与转子电流有功分量共同作用产生的。电动机中电流、磁通与作用力这 3 个量的方向符合左手定则这一物理规则,故称物理表达式,主要用于定性分析异步电动机电磁转矩大小。

2.电磁转矩的参数表达式

电磁转矩和转速是异步电动机最重要的输出量。根据异步电动机的近似简化等效电路,可得转子电流计算式

$$I'_2 = \frac{U_1}{\sqrt{(r_1 + \dfrac{r'_2}{s})^2 + (x_1 + x'_{20})^2}} \tag{2-37}$$

将式(2-37)代入式(2-36)可得电磁转矩的参数表达式

$$T = \frac{P_M}{\Omega_1} = \frac{m_1 I'^2_2 \dfrac{r'_2}{s}}{\dfrac{2\pi f_1}{p}} = \frac{m_1 p U_1^2 \dfrac{r'_2}{s}}{2\pi f_1 \left[\left(r_1 + \dfrac{r'_2}{s}\right)^2 + (x_1 + x'_{20})^2\right]} \tag{2-38}$$

式中，U_1 为加在定子绕组上的相电压，单位为 V；电阻漏电抗的单位为 Ω，则转矩 T 的单位为 N·m。参数表达式表明了转矩与电压、频率、电机参数及转差率的关系，即电磁转矩与电机工作电压平方成正比，与电机电源频率成反比；还与电机转子电阻近似成正比，与漏抗成反比。当电机的电压、频率等参数一定时，电动机的电磁转矩 T 与转差率 s 的关系，即 $T=f(s)$ 函数关系称为转矩特性。三相异步电动机转矩特性曲线如图 2-21 所示。

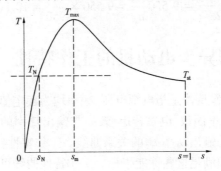

图 2-21　三相异步电动机转矩特性曲线图

【例 2-2】　一台三相绕线型异步电动机，额定数据为：$U_N = 380$ V，$P_N = 94$ kW，$n_N = 950$ r/min，$f = 50$ Hz。在额定转速下运行时，机械损耗 $p_\Omega = 1$ kW，忽略附加损耗。求额定运行时的

（1）转差率 s_N；

（2）电磁功率 P_M；

（3）电磁转矩 T；

（4）转子铜损耗 p_{Cu2}；

（5）输出转矩 T_2；

（6）空载转矩 T_0。

解： 由 n_N 可知，电动机的同步转速 $n_1 = 1\ 000$ r/min。

（1）额定转差率 s_N 为

$$s_N = \frac{n_1 - n_N}{n_1} = \frac{1\ 000 - 950}{1\ 000} = 0.05$$

（2）电磁功率 P_M 为

$$P_M = \frac{P_\Omega}{1 - s_N} = \frac{P_N + p_\Omega}{1 - s_N} = \frac{94 + 1}{1 - 0.05} = 100(\text{kW})$$

（3）电磁转矩 T 为

$$T = \frac{P_M}{\Omega_1} = \frac{P_M}{2\pi n_1} \times 60 = 9\ 550\frac{P_M}{n_1} = 9\ 550 \times \frac{100}{1\ 000} = 955(\text{N·m})$$

或　　　$$T = \frac{P_\Omega}{\Omega_N} = \frac{P_\Omega}{2\pi n_N} \times 60 = 9\ 550\frac{P_N + p_\Omega}{n_N} = 9\ 550 \times \frac{94 + 1}{950} = 955(\text{N·m})$$

（4）转子铜损耗 p_{Cu2} 为

$$p_{Cu2} = s_N P_M = 0.05 \times 100 = 5(\text{kW})$$

（5）输出转矩 T_2 为

$$T_2 = \frac{P_N}{\Omega_N} = 9\,550\,\frac{P_N}{n_N} = 9\,550 \times \frac{94}{950} = 944.9(\text{N} \cdot \text{m})$$

（6）空载转矩 T_0 为

$$T_0 = \frac{p_\Omega + P_{ad}}{\Omega_N} = 9\,550\,\frac{p_\Omega}{n_N} = 9\,550 \times \frac{1}{950} = 10.1(\text{N} \cdot \text{m})$$

任务六 三相异步电动机的工作特性

三相异步电动机的工作特性是指电源电压、频率均为额定值的情况下，电动机的定子电流、转速（或转差率）、功率因数、电磁转矩、效率与输出功率的关系，即在 $U_1 = U_{1N}$、$f_1 = f_N$ 时，I_1、n、$\cos\varphi_1$、T 和 η 与输出功率 P_2 的关系曲线。工作特性指标在国家标准中都有具体规定，设计和制造都必须满足这些性能指标。工作特性曲线可用等值电路计算，也可以通过试验和作图方法求得。图 2-22 所示是一台三相异步电动机的典型工作特性曲线。

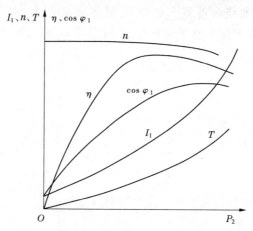

图 2-22 三相异步电动机的典型工作特性曲线

一、电流特性 $I_1 = f(P_2)$

输出功率变化时，定子电流变化情况如图 2-22 所示。空载时，$P_2 = 0$，转子转速接近同步转速，即 $n \approx n_1$，此时定子电流就是空载电流，因为转子电流 $I_2' \approx 0$，所以 $I_1 = I_0 + (-I_2') \approx I_0$，几乎全部为励磁电流。随着负载的增大，转子转速略有降低，转子电流增大，为了磁动势平衡，定子电流的负载分量也相应地增大，I_1 随着 P_2 增大而增大。

二、转速特性 $n = f(P_2)$

由 $T_2 = \dfrac{P_2}{\Omega}$ 可知，当 P_2 增加时，T_2 也增加，T_2 增加会使转速 n 降低，但是实际异步电动机转速变化范围较小，所以转速特性是一条稍有下降的曲线。

三、转矩特性 $T=f(P_2)$

异步电动机稳定运行时,电磁转矩应与负载制动转矩 T_L 相平衡,即 $T=T_L=T_2+T_0$,电动机从空载到额定负载运行,其转速变化不大,可以认为是常数。所以,T_2 与 P_2 成比例关系。而空载转矩 T_0 可以近似认为不变,这样,T 和 P_2 的关系曲线也近似为一直线,如图 2-22 所示。

四、功率因数特性 $\cos\varphi_1 = f(P_2)$

异步电动机空载运行时,定子电流基本上是产生主磁通的励磁电流,功率因数很低,为 0.1~0.2。随着负载的增大,电流中的有功分量逐渐增大,功率因数也逐渐提高。在额定负载附近,功率因数 $\cos\varphi_1$ 达到最大值。如果负载继续增加,电动机转速下降较快,转子漏抗和转子电流中的无功分量迅速增加,反而使功率因数下降,这样就形成了如图 2-22 所示的功率因数特性曲线。

五、效率特性 $\eta = f(P_2)$

由于损耗有不变损耗($p_{Fe}+p_\Omega$)和可变损耗($p_{Cu1}+p_{Cu2}+p_{ad}$)两大部分,所以电动机效率不仅随负载变化而变化,也随损耗增加而上升(损耗增加较慢,效率特性上升较快)。当不变损耗等于可变损耗时,电动机的效率达到最大值。以后负载继续增加,可变损耗增加很快,效率开始下降。异步电动机在空载和轻载时,效率和功率都很低;一般在额定负载附近,即 $(0.7~1)P_N$ 时,异步电动机的效率 η 和功率因数 $\cos\varphi_1$ 都很高。在选择电动机容量时,不能使它长期处于轻载运行。

工作特性曲线表明,额定负载附近的效率和功率因数都可达最大值。异步电动机的工作特性可由直接负载试验测出,也可以根据等值电路间接计算得出。

任务七 单相异步电动机

单相异步电动机就是指用单相交流电源供电的异步电动机。单相异步电动机因其电源的方便而在家用电器、医疗器械以及电动工具中广泛使用。三相同步电动机在额定负载内工作,是一种恒速电动机,三相同步电动机广泛应用于各交流发电厂、站,同步电动机还可作为大容量异步电动机的功率补偿装置。单相异步电动机具有结构简单、成本低、噪声小、运行可靠等优点。因此,广泛应用在家用电器、电动工具、自动控制系统等领域。单相异步电动机与同容量的三相异步电动机比较,它的体积较大,运行性能较差。因此,一般只制成小容量的电动机。我国现有产品的功率从几瓦到几千瓦。

一、单相异步电动机基本工作原理

(一)一相定子绕组通电的异步电动机

一相定子绕组通电的异步电动机就是指单相异步电动机定子上的主绕组(工作绕组)是一个单相绕组。当主绕组外加单相交流电后,在定子气隙中就会产生一个脉振磁场(脉动磁场),该磁场振幅位置在空间固定不变,大小随时间做正弦规律变化,如图2-23(a)所示。

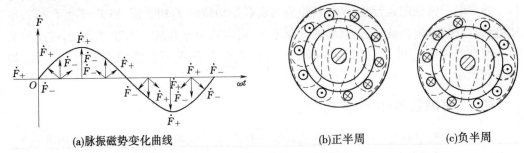

(a)脉振磁势变化曲线   (b)正半周   (c)负半周

图2-23 单相绕组通电时的脉振磁场

为了便于分析,本任务利用已经学过的三相异步电动机的知识来研究单相异步电动机,首先研究脉振磁动势的特性。

通过项目一分析可知,一个脉振磁动势可由一个正向旋转的磁动势 $\dot{f}_+$(见图2-23(b))和一个反向旋转的磁动势 $\dot{f}_-$(见图2-23(c))组成,它们的幅值大小相等(大小为脉振磁动势的一半)、转速相同、转向相反,由磁动势产生的磁场分别为正向和反向旋转磁场。同理,正反向旋转磁场能合成一个脉振磁场。

(二)单相异步电动机的机械特性

单相异步电动机单绕组通电后产生的脉振磁场,可以分解为正、反向旋转的两个旋转磁场。因此,电动机的电磁转矩是由两个旋转磁场产生的电磁转矩合成的。当电动机旋转后,正、反向旋转磁场产生电磁转矩 T_+、T_-,它的机械特性变化与三相异步电动机相同。

在图2-24中的曲线1和曲线2分别表示 $s_+=f(T_+)$,$s_-=f(T_-)$ 的特性曲线,它们的转差率为

$$s_+ = \frac{n_1 - n}{n_1}$$

$$s_- = \frac{n_1 - (-n)}{n_1} = 2 - s$$

曲线3表示单相单绕组异步电动机的机械特性。当 T_+ 为拖动转矩、T_- 为制动转矩时,其机械特性具有下列特点:

(1)当转子转动时,$n=0$,$s_+=s_-$,$T=T_++T_-=0$,表明单相异步电动机一相绕组通电时无起动转矩,不能自行起动。

(2)旋转方向不固定时,由外力矩确定旋转方向,并一经起动,就会继续旋转。当 $n>0$,$T>0$ 时机械特性在第一象限,电磁转矩属拖动转矩,电动机正转运行。当 $n<0$,$T<0$ 时机械特性在第二象限,T 仍是拖动转矩,电动机反转运行。

(3)由于存在反向电磁转矩起制动作用,因此单相异步电动机的过载能力、效率、功率因数较低。

二、单相异步电动机类型

单相异步电动机不能自行起动,如果在定子上安放空间相位相差90°的两套绕组,然

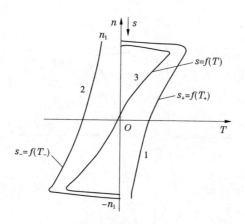

图 2-24　单相感应电动机的 T—s 曲线

后通入相位相差 90°的正弦交流电,那么就能产生一个像三相异步电动机那样的旋转磁场,实现自行起动。根据获得旋转磁场的方式不同,单相异步电动机可分为分相式和罩极式两种。

（一）单相分相式异步电动机

单相分相式异步电动机结构特点是定子上有两套绕组,一相为主绕组（工作绕组）,另一相为副绕组（辅助绕组）,它们的参数基本相同,在空间相位相差 90°的电角度,如果通入两相对称,相位相差 90°的电流,即 $i_U = I_m \sin\omega t$,$i_V = I_m \sin(\omega t + 90°)$,就能实现单相异步电动机的起动,如图 2-25 所示。图中反映了两相对称电流波形和合成磁场的形成过程。由图 2-25 可以看出,当 ωt 经过 360°后,合成磁场在空间也转过了 360°,即合成旋转磁场旋转一周。其磁场旋转速度为 $n_1 = 60f_1/p$,此速度与三相异步电动机旋转磁场速度相同,其机械特性如图 2-26 所示。

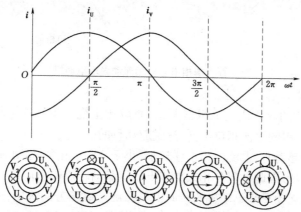

图 2-25　两套绕组通入两相电流时的旋转磁场

从上面分析中可看出,单相分相式异步电动机起动的必要条件为:
（1）定子具有不同空间相位的两套绕组;
（2）两套绕组中通入不同相位的交流电流。
根据上面的起动要求,单相分相式异步电动机按起动方法又分为以下几类。

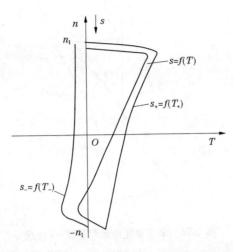

图 2-26　椭圆磁动势时单相异步电动机的机械特性

1.单相电阻分相起动异步电动机

单相电阻分相起动异步电动机的定子上嵌放两套绕组,如图 2-27 所示。两套绕组接在同一单相电源上,副绕组(辅助绕组)中串一个离心开关。开关作用是当转速上升到80%的同步转速时,断开副绕组使电动机运行在只有主绕组工作的情况下。为了使起动时产生起动转矩,通常可取以下两种方法:

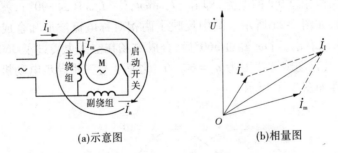

(a)示意图　　　　　　　　　(b)相量图

图 2-27　单相电阻分相起动异步电动机

(1)副绕组中串入适当电阻。

(2)副绕组采用的导线比主绕组截面细,匝数比主绕组少。这样两相绕组阻抗就不同,促使通入两相绕组的电流相位不同,达到起动目的。

由于电阻分相起动时,电流的相位移较小,小于 90°电角度,起动时,电动机的气隙中建立椭圆形旋转磁场,因此电阻分相式异步电动机起动转矩较小。

单相电阻分相起动异步电动机的转向由气隙旋转磁场方向决定,若要改变电动机转向,只要把主绕组或副绕组中任何一个绕组电源接线对调,就能改变气隙磁场,达到改变转向的目的。

2.单相电容分相起动异步电动机

单相电容分相起动异步电动机的电路,如图 2-28 所示。从图 2-28 中可以看出,当副绕组中串联一个电容器和一个开关时,如果电容器容量选择适当,则可以在起动时通过副绕组的电流在时间和相位上超前主绕组电流 90°电角度,这样在起动时就可以得到一个接近圆形的旋转磁场,从而有较大起动转矩。电动机起动后转速达到75%~85%同步转速时,副绕组通过开关自动断开,主绕组进入单独稳定运行状态。

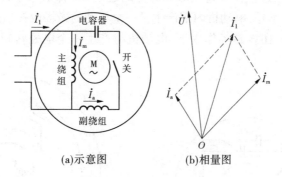

(a)示意图   (b)相量图

图 2-28　单相电容分相异步电动机的电路

3.单相电容运转异步电动机

若单相异步电动机辅助绕组不仅在起动时起作用,而且在电动机运转中也长期工作,则这种电动机称为单相电容运转异步电动机,如图2-29所示。单相电容运转异步电动机实际上是一台两相异步电动机,其定子绕组产生的气隙磁场较接近圆形旋转磁场。因此,其运行性能较好,功率因数、过载能力比普通单相分相式异步电动机好。电容器容量选择较

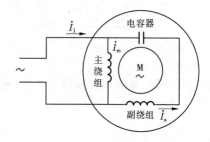

图 2-29　单相电容运转异步电动机

重要,对起动性能影响较大。如果电容量大,则起动转矩大,而运行性能下降;反之,则起动转矩小,运行性能好。综合以上因素,为了保证有较好运行性能,单相电容运转异步电动机的电容比同功率单相电容分相起动异步电动机电容容量要小,起动性能不如单相电容分相起动异步电动机。

4.单相双值电容异步电动机(单相电容起动及运转异步电动机)

如果想要单相异步电动机在起动和运行时都能得到较好的性能,则可以采用将两个电容并联后再与副绕组串联的接线方式,这种电动机称为单相电容起动及运转异步电动机,如图2-30所示。图中起动电容器C_1容量较大,C_2为运转电容,电容量较小。起动时C_1和C_2并联,总电容器容量大,所以有较大的起动转矩;起动后,C_1切除,只有C_2运行,因此电动机有较好的运行性能。对电容分相式异步电动机,如果要改变电动机转向,只要使主绕组或副绕组的接线端对调即可,对调接线端后旋转磁场方向改变,因而电动机转向也随之改变。

(二)单相罩极式(磁通分相式)异步电动机

单相罩极式异步电动机的结构有凸极式和隐极式两种,其中以凸极式结构最为常见,如图2-31所示。凸极式异步电动机定子做成凸极铁芯,然后在凸极铁芯上安装集中绕组,组成磁极,在每个磁极1/3~1/4处开一个小槽,槽中嵌放有短路环,将小部分铁芯罩住。转子均采用笼型结构。罩极式异步电动机当定子绕组通入正弦交流电后,将产生交变磁通$\dot{\Phi}$,其中一部分磁通$\dot{\Phi}_U$不穿过短路环,另一部分磁通$\dot{\Phi}_V$穿过短路环,由于短路环

作用,当穿过短路环的磁通发生变化时,短路环必然产生感应电动势和感应电流,感应电流总是阻碍磁通变化,这就使穿过短路环部分的磁通 $\dot{\Phi}_V$ 滞后未罩部分的磁通 $\dot{\Phi}_U$,使磁场中心线发生移动。于是,电动机内部产生了一个移动的磁场或扫描磁场,将其看成是椭圆度很大的旋转磁场,在该磁场作用下,电动机将产生一个电磁转矩,使电动机旋转,如图 3-32 所示。

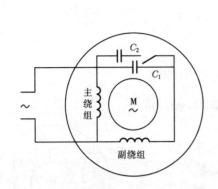

图 2-30　单相电容起动及运转异步电动机

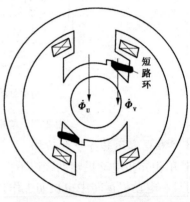

图 2-31　单相罩极式异步电动机

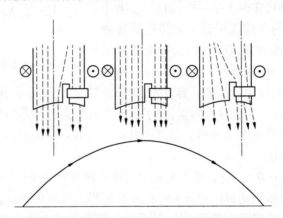

图 2-32　罩极式异步电动机移动磁场示意图

由图 2-32 可以看出,罩极式异步电动机的转向总是从磁极的未罩部分向被罩部分移动,即转向不能改变。

单相罩极式异步电动机的主要优点是结构简单、成本低、维护方便,但起动性能和运行性能较差,所以主要用于小功率电动机的空载起动场合,如电风扇等。普通的单相异步电动机旋转磁场波形不太好,在运行中不太平稳,振动、噪声都比较大,一般都是用在环境要求不太高的条件下。而在家用电器上就不适用,如冰箱、空调、洗衣机、电风扇等。而正弦绕组的单相电动机就可以满足要求,大量应用在家用电器中。

■ 项目小结

三相异步电动机通过定子施加对称交流电源,形成气隙旋转磁场,依靠电磁感应作用,在电机转子中产生感应电动势,产生电流,进而产生电磁转矩,带动转子旋转,从而实现电能到机械能的转换。转子转速总是与旋转磁场转速存在差异,这是异步电机运行的基本条件,也是区别于同步电机的主要标志。转差率 $s = \dfrac{n_1 - n}{n_1}$,它是异步电动机的一个重要参数,它的存在是异步电动机工作的必要条件。根据转差率的大小和正负可区分异步电机三种运行状态。

异步电动机的主要结构部件是定子和转子。定子的作用是通入三相交流电后产生旋转磁场;转子的作用是产生感应电流及形成电磁转矩,实现机电能量的转换。异步电动机为交流励磁,为了减小励磁电流,提高功率因数,其气隙通常较小,为 0.2~2 mm。

异步电动机根据转子结构不同分为笼型和绕线型两大类。笼型异步电动机结构简单、价格便宜,但其起动性能和调速性能不及绕线型异步电动机。

异步电动机额定功率 P_N 为额定运行状态下,转子轴上输出的机械功率,即

$$P_N = \sqrt{3}\, U_N I_N \eta_N \cos\varphi_N$$

交流电机的绕组是电机的核心构件,由许多个相同线圈按一定规律连接而成。交流电机绕组的主要作用是产生磁动势和电动势。

交流电机的绕组相电动势有效值为 $E_{\Phi 1} = 4.44 f k_{w1} N \Phi_1$。

三相绕组产生的磁动势是一个旋转磁动势,其转速为同步转速 $n_1 = \dfrac{60f}{p}$（r/min）;其转向由电流的相序决定。

电磁转矩是异步电动机实现能量转换的关键,是电动机很重要的一个物理量。其物理表达式表明电磁转矩是转子电流有功分量与气隙主磁场作用产生的,其参数表达式反映了电磁转矩与电压、频率等参数和转差率之间的关系。

工作特性可判断异步电动机运行性能的好坏。工作特性是指转速 n、输出转矩 T_2、定子电流 I_1、功率因数及效率与输出功率 P_2 的关系曲线。其中,$\cos\varphi = f(P_2)$ 及 $\eta = f(P_2)$ 说明异步电动机的效率和功率因数都是在额定负载附近达到最大值,一定要使电动机容量与负载容量相匹配。

单相异步电动机无起动转矩。为获得起动转矩,通常采用在定子上安装起动绕组的方式。根据所采用的起动方法的不同,单相异步电动机分为分相式起动电动机和罩极式异步电动机。

■ 思考与习题

2-1　简述三相笼型异步电动机主要由哪些部分组成。各部分的作用是什么?

2-2　三相绕线型异步电动机与笼型异步电动机结构上主要有什么区别?

2-3　异步电动机定、转子之间的气隙是大好还是小好?为什么?

2-4　简述异步电动机工作原理。异步电动机的转向主要取决于什么?说明如何实现异步电动机的反转。

2-5　异步电动机转子转速能不能等于定子旋转磁场的转速?为什么?

2-6 一台绕线型三相异步电动机,如将定子三相绕组短路,转子三相绕组通入三相交流电流,这时电动机能转动吗? 转向如何?

2-7 什么叫异步电机的转差率? 异步电机有哪三种运行状态? 并说明三种运行状态下转速及转差率的范围。

2-8 一台 6 极异步电动机由频率为 50 Hz 的电源供电,其额定转差率为 $s_N = 0.05$,求该电动机的额定转速。

2-9 一台 $P_N = 4.5$ kW,Y/△ 连接、380 V/220 V,$\cos\varphi_N = 0.85$,$\eta_N = 0.8$,$n_N = 1\ 450$ r/min 的三相异步电动机,试求:(1)定子绕组 Y 连接及△连接时的额定电流;(2)同步转速 n_1 及定子磁极对数 p;(3)带额定负载时的转差率 s_N。

2-10 试比较单相交流绕组与三相交流绕组产生的磁动势的特点。

2-11 试说明异步电动机转轴上机械负载增加时,电动机的转速 n、转子电流 I_2 和定子电流 I_1 如何变化?

2-12 当异步电动机的容量与变压器的容量相等时,哪个空载电流大? 为什么?

2-13 当电源电压不变时,三相异步电动机产生的主磁通为什么基本不变?

2-14 三相异步电动机在额定电压下运行,若转子突然被卡住,会产生什么后果? 为什么?

2-15 一台定子绕组为 Y 连接的三相笼型异步电动机轻载运行时,若一相引出线突然断掉,电动机是否还能继续运行? 停机后能否重新起动? 为什么?

2-16 一台 4 极三相异步电动机,$P_N = 5.5$ kW,$f = 50$ Hz,输入功率 $P_1 = 6.43$ kW,且 $p_{Cu1} = 314$ W,$p_{Cu2} = 237.5$ W,$p_{Fe} = 167.5$ W,试求电磁功率 P_M、总机械功率 P_Ω、转差率 s_N、转速 n_N、电磁转矩 T 及空载转矩 T_0。

2-17 为什么单相异步电动机不能自行起动? 怎样才能使它起动? 有哪几种起动方法?

项目三　异步电动机拖动基础知识

【学习目标】

掌握三相交流电动机的固有机械特性和人为机械特性;熟悉三种典型生产机械的负载特性。理解电力拖动系统的稳定运行条件。

任务一　三相异步电动机的机械特性

一、三相异步电动机的机械特性

三相异步电动机的机械特性是指在电压和频率一定的情况下,转速 n 与电磁转矩 T 之间的关系,即 $n=f(T)$。因为异步电动机的转速 n 与转差率 s 之间存在着一定的关系,所以异步电动机的机械特性通常也可用 $s=f(T)$ 的形式表示。根据项目二中的三相异步电动机电磁转矩的参数表达式(2-38),即

$$T = \frac{m_1 p U_1^2 \dfrac{r_2'}{s}}{2\pi f_1 \left[\left(r_1 + \dfrac{r_2'}{s}\right)^2 + (x_1 + x_{20}')^2\right]}$$

可绘出异步电动机的固有机械特性,如图 3-1 所示。

当假设磁场旋转方向为正时,异步电机的机械特性曲线跨越第一、二、四象限。在第一象限,旋转磁场的转向与转子转向一致,而 $0<n<n_1$,转差率 $0<s<1$,电磁转矩 T 及转子转速 n 均为正,电机处于电动运行状态;在第二象限,旋转磁场的转向与转子转向一致,但 $n>n_1$,故 $s<0$,$T<0$,$n>0$,电机处于发电机运行状态;在第四象限,旋转磁场的转向与转子转向相反,$n<0$,转差率 $s>1$,此时 $T>0$,电机处于电磁制动运行状态。

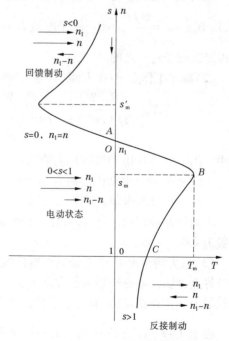

图 3-1　异步电动机的固有机械特性

三相异步电机运行在电动机状态时的机械特性分为两类,即固有机械特性和人为机械特性。

(一)固有机械特性的分析

三相异步电动机的固有机械特性是指异步电动机工作在额定电压和额定频率下,按照规定的接线方式接线,且没有改变电动机参数的情况下,电动机运行本身所具有的 $n=f(T)$ 或 $s=f(T)$ 关系。三相异步电动机的固有机械特性曲线如图3-2所示。

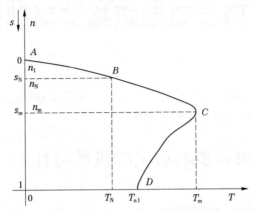

图3-2 三相异步电动机的固有机械特性曲线

三相异步电动机的固有机械特性曲线上有四个运行点值得我们关注,即图3-2中的 A、B、C 和 D 四点。

(1)同步转速点 A:A 点是电机的理想空载运行点,即转子转速达到了同步转速。此时,$T=0$,$n=n_1=\dfrac{60f_1}{p}$,$s=0$。转子电流 $I_2=0$,显然,如果没用外界转矩的作用,异步电机是不可能运行于这一点的。

(2)额定工作点 B:在 B 点,转速 $n=n_N(s=s_N)$,电流 $I_1=I_N$,额定转矩为

$$T_N = \frac{P_N(\text{W})}{\Omega_N(\text{rad/s})} = \frac{P_N(\text{W})}{\dfrac{2\pi n_N(\text{r/min})}{60}} = 9\,550\,\frac{P_N(\text{kW})}{n_N(\text{r/min})}(\text{N}\cdot\text{m}) \tag{3-1}$$

式中 P_N——异步电动机的额定功率;

Ω_N——异步电动机的额定角速度;

n_N——异步电动机的额定转速。

电动机在额定点运行可以得到充分、合理的利用。异步电动机额定转差率通常较小,一般为 0.01~0.05。

(3)最大转矩点 C:C 点是电动机机械特性曲线的线性段(A—C)与非线性段(C—D)的分界点,此时,电磁转矩为最大值 T_m,相应的转差率为 s_m。通过分析可以判定电动机在线性段上工作是稳定的,而在非线性段上工作是不稳定的,因此称 s_m 为临界转差率。

由于 $T=T_m$ 点是 T—s 曲线的转矩最大点,所以可用式(2-38)对 s 求导,并令 $\dfrac{dT}{ds}=0$ 的办法求得临界转差率为

$$s_m = \pm\frac{r_2'}{\sqrt{r_1^2 + (x_1 + x_{20}')^2}} \tag{3-2}$$

把式(3-2)代入转矩参数表达式(2-38)中,得最大转矩

$$T_{\mathrm{m}} = \pm \frac{m_1 p_1 U_1^2}{4\pi f_1 (\pm r_1 + \sqrt{r_1^2 + (x_1 + x_{20}')^2})} \tag{3-3}$$

式中,"+"号适用于电动机运行状态(第一象限);"−"号适用于发电机运行状态或回馈制动运行状态(第二象限)。

因一般异步电动机的 $r_1 \ll x_1 + x_{20}'$,故式(3-2)、式(3-3)可近似为

$$s_{\mathrm{m}} \approx \frac{r_2'}{x_1 + x_{20}'} \tag{3-4}$$

$$T_{\mathrm{m}} \approx \frac{m_1 p_1 U_1^2}{4\pi f_1 (x_1 + x_{20}')} \tag{3-5}$$

由式(3-4)、式(3-5)可得出以下结论:

①最大转矩 T_{m} 与定子电压 U_1 的平方成正比,而 s_{m} 与 U_1 无关;

②T_{m} 与转子电阻 r_2' 无关,而 s_{m} 与 r_2' 成正比;

③T_{m} 和 s_{m} 都近似与 $x_1 + x_{20}'$ 成反比;

④若忽略 r_1,最大转矩 T_{m} 随频率增加而减小,且正比于 $(U_1/f_1)^2$。

为了保证电动机的稳定运行,不至于因短时过载而停止运转,工程上要求电动机具有一定的过载能力。异步电动机的过载能力用最大转矩 T_{m} 与额定转矩 T_{N} 之比来表示,称为电动机的过载能力或过载倍数,用 k_{m} 表示,即

$$k_{\mathrm{m}} = \frac{T_{\mathrm{m}}}{T_{\mathrm{N}}} \tag{3-6}$$

过载倍数 k_{m} 是异步电动机的主要性能技术指标之一,反映电动机能够承受短时过负载的极限。通常异步电动机的过载倍数 $k_{\mathrm{m}} = 1.8 \sim 2.2$,起重冶金用电动机 $k_{\mathrm{m}} = 2.2 \sim 2.8$。

(4)起动点 D:在 D 点 $s = 1$,$n = 0$,电磁转矩称为起动转矩 T_{st}。把 $s = 1$ 代入转矩参数表达式(2-38)中可得

$$T_{\mathrm{st}} = \frac{m_1 p U_1^2 r_2'}{2\pi f_1 [(r_1 + r_2')^2 + (x_1 + x_{20}')^2]} \tag{3-7}$$

由式(3-7)可得以下结论:

①T_{st} 与电压 U_1 的二次方成正比。

②在一定范围内,增加转子回路电阻 r_2',可以增大起动转矩 T_{st}。

③电抗参数 $x_1 + x_{20}'$ 越大,T_{st} 就越小。

起动转矩是异步电动机的另一个重要性能指标,是用起动转矩倍数 k_{st} 来表示异步电动机的起动性能。起动转矩倍数 k_{st} 为电动机起动转矩 T_{st} 与额定转矩 T_{N} 之比,即

$$k_{\mathrm{st}} = \frac{T_{\mathrm{st}}}{T_{\mathrm{N}}} \tag{3-8}$$

起动转矩倍数 k_{st} 可以从产品目录中查到。显然,起动时只有当 T_{st} 大于负载转矩 T_2,即 $k_{\mathrm{st}} > 1$ 时电动机才能起动。

分析异步电动机机械特性时,通常将其特性曲线分为两部分:

①转差率在 $0 \sim s_{\mathrm{m}}$ 部分:在这一部分,T 与 s 的关系近似成正比,即 s 增大时,T 也随之

增大,根据电力拖动系统稳定运行的条件,可知该部分是异步电动机稳定运行区。只要负载转矩小于电动机的最大转矩 T_m,电动机就能在该区域中稳定运行。

②转差率在 $s_m \sim 1$ 部分:在这一部分,T 与 s 的关系近似成反比,即 s 增大时,T 反而减小,与转差率 $0 \sim s_m$ 部分的结论相反。由电力拖动系统稳定运行条件可知,该部分为异步电动机的不稳定运行区(但电动机带风机、泵类负载时除外)。

(二)人为机械特性的分析

三相异步电动机的人为机械特性是指人为地改变电动机的运行条件或某个参数后所得到的机械特性。如改变电压 U_1、频率 f_1、磁极对数 p 或改变定子回路电阻或电抗,改变转子回路电阻或电抗等。三相异步电动机的人为机械特性种类很多,主要有以下几种。

1. 降低定子端电压的人为机械特性

电动机的其他参数都与固有机械特性相同,仅降低定子端电压,这样得到的人为特性,称为降低定子端电压的人为机械特性,其特点如下:

(1)降压后同步转速 n_1 不变,即不同 U_1 的人为机械特性都通过固有机械特性上的同步转速点。

(2)降压后,最大转矩 T 随 U_1^2 成比例下降,但是临界转差率 s_m 不变,为此,不同 U_1 时的人为机械特性的临界点变化规律如图3-3所示。

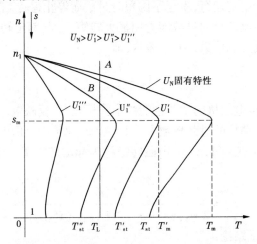

图3-3 三相异步电动机降低电压时的人为机械特性曲线

(3)降压后的起动转矩 T_{st} 也随 U_1^2 成比例下降。

2. 定子回路串接对称三相电抗器的人为机械特性

定子回路串入对称三相电抗器的线路图如图 3-4(a)所示,人为机械特性如图 3-4(b)所示。定子回路电抗增加并不影响同步转速 n_1 的大小,故机械特性仍通过 n_1 点,定子回路串电抗使 s_m 及 T_m 都减小,机械特性的直线部分硬度也将减小。图 3-4(a)所示线路也适用于笼型异步电动机的降压起动,以限制起动电流。但在限制起动电流时,所串接的电抗器应按短时工作选取。

3. 转子回路串对称三相电阻的人为机械特性

对于绕线转子异步电动机,如果其他参数都与固有机械特性时一样,仅在转子回路中串入对称三相电阻 R_s,如图 3-5(a)所示,所形成的机械特性,称转子回路串对称三相电阻

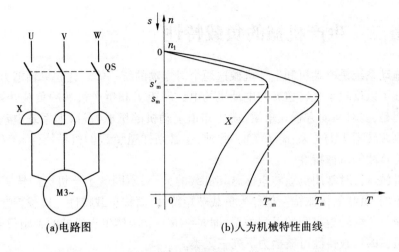

(a)电路图　　　　　(b)人为机械特性曲线

图3-4　定子回路串电抗器电路图及人为机械特性曲线

的人为机械特性。转子串电阻的人为机械特性曲线特点如下：

（1）n_1不变，所以不同 R_S 的人为特性都通过固有机械特性的同步转速点。

（2）临界转差率 s_m 会随转子电阻的增加而增加，但是 T_m 不变。为此，不同 R_S 时的人为机械特性曲线如图3-5（b）所示。

（3）当 $s_m<1$ 时，起动转矩 T_{st} 随着 R_S 的增加而增加；但是，当 $s_m>1$ 时，起动转矩 T_{st} 随 R_S 的增加反而减小。

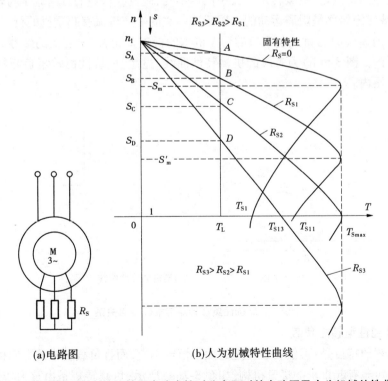

(a)电路图　　　　　(b)人为机械特性曲线

图3-5　绕线型异步电动机转子电路串接对称电阻时的电路图及人为机械特性曲线

任务二 生产机械的负载特性

电力拖动系统是电动机和生产机械这两个对立物的统一体。建立单轴电力拖动系统的运动方程可以反映系统转速 n 与电动机的电磁转矩 T 和生产机械的负载转矩 T_L 之间的关系。但是，要对运动方程式求解，就要知道电动机的机械特性，即系统电动机转速 n 与电动机电磁转矩 T 的关系：$n=f(T)$。此外，还必须知道负载的机械特性 $n=f(T_L)$。本任务就讨论负载的机械特性。

生产机械运行时常用负载转矩标志其负载的大小，不同的生产机械的转矩随转速变化的规律不同，负载的机械特性也称为负载转矩特性，简称负载特性。负载特性表示同一转轴上转速与负载转矩之间的函数关系，即 $n=f(T_L)$。虽然生产机械的类型很多，但是大多数生产机械的负载特性可概括为下列三大类。

一、恒转矩负载特性

这一类负载比较多，它的机械特性的特点是：负载转矩 T_L 的大小与转速 n 无关，即当转速变化时，负载转矩保持常数。根据负载转矩的方向是否与转向有关，恒转矩负载又分为反抗性恒转矩负载和位能性恒转矩负载两种。

（一）反抗性恒转矩负载

这类负载的特点是：负载转矩的大小恒定不变，而负载转矩的方向总是与转速的方向相反，即负载转矩始终是阻碍运动的。属于这一类的生产机械有起重机的行走机构、皮带运输机等。图 3-6（a）为桥式起重机的行走机构的行走车轮，在轨道上的摩擦力总是和运动方向相反的。图 3-6（b）为对应的机械特性曲线，显然，反抗性恒转矩负载特性位于第一和第三象限内。

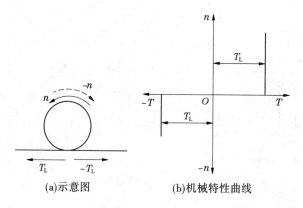

(a)示意图　　　　　　　(b)机械特性曲线

图 3-6　反抗性负载转矩与旋转方向关系

（二）位能性恒转矩负载

这类负载的特点是：不仅负载转矩的大小恒定不变，而且负载转矩的方向也不变。属于这一类的负载有起重机的提升机构，如图 3-7（a）所示，负载转矩是由重力作用产生的，无论起重机是提升重物还是下放重物，重力作用方向始终不变。图 3-7（b）为对应的机械特性曲线,显然,位能性恒转矩负载特性位于第一和第四象限内。

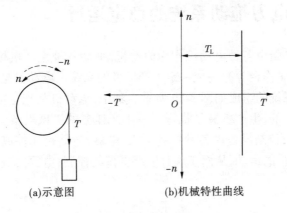

(a)示意图　　　　(b)机械特性曲线

图 3-7　位能性负载转矩与旋转方向关系

二、恒功率负载特性

恒功率负载的特点是:负载转矩与转速的乘积为一常数,即负载功率 $P_L = T_L \Omega = T_L \dfrac{2\pi}{60} n =$ 常数,也就是负载转矩 T_L 与转速 n 成反比。它的机械特性是一条双曲线,如图 3-8 所示。

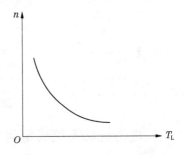

图 3-8　恒功率负载特性

如在机械加工工业中,有许多机床(或车床)在粗加工时,切削量比较大,切削阻力也大,宜采用低速运行。而在精加工时,切削量比较小,切削阻力也小,宜采用高速运行。这就使得在不同情况下,负载功率基本保持不变。需要指出,恒功率只是机床加工工艺的一种合理选择,并非必须如此。另外,一旦切削量选定以后,当转速变化时,负载转矩并不改变,在这段时间内,应属于恒转矩性质。

三、泵与风机类负载特性

水泵、油泵、通风机和螺旋桨等机械的负载转矩基本上与转速的平方成正比,即 $T_L \propto kn^2$,其中 k 是比例常数。这类机械的负载特性是一条抛物线,如图 3-9 中曲线 1 所示。

以上介绍的是三种典型的负载转矩特性,而实际的负载转矩特性往往是几种典型特性的综合。如实际的鼓风机除主要是风机类负载特性外,由于轴上还有一定

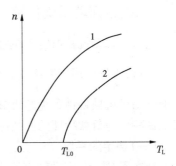

图 3-9　泵与风机类负载特性

的摩擦转矩 T_{L0},因此实际通风机的负载特性应为 $T_L = T_{L0} + kn^2$,如图 3-9 中曲线 2 所示。

任务三 电力拖动系统的稳定运行

电力拖动系统是指由各种电动机作为原动机,拖动各种生产机械(如起重机的大车和小车、龙门刨床的工作台等),完成一定生产任务的系统。电动机是电力拖动系统的主要元件。电力拖动系统的组成如图 3-10 所示。其中,电动机是把电能转换为机械能,用来拖动生产机械工作的;生产机械是执行某一生产任务的机械设备(通过传动机构或直接与电动机相连接);控制设备由各种控制电机、电器、自动化元件或工业控制计算机等组成,用以控制电动机的运动,从而实现对生产机械的控制;电源完成对电动机和电气控制设备的供电。

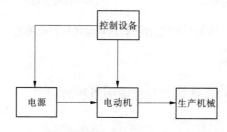

图 3-10 电力拖动系统示意图

一、电力拖动系统稳定运行的概念

电力拖动系统稳定运行是指如果某一电力拖动系统,原来稳定运行于某一状态,在受到来自于系统之外的某种短时扰动,即诸如负载的突然变化、电网电压的突然波动等干扰时,系统转速发生变化,偏离了原先的运行状态,而在外界扰动消失后,系统能自动恢复到原来的稳定运行状态,即系统要具有所谓的"抗干扰性"。或是系统在外界运行条件发生改变后,能在新的运行条件下稳定运行的现象,也就是系统还要具有"自跟随性"。

二、电力拖动系统稳定运行分析

电力拖动系统是由电动机带动生产机械完成一定生产任务的系统。因此,系统要能稳定运行,首先作用于系统的各种转矩要有平衡点,即 $T-T_1=\dfrac{GD^2}{375}\cdot\dfrac{\mathrm{d}n}{\mathrm{d}t}=0$,其次是拖动系统的电动机机械特性和生产机械的负载特性必须配合得当。现结合某一拖动系统的电动机机械特性与负载特性的曲线图,如图 3-11~图 3-13 所示,作如下分析。

(一)稳定的系统

现在以某一车床主轴直流拖动系统为例。图 3-11 中:直线 1 为系统空载时(开车时不切削)车床的负载特性;直线 2 为切削时车床的负载特性;直线 3 为车床主轴电动机的机械特性。空载时,电动机的机械特性与车床负载特性交于 A 点,这时 $T=T_L=T_1$,$n=n_A$,在 A 点稳定运行。切削时,负载转矩增加(由 T_1 增至 T_2),在开始切削瞬间,由于系统的旋转惯性,转速来不及改变,电动机的电磁转矩 $T=T_1$ 小于负载转矩 T_2,$T-T_L<0$,$\dfrac{\mathrm{d}n}{\mathrm{d}t}<0$,使

系统减速。

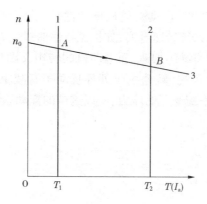

图 3-11　系统自动恢复平衡

当转速下降时,根据电动机的机械特性曲线 2 可知,电动机的电磁转矩随之增大,只要系统 $T<T_L=T_2$,电动机继续加速,系统变化如图 3-11 中箭头所示,由 A 点沿直线 3 移向 B 点,一直加速到作用于系统的转矩 $T=T_2$ 止,这时 $n=n_A$,$T=T_L=T_2$,系统就稳定在新的工作点 B 上。由于负载变化,引起电动机转速、电动势、电流及转矩相应变化,而自动恢复平衡的这种现象称为电机拖动系统的"自跟随"。用拖动系统稳定运行的概念分析,该系统是稳定运行系统。

又如,设某电力拖动系统在图 3-12 中 A 点稳定动转,由于某种原因电动机供电电网电压突然升高了,相应地电动机的机械特性变为直线 2。在此瞬间,系统由于惯性转速来不及变化,从 A 点瞬间过渡到机械特性曲线 2 的 B 点,这时 $T>T_1$,使得拖动系统原来的平衡状态受到了破坏,电动机的转速将沿线段 BC 上升。随着转速的升高,电动机的电磁转矩随之减小。一直到 C 点为止,电动机的电磁转矩又和负载转矩平衡,系统在 C 点重新稳定运行。当扰动消失后,即电网电压恢复原来的数值,机械特性又恢复到原来的曲线 1。这时电动机的运行点,瞬间由 C 点过渡到 D 点,由于 $T<T_1$,转速开始下降,一直恢复到 A 点重新达到平衡。同理,可分析电网电压降低时的情况(如图中直线 3)。通过以上分析,拖动系统在交点 A 上,具有一定抗干扰能力,因此系统也是稳定的。

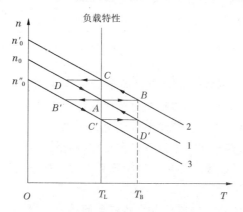

图 3-12　抗扰动的稳定系统

（二）不稳定的系统

在图 3-13 中，如某拖动系统电动机的机械特性是上翘特性，与恒转矩负载交于 A 点运行。这时由于外界扰动，系统转速升高，如机械特性曲线上 D 点，使得 $T_D > T_L$，由拖动系统的运动方程可知，电动机将继续加速，而电动机的转矩又随转速升高而增大，使电动机进一步加速，直至"飞车"。反之，转速由于外界扰动稍有减小，会导致停车。由此看出，这个系统没有恢复到原来平衡运行的能力，所以这样的拖动系统运行是不稳定的。

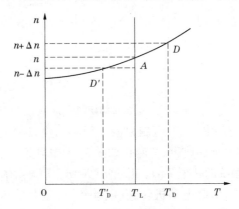

图 3-13　不稳定的系统

（三）系统稳定运行的条件

通过以上分析，得出拖动系统稳定运行的必要和充分条件是：

（1）电动机的机械特性曲线与生产机械的负载特性曲线有交点，即存在 $T = T_L$ 平衡点；

（2）在两条特性曲线交点所对应的转速之上（$\Delta n > 0$），应保证 $T < T_L$（使电动机减速）；而在这一转速之下（$\Delta n < 0$），则要求 $T > T_L$（使电动机加速）。

一般情况下，只要电动机具有下降的机械特性，就能满足稳定运行条件（个别除外，如通风机负载），保证系统有抗干扰、恢复原运行状态的能力。

应当指出，上述电力拖动系统的稳定运行条件，无论对直流电动机还是交流电动机都是适用的，具有普遍的意义。

■ 项目小结

三相异步电动机的机械特性是指电动机转速 n 与电磁转矩 T 之间的关系曲线 $n = f(T)$ 或 $s = f(T)$。三相异步电动机的机械特性曲线形状较复杂，分析时关键要抓住最大转矩、临界转差率及起动转矩这三个量随参数的变化规律。

人为改变电源电压、转子回路电阻可以改变机械特性曲线，以适应不同机械负载对电动机转矩及转速的需要。绕线型异步电动机还可以利用转子回路串电阻的方法来改善起动和调速性能。

负载特性表示同一转轴上转速与负载转矩之间的函数关系，即 $n = f(T_L)$。不同的生产机械负载特性是不同的。按负载特性的不同，电力拖动系统的负载可分为恒转矩负载、恒功率负载和泵与风机类负载三类典型负载。

电动机的机械特性用 $n=f(T)$ 表示,直流电动机的机械特性与交流异步电动机的机械特性不同,而不同励磁方式的直流电动机的机械特性也不同。这将在本书的后续项目中叙述。

电力拖动系统稳定运行的必要和充分条件是:①系统电动机的机械特性曲线与生产机械的负载特性曲线有交点;②在特性曲线交点所对应的转速之上应保证 $T<T_L$,而在这一转速之下,则要求 $T>T_L$。

思考与习题

3-1 何谓三相异步电动机的固有机械特性和人为机械特性?

3-2 三相异步电动机的定子电压、转子电阻及定转子漏电抗对最大转矩、临界转差率及起动转矩有何影响?

3-3 负载的机械特性有哪些主要类型?什么叫做反抗性负载和位能性负载?

3-4 设电车前进方向为转速正方向,定性地绘出电车走平路与下坡时的负载特性曲线。

3-5 电力拖动系统稳定运行的必要条件和充分条件是什么?怎样判别系统是稳定的还是不稳定的?判别图 3-14 所示系统特性,哪些系统是稳定的,哪些不是?

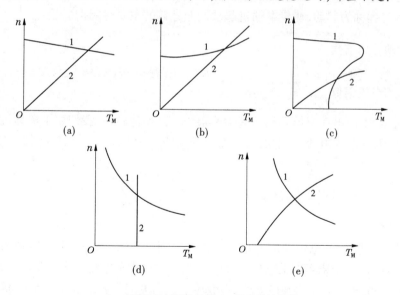

1—电动机机械特性曲线;2—负载特性曲线

图 3-14 稳定运行判别图

项目四 异步电动机的电力拖动

【学习目标】

掌握异步电动机起动的主要问题和一般解决办法。熟悉笼型交流电动机的降压起动的方法、接线以及适用范围。理解绕线型异步电动机改善起动性能的原理,了解其常用起动方法。掌握异步电动机常用调速方法,熟悉其特点及适用范围;掌握交流电动机的制动原理、制动方法、特点及应用。

任务一 三相异步电动机的起动概述

一、起动性能的指标

三相异步电动机从接通电源开始,由静止状态加速到额定转速或对应负载下的稳定运转速度的过程称为起动,衡量电动机起动性能好坏的主要性能指标是:

(1)起动转矩倍数 $\dfrac{T_{st}}{T_N}$。

(2)起动电流倍数 $\dfrac{I_{st}}{I_N}$。

起动时,为了使电动机能够迅速起动并很快达到稳定转速,我们要求电动机具有足够大的起动转矩,而起动电流不应太大,并希望起动设备尽量简单、可靠、操作方便,起动时间短。

二、起动电流和起动转矩

(一)起动电流

电动机起动瞬间的电流叫起动电流。刚起动时, $n=0$、$s=1$,定子旋转磁场与转子相对速度最大,因此转子绕组中的感应电动势也最大。由转子电流公式(2-37)可知,起动时 $s=1$,异步电动机转子电流达到最大值,一般转子起动电流是额定电流的5~8倍。根据磁动势平衡关系,定子电流随转子电流而相应变化,故起动时定子电流也很大,可达额定电流的5~8倍。这么大的起动电流将带来以下不良后果:

(1)使供电线路产生很大电压降,导致电网电压波动,从而影响到接在电网上其他用电设备的正常工作,特别是容量较大的电动机起动时,此问题更突出。

(2)电压降低,电动机转速下降,严重时使电动机停转,甚至可能烧坏电动机。另一方面,电动机绕组电流增加,铜损耗过大,使电动机发热、绝缘老化。特别是对需要频繁起动的电动机影响较大。

（3）电动机绕组端部受电磁力冲击，甚至发生形变。

（二）起动转矩

异步电动机起动时，起动电流很大，但起动转矩却不大。因为起动时，$s=1$，$f_1=f_2$，转子漏抗 x_{20} 相对很大，$x_{20}\gg r_2$，转子功率因数角 $\varphi_2=\arctan\dfrac{x_{20}}{r_2}$ 接近 $90°$，功率因数 $\cos\varphi_2$ 很低；同时，起动电流大，定子绕组漏阻抗压降大，由定子电动势平衡方程 $\dot U_1=-\dot E_1+\dot I_1 Z_1$ 可知，起动时定子绕组感应电动势 $\dot E_1$ 减小，使电机主磁通有所减小。由于这两方面因素，根据电磁转矩公式 $T=C_T\Phi_m I_2'\cos\varphi_2$ 可知，尽管起动时 I_2 很大，但异步电动机的起动转矩并不大。

通过以上分析可知，异步电动机起动的主要问题是起动电流大，而起动转矩却不大。为了限制起动电流，并得到足够的起动转矩，根据当地供电网的容量、负载性质、电动机起动的频繁程度，对不同容量、不同类型的电动机应采用不同的起动方法。由式（2-37）可推出起动电流 I_{st} 为

$$I_{st}\approx I_{st2}'=\frac{U_1}{\sqrt{(r_1+r_2')^2+(x_1+x_{20}')^2}} \tag{4-1}$$

由式（4-1）可知，减小起动电流主要有如下两种方法：

（1）降低异步电动机电源供电电压 U_1。

（2）增加异步电动机定、转子阻抗。对笼型和绕线型异步电动机，可采用不同的方法来改善起动性能。

任务二　三相笼型异步电动机的起动

一、直接起动

直接起动是最简单的起动方法。起动时通过刀开关、电磁起动器或接触器将电动机定子绕组直接连接到电源上，其接线图如图 4-1 所示。通常选取熔体的额定电流为电动机额定电流的 2.5~3.5 倍。一般对于小型笼型异步电动机，如果电源容量足够大，应尽量采用直接起动方法。对于某一电网，多大容量的电动机才允许直接起动，可按如下经验公式确定。

$$k_i=\frac{I_{st}}{I_N}[3+(电源总容量／电动机额定功率)]/4 \tag{4-2}$$

电动机的起动电流倍数 k_i 需满足式（4-2）中供电网允许的起动电流倍数，才允许直接起动。一般 10 kW 以下的交流异步电动机都可以直接起动。随电网容量的加大，允许直接起动的电动机容量也变大。需要注意的是，对于频繁起动的较大容量

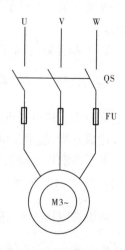

图 4-1　异步电动机直接起动

的异步电动机,不允许直接起动,否则应采取降压起动。

二、降压起动

降压起动是指电动机在起动时降低加在电机定子绕组上的电压,起动结束时再施加额定电压运行的起动方式。降压起动的方法主要有以下几种。

(一)定子串接电抗器或电阻的降压起动

方法:起动时,电抗器或电阻接入定子电路;起动后,切除电抗器或电阻,进入正常运行,如图4-2所示。

定子回路串电抗(或电阻)降压起动时,由式(4-1)可知,起动电流与起动电压成比例减小,若加在电动机上的电压减小到原来的$1/k$,则起动电流也减小到原来的$1/k$,而起动转矩因与电源电压平方成正比,因而减小到原来的$1/k^2$。

定子回路串电阻降压起动,设备简单、操作方便、价格便宜,但要在电阻上消耗大量电能,故实际应用不多。电抗器降压起动避免了上述缺点,但其设备费用较高,故通常用于容量较大的高压电动机。

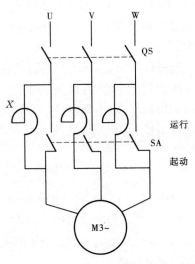

图4-2 电抗器降压起动

(二)星形—三角形(Y−△)降压起动

方法:起动时定子绕组接成Y形,运行时定子绕组则接成△形,其接线原理图如图4-3所示。注意:这种起动方法只适用于正常运行时定子绕组作三角形接法运行的电动机。起动时将绕组改接成星形,待电机转速上升到接近额定转速时再改成三角形。对于运行时定子绕组为Y形的笼型异步电动机,则不能用Y−△起动方法。

Y−△换接降压起动是利用Y−△起动器来实现的。起动时,合上开关K_1;再把K_2置于Y(起动)侧,定子绕组作Y形接法,每相绕组承受的相电压为线电压的$\dfrac{1}{\sqrt{3}}$,从而实现起动电流较小。待电动机转速升高到接近额定转速,再把开关K_2置于△(起动)侧,定子绕组改接成△形,绕组相电压即为线电压,电动机在额定电压下正常运行。

下面我们将电动机作Y形起动及△形全压起动时的起动电流、起动转矩作一比较,如图4-3(b)、(c)所示。

设电源电压为$\dot{U}_1$,电动机每相阻抗为Z,起动时,三相绕组接成Y形,绕组电压为$\dfrac{U_1}{\sqrt{3}}$,故电网供给电动机的起动电流为

$$I_{stY} = \frac{U_1}{\sqrt{3}\,Z}$$

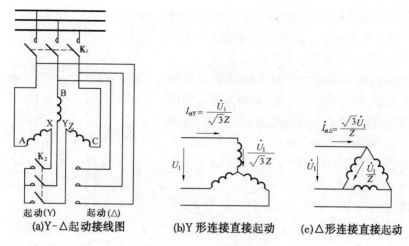

(a)Y-△起动接线图　　**(b)Y形连接直接起动**　　**(c)△形连接直接起动**

图 4-3　Y-△换接降压起动

　　若电动机作 △ 形直接起动,则绕组相电压为电源线电压,定子绕组每相起动电流为 $\dfrac{\dot{U}_1}{Z}$。故电网供给电动机的起动电流为

$$\dot{I}_{\mathrm{st}\triangle} = \frac{\sqrt{3}\,\dot{U}_1}{Z}$$

Y 形与 △ 形连接起动时,起动电流的比值为

$$\frac{\dot{I}_{\mathrm{stY}}}{\dot{I}_{\mathrm{st}\triangle}} = \frac{\dfrac{\dot{U}_1}{\sqrt{3}\,Z}}{\sqrt{3}\,\dfrac{\dot{U}_1}{Z}} = \frac{1}{3} \tag{4-3}$$

　　由于起动转矩与相电压的平方成正比,故 Y 形与 △ 形连接起动的起动转矩的比值为

$$\frac{T_{\mathrm{stY}}}{T_{\mathrm{st}\triangle}} = \frac{\left(\dfrac{U_1}{\sqrt{3}}\right)^2}{U_1^2} = \frac{1}{3} \tag{4-4}$$

　　综上所述,采用 Y-△ 降压起动,其起动电流及起动转矩都减小到直接起动时的 1/3。Y-△ 换接起动的最大优点是操作方便,起动设备简单,成本低,但它仅适用于正常运行时定子绕组作三角形连接的异步电动机。我国生产的 Y 系列 4~100 kW 三相笼型异步电动机定子绕组通常采用 △ 形连接,使 Y-△ 降压起动方法得以广泛应用。此法的缺点是起动转矩只有 △ 形直接起动时的 1/3,起动转矩降低很多,而且是不可调的,因此主要用于中小容量的轻载或空载频繁起动的电动机上。

（三）自耦变压器降压起动

　　方法:自耦变压器也称起动补偿器。起动时电源接自耦变压器原边,副边接电动机。起动结束后电源直接加到电动机上。三相笼型异步电动机采用自耦变压器降压起动的接线如图 4-4 所示。

这种起动方法是利用自耦变压器来降低加在电动机定子绕组上的端电压,其原理接线如图 4-4 所示。起动时,先合上开关 S_1,再将开关 S_2 置于"起动"位置,这时电源电压经过自耦变压器降压后加在电动机上起动,限制了起动电流,待转速升高到接近额定转速时,再将开关 S_2 置于"运行"位置,自耦变压器被切除,电动机在额定电压下正常运行。

下面我们对自耦变压器降压起动后起动电流和起动转矩与全压起动时的情况作一比较。

设电网电压为 U_1,自耦变压器的变比为 k_a,变压器抽头比为 $k = \dfrac{1}{k_a}$,经自耦变压器降压时,加在电动机上的起动电压(自耦变压器二次绕组电压)为 U_1/k_a。由于电动机的起动电流与定子绕组上的电压成正比,故通过电动机定子绕组的电流(自耦变压器二次绕组电流)I'_{sta} 也为额定电压下直接起动时起动电流 I_{st} 的 $1/k_a$ 倍,又由于自耦变压器一次绕组电流为其二次绕组电流的 $1/k_a$,故电网供给电动机的起动电流 I_{sta} 为通过电动机定子绕组电流的 $1/k_a$,为直接起动电流的 $1/k_a^2$ 倍,即

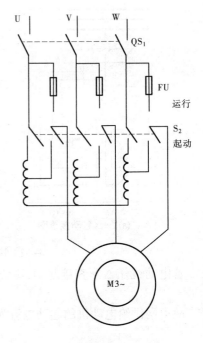

图 4-4 自耦变压器降压
起动的原理接线图

$$I_{sta} = \frac{1}{k_a}I'_{sta} = \frac{1}{k_a} \cdot \frac{1}{k_a}I_{st} = \frac{1}{k_a^2}I_{st} = k^2 I_{st} \qquad (4\text{-}5)$$

式中　I_{sta}——降压后电网供给电动机的起动电流;

　　　I'_{sta}——降压后电动机定子绕组的起动电流;

　　　I_{st}——在额定电压下直接起动的电流。

采用自耦变压器降压起动时,加在电动机上的电压为额定电压的 $1/k_a$ 倍,由于起动转矩与电源电压的平方成正比,所以起动转矩也减小到直接起动时的 $1/k_a^2$ 倍,即

$$T_{sta} = \frac{1}{k_a^2}T_{st} = k^2 T_{st} \qquad (4\text{-}6)$$

式中　T_{sta}——自耦变压器降压起动转矩;

　　　T_{st}——在额定电压下直接起动的转矩。

可见,采用自耦变压器降压起动,起动电流和起动转矩都降至原来的 $\dfrac{1}{k_a^2}$。自耦变压器一般有 2~3 组抽头,其电压可以分别为原边电压 U_1 的 80%、65% 或 80%、60%、40%。

自耦变压器降压起动的优点是不受电动机绕组连接方式的影响,且可按允许的起动电流和负载所需的起动转矩来选择合适的自耦变压器抽头。其缺点是设备体积大,投资高。自耦变压器降压起动一般用于 Y-△ 降压起动不能满足要求,且不频繁起动的大容量电动机。

除了上述三种常见的降压起动方法,笼型三相异步电动机还可以采用延边三角形降压起动。我们知道,使用 Y-△ 降压起动,起动电流和起动转矩都固定地减小为直接起动的 1/3,无法调节。因此,在此基础上发展出了延边三角形降压起动,它的起动方法与 Y-△ 起动方法相似。在起动时,将电动机的定子绕组的一部分接成 Y 形,另一部分接成△形,当起动结束时,再把绕组改接成△形接法正常运行。延边三角形降压起动时,每相绕组所承受的电压比 Y 形连接时大,而比△形连接时小,故其起动电流及起动转矩介于 Y-△ 降压起动与△形直接起动之间。这种起动方法的优点是改变 Y 形连接及△形连接中间抽头位置,可以获得不同的起动电流及起动转矩,以适应不同的起动要求。其缺点是结构复杂,绕组抽头多,故该方法在实际应用中受到了一定限制,本书在此不作详细介绍。

综上所述,三相笼型异步电动机各种降压起动方法虽然能降低电动机起动电流,但由于异步电动机的转矩与电压的平方成正比,因此在大幅度抑制电动机的起动电流的同时,也大大减小了起动转矩,故此法一般仅适用于异步电动机空载或轻载起动场合。

三相笼型异步电动机各种常用降压起动方法的性能及优缺点如表 4-1 所示。

表 4-1 三相笼型异步电动机几种常用降压起动方法的性能比较

起动方法	电抗(电阻)降压起动	自耦变压器降压起动	Y-△ 换接降压起动
起动电压	$\dfrac{1}{k}U_{1N}$	$\dfrac{1}{k_a}U_{1N}$	$\dfrac{1}{\sqrt{3}}U_{1N}$
起动电流	$\dfrac{1}{k}I_{st}$	$\dfrac{1}{k_a^2}I_{st}$	$\dfrac{1}{3}I_{st}$
起动转矩	$\dfrac{1}{k^2}T_{st}$	$\dfrac{1}{k_a^2}T_{st}$	$\dfrac{1}{3}T_{st}$
各种起动方法的优缺点	电动机定子回路串电抗器(或电阻)降压起动,起动过程中把电抗器(或电阻)短接。电阻降压起动次数不能频繁,较少采用。用电抗器代替电阻起动,无上述缺点,但设备费用高	电动机定子回路接入自耦变压器起动,起动后切除之。起动电流与电压平方成比例减小。应用较多,但设备价格高,不宜频繁起动	用于定子绕组△接法的电动机,设备简单,可以频繁起动,应用较多

【例 4-1】 有一台笼型异步电动机,额定功率 $P_N = 28$ kW,△连接,额定电压 $U_N = 380$ V,$\cos\varphi_N = 0.88$,$\eta_N = 0.83$,$n_N = 1\,455$ r/min,$I_{st}/I_N = 6$,$T_{st}/T_N = 1.1$,$k_m = 2.3$。要求起动电流 I_{st} 小于 150 A,负载转矩 $T_L = 73.5$ N·m,试求:

(1)额定电流 I_N 及额定转矩 T_N。

(2)能否采用 Y-△ 换接降压起动?

(3)若采用自耦变压器降压起动,抽头有 55%、64%、75% 三种,应选用哪个抽头?

解:(1)电动机额定电流

$$I_N = \frac{P_N}{\sqrt{3}\,U_N\eta_N\cos\varphi_N} = \frac{28\times10^3}{\sqrt{3}\times380\times0.83\times0.88} = 58.25\,(\text{A})$$

电动机额定转矩

$$T_N = 9\ 550\ \frac{P_N}{n_N} = 9\ 550 \times \frac{28}{1\ 455} = 183.78(N \cdot m)$$

(2)用 Y-△换接降压起动

起动电流

$$I_{stY} = \frac{1}{3}I_{st} = \frac{1}{3} \times 6 \times 58.25 = 116.5(A)$$

起动转矩

$$T_{stY} = \frac{1}{3}T_{st} = \frac{1}{3} \times 1.1 \times 183.78 = 67.39(N \cdot m)$$

正常起动通常要求起动转矩不小于负载转矩的 1.1 倍。由上面计算可知,起动电流满足要求,但起动转矩小于负载转矩,故不能采用 Y-△换接降压起动。

(3)用自耦变压器降压起动

当抽头为 55% 时,起动电流和起动转矩为

$$I_{sta} = k^2 I_{st} = 0.55^2 \times 6 \times 58.25 = 105.72(A)$$

$$T_{sta} = k^2 T_{st} = 0.55^2 \times 1.1 \times 183.78 = 67.15(N \cdot m)$$

$I_{sta} < 150\ A$,但 $T_{sta} < T_L$,故不能采用 55% 的抽头。

当抽头为 64% 时,其起动电流和起动转矩为

$$I_{sta} = k^2 I_{st} = 0.64^2 \times 6 \times 58.25 = 143.16(A)$$

$$T_{sta} = k^2 T_{st} = 0.64^2 \times 1.1 \times 183.78 = 82.8(N \cdot m)$$

$I_{sta} < 150\ A$,且 $T_{sta} > T_L$,故可以采用 64% 的抽头。

当抽头为 75% 时,其起动电流

$$I_{sta} = k^2 I_{st} = 0.75^2 \times 6 \times 58.25 = 196.6(A)$$

$I_{sta} > 150\ A$,故不能采用 75% 的抽头。

【例 4-2】 有一台△形连接的异步电动机,$U_N = 380\ V,I_N = 20\ A,\cos\varphi_N = 0.87,I_{st}/I_N = 7,T_{st}/T_N = 1.4$,试问:

(1)负载转矩 $T_L = 0.5T_N$ 时,能否采用 Y-△换接降压起动?

(2)当负载转矩 $T_L = 0.5T_N$ 时,如果采用自耦变压器降压起动,试确定自耦变压器的电压抽头。(设自耦变压器有三个抽头:73%、64%、55%)

(3)自耦变压器降压起动时,电网供给的起动电流是多少?

解:(1)正常起动时要求起动转矩不小于负载转矩的 1.1 倍,用 Y-△换接起动时

$$T_{stY} = \frac{1}{3}T_{st} = \frac{1}{3} \times 1.4T_N = 0.467T_N$$

$T_{stY} < T_L$,故不能采用 Y-△换接降压起动。

(2)用自耦变压器降压起动,设电压抽头比为 k,如前所述,当起动转矩 $T_{sta} \geqslant 1.1T_L$ 时,可以正常起动

$$T_{sta} = k^2 T_{st} = k^2 \times 1.4T_N \geqslant 1.1 \times 0.5T_N$$

$$k \geqslant \sqrt{\frac{1.1 \times 0.5T_N}{1.4T_N}} = 0.63$$

故应选 64% 的电压抽头。

（3）电网供给的起动电流为

$$I_{\mathrm{sta}} = k^2 I_{\mathrm{st}} = 0.64^2 \times 7 \times 20 = 57.34 (\mathrm{A})$$

任务三 三相绕线型异步电动机的起动

三相笼型异步电动机直接起动时，起动电流大，而起动转矩不大；降压起动时，虽然限制了起动电流，但起动转矩也随电压的平方关系减小。因此，笼型异步电动机只能适用于空载或轻载起动场合，对于重载起动的机械负载，如起重机、卷扬机、龙门吊车等，广泛采用起动性能较好的绕线型异步电动机。

绕线型异步电动机与笼型异步电动机的最大区别是转子绕组为嵌放式三相对称绕组。绕线型异步电动机除能够采用降压起动外，其还有更好的起动方法，即通过转子回路串入可调电阻或频敏变阻器之后，在减小起动电流的同时增大起动转矩，因而起动性能比笼型异步电动机好。绕线型异步电动机起动方式分为转子回路串电阻及转子回路串频敏变阻器两种。

一、转子串联电阻起动

为了在整个起动过程中得到较大的加速转矩，并使起动过程比较平滑，应在电动机转子回路中串入多级对称电阻。

（一）起动方法

起动时，在电动机转子电路串接起动电阻器，借以提高起动转矩，同时因转子电阻增大也限制了起动电流；起动快结束时，切除转子回路所串接的全部电阻。为了在整个起动过程中得到比较大的起动转矩，需分几级切除起动电阻。起动接线图和机械特性曲线如图 4-5 所示。

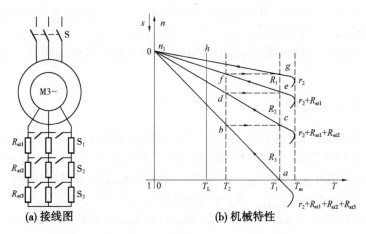

(a) 接线图　　　　**(b) 机械特性**

图 4-5 三相绕线型异步电动机转子串电阻分级起动

根据转子电流公式 $I_2 = \dfrac{sE_{20}}{\sqrt{r_2^2 + (sx_{20})^2}}$，起动时的转子电流为

$$I_{st2} = \frac{E_{20}}{\sqrt{r_2^2 + x_{20}^2}} \tag{4-7}$$

起动时的转子回路功率因数为

$$\cos\varphi_2 = \frac{r_2}{\sqrt{r_2^2 + x_{20}^2}} = \frac{1}{\sqrt{1 + \left(\dfrac{x_{20}}{r_2}\right)^2}} \tag{4-8}$$

起动转矩为

$$T_{st} = C_T \Phi_m I_{st2} \cos\varphi_{st2} \tag{4-9}$$

式(4-8)和式(4-9)表明，转子回路串入电阻后，可以减小起动电流，提高功率因数，在转子回路串入适当的电阻，可以使 $\cos\varphi_{st2}$ 增加的效果大于 I_{st2} 的减小，从而使起动转矩增加。

(二)起动过程

如图 4-5(a)所示，起动开始时，接触器触点 S 闭合，S_1，S_2，S_3 断开，起动电阻全部串入转子回路中，转子每相电阻为 $R_2 = r_2 + R_{st1} + R_{st2} + R_{st3}$，对应的机械特性如图 4-5(b)中曲线 R_3。起动瞬间，转速 $n = 0$，电磁转矩 $T = T_1$（T_1 称为最大加速转矩），因 T_1 大于负载转矩 T_L，于是电动机从 a 点沿曲线 R_3 开始加速。随着 n 上升，T 逐渐减小，当减小到 T_2 时（对应于 b 点），触点 S_3 闭合，切除 R_{st3}，切换电阻时的转矩值 T_2 称为切换转矩。切除 R_{st3} 后，转子每相电阻变为 $R_2 = r_2 + R_{st1} + R_{st2}$，对应的机械特性变为曲线 R_2。切换瞬间，转速 n 不突变，电动机的运行点由 b 点跃变到 c 点，T 由 T_2 跃升为 T_1。此后，n、T 沿曲线 R_2 变化，待 T 又减小到 T_2 时（对应 d 点），触点 S_2 闭合，切除 R_{st2}。此后，转子每相电阻变为 $R_2 = r_2 + R_{st1}$，电动机运行点由 d 点跃变到 e 点，工作点沿曲线 R_1 变化。最后在 f 点触点 S_1 闭合，切除 R_{st1}，转子绕组直接短接，电动机运行点由 f 点变到 g 点后沿固有机械特性曲线加速到负载点 h 稳定运行，起动结束。

但需要注意的是，起动时转子回路所串接电阻并非越大越好，否则起动转矩反而会减小。

二、转子串频敏变阻器起动

频敏变阻器的结构特点：它是一个三相铁芯线圈，其铁芯不用硅钢片而用厚钢板叠成。铁芯中产生涡流损耗和一部分磁滞损耗，铁芯损耗相当于一个等值电阻，其线圈又是一个电抗，故电阻和电抗都随频率变化而变化，故称频敏变阻器，它与绕线型异步电动机的转子绕组相接，如图 4-6 所示。其工作原理如下：

起动时，$s = 1$，$f_2 = f_1 = 50$ Hz，此时频敏变阻器的铁芯损耗大，等效电阻大，既限制了起动电流，增大了起动转矩，又提高了转子回路的功率因数。

随着转速 n 升高，s 下降，f_2 减小，铁芯损耗和等效电阻也随之减小，相当于逐渐切除转子电路所串的电阻。

起动结束时,$n = n_N$,$f_2 = s_N f_N \approx (1\sim3)$Hz,此时频敏变阻器基本不起作用,可以闭合接触器触点 KM,予以切除。

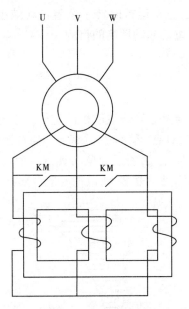

图 4-6　绕线型异步电动机串频敏变阻器

频敏变阻器实际上是利用转速上升,转子频率 f_2 的平滑变化来达到使转子回路电阻自动平滑减小目的。故是一种无触点的变阻器,能实现无级平滑起动,如果参数选择适当可获得恒转矩的起动特性,使起动过程平稳、快速,没有机械冲击。这时电动机的机械特性如图 4-7(b)曲线 2 所示,曲线 1 是电动机的固有机械特性。频敏变阻器结构较简单,成本低,使用寿命长,维护方便。其缺点是体积较大,设备较重。由于其电抗的存在,功率因数较低,起动转矩并不很大。因此,当绕线型异步电动机在轻载起动时,采用频敏变阻器起动,重载时一般采用串变阻器起动。

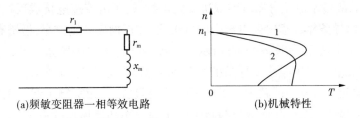

(a)频敏变阻器一相等效电路　　(b)机械特性

图 4-7　绕线转子异步电动机串频敏变阻器起动机械特性

■ 任务四　深槽式和双笼型异步电动机

笼型异步电动机具有结构简单、造价低、效率高、坚固耐用等优点,但由于其起动转矩小,故应用受到一定限制。绕线型异步电动机通过转子回路串电阻来改善起动性能,而笼型异步电动机转子导条自成短路闭合回路,无法外接电阻。为了改善笼型异步电动机的起动性能,可以通过改进电机的内部结构,采用特殊的转子槽形,利用电流的集肤效应,制成深槽式和双笼型异步电动机。这两种电动机基本保持了普通笼型异步电动机的优点,又具有起动时转子电阻较大,正常运行时转子电阻自动减小的特点,从而减小了起动电流,增大了起动转矩,达到了改善起动性能的目的。

一、深槽式异步电动机

(一)结构特点

深槽式异步电动机定子与普通异步电动机的定子完全相同,转子外形与单鼠笼转子相同,主要区别在于转子槽形,具有"深而窄"的特点。通常槽深 h 与槽宽 b 之比 $h/b=10\sim12$。当转子导条中通过电流时,槽漏磁通的分布如图 4-8(a)所示,与导条底部相交链的漏磁通比槽口部分所交链的漏磁通要多,所以槽底部分漏抗大,槽口部分漏抗小。

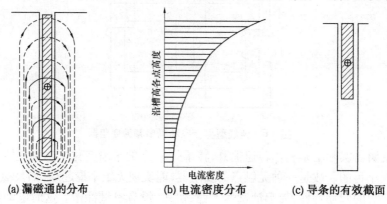

(a) 漏磁通的分布　　　　(b) 电流密度分布　　　　(c) 导条的有效截面

图 4-8　深槽式转子导条中电流的集肤效应

(二)工作原理

深槽式异步电动机是利用电流的集肤效应来改善电机起动性能的。起动时, $n=0$, $s=1$,转子电流频率较高, $f_2=sf_1=f_1$,转子漏电抗 $x_2=2\pi f_2 L_2=2\pi f_1 L_2$ 较大,远远大于转子电阻,即 $x_2\gg r_2$,故转子电流分布基本取决于漏电抗,转子电流按电抗成反比分布。所以,转子铁芯槽中的导条靠近槽口处电流密度将很大,靠近槽底处则较小,沿槽高的电流密度分布自上而下逐步减小,如图 4-8(b)所示。大部分电流集中在导体上部,这就是电流的集肤效应。其效果相当于减小了导条的高度和截面,如图 4-8(c)所示。因此,转子有效电阻增大,如同起动时转子回路串入了一个起动变阻器,从而限制了起动电流,提高了起动转矩,改善了起动性能。集肤效应与转子电流的频率和槽形尺寸有关,频率越高,槽形越深,集肤效应越显著。

随着转速升高,转差率减小,转子电流频率 $f_2=sf_1$ 逐渐减小,集肤效应逐渐减小,转子电阻自动减小。当起动完毕,电动机正常运行时,转差率 s 很小,转子电流频率很低,仅 $1\sim3$ Hz,转子漏电抗很小,远远小于转子电阻,即 $x_2\ll r_2$,转子导条内电流按电阻均匀分布,集肤效应基本消失,转子电阻恢复为自身的直流电阻,相当于转子回路中起动变阻器自动切除了。

可见深槽式异步电动机是根据集肤效应原理,减小转子导体有效截面,增加转子回路有效电阻以达到改善起动性能的目的。但深槽会使槽漏磁通增多,故深槽式异步电动机漏电抗比普通笼型异步电动机大,功率因数、最大转矩及过载能力稍低。

二、双笼型异步电动机

(一)结构特点

双笼型异步电动机转子上具有两套鼠笼型绕组,如图4-9(a)所示,上笼导条的截面面积较小,并用黄铜或铝青铜等电阻系数较大的材料制成,电阻较大。下笼导条的截面面积大,并用电阻系数较小的紫铜制成,电阻较小。此外,也可采用铸铝转子,如图4-9(b)所示。由于下笼处于铁芯深部,交链的漏磁通多,上笼靠近转子表面,交链的漏磁通较少,故下笼的漏电抗较上笼漏电抗大得多。

(二)起动原理

双笼型异步电动机也是利用集肤效应原理来改善起动性能的。起动时,转子电流频率较高,转子漏抗大于电阻,转子电流分布主要取决于漏电抗,由于下笼漏抗大于上笼漏抗,故电流主要流过上笼,起动时上笼起主要作用。由于上笼电阻大,可以限制起动电流,产生较大的起动转矩,我们把上笼又称为起动笼。

起动过程结束后,电动机正常运行,转差率 s 很小,转子电流频率 $f_2 = sf_1$ 很低,转子漏抗远小于电阻。转子电流分布主要取决于电阻,于是电流从电阻较小的下笼流过,产生正常时的电磁转矩,下笼在运行时起主要作用,故下笼又称为工作笼(运行笼)。

双笼型异步电动机的机械特性曲线,如图4-9(c)所示,可以看成是上、下笼两条机械特性曲线的合成,改变上、下笼导体的材料和几何尺寸就可以得到不同的机械特性曲线,以满足不同负载的要求,这是双笼型异步电动机一个突出的优点。

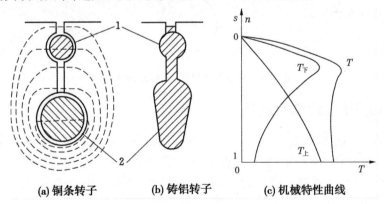

(a)铜条转子　　(b)铸铝转子　　(c)机械特性曲线

图4-9　双笼型电动转子槽形及其机械特性

综上所述,深槽式和双笼型异步电动机都是利用集肤效应原理来增大起动时的转子电阻,来改善起动性能的。起动电流较小,起动转矩较大,电动机可获得近似恒定转矩的起动特性,一般都能带额定负载起动。因此,大容量、高转速电动机一般都做成深槽式的或双笼型的。

深槽式和双笼型异步电动机也有一些缺点,由于槽深,槽漏磁通增多,转子漏电抗比普通笼型电动机增大,故功率因数较低,过载能力稍差。

双笼型异步电动机比深槽式异步电动机的起动性能要好些,但由于深槽式异步电动机结构简单,铜耗量少,价格相对较便宜,因此深槽式异步电动机应用得更为广泛。

任务五 三相异步电动机的反转与制动

一、三相异步电动机的反转

从三相异步电动机的工作原理可知,电动机的旋转方向取决于定子旋转磁场的旋转方向。因此,只要改变旋转磁场的旋转方向,即任意对调电动机的任意两根电源接线,就能使三相异步电动机反转。图 4-10 是利用控制转换开关 SA 来实现电动机正、反转的原理线路图。当 SA 向上合闸时,L1 接 U 相,L2 接 V 相,L3 接 W 相,电动机正转。当 SA 向下合闸时,L2 接 U 相,L1 接 V 相,L3 接 W 相,即将电动机任意两相绕组与电源接线互调,则旋转磁场反向,电动机跟着反转。

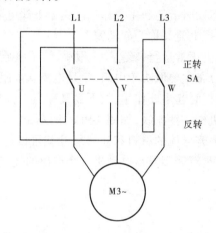

图 4-10 异步电动机正、反转原理线路图

二、三相异步电动机的制动

电动机除上述运行状态外,还时常运行在制动状态。如在负载转矩为位能转矩的机械设备中(例如起重机下放重物时,运输工具在下坡运行时),使设备保持一定的运行速度;或在机械设备需要减速或停止时,电动机能实现减速和停止的情况下,电动机的运行都属于制动状态。

电力拖动系统的制动方法主要有两类:机械制动和电气制动。机械制动是利用机械装置使电动机从电源切断后迅速停转。它的结构有好几种形式,应用较普遍的是电磁抱闸,它主要用于起重机械上吊重物时,使重物迅速而又准确地停留在某一位置上。电气制动是使异步电动机所产生的电磁转矩和电动机的旋转方向相反。异步电动机制动的目的是使电力拖动系统快速或者使拖动系统尽快减速,对于位能性负载,制动运行可获得稳定的下降速度。

异步电动机的电气制动通常分为能耗制动、反接制动和回馈制动(再生制动)等 3

种。

（一）能耗制动

方法：将运行着的异步电动机的定子绕组从三相交流电源上断开后，把电动机三相中的任意两相立即接到直流电源上，就可实现能耗制动。应注意的是，由于定子绕组的直流电阻很小，所接直流电源获得电压不能太高。能耗制动的接线如图 4-11 所示，用断开 QS，闭合 SA 来实现。

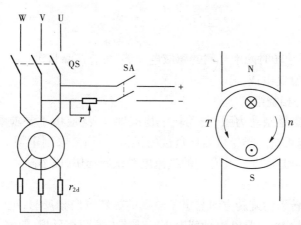

图 4-11　异步电动机能耗制动原理图

当定子绕组脱离三相电源而通入直流电流时，在电动机中将产生一个恒定磁场。转子因机械惯性继续旋转时，转子导体切割恒定磁场，在转子绕组中产生感应电动势和电流，转子电流和恒定磁场作用产生电磁转矩，根据右手定则可以判定电磁转矩的方向与转子转动的方向相反，为制动转矩。在制动转矩作用下，转子转速迅速下降，当 $n=0$ 时，$T=0$，制动过程结束。这种方法是将转子的动能转变为电能，消耗在转子回路的电阻上，所以称能耗制动。如图 4-12 所示，电动机正向运行时工作在固有机械特性曲线 1 的 a 点上。异步电动机能耗制动机械特性表达式的推导比较复杂，其特性曲线与接到交流电网上正常运行时的机械特性相似，只是此时的特性曲线通过坐标原点，因而能耗制动时机械特性位于第二象限，如图 4-12 所示曲线 2。电动机运行点由 a 点移至 b 点，并从 b 点顺曲线 2 减速到 O 点。此制动过程中，如果拖动的是反抗性负载，则电动机减速到 O 点便停转，实现快速制动停车；而如果是位能性负载，当转速过零时，若要停车，必须立即用机械抱闸将电动机轴刹住，否则电

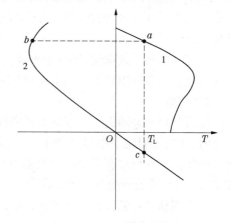

图 4-12　能耗制动机械特性

动机将在位能性负载转矩的倒拉下反转，直到进入第四象限中的 c 点，系统处于稳定的能耗制动运行状态，这时重物保持匀速下降。通常 c 点称为能耗制动运行点。另外，改变制动电阻 r_{2d} 或直流励磁电流大小，可以获得不同的稳定下降速度。

对于采用能耗制动的异步电动机,既要求有较大的制动转矩,又要求定、转子回路中电流不能太大使绕组过热。根据经验,按照最大制动转矩为$(1.25 \sim 2.2)T_N$的要求,能耗制动时,对于笼型异步电动机,取直流励磁电流$I = (4 \sim 5)I_0$;对于绕线型异步电动机,取$I = (2 \sim 3)I_0$,I_0为异步电动机的空载电流,一般可取$I_0 = (0.2 \sim 0.5)I_N$。其制动所串接电阻一般可按下式计算

$$r_{2d} = (0.2 \sim 0.4)\frac{E_{2N}}{\sqrt{3}I_{2N}} - r_2 \tag{4-10}$$

式中　E_{2N}——转子独转时两滑环间的感应电动势,可查产品目录;

　　　I_{2N}——转子额定电流,可查产品目录;

　　　r_2——转子每相绕组的电阻。

能耗制动的优点是制动力强,制动较平稳准确,广泛应用于要求平稳准确停车的场合,也可以应用于起重机一类带位能性负载的机械上,用来限制重物下降的速度,使重物保持匀速下降。缺点是需要一套专门的直流电源供制动用,成本高。

(二)反接制动

当异步电动机转子的旋转方向与定子磁场的旋转方向相反时,电动机便处于反接制动状态。它有两种情况:一是在电动状态下突然将电源两相反接,使定子旋转磁场的方向由原来的顺转子转向改为逆转子转向,这种情况下的制动称为定子两相反接的反接制动;二是保持定子磁场的方向不变,而转子在位能性负载作用下进入倒拉反转,这种情况下的制动称为倒拉反转的反接制动。

1.定子两相反接的反接制动

设异步电机最初运行在电动机状态,其工作点为固有特性曲线上的 A 点,如图 4-13(a)所示。把定子两相绕组出线端对调时,由于改变了定子电压的相序,所以定子旋转磁场方向改变了,由原来的逆时针方向变为顺时针方向,电磁转矩方向也随之改变,变为制动性质,机械特性曲线变为图 4-13(b)中曲线 2。

在定子两相反接瞬间,转速来不及变化,工作点由 A 点平移到 B 点,这时系统在制动的电转矩和负载转矩共同作用下迅速减速,工作点沿曲线 2 移动,当到达 C 点时,转速为零,制动结束。

绕线型异步电动机为了限制制动瞬间电流以及增大电磁制动转矩,通常在定子两相反接时,在转子回路中串接制动电阻 r_s,对应的机械特性曲线如图 4-13(b)中的曲线 3。定子两相反接的反接制动是指从反接开始至转速为零这一段制动过程,即图 4-13(b)中曲线 2 的 BC 段或曲线 3 的 $B'C'$ 段。

如果制动的目的只是快速停车,则在转速接近零时,应立即切断电源。否则工作点将进入第三象限,此时,如果电动机拖动反抗性负载,且在 $C(C')$ 点的电磁转矩大于负载转矩,则系统将反向起动并加速到 $D(D')$ 点,处于反向电动状态稳定运行;如果拖动位能性负载,则电动机在位能性负载拖动下,将一直反向加速到第四象限中的 $E(E')$ 点,然后处于稳定运行。这时,电动机的转速高于同步转速,电磁转矩与转向相反,这是后面要介绍的回馈制动状态。

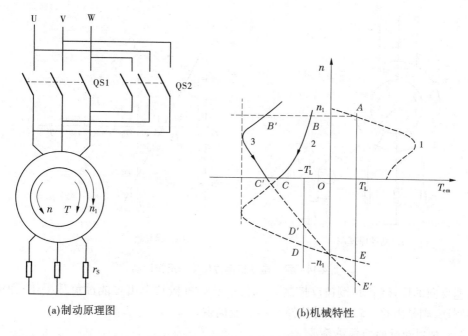

(a)制动原理图　　　　　　　　　(b)机械特性

图 4-13　异步电动机定子两相反接的反接制动

电源两相反接的反接制动的优点是制动强烈,停车迅速;缺点是能量损坏大,制动冲击大,控制较复杂,不易实现准确停车。主要应用于要求迅速停车或反转的电力拖动场合。

2.倒拉反转的反接制动

这种反接制动适用于绕线型异步电动机拖动位能性负载的情况,它能够使重物获得稳定的下放速度。现以起重机为例来说明。

图 4-14 是绕线型异步电动机倒拉反转反接制动时的原理图及其机械特性。设电动机原来工作在固有特性曲线上的 A 点提升重物,当在转子回路串入电阻 r_S 时,其机械特性变为曲线 2。串入 r_S 瞬间,转速来不及变化,工作点由 A 点平移到 B 点,此时电动机的提升转矩 T_B 小于位能性负载转矩 T_L,所以提升速度减小,工作点沿曲线 2 由 B 点向 C 点移动。在减速过程中,电机仍运行在电动状态。当工作点到达 C 点时,转速降至零,对应的电磁转矩 T_K 仍小于负载转矩 T_L。重物将倒拉电动机的转子反向旋转,并加速到 D 点,这时 $T_D = T_L$,拖动系统将以转速 n_D 稳定下放重物。在 D 点,$T = T_D > 0$,$n = -n_D < 0$,负载转矩成为拖动转矩,拉着电动机反转,而电磁转矩起制动作用。如图 4-14(a)所示,故把这种制动称为倒拉反转的反接制动。

由图 4-14(b)可见,要实现倒拉反转反接制动,转子回路必须串接足够大的电阻,使工作点位于第四象限。这种制动方式的目的主要是限制重物的下放速度。

与电源反接制动一样,s 都大于 1,绕线型异步电动机倒拉反转反接制动状态,常用于起重机低速下放重物。倒拉反转的反接制动的优点是能使位能性负载稳定下放;缺点也是能力损耗较大。

应当指出,上述两种反接制动,虽然电动机转轴上都有机械功率输入,但有所不同。

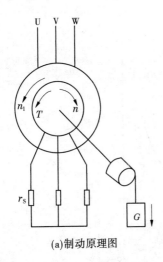

(a)制动原理图

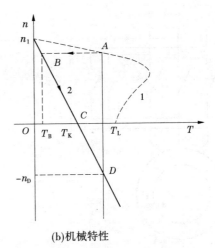

(b)机械特性

图 4-14 异步电动机倒拉反转的反接制动

在转速反向的反接制动(倒拉反接制动)时,这部分机械功率由位能性负载提供;而电源反接制动,则是由整个转动部分所储存的动能提供。

3.反接制动时的功率关系

电动机工作在反接制动状态时,它由转轴上输入机械功率,定子又通过气隙向转子输送电功率,这两部分功率都消耗在转子电路的总电阻上。对此,可证明如下。

转子由定子输入的电磁功率为

$$P_M = 3I_2^2 \frac{r_2 + r_S}{s} \tag{4-11}$$

式中,$s>1$,$P_M>1$,即表示定子输入电磁功率。

转子由定子输出的机械功率为

$$P_2 \approx P_M(1 - s) \tag{4-12}$$

当 $s>1$ 时,说明电动机轴上输入机械功率。

转子电路的损耗为

$$\Delta P_2 < P_M - P_2 \tag{4-13}$$

由于 $P_2<0$,则实为 P_M 与 P_2 之和,说明损耗较大。损耗除一小部分消耗在转子绕组电阻上外,大部分消耗在串接电阻 r_S 上。

(三)回馈制动

在异步电动机工作过程中,由于外来因素的影响,电动机转速 n 超过旋转磁场的同步转速 n_1,电机便进入异步发电机运行状态,此时电磁转矩的作用方向与转子转向相反,变为制动转矩,电机将机械能转变成电能向电网反馈,故又称为再生制动或回馈制动。

回馈制动主要发生于以下几种场合。

1.下放重物时的回馈制动

场合一,电动机在外力(如起重机下放重物)作用下,其转速超过旋转磁场的同步转速 n_1,如图 4-15 所示。在下放开始时,$n<n_1$,电动机处于电动状态,如 4-15(a)所示。在位能性负载转矩作用下,电动机的转速逐渐上升到大于同步转速时,转子中感应电动势、电

流和转矩的方向就都发生了变化,如图 4-15(b)所示。此时转矩方向与转子转向相反,成为制动转矩,电动机将机械能转化为电能馈送电网,电机运行在回馈制动状态。

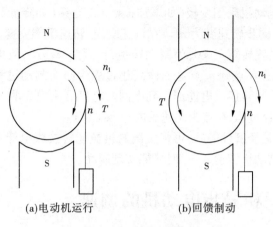

(a)电动机运行   (b)回馈制动

图 4-15   下放重物时回馈制动原理图

在图 4-16(a)中,设 A 点是电动状态 T 提升重物工作点,D 点是回馈制动状态下放重物工作点。电动机从提升重物工作点 A 过渡到下放重物工作点 D 的过程如下:首先将电动机定子两相反接,这时定子旋转磁场的同步转速为 $-n_1$,机械特性如图 4-16(a)中曲线 2。反接瞬间,转速不突变,工作点由 A 平移到 B,然后电机经过反接制动过程(工作点沿曲线 2 由 B 变到 C)、反向电动加速过程(工作点由 C 向同步点 $-n_1$ 变化),最后在位能性负载作用下反向加速并超过同步转速,直到 D 点保持稳定运行,即匀速下放重物。如果在转子电路中串入制动电阻,对应的机械特性如图 4-16(a)中曲线 3,这时的回馈制动工作点为 D',其转速增加,重物下放的速度增大。为了限制电机的转速,回馈—制动时在转子电路中串入的电阻值不应太大。

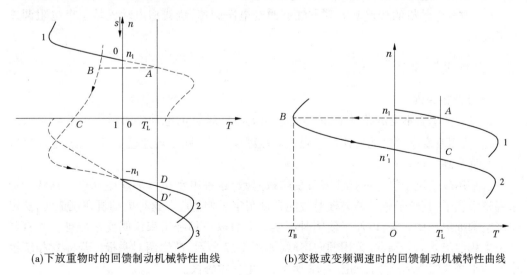

(a)下放重物时的回馈制动机械特性曲线   (b)变极或变频调速时的回馈制动机械特性曲线

图 4-16   回馈制动的机械特性

2. 变极(或变频)调速时的回馈制动

场合二,这种制动情况可用图 4-16(b) 来说明。设电动机原来在机械特性曲线 1 上的 A 点稳定运行,当电动机采用变极(如增加极数)或变频(如降低频率)进行调速时,其机械特性变为曲线 2,同步转速变为 n_1'。在调速瞬间,转速不能突变,工作点由 A 变到 B。在 B 点,转速 $n_B > 0$,电磁转矩 $T_B < 0$,为制动转矩,且因为 $n_B > n_1'$,故电机处于回馈制动状态。工作点沿曲线 2 的 B 点到 n_1' 点这一段变化过程为回馈制动过程,在此过程中,电机吸收系统释放的动能,并转换成电能回馈到电网。电机沿曲线 2 的 n_1' 点到 C 点的变化过程为电动机状态的减速过程,C 点为调速后的稳态工作点。

回馈制动的优点是经济性能好,可将负载的机械能转换成电能反馈回电网。其缺点是应用范围窄,仅当电动机转速 $n > n_1$ 时才能实现制动。

任务六　三相异步电动机的调速

在电力拖动调速系统中,特别是在宽调速和快速可逆拖动系统中,多采用具有良好调速性能的直流电动机拖动。但是,直流电动机存在价格高,容量较小,维护困难,需要专门的直流电源等一系列缺点。近年来,随着电力电子技术和计算机技术的发展,交流调速技术日益成熟,使得异步电动机的性能大有改善,交流调速应用日益广泛,在许多领域有取代直流电动机调速系统的趋势。

从异步电动机的转速关系式 $n = n_1(1-s) = \dfrac{60f_1}{p}(1-s)$ 可以看出,异步电动机的调速可分以下三种基本调速方法:

(1)改变定子绕组的磁极对数 p,称为变极调速;

(2)改变供电电源的频率 f_1,称为变频调速;

(3)改变电动机的转差率 s,其方法有改变电压调速、绕线型电动机转子串电阻调速和串级调速。

一、变极调速

(一)变极原理

在电源频率 f_1 不变的条件下,改变电动机的磁极对数 p,电动机的同步转速 n_1 就会发生变化,从而改变电动机的转速。若磁极对数减少一半,同步转速就提高一倍,电动机转速也几乎升高一倍。

通常用改变定子绕组的接法来改变磁极对数,这种电动机称多速电动机。其转子均采用笼型转子,其转子感应的磁极对数能自动与定子相适应。这种电动机在制造时,从定子绕组中抽出一些线头,以便于使用时换换。下面以一相绕组来说明变极原理。先将其两个半相绕组 a_1x_1 与 a_2x_2 采用顺向串联,如图 4-17 所示,产生两对磁极。若将 U 相绕组中的一半相绕组 a_2x_2 反向,如图 4-18 所示,产生一对磁极。

目前,在我国多极电动机定子绕组联绕方式最多有三种,常用的有两种:一种是从星形改成双星形,写作 Y-YY,如图 4-19 所示;另一种是从三角形改成双星形,写作 △-YY,

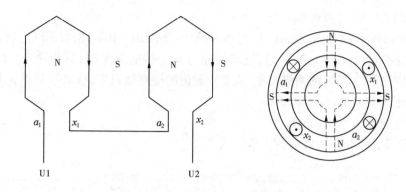

图4-17 三相四极电动机定子U相绕组

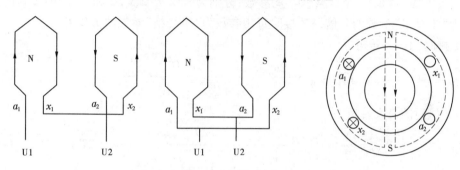

图4-18 三相两极电动机U相绕组

如图4-21所示,这两种接法可使电动机极数减少一半。在改接绕组时,为了使电动机转向不变,应把绕组的相序改接一下。这是由于电角度=P×机械角度,磁极对数不同,空间电角度大小也不同。当$P=1$时,U、V、W三相绕组在空间的电角度依次为0°、120°、240°;而当$P=2$时,U、V、W三相绕组在空间分布的电角度变为0°、120°×2=240°、240°×2=480°(即120°)。可见,变极前后三相绕组的相序发生了变化。因此,若要保持电动机转向不变,应把电动机接到三相电源的两根线任意对调两根。

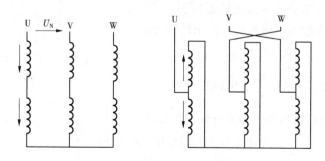

图4-19 异步电动机 Y−YY 变极调速接线

(二)典型变极接线及其机械特性

上面虽然只从一相绕组来说明变极原理,三相绕组完全相同,其接法也都相同。下面讨论 Y−YY 和△−YY 两种典型换接变极线路,分析它们不同的机械特性和容许输出。

1.Y-YY(双Y)变极线路

线路图如图4-19所示。Y接时,每相的两个"半绕组"串联,相当于以上所说的四极接法,极对数等于$2p(p=1、2、3\cdots)$,同步转速为n_1。接成双Y时,每相两个"半绕组"反向并联,相当于以上所说的两极接法,或者一般说的极对数减半,极对数等于p,则同步转速为$2n_1$,比Y接时提高一倍。

1)机械特性

根据异步电动机最大转矩的一般公式

$$T_m = \frac{m_1 U_1^2}{2\Omega_1[r_1 + \sqrt{r_1^2 + (x_1 + x_2')^2}]} = \frac{1}{2} \cdot \frac{p}{2\pi f_1} \cdot \frac{m_1 U_1^2}{[r_1 + \sqrt{r_1^2 + (x_1 + x_2')^2}]} \quad (4\text{-}14)$$

假设变极不影响每个"半绕组"的参数,分别为$r_1/2$、$r_2'/2$、$x_1/2$ 和$x_2'/2$,则Y接时每相参数为"半绕组"参数的2倍,YY接时每相参数为"半绕组"参数的1/2倍。

Y接时的最大转矩

$$T_{mY} = \frac{1}{2} \cdot \frac{2p}{2\pi f_1} \cdot \frac{m_1 U_1^2}{[r_1 + \sqrt{r_1^2 + (x_1 + x_2')^2}]} \quad (4\text{-}15)$$

YY接时的最大转矩

$$T_{mYY} = \frac{1}{2} \cdot \frac{p}{2\pi f_1} \cdot \frac{m_1 U_1^2}{\left[\frac{r_1}{4} + \sqrt{\left(\frac{r_1}{4}\right)^2 + \left(\frac{x_1 + x_2'}{4}\right)^2}\right]} = 2T_{mY} \quad (4\text{-}16)$$

根据以上所得Y接与YY接时的同步机械角速度和最大转矩之间的关系,可以绘出图4-20所示的Y-YY变极调速的机械特性曲线。

2)容许输出

假设调速前电动机的效率η和功率因数$\cos\varphi_1$均保持不变,每个"半绕组"容许通过的电流为I_N,则可得电动机的容许输出功率和容许输出转矩如下。

Y接时的容许输出功率和容许输出转矩为

$$P_Y = \sqrt{3} U_1 I_N \cos\varphi_1 \eta$$

$$T_Y = 9\ 550 \frac{P_Y}{n_Y} \approx 9\ 550 \frac{P_Y}{n_1}$$

YY接时的容许输出功率和容许输出转矩为

$$\left.\begin{array}{l} P_{YY} = \sqrt{3} U_1 (2I_N) \cos\varphi_1 = 2P_Y \\ T_Y \approx 9\ 550 \frac{P_{YY}}{2n_1} = 9\ 550 \frac{2p_Y}{2n_1} = T_Y \end{array}\right\} \quad (4\text{-}17)$$

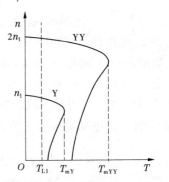

图4-20 Y-YY变极调速的机械特性

由此表明,Y-YY变极调速方法属于恒转矩调速方式。

2.△-YY变极线路

线路图如图4-21所示。△接时,每相的两个"半绕组"串联,极对数等于$2p$,同步转

速为 n_1。YY 接时,每相两个"半绕组"反向并联,极对数等于 p,同步转速为 $2n_1$。

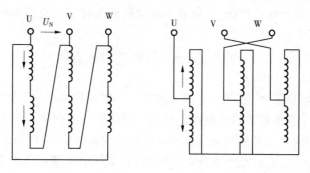

图 4-21　异步电动机△-YY 变极调速接线

1)机械特性

△接时,极对数为 $2p$,每相绕组电压为 $\sqrt{3}\,U_1$。由最大转矩的一般公式可得

$$T_{m\triangle} = \frac{1}{2} \cdot \frac{2p}{2\pi f_1} \cdot \frac{m_1(\sqrt{3}\,U_1)^2}{[\,r_1 + \sqrt{r_1^2 + (x_1 + x_2')^2}\,]} = 3T_{mY} = \frac{3}{2}T_{mYY} \tag{4-18}$$

由以上关系可绘出△-YY 接线时的机械特性曲线,如图 4-22 所示。

2)容许输出

$$P_\triangle = \sqrt{3}\,(\sqrt{3}\,U_1)I_1\cos\varphi_1\eta = \sqrt{3}\,P_Y$$

$$= \frac{\sqrt{3}}{2}P_{YY} = 0.866P_{YY} \approx P_{YY} \tag{4-19}$$

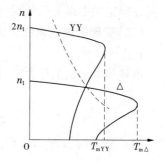

式(4-19)表明△-YY 变极调速近似为恒功率调速方式。

变极调速的电动机称为多速异步电动机。改变定子极对数除以上两种方法外,还可以在定子上装两套独立绕组,各接成不同的极对数。如将两种方法配合,则可获得更多的调速级数。但采用一套独立绕组的变极调速比较简单,应用较多。根据不同生产机械的要求,可采用不同

图 4-22　△-YY 变极调速的机械特性曲线

接法的多速异步电动机,如拖动中小型机床的电机,一般采用△-YY 接法、具有一套绕组的双速电动机,此近似恒功率的调速方法用于带恒功率性质的负载,匹配较好。

变极调速的优点是设备简单、运行可靠,机械特性硬、损耗小,为了满足不同生产机械的需要,定子绕组采用不同的接线方式,可获得恒转矩调速或恒功率调速。缺点是电动机绕组引出头较多,调速的平滑性差,只能分级调节转速,且调速级数少、级差大,不能实现无级调速。变极调速主要用于各种机床及通风机、升降机等设备上。

二、变频调速

改变异步电动机电源的频率,从而改变异步电动机的同步转速 n_1,异步电动机转子转速 $n = (1-s)n_1$ 就随之得到改变,这种调速方法称为变频调速。变频调速的主要问题是要具备符合调速性能要求的变频电源。

(一)变频调速的条件

如果忽略电机定子阻抗压降,三相异步电动机的每相定子绕组的感应电动势近似等于定子外加电压,即

$$U_1 \approx E_1 = 4.44 f_1 N_1 \Phi_m k_{w1} = c_1 f_1 \Phi_m \tag{4-20}$$

式中　c_1——常数。

因此,若电源电压 U_1 不变,则 Φ_m 随 f_1 而变。一般设计电机时,为了充分利用电机铁芯材料,都把磁通量数值选为接近磁路饱和值。当降低电源频率 f_1 调速时,则磁通 Φ_m 将增加,必使铁芯饱和,从而导致励磁电流和铁损耗的大量增加,电机负载能力降低,功率因数变坏,电动机温升升高,这是不允许的。反之,如果频率从基频往上调,磁通量减少,导致电动机允许输出转矩下降,使电动机利用率降低,在一定负载下还有过电流的危险。因此,在改变频率时,如果电压不变,则对电机的运行是不利的。在变频调速时,通常要求保持磁通 Φ_m 恒定,为此在调速中就必须调压调频同时进行,保持 $\dfrac{U'_1}{U_1} = \dfrac{f'_1}{f_1} = $ 常数。

理论上,变频调速可以从基频向上调,也可以从基频向下调。详细分析可知,由额定频率(也称为基频)往下调时,能使频率和电压按比例配合调节;但从基频往上调时,就必须保持电压不变,变频调速时 f_1 越高,Φ_m 越弱,这相当于直流电动机的弱磁调速。异步电动机在额定频率以上调节时,普遍采用弱磁调速方法。

(二)变频调速的机械特性

1.最大转矩

由异步电动机的最大电磁转矩公式可知

$$T_m = \frac{m_1 p U_1^2}{4\pi f_1 \left\{ r_1 + \sqrt{r_1^2 + \left[2\pi f_1 (L_1 + L'_2) \right]^2} \right\}} \tag{4-21}$$

当 f_1 较高时,$2\pi f_1(L_1 + L'_2) \gg r_1$,则 r_1 可以忽略,由此得

$$T_m = \frac{m_1 p U_1^2}{8\pi^2 f_1^2 (L_1 + L'_2)}$$

或

$$T_m \propto \left(\frac{U_1}{f_1} \right)^2 \tag{4-22}$$

由此可知,当 f_1 较高时,按 $\dfrac{U_1}{f_1} = $ 常数的规律调速,T_m 基本保持不变。但当 f_1 较低、r_1 不可以忽略时,T_m 会逐渐减小。若要避免 T_m 过小,必须在低速时适当提高电压 U_1。从额定频率往上调时,f_1 升高而 U_1 不变,则 T_m 越调越小。

2.调频调速的转速降落

根据异步电动机的临界转差率公式

$$s_m = \frac{r'_2}{\sqrt{r_1^2 + (x_1 + x'_2)^2}} = \frac{r'_2}{\sqrt{r_1^2 + \left[2\pi f_1 (L_1 + L'_2) \right]^2}}$$

同样,当 f_1 较高时,r_1 可以忽略,则

$$s_{m} = \frac{r'_2}{2\pi f_1(L_1 + L'_2)} \tag{4-23}$$

相应的转速降落为

$$\Delta n_{m} = s_{m}n_1 = \frac{r'_2}{2\pi f_1(L_1 + L'_2)} \cdot \frac{60 f_1}{p} = \frac{30 r'_2}{\pi p(L_1 + L'_2)}$$

由上式可知,转速降落 Δn_{m} 与频率 f_1 无关。因此,无论在基频以上或以下调速,Δn_{m} 不变。也就是说异步电动机调频调速的机械特性基本上是平行地上下移动。

3.起动转矩

异步电动机的起动转矩为

$$T_{st} = \frac{m_1 p U_1^2 r'_2}{2\pi f_1 \left[(r_1 + r'_2)^2 + (x_1 + x'_2)^2 \right]}$$

当 $r_1 + r'_2 \ll x_1 + x'_2$ 时

$$T_{st} = \frac{m_1 p U_1^2 r'_2}{2\pi f_1(x_1 + x'_2)^2} = \frac{m_1 p U_1^2 r'_2}{2\pi^3 f_1^2(L_1 + L'_2)}$$

当 $\dfrac{U_1}{f_1}$ = 常数时

$$T_{st} = \frac{m_1 p r'_2}{2\pi^3 f_1(L_1 + L'_2)} \propto \frac{1}{f_1} \tag{4-24}$$

由此可知,f_1 越低,T_{st} 越大。但 f_1 很低时,$(r_1 + r'_2)$ 不能忽略,T_{st} 就不怎么增加了。甚至 f_1 再低,T_{st} 反而减少。

根据以上分析,即可大致绘出变频调速的机械特性。

4.从基频向下调变频调速

由前面所述,降低电源频率时,必须同时降低电源电压。而降低电源电压,有以下两种控制方法:

(1)保持 $\dfrac{E_1}{f_1}$ 为常数。降低电源频率 f_1 时,保持 $\dfrac{E_1}{f_1}$ 为常数,则 Φ_{m} 为常数,是恒磁通控制方式,也称恒转矩调速方式。降低电源频率调速的人为机械特性,如图 4-23 所示。降低电源频率 f_1 调速的人为机械特性特点为:同步速度 n_1 与频率 f_1 成正比;最大转矩不变;转速降落 Δn = 常数,特性斜率不变(与固有机械特性平行)。这种变频调速方法与他励直流电动机降低电源电压调速相似,机械特性较硬,在一定静差率的要求下,调速范围宽,而且稳定性好。由于频率可以连续调节,因此变频调速为无级调速,平滑性好。另外,转差功率 P_s 较小,效率较高。

(2)保持 $\dfrac{U_1}{f_1}$ 为常数。降低电源频率 f_1,保持 $\dfrac{U_1}{f_1}$ 为常数,则 Φ_{m} 近似为常数。在这种情况下,当降低频率 f_1 时,Δn 不变,但最大转矩 T_{m} 会变小,特别在低频低速时的机械特性会变坏,如图 4-24 所示。其中,虚线是恒磁通调速时为常数的机械特性,以示比较。保持 $\dfrac{U_1}{f_1}$

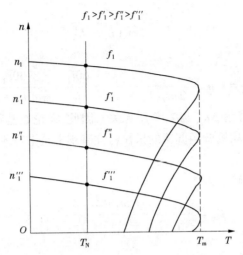

图 4-23 保持 $\dfrac{E_1}{f_1}$ 为常数时变频调速机械特性

为常数,则低频率调速近似为恒转矩调速方式。

5.从基频向上调变频调速

升高电源电压($U>U_N$)是不允许的。因此,升高频率向上调速时,只能保持电压为 U_N 不变,频率越高,磁通 Φ_m 越低,是一种降低磁通升速的方法,类似他励直流电动机弱磁升速情况。其机械特性如图 4-25 所示。保持 U_N 不变,升速,近似为恒功率调速方式。随着 f_1 升高,T_2 降低,n 升高,而 P_2 近似为常数。

异步电动机变频调速具有良好的调速性能,可与直流电动机媲美。

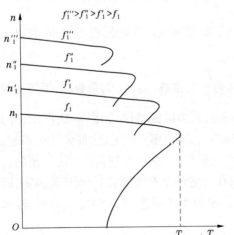

图 4-24 保持 $\dfrac{U_1}{f_1}$ 为常数时变频调速机械特性

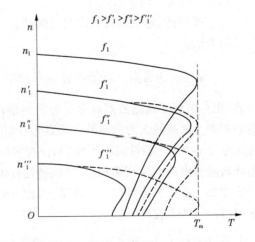

图 4-25 保持 U_N 不变升频调速机械特性

(三)变频电源

异步电动机变频调速的电源是一种能调压的变频装置。如何取得经济、可靠的变频电源,是实现异步电动机变频调速的关键,也是目前电力拖动系统的一个重要发展方向。目前,多采用由晶闸管或自关断功率晶体管器件组成的变频器。

变频器若按相分类,可以分为单相和三相;若按性能分类,可以分为交—直—交变频器和交—交变频器。

变频器的作用是将直流电源(可由交流经整流获得)变成频率可调的交流电(称交—直—交变频器)或是将交流电源直接转换成频率可调的交流电(交—交变频器),以供给交流负载使用。交—交变频器将工频交流电直接变换成所需频率的交流电能,不经中间环节,也称为直接变频器。关于变频电源的具体情况,可参考有关变频技术一类的书籍。

(四)变频技术的应用

变频调速由于调速性能优越,即主要是能平滑调速、调速范围广、效率高,又不受直流电动机换向带来的转速与容量的限制,故已经在很多领域获得广泛应用,如轧钢机、工业水泵、鼓风机、起重机、纺织机、球磨机、化工设备及家用空调器等方面。主要缺点是系统较复杂、成本较高。

三、改变转差率调速

改变定子电压调速、转子电路串电阻调速和串级调速都属于改变电动机转差率调速。这些调速方法的共同特点是在调速过程中都产生大量的转差功率。前两种调速方法都是把转差功率消耗在转子电路里,很不经济,而串级调速则能将转差功率加以吸收或大部分反馈给电网,提高了调速的经济性。

(一)改变定子电压调速

因为电动机的工作电压不能超过其额定值,所以调压调速只能是在额定电压以下进行。调压调速也可称为降压调速。

由电动机原理可知,降低定子电压时,电机气隙磁通减小,引起电机电磁转矩减小,使原有的电机转矩静态平衡关系遭到破坏,此刻电磁转矩小于负载阻力矩,电动机减速。随着转速的降低,转子电流增大,又使减小的电磁转矩再增大,当电磁转矩重新与负载转矩平衡时,电动机便在较大的转差率和较低的转速下稳定运行。

普通笼型转子异步电动机采用调压调速时,机械特性如图4-26(a)所示。若为恒转矩负载,调速范围很小。而对于通风机性质负载,在 $n<n_{\mathrm{m}}$ 时,电动机的人为机械特性与负载特性的交点处仍能稳定运行,如图4-26(b)所示。从 a、a'、a'' 三个工作点所对应转速看,调速范围较宽,因此改变电压调速适合于通风机性质的负载。但对于恒转矩负载,若要获得较宽的调速范围,应采用转子电阻较大、机械特性较软的高转差率笼型异步电动机,如图4-26(c)所示。负载转矩为恒转矩 T_{L} 时,不同的电源电压 U_1、U_1'、U_1'' 可获得不同的工作点 a、a'、a'',调速范围较宽。但在电压低时,特性曲线太软,负载波动将引起转速的较大变化,其静差率和运行稳定性往往不能满足生产工艺的要求。通常可采用带速度负反馈的闭环控制系统来解决该问题。

改变电源电压调速主要应用于笼型异步电动机。过去都采用定子绕组串电抗器来实现,目前已广泛采用晶闸管交流调压线路来实现。

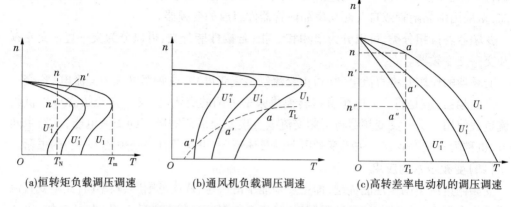

(a)恒转矩负载调压调速　　　(b)通风机负载调压调速　　　(c)高转差率电动机的调压调速

图 4-26　笼型异步电动机调压调速($U_1 > U_1' > U_1''$)

(二)转子串电阻调速

由前述的转子电路串电阻的人为机械特性可知,绕线型异步电动机转子串接电阻的

机械特性曲线如图 4-27 所示。转子串电阻
时最大转矩不变,临界转差率加大。所串电
阻越大,稳定运行段特性斜率越大。若带恒
转矩负载,原来运行在固有特性曲线 1 的 a
点上,在转子串电阻 R_S 后,就运行在 b 点上,
转速由 n_a 变为 n_b,依此类推。

从调速性质来看,转子回路串电阻属于
恒转矩调速,调速过程中负载转矩不变,故电
动机产生的电磁转矩应不变。由电磁转矩公
式可知,转子回路改变电阻时,最大转矩 T_m
不变。

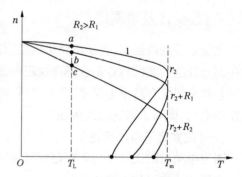

图 4-27　转子串电阻调速机械特性

$$\frac{s_m}{s}T = 2T_m = 常数$$

转子串电阻调速,优点是方法简单,操作方便,可在一定范围内平滑调速,调速过程中
最大转矩不变,电动机过载能力不变,主要用于中、小容量的绕线型异步电动机。由于在
轻载时的转速变化不大,所以特别适合于起重机类型的对调速性能要求不高的恒转矩负
载上,也可以用于通风机类负载,如桥式起动机等。

(三)绕线型异步电动机串级调速

转子串接电阻调速时,转速调得越低,转差率越大,转子铜损耗 $p_{Cu2} = sP_M$ 越大,输出
功率越小,效率就越低,故转子串接电阻调速很不经济。

所谓串级调速,就是在异步电动机的转子回路串入一个三相对称的附加电动势 $\dot{E}_{ad}$,
其频率与转子电动势 sf_1 相同,改变 $\dot{E}_{ad}$ 的大小和相位,就可以调节电动机的转速,如
图 4-28所示。这种在绕线型异步电动机转子回路串接附加电动势的调速方法称为串级

调速。串级调速完全克服了转子串电阻调速的缺点,具有高效率、无级平滑调速、较硬的低速机械特性等优点。

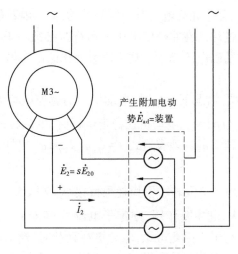

图 4-28　绕线型异步电动机串级调速原理图

1.低同步串级调速

若 $\dot{E}_{ad}$ 与 $\dot{E}_2 = s\dot{E}_{20}$ 相位相反,则转子电流 $I_2 = \dfrac{sE_{20}-E_{ad}}{\sqrt{r_2^2+(sx_{20})^2}}$,电动机的电磁转矩为 $T=T_1+T_2$,上式中,T_1 为转子电势产生的转矩,而 T_2 为附加电势所引起的转矩。若拖动恒转矩负载,因 T_2 总是负值,可见串入 $\dot{E}_{ad}$ 后,转速降低了,串入附加电势越大,转速降得越多。引入 $\dot{E}_{ad}$,电动机转速降低,称低同步串级调速。

2.超同步串级调速

若 $\dot{E}_{ad}$ 与 $\dot{E}_2 = s\dot{E}_{20}$ 同相位,则 T_2 总是正值。当拖动恒转矩负载时,引入 $\dot{E}_{ad}$,导致转速升高了,则称为超同步串级调速。

串级调速性能比较好,过去由于附加电势 $\dot{E}_{ad}$ 的获得比较难,长期以来没能得到推广。近年来,随着晶闸管技术的发展,串级调速有了广阔的发展前景。现已日益广泛用于水泵和风机的节能调速,应用于不可逆轧钢机、压缩机等很多生产机械上。

任务七　三相异步电动机的异常运行

三相异步电动机在施加三相对称额定电压、额定频率、三相绕组阻抗相等的条件下运行,为正常运行。但在实际运行中,有时异步电动机也可处于非正常情况下运行,如电源三相电压不对称或不等于额定值,频率不等于额定值或电动机三相绕组阻抗不相等,如电源接有大的单相负载或发生两相短路,定子三相绕组中一相断线、一相接地或发生匝间短路,绕线型转子绕组一相断线或鼠笼转子断条及其他机械故障等,都会使电动机处于异常运行状态。异步电动机在非正常情况下运行时,会直接影响电动机的性能。

一、异步电动机在非额定电压下运行

电动机在实际运行过程中允许电压有一定的波动,但一般不能超出额定电压的±5%,否则,会引起异步电动机过热。在非额定电压下运行时必须考虑主磁通的变化引起电机磁路饱和程度的改变,对励磁电流、效率、功率因数变化的影响等。

(一) $U_1 \leqslant U_{1N}$ 时

异步电动机在 $U_1 \leqslant U_{1N}$ 情况下运行时,电动机中的感应电势 E_1 和主磁通 Φ_m 将随之减小,相应的空载电流 I_0 也减少。电动机在稳定运行时,电磁转矩等于负载转矩。所以,若负载转矩不变,由电磁转矩的物理表达式 $T = C_T \Phi_m I_2' \cos\varphi_2$ 可知,转子电流 I_2' 会增大。

1.轻载工作情况

空载及轻载时,转子电流 I_2' 及转子铜损耗数值很小;又因为 $\dot{I}_1 = \dot{I}_0 + (-\dot{I}_2')$,电流平衡关系中 I_0 的成分相应较大,起主要作用,则定子电流 I_1 随着 I_0 的减少而减少,铁损耗和铜损耗减小,效率因此提高了。由此可见,电动机在轻载时,端电压 U_1 降低,对电动机运行是有利的,电动机的功率因数和效率提高。所以,在实际应用中,可以将正常运行时三角形连接的定子绕组,在轻负载时改成星形连接,以改善功率因数和效率。

2.大负载工作情况

在负载较大(接近额定)时,电压 U_1 降低,对电动机运行是不利的。此时,转子电流 I_2' 相应较大,起主要影响作用;U_1 降低,转差率 s 和转子电流 I_2' 增加,定子电流也随之增加。由于 s 增加,转子功率因数角 φ_2 和定子功率因数角 φ_1 均随之增大,定子功率因数将降低。再者在负载较大时,绕组的铜损耗增加很快,和铁损耗比较它起主要作用。因此,效率将随铜损耗的增加而降低。一般电动机应设低电压保护,当电网电压过低时,应切除电动机的电源。

(二) $U_1 > U_{1N}$ 时

$U_1 > U_{1N}$ 的情况是很少发生的。如果 $U_1 > U_{1N}$,则电动机中的主磁通 Φ_m 增大,磁路饱和程度增加,励磁电流将大大增加。从而导致电动机的功率因数减小,定子电流也增大,铁芯损耗和定子铜损耗增加,效率下降,温度升高。为保证电动机的安全运行,此时应当减小负载。过高的电压,甚至会击穿电动机的绝缘。

二、三相异步电动机缺相运行

三相异步电动机正常工作时,三相电源通入三相对称绕组产生三相平衡电流,产生圆形旋转磁场。当三相电源中缺少一相或三相绕组中任何一相断开,称为三相异步电动机的缺相运行或称断相故障。

三相异步电动机在运行中三相电源缺一相或定子绕组断相是时有发生的事故,电源的高压或低压开关一相的熔丝熔断、开关的一相接触不良、一相断线、定子绕组一相绕组接头松动、脱焊和断线,都会引起电动机缺相运行,这会对电动机运行带来很不利的影响,严重时会使电动机损坏。

三相异步电动机缺相运行是电动机不对称运行的极端情况,分析三相异步电动机缺相运行,可使用对称分量法。

以一相断线为例,分析其发生的后果。三相异步电动机的定子绕组接线有 Y 形和△形两种接法。一相断线可分成图 4-29 中(a)、(b)、(c)、(d)四种情况。其中,图(a)、(b)、(c)为单相运行,图(d)为两相运行。

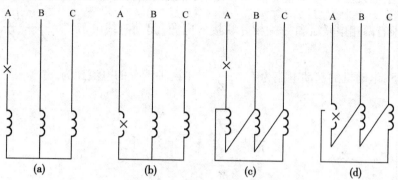

图 4-29　三相异步电动机一相断线示意图

下面针对上述四种断线形式,分别讨论断相发生在起动前、运行中的断相情况。

(一)起动前断相

1.Y 形接法一相断线

1)电源一相断线

对 Y 形接法的电动机,在起动前电源一相断线时,如图 4-29(a)所示,定子绕组通以单相电流,产生脉振磁场,可分解成正序与负序两个大小相等、方向相反的旋转磁场。根据对称分量法,当 $s=1$ 时,转子正、负序电流 I_{2+}、I_{2-} 相等,且正反两个方向的电磁转矩 T_+ 与 T_- 也相等,故起动时,电动机合成电磁转矩为零(即 $T_{合成}=T_++T_-=0$),因此无法自起动。设电源电压为 U_1,每相阻抗为 Z_φ,则起动电流为 $I'_{st}=\dfrac{U_1}{2Z_\varphi}$。正常情况下,电动机的起动电流为 $I_{st}=\dfrac{U_1}{\sqrt{3}Z_\varphi}$,则两情况的电流比为

$$\frac{I'_{st}}{I_{st}}=\frac{\dfrac{U_1}{2Z_\varphi}}{\dfrac{U_1}{\sqrt{3}Z_\varphi}}=\frac{\sqrt{3}}{2}=0.866 \tag{4-25}$$

可见,断相时的起动电流为正常情况下起动电流的 0.866 倍,由于正常情况下起动电流为额定电流的(5~7)倍,因此 Y 形接法一相断线时的起动电流只为额定电流的(4~6)倍。起动电流倍数虽有减小,但无法自起动。如果通电时间过长,电动机会因过热而烧毁。

2)电动机定子绕组一相断线

对于 Y 形接法的电动机,在起动前若定子绕组一相断线,由于断线后电路与上面电源一相断线相同,如图 4-29(b)所示,故有与之相同的结果。

2. △形接法一相断线

1）电源一相断线

对于三角形接法的电动机，起动时电源断一相，如图4-29(c)所示。定子绕组通入单相电流，与星形接法一样，只能产生脉振磁场，合成电磁转矩为零，也无法自起动。这时的三相绕组中有两相串联后和另一相并联接入电源，起动时线电流 $I'_{st} = \dfrac{U_1}{Z_\varphi} + \dfrac{U_1}{2Z_\varphi} = \dfrac{3U_1}{2Z_\varphi}$。若正常情况下，电动机的起动电流为 $I_{st} = \dfrac{\sqrt{3}\,U_1}{Z_\varphi}$，则两种情况的电流比为

$$\frac{I'_{st}}{I_{st}} = \frac{\dfrac{3U_1}{2Z_\varphi}}{\dfrac{\sqrt{3}\,U_1}{Z_\varphi}} = \frac{\sqrt{3}}{2} = 0.866 \qquad (4\text{-}26)$$

可见，三角形接法的电动机，起动时电源断一相时，其起动电流为正常情况下起动电流的0.866倍，因电动机合成电磁转矩为零，也无法自起动。如果通电时间过长，电动机也会因过热而烧毁。

2）电动机定子绕组一相断线

对于△形接法的电动机，在起动前若定子绕组一相断线，如图4-29(d)所示，未断两相变成三相V形接法，两相绕组通入相差120°相位的电流，同时两相绕组在空间上相差120°，将建立一个椭圆的旋转磁场，使电动机产生起动转矩，即使绕组一相断开，在空载或轻载情况，电动机也能起动，但起动转矩比正常情况下减小。这时的起动线电流为 $I'_{st} = \dfrac{U_1}{Z_\varphi}$。若正常情况下，电动机的起动电流为 $I_{st} = \dfrac{\sqrt{3}\,U_1}{Z_\varphi}$，则两种情况的电流比为

$$\frac{I'_{st}}{I_{st}} = \frac{\dfrac{U_1}{Z_\varphi}}{\dfrac{\sqrt{3}\,U_1}{Z_\varphi}} = \frac{1}{\sqrt{3}} = 0.577 \qquad (4\text{-}27)$$

（二）运行中发生缺相

异步电动机起动后，在断线前为额定负载运行，缺相后，如果这时电动机的最大转矩仍大于负载转矩，则电动机还能作为单相或两相电动机继续运行，不过由于负序磁场及负序转矩的存在，电动机合成转矩下降，转差率增大，导致转子电流和定子电流的明显上升。

1. Y接法一相断线

1）电源一相断线

缺相运行时，输入功率 $P'_1 = U_1 I'_1 \cos\varphi'_1$，式中 I'_1 及 $\cos\varphi'_1$ 为缺相运行时定子线电流及功率因数，正常运行时输入功率 $P_1 = \sqrt{3}\,U_1 I_1 \cos\varphi_1$，设断线前后输入及输出功率都不变，即 $P'_1 = P_1$，则 $\dfrac{I'_1}{I_1} = \dfrac{\sqrt{3}\cos\varphi_1}{\cos\varphi'_1}$，一般 $\cos\varphi'_1 = 0.9\cos\varphi_2$，则 $I'_1 = \dfrac{\sqrt{3}}{0.9}I_1 \approx 1.9I_1$，即断相运行时，若电动

机负载功率不变,通电的两相绕组中流过的电流将增加到正常运行时的 1.9 倍。

2)电动机定子绕组一相断线

对于 Y 形接法的电动机,定子绕组一相断线与上面电源一相断线情况相同,有相同结果。

2.△形接法一相断线

1)电源一相断线

由图 4-29(c)可知,有两相为串联(AC 与 AB 相),另一相(BC 相)接于电源线电压上,且 BC 相电流为另两相电流的 2 倍,并等于线电流的 2/3,且为正常运行时相电流的 2.2 倍。

2)电动机定子绕组一相断线

若运行时,发生一相绕组断线,如图 4-29(d)所示,形成两相运行的情况。经分析可知,通电的两相绕组中的相电流将达到正常运行时相电流的 1.66 倍。

综上所述,无论定子绕组是星形还是三角形接法,在电动机运行时发生断相而电动机又带较重的负载,定子绕组中某一相或两相的相电流为正常工况下的(1.66~2.2)倍,转速会下降,噪声会增大,长时间运行会烧坏电动机。如果电动机的最大转矩小于负载转矩,这时电动机的转子会停转;或者在起动前就发生了断相,加电源后,根据故障情况的不同,可能起动转矩为零,不能起动,由于这时电源电压仍加在电动机上,定、转子电流将很大,如果不及时切断电源,将有可能烧毁运行相的定子绕组。即使起动转矩不为零,可以起动,但起动电流过大,时间过长同样会烧毁电动机。因此,对于三相异步电动机在起动前必须检查电源及电动机是否存在缺相故障,运行时应装设可靠的断相保护装置。

三、在三相电压不对称情况下运行

三相异步电动机在三相电压不对称条件下运行可采用对称分量法分析。异步电动机定子绕组有 Y 形无中性线或 △形两种接法。所以,线电压、相电流中均无零序分量。在分析时,把正序分量和负序分量都看成独立系统,最后再用叠加原理将正序分量和负序分量叠加起来,即可得到电动机的实际运行情况。

(一)分析

设异步电动机在不对称电压下运行,将不对称的电压分解成正序电压分量和负序电压分量,它们分别产生正序电流和负序电流,并形成各自的旋转磁场。这两个旋转磁场的转速相等,方向相反,分别在转子上产生感应电动势和形成感应电流。感应电流与定子磁场相互作用,产生电磁力,形成电磁转矩。显然,这两个电磁转矩的方向是相反的,但大小不等,使得电动机的合成转矩 $T_{合成}=T_{+}+T_{-}$ 下降,使电动机转速降低,噪声增大。

正序电压 $\dot{U}_{1+}$ 作用于定子绕组,便流过正序电流 $\dot{I}_{1+}$,建立正向旋转磁场,产生正向转矩 T_{+},拖动转子与它同方向旋转。设转子转速为 n,则正序转差率

$$s_{+}=\frac{n_{1}-n}{n_{1}}=s \tag{4-28}$$

负序电压 $\dot{U}_{1-}$ 作用于定子绕组,便流过负序电流 $\dot{I}_{1-}$,建立负向旋转磁场,与转子旋

方向相反,负序转差率为

$$s_- = \frac{n_1 + n}{n_1} = 2 - s \qquad (4\text{-}29)$$

三相异步电动机一般不接中线,则无零序电压,所以定子绕组也无零序电流。

正序和负序等效电路如图 4-30 所示。

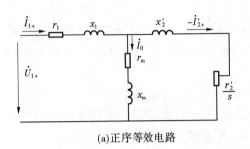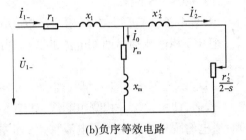

(a)正序等效电路　　　　　　　　　　　　(b)负序等效电路

图 4-30　正序和负序等效电路

经分析可得正序电流 $\dot{I}'_{2+}$ 和负序电流 $\dot{I}'_{2-}$ 情况,根据 $P_{em} = I_2^2 \dfrac{r'_2}{s}$,可得正序和负序电磁

转矩

$$T = \frac{P_{em}}{\Omega} = \frac{P_{em}}{2\pi \dfrac{n_1}{60}} = \frac{P_{em}}{2\pi \dfrac{l}{p}} = \frac{p}{\omega} P_{em} \qquad (4\text{-}30)$$

$$T_+ = \frac{p}{\omega} P_{em+} = \frac{p}{\omega} I'^2_2 + \frac{r'_2}{s} \qquad (4\text{-}31)$$

$$T_- = \frac{p}{\omega} P_{em-} = \frac{p}{\omega} I'^2_2 - \frac{r'_2}{2s} \qquad (4\text{-}32)$$

合成转矩 $T_{合成} = T_+ + T_-$,其对应的 $T\text{-}s$ 曲线如图 4-31 所示。

(二)不对称电压对运行的影响

由于电动机定子绕组加不对称电压时,产生负序电流和负序旋转磁场,这对电动机运行性能会产生一定的影响,负序电流的存在使各相电流大小和相位差角不相等,其中某一相的电流特别大,会超过其额定值,使这一相绕组严重发热,甚至烧坏绕组。在此情况下,若要电动机继续运行,必须减少所带的机械负载。

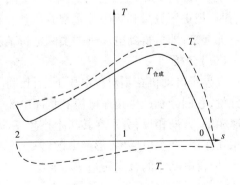

图 4-31　不对称电压时的 $T\text{-}s$ 曲线

负序电磁转矩的存在,又会使电动机的合成电磁转矩减少(见不对称电压时的 $T\text{-}s$ 曲线),导致电动机起动转矩及过载能力下降。负序旋转磁场切割转子绕组,其相对运动速度约为 2 倍同步转速,使转子铁耗增大,减低了电动机效率,并使转子温度升高。

另外,从等效电路图看,负序阻抗较小,即使在较小的负序电压下,也可能引起较大的负序电流,造成电动机发热。因此,要限制电源电压不对称的程度。

四、异步电动机常见故障

三相异步电动机在生产现场大量使用着,这些电动机通过长期的运行,会发生各种故障,电动机发生故障的原因是多种多样的,既与电动机的设计水平和制造质量有关,也与电动机的使用条件、工作方式、正确安装和维护水平等因素有着密切关系。一般在正常运行情况下,电动机的使用寿命可达15年以上。但由于使用不当或缺乏必要的日常维护保养,就很容易发生故障而造成损坏,以致缩短电动机的使用寿命。及时判断故障原因、进行相应处理,是防止故障扩大,保证设备正常运行的重要工作。表4-2简要介绍这些故障的现象及产生的原因。

表 4-2　异步电动机常见故障及处理

故障现象	产生原因	处理方法
通电后电动机不能转动,但无异响,也无异味和冒烟	1.电源未通(至少两相未通); 2.熔丝熔断(至少两相熔断); 3.过流继电器调得过小; 4.控制设备接线错误	1.检查电源回路开关、熔丝、接线盒处是否有断点,修复; 2.检查熔丝型号,熔断原因,换新熔丝; 3.调节继电器整定值与电动机配合; 4.改正接线
通电后电动机不转,然后熔丝烧断	1.缺一相电源,或定子线圈一相反接; 2.定子绕组相间短路; 3.定子绕组接地; 4.定子绕组接线错误; 5.熔丝截面过小; 6.电源线短路或接地	1.检查刀闸是否有一相未合好,或电源回路有一相断线,消除反接故障; 2.查出短路点,予以修复; 3.消除接地; 4.查出误接,予以更正; 5.更换熔丝; 6.消除接地点
通电后电动机不转,有嗡嗡声	1.定、转子绕组有断路(一相断线)或电源一相失电; 2.绕组引出线首末端接错,绕组内部接反; 3.电源回路接点松动,接触电阻大; 4.电动机负载过大或转子卡住; 5.电源电压过低; 6.小型电动机装配太紧或轴承内油脂过硬; 7.轴承卡住	1.查明断点,予以修复; 2.检查绕组极性,判断绕组首末端是否正确; 3.紧固松动的接线螺丝,用万用表判断各接头是否假接,予以修复; 4.减载或查出并消除机械故障; 5.检查是否把规定的△形接法错接为Y形,是否由于电源导线过细使压降过大,予以纠正; 6.重新装配使之灵活,更换合格油脂; 7.修复轴承

续表 4-2

故障现象	产生原因	处理方法
绝缘电阻过低	1.电动机的绕组受潮或有水滴入电动机的内部; 2.电动机绕组上有灰尘、油污等杂物; 3.绕组引出线的绝缘或接线盒绝缘接线板损坏或老化; 4.电动机绕组绝缘整体老化	1.可将电动机的定、转子绕组作加热烘干处理; 2.绕组上有灰尘、油污时,可先用汽油清净绕组表面后再予刷漆烘干处理; 3.若引出线绝缘损坏,则可在损坏处加包绝缘,接线板绝缘损坏,应更换新的接线板; 4.如果定子绕组已整体老化,在一般情况下均需要更换新绕组。但对容量较小的电动机,可根据情况进行浸漆方式的绝缘处理
电动机起动困难,带额定负载时,电动机转速低于额定转速较多	1.电源电压过低; 2.△形接法电机误接为 Y 形; 3.笼型转子开焊或断裂; 4.定、转子局部线圈错接、接反; 5.修复电机绕组时增加匝数过多; 6.电机过载	1.测量电源电压,设法改善; 2.纠正接法; 3.检查开焊和断点并修复; 4.查出误接处,予以改正; 5.恢复正确匝数; 6.减载
电动机空载电流不平衡,三相相差大	1.重绕时,定子三相绕组匝数不相等; 2.绕组首尾端接错; 3.电源电压不平衡; 4.绕组存在匝间短路、线圈反接等故障	1.重新绕制定子绕组; 2.检查并纠正; 3.测量电源电压,设法消除不平衡; 4.消除绕组故障
电动机空载或负载时,电流表指针不稳,摆动	1.笼型转子导条开焊或断条; 2.绕线型转子故障(一相断路)或电刷、集电环短路装置接触不良	1.查出断条予以修复或更换转子; 2.检查绕线转子回路并加以修复
电动机空载电流平衡,但数值大	1.修复时,定子绕组匝数减少过多; 2.电源电压过高; 3.Y 形接法电动机误接为△形; 4.电机装配中,转子装反,使定子铁芯未对齐,有效长度减短; 5.气隙过人或不均匀; 6.大修拆除旧绕组时,使用热拆法不当,使铁芯烧损	1.重绕定子绕组,恢复正确匝数; 2.检查电源,设法恢复额定电压; 3.改接为 Y 形; 4.重新装配; 5.更换新转了或调整气隙; 6.检修铁芯或重新计算绕组,适当增加匝数
电动机运行时响声不正常,有异响	1.转子与定子绝缘低或槽楔相擦; 2.轴承磨损或油内有砂粒等异物; 3.定、转子铁芯松动; 4.轴承缺油; 5.风道填塞或风扇擦风罩; 6.定转子铁芯相擦; 7.电源电压过高或不平衡; 8.定子绕组错接或短路	1.修剪绝缘,削低槽楔; 2.更换轴承或清洗轴承; 3.检修定、转子铁芯; 4.加油; 5.清理风道,重新安装风罩; 6.消除擦痕,必要时车小转子; 7.检查并调整电源电压; 8.消除定子绕组故障

续表 4-2

故障现象	产生原因	处理方法
运行中电动机振动较大	1.由于磨损,轴承间隙过大; 2.气隙不均匀; 3.转子不平衡; 4.转轴弯曲; 5.铁芯变形或松动; 6.联轴器(皮带轮)中心未校正; 7.风扇不平衡; 8.机壳或基础强度不够; 9.电动机地脚螺丝松动; 10.笼型转子开焊、断路、绕线转子断路; 11.定子绕组故障	1.检修轴承,必要时更换; 2.调整气隙,使之均匀; 3.校正转子动平衡; 4.校直转轴; 5.校正重叠铁芯; 6.重新校正,使之符合规定; 7.检修风扇,校正平衡,纠正其几何形状; 8.进行加固; 9.紧固地脚螺丝; 10.修复转子绕组; 11.修复定子绕组
轴承过热	1.润滑脂过多或过少; 2.油质不好,含有杂质; 3.轴承与轴颈或端盖配合不当(过松或过紧); 4.轴承盖内孔偏心,与轴相擦; 5.电动机端盖或轴承盖未装平; 6.电动机与负载间联轴器未校正,或皮带过紧; 7.轴承间隙过大或过小; 8.电动机轴弯曲	1.按规定加润滑脂(容积的 1/3～2/3); 2.更换清洁的润滑脂; 3.过松可用黏结剂修复,过紧应车磨轴颈或端盖内孔,使之适合; 4.修理轴承盖,消除擦点; 5.重新装配; 6.重新校正,调整皮带张力; 7.更换新轴承; 8.校正电机轴或更换转子
电动机过热甚至冒烟	1.电源电压过高,使铁芯发热大大增加; 2.电源电压过低,电动机又带额定负载运行,电流过大使绕组发热; 3.修理拆除绕组时,采用热拆法不当,烧伤铁芯; 4.定、转子铁芯相擦; 5.电动机过载或频繁起动; 6.笼型转子断条; 7.电动机缺相,两相运行; 8.绕组重绕后定子绕组浸漆不充分; 9.环境温度高,电动机表面污垢多,或通风道堵塞; 10.电动机风扇故障,通风不良; 11.定子绕组故障(相间、匝间短路,定子绕组内部连接错误)	1.降低电源电压(如调整供电变压器分接头),若是电机 Y 形、△ 形接法错误引起,则应改正接法; 2.提高电源电压或增大供电导线规格; 3.检修铁芯,排除故障; 4.消除擦点(调整气隙或锉、车转子); 5.减载,按规定次数控制起动; 6.检查并消除转子绕组故障; 7.恢复三相运行; 8.采用二次浸漆及真空浸漆工艺; 9.清洗电动机,改善环境温度,采用降温措施; 10.检查并修复风扇,必要时更换; 11.检修定子绕组,消除故障

项目小结

三相异步电动机的机械特性是指电动机转速 n 与电磁转矩 T 之间的关系曲线 $n=f(T)$ 或 $s=f(T)$。机械特性方程是分析电力拖动的基础，有三种不同的形式，即物理表达式、参数表达式和实用表达式，其中实用表达式可用于绘制机械特性或进行机械特性的计算，在工程计算中应用比较方便。三相异步电动机的机械特性曲线形状较复杂，分析时关键要抓住最大转矩、临界转差率及起动转矩这三个量随参数的变化规律。

人为改变电源电压、转子回路电阻可以改变机械特性曲线，以适应不同机械负载对电动机转矩及转速的需要。绕线型异步电动机还可以利用转子回路串电阻的方法来改善起动和调速性能。

异步电动机起动性能的主要指标是起动电流倍数 I_{st}/I_N 和起动转矩倍数 T_{st}/T_N。对起动性能的主要要求是起动电流小，起动转矩足够大。

笼型异步电动机起动方法有直接起动和降压起动。若电网容量较大，输电线压降在 $(10\%\sim15\%)U_N$ 的允许范围内，应尽量采用直接起动，以获得较大的起动转矩。当电网容量较小或电动机容量较大时，应采用降压起动。降压起动时，起动电流减小，起动转矩也同时减小了，故只适用于空载和轻载起动。降压起动常用的方法有：定子回路串电抗器起动、Δ-Y 换接起动和自耦变压器降压起动。Δ-Y 换接起动只适用于三角形连接的电动机。

绕线型异步电动机的起动方法有：转子回路串电阻起动或转子回路串频敏变阻器起动。其起动转矩大、起动电流小、起动性能较好，适用于中、大型异步电动机的重载起动。频敏变阻器是根据涡流原理工作的，可以实现无级平滑起动。

深槽式和双笼型异步电动机是利用"集肤效应"原理来改善起动性能的。

改变异步电动机电源相序，即任意对调定子绕组的两根电源线，可改变定子旋转磁场的方向，从而使异步电动机反转。

制动方法有机械制动和电磁制动两种。电磁制动的方法有：反接制动、回馈制动（发电机制动）、能耗制动。

反接制动有定子两相反接的反接制动和倒拉反转的反转制动两种。定子两相反接的反接制动主要用于中型车床和铣床的主轴制动。倒拉反转的反转制动常用于起重机缓慢下放重物。反接制动比较简单、效果好，但能量损耗较大，不经济。

发电机制动主要用于笼型异步电动机变极调速和拖动位能性负载的电动机中（如电车下坡、起重机下放重物）。此制动方式简单、经济、可靠性较高。

能耗制动较平稳，但需要直流电源供给励磁电流。能耗制动被广泛用于矿井提升机及起重运输等生产机械上。如船用起货机和锚机、门机起降机构，可利用能耗制动实现快速停车和低速下降。

三相异步电动机调速方法主要有变极调速、变频调速、改变转差率调速。改变转差率调速又包括改变定子电压调速、转子回路串电阻调速、串级调速等。一般笼型异步电动机采用变极调速;绕线型异步电动机采用转子回路串电阻调速。变极调速是通过改变定子绕组连接方法,使每相一半绕组电流方向改变来实现调速的。变频调速性能好,在近代交流调速方法中最有发展前途。

异步电动机在非额定电压下运行分两种情况讨论:(1)$U_1 \leqslant U_{1N}$时,若负载不变,转子电流I_2'会增大,当负载较大时,会引起损耗过大,效率降低,但在轻载或空载时,电流本身较小,影响有限,由于主磁通的降低而引起铁耗的下降,反而使效率提高。(2)$U_1 > U_{1N}$时,电压过高对于电机运行是不利的,应避免发生。

异步电动机缺相运行情况分析。根据星形和三角形的接线方法,以及断线在电源线上还是在某一相绕组上,分成四种情况讨论。若断线发生在起动前,其中三角形的接法发生一相绕组断线时形成两相运行,能够自起动,而其他为单相运行,则不能自起动。若断线发生在运行中,如果这时电动机的最大转矩仍大于负载转矩,则电动机还能继续运行,由于电动机的负载不变,定子电流会超过额定值,转速会下降,噪声会增大,长时间运行会烧坏电机。如果电动机的最大转矩小于负载转矩,这时电动机的转子会停转,应及时切断电源。三相电压不对称情况下运行时,由于负序分量的影响,电动机的合成转矩下降,使电动机转速降低;同时,噪声增大,电动机过热。

■ 思考与习题

4-1 三相异步电动机带额定负载运行,若负载转矩不变,当电源电压降低时,电动机的最大电磁转矩T_m、起动转矩T_{st}、主磁通Φ_m、转子电流I_2、定子电流I_1和转速将如何变化? 为什么?

4-2 三相异步电动机直接起动时,为什么起动电流大而起动转矩却不大? 起动电流大对电网及电动机有什么影响?

4-3 对三相异步电动机的起动性能有哪些基本要求?

4-4 笼型异步电动机的起动方式分哪两大类? 说明其适合场合。

4-5 异步电动机有哪些降压起动方式? 各有什么优缺点?

4-6 三相笼型异步电动机定子串接电阻或电抗器降压起动时,当定子电压降到额定电压的$\dfrac{1}{k}$倍时,起动电流和起动转矩降到额定电压时的多少倍?

4-7 三相笼型异步电动机采用自耦变压器降压起动时,起动电流和起动转矩与自耦变压器的变比有什么关系?

4-8 什么是三相异步电动机的 Y-△ 降压起动? 它与直接起动相比,起动转矩和起动电流有何变化?

4-9 有一台异步电动机的额定电压为 380 V/220 V,Y-△ 连接,当电源电压为 380 V时,能否采用 Y-△ 换接降压起动? 为什么?

4-10 绕线型异步电动机的起动方法有哪些? 各有什么优缺点?

4-11 绕线型异步电动机在转子回路串电阻后,为什么能减小起动电流、增大起动转矩? 串入的电阻是否越大越好?

4-12 为什么深槽式和双笼型异步电动机能改善起动性能？

4-13 异步电动机常用的调速方法和特点有哪些？

4-14 三相异步电动机怎样实现变极调速？变极调速时为什么要改变定子电源的相序？

4-15 三相异步电动机变极调速常采用 Y-YY 接法和 △-YY 接法，对于切削机床一类的恒功率负载，应采用哪种接法的变极线路来实现调速才比较合理？

4-16 有一台过载能力 $k_m = 1.8$ 的异步电动机，带额定负载运行时，由于电网突然故障，电源电压下降到 $70\%U_N$，问此时电动机能否继续运行？为什么？

4-17 一台三相笼型异步电动机的数据为 $U_N = 380$ V，△连接，$I_N = 20$ A，$I_{st}/I_N = 7$，$k_{st} = 1.4$，$k_m = 2$。试求：

（1）若保证满载起动，电网电压不得低于多少伏？

（2）如用 Y-△ 降压起动，起动电流为多少？能否半载起动？

（3）如用自耦变压器在半载下起动，试选择抽头比，并求起动电流。

4-18 一台三相笼型异步电动机的数据为 $P_N = 55$ kW，$I_{st}/I_N = 7$，$k_{st} = 2$，定子绕组△形连接，电源容量为 1 000 kVA，如满载起动，试问可以采用哪些起动方法，通过计算说明之。

4-19 有一台异步电动机，其额定数据为 $P_N = 10$ kW，$n_N = 1$ 450 r/min，$U_N = 380$ V，△形连接，$\eta_N = 0.9$，$\cos\varphi = 0.87$，$I_{st}/I_N = 7$，$k_{st} = 1.4$。试求：

（1）额定电流及额定转矩；

（2）采用 Y-△ 换接降压起动时的起动电流和起动转矩；

（3）当负载转矩为额定转矩的 50% 和 30% 时，能否采用 Y-△ 换接降压起动？

（4）如果用自耦变压器降压起动，当负载转矩为额定转矩的 80% 时，应在什么地方抽头？起动电压为多少？起动电流为多少？

4-20 什么叫三相异步电动机制动？电气制动有哪几种方法？

4-21 三相绕线型异步电动机反接制动时，为什么要在转子回路中串入比较大的电阻？

4-22 一台笼型异步电动机的数据为 $P_N = 11$ kW，$U_N = 380$ V，$f_N = 50$ Hz，$n_N = 1$ 460 r/min，$k_m = 2$，如果采用变频调速，当负载转矩为 $0.8T_N$ 时，要使 $n = 1$ 000 r/min，则 f_1 及 U_1 应为多少？

4-23 三相异步电动机起动时，如果电源一相断线，这时电动机能否起动？如果运行中电源或绕组一相断线，能否继续旋转？有何不良后果？

4-24 异步电动机带大负载运行，电压下降，问电动机会有何种变化？

4-25 异步电动机起动时，如果电源一相断线，该电动机能否起动？当定子绕组采用 Y 形或△形连接时，如果发生一相绕组断线，这时，电动机能否起动？如果在运行中电源或绕组发生一相断线，该电动机还能否继续运转？此时能否仍带额定负载运行？

4-26 为什么三相异步电动机不宜长期运行于不对称电压？

4-27 一台异步电动机通电后不转，然后发生熔丝烧断现象，试述可能发生此故障的原因。

项目五　同步电机

【学习目标】

熟悉同步电机的工作原理,了解同步电机结构;理解同步电机运行的电枢反应;了解同步发电机并联运行及有功、无功功率调节方法;掌握同步电动机的有功、无功功率调节及起动方法;了解同步调相机运行原理及特点。

同步电机是交流旋转电机中的一种。因同步电机稳定运行时,其转子的转速始终与定子旋转磁场的转速相等而得名。同步电机主要用作发电机,同步发电机将机械能转换为电能,是现代发电的主要设备。现代电力工业中,无论是火力发电、水力发电还是原子能发电,几乎全部采用同步发电机。同步电机也可用作电动机,同步电动机高效节能,主要用于拖动功率较大、转速不要求变化的生产机械,如大型水泵、空气压缩机、矿井通风机等。随着现代变频技术的发展,同步电动机的调速性能得到极大提高,特别是永磁同步电动机的应用越来越广泛。同步电机还可用作同步调相机,同步调相机实际上就是一台空载运转的同步电动机,专门向电网输送感性无功功率,用来改善电网的功率因数,以提高电网的运行经济性及电压的稳定性。

任务一　同步电机的基本工作原理与结构

一、同步电机的基本工作原理与分类

(一)同步电机的基本工作原理

同步电机主要作为发电机。同步发电机的构造原理图如图 5-1 所示,它由定子和转子两部分组成。同步发电机的定子和异步电机的定子相似,即在定子铁芯内圆均匀分布的槽中嵌放 A—X、B—Y、C—Z 三相对称绕组。转子主要由磁极铁芯与励磁绕组组成,当励磁绕组通以直流电流后,转子即建立恒定磁场。当原动机拖动电机转子旋转时,其电机定子三相绕组依次切割转子磁场而产生交流感应电动势,该电动势的频率为

$$f = \frac{pn}{60} \tag{5-1}$$

式中　p——电机的磁极对数;

　　　n——转子每分钟转数,r/min。

如果同步发电机机端接上负载,在电动势作用下,将有三相电流流过。这说明同步发电机把机械能转换成了电能。

如果同步电机作为电动机运行,当在定子绕组上施以三相交流电压时,电机内部产生一个定子旋转磁场,其旋转速度为同步转速 n_1,转子磁极将在定子旋转磁场的带动下,驱动负载沿定子磁场的方向以相同的转速旋转,转子的转速为

$$n = n_1 = \frac{60f}{p} \tag{5-2}$$

此时,同步电动机将电能转换为机械能。

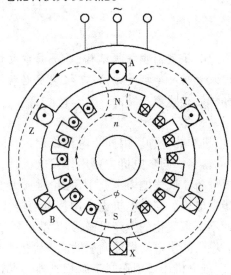

图 5-1 同步发电机的构造原理图

综上所述,同步电机无论作为发电机还是作为电动机运行,其转速与频率之间都将保持严格不变的关系。电网频率一定时,电机转速为恒定值,这是同步电机和异步电机的基本差别之一。

我国电力系统的标准频率为 50 Hz,所以同步电机的转速为 $n = \dfrac{3\,000}{p}$ r/min。计算可知,2 极电机的转速为 3 000 r/min,4 极电机的转速为 1 500 r/min,依此类推。

(二)同步电机的分类

同步电机按运行方式,可分为同步发电机、同步电动机和调相机三类。按原动机类别,同步发电机又可分为汽轮发电机、水轮发电机和柴油发电机等。

按结构形式,同步电机可分为旋转电枢式和旋转磁极式两种。前者适用于小容量同步电机,近年来应用很少;后者应用广泛,是同步电机的基本结构形式。

旋转磁极式同步电机按磁极的形状,又可分为隐极式和凸极式两种类型,如图 5-2 所示。隐极式气隙是均匀的,转子做成圆柱形。凸极式有明显的磁极,气隙是不均匀的,极弧底下气隙较小,极间部分气隙较大。

汽轮发电机由于转速高,转子各部分受到的离心力很大,机械强度要求高,故一般采用隐极式;水轮发电机转速低、极数多,故都采用结构和制造上比较简单的凸极式;同步电动机、柴油发电机和调相机,一般也做成凸极式。

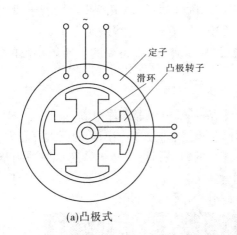

(a)凸极式

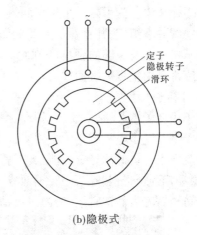

(b)隐极式

图 5-2　旋转磁极式同步电机

二、同步电机的基本结构

下面以隐极式汽轮发电机为例说明同步电机的基本结构。

现代汽轮发电机均为 2 极,转速为 3 000 r/min,这是因为提高转速,可以提高汽轮机的运行效率,减少机组的尺寸和造价。同时由于转速高,汽轮发电机的直径较小,长度较长,且均为卧式结构。汽轮发电机由定子、转子、端盖及轴承组成。

(一)定子

定子由定子铁芯、定子绕组、机座、端盖、挡风装置等部件组成。定子铁芯由厚度为 0.35 mm 或 0.5 mm 的涂漆硅钢片叠成,每叠厚 3~6 cm。各叠之间留有 1 cm 的通风槽,以利于铁芯散热。当定子铁芯的外径大于 1 m 时,其每层钢片常由若干块扇形片拼装而成。叠装时把各层扇形片间的接缝互相错开,压紧后仍为一整体的圆筒形铁芯,如图 5-3 所示,整个定子铁芯固定于机座上。

(a)定子铁芯

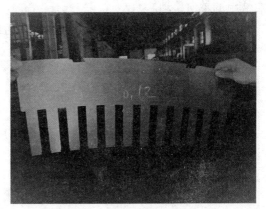

(b)定子铁芯冲片

图 5-3　同步发电机定子铁芯和冲片图

在定子铁芯圆槽内嵌放定子线圈,按一定规律连接成三相对称绕组,一般均采用三相双层短距叠绕组。为了减小由于集肤效应引起的附加损耗,绕组导线常由若干股相互绝缘的扁铜线并联组成,并且在槽内及端部还要按一定方式进行编织换位。

定子机座应有足够的强度和刚度。除支撑定子铁芯外,还要满足通风散热的需要。一般机座都是由钢板焊接而成的。

(二)转子

转子由转子铁芯、励磁绕组、护环、中心环、滑环及风扇等部件组成。

转子铁芯既是电机磁路的主要组成部分,又承受着高速旋转产生的巨大离心力,因而其材料既要求有良好的导磁性能,又需要有很高的机械强度。转子铁芯一般采用整块的含铬、镍和钼的合金钢锻成,与转轴锻成一个整体。

在转子铁芯表面铣有槽,槽内嵌放励磁绕组,如图5-4所示。

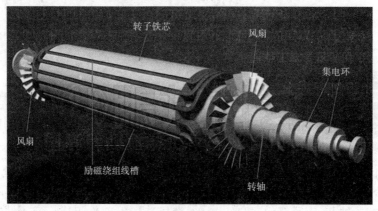

图5-4 隐极式发电机转子

励磁绕组是由扁铜线绕成的同芯式线圈串联组成的,且利用不导磁、高强度材料做成的槽楔将励磁绕组在槽内压紧。

护环用以保护励磁绕组的端部不致因离心力而甩出。中心环用以支持护环,并阻止励磁绕组的轴向移动。

滑环装在转轴一端,通过引线接到励磁绕组的两端,直流励磁电流经电刷与滑环的滑动接触而引入励磁绕组。

三、同步电机的铭牌和励磁方式

(一)同步电机的额定值

额定值是制造厂对电机正常工作所作的使用规定,也是设计和试验电机的依据。同步电机的铭牌上注明了该电机的额定值。

1.额定容量 S_N 或额定功率 P_N

额定容量指电机在额定状态下运行时,输出功率的保证值。对同步发电机是指输出的额定视在功率或有功功率,常用 kVA 或 kW 表示。对同步电动机指轴端输出的额定机械功率,一般都用 kW 表示。对同步调相机则用线端输出额定无功功率表示,单位为 kVA 或 kvar。

2.额定电压 U_N

额定电压指电机在额定运行时的三相定子绕组的线电压,常以 kV 为单位。

3.额定电流 I_N

额定电流指电机在额定运行时流过三相定子绕组的线电流,单位为 A 或 kA。

4.额定功率因数 $\cos\varphi_N$

额定功率因数指电机在额定运行时的功率因数。

5.额定效率 η_N

额定效率指电机额定运行时的效率。

综合上述定义,额定值间有下列关系:

对于同步发电机: $$P_N = \sqrt{3}\,U_N I_N \cos\varphi_N \tag{5-3}$$

对于同步电动机: $$P_N = \sqrt{3}\,U_N I_N \eta_N \cos\varphi_N \tag{5-4}$$

除上述额定值外,铭牌上还列出电机的额定频率 f_N、额定转速 n_N,额定励磁电流 I_{fN}、额定励磁电压 U_{fN} 和额定温升等。

(二)同步电机的励磁方式

同步电机运行时必须在转子绕组中通入直流电流,以建立主磁场。所谓励磁方式是指同步电机获得直流励磁电流的方式。而整个供给励磁电流的线路和装置称为励磁系统。励磁系统直接影响同步电机运行的可靠性、经济性。常用的励磁方式有以下几种。

1.直流励磁机励磁

用直流励磁机作为励磁电源向同步发电机提供励磁电流,称为直流励磁机励磁系统。

2.静止半导体励磁

利用同轴交流发电机加整流装置代替了直流励磁机的方式称为静止半导体励磁系统。

3.旋转半导体励磁

旋转半导体励磁不需要电刷和滑环装置,故此种励磁也称为无刷励磁。

4.三次谐波励磁

三次谐波励磁,就是利用发电机气隙磁场中的三次及其倍数次谐波进行自励磁。

任务二　同步发电机

一、同步发电机的运行分析

(一)空载运行

同步发电机被原动机拖动到接近同步转速,励磁绕组中通以直流电流,而发电机定子绕组开路时的运行方式称为空载运行。此时三相定子电流均为零,只有直流励磁电流产生的主磁场,又叫空载磁场。其中一部分既交链转子,又穿过气隙交链定子的磁通,称为主磁通,即空载时的气隙磁通,它的磁通密度波形是沿气隙圆周空间分布的近似正弦波,用 $\dot\Phi_0$ 表示;而另一部分不穿过气隙,仅和励磁绕组本身交链的磁通称为主极漏磁通,用

$\dot{\Phi}_\sigma$ 表示,这部分磁通不参与电机的机电能量转换。如图 5-5 所示,由于主磁通的路径(即主磁路)主要由定、转子铁芯和两段气隙构成,而漏磁通的路径主要由空气和非磁性材料组成,因此主磁路的磁阻比漏磁路的磁阻小得多,主磁通数值远大于漏磁通。

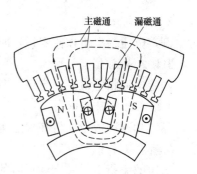

图 5-5　凸极同步电机的磁路

同步发电机空载运行时,空载磁场随转子一同旋转,其主磁通切割定子绕组,在定子绕组中感应出频率为 f 的三相基波电动势,其有效值为

$$E_0 = 4.44 f N_1 k_{w1} \Phi_0 \qquad (5\text{-}5)$$

式中　Φ_0——每极基波磁通,Wb;

　　　N_1——定子绕组每相串联匝数;

　　　k_{w1}——基波电动势的绕组系数。

(二)电枢反应

同步发电机空载运行时,气隙中仅存在一个以同步转速旋转的转子磁场,也叫主极磁场,在定子绕组中感应空载电动势 $\dot{E}_0$。当接上三相对称负载时,定子绕组中就有三相对称电流(也称作电枢电流 $\dot{I}$)流过,产生一个旋转的定子电枢磁场。因此,负载时在同步发电机的气隙中同时存在着两个磁场:主极磁场和电枢磁场。这两个磁场以相同的转速、相同的转向旋转着,两者之和构成了负载时气隙的合成磁场。电枢磁场在气隙中将使气隙磁场的大小及位置均发生变化,这种影响称为电枢反应。可以证明电枢反应的性质,取决于励磁电动势 $\dot{E}_0$ 和电枢电流 $\dot{I}$ 之间的夹角 ψ。ψ 定义为内功率因数角,与负载的性质有关。

和 $\dot{E}_0$ 同相($\psi=0°$)时的电枢反应称为交轴电枢反应,呈交磁作用。交轴电枢反应对转子电流产生电磁转矩,它的方向和转子的旋转方向相反,企图阻止转子旋转,为阻力转矩。此时的负载电流 $\dot{I}$ 与空载电动势 $\dot{E}_0$ 同相,可认为是电枢电流 $\dot{I}$ 的有功分量。可见,发电机要输出有功功率,原动机就必须克服由于电枢有功电流所引起的阻力转矩。输出的有功功率越大,有功电流分量就越大,交轴电枢反应就越强,所产生的阻力转矩也就越大,这就要求原动机输入更大的驱动转矩,以维持发电机的转速不变。

滞后 $\dot{E}_0$ 90°($\psi=90°$)时的电枢反应为直轴电枢反应,是纯粹起去磁作用的。$\dot{I}$ 超前 $\dot{E}_0$ 90°($\psi=-90°$)时的电枢反应也为直轴电枢反应,是纯粹起增磁作用的。直轴电枢反应对转子电流所产生的电磁力不形成制动转矩,不妨碍转子的旋转。此时的负载电流可认为是电枢电流 $\dot{I}$ 的无功分量。这表明发电机供给纯感性($\psi=90°$)或纯容性($\psi=-90°$)无功功率负载时,并不需要原动机增加能量。但直轴电枢反应对转子磁场起去磁作用或增磁作用,发电机端电压相应减小或增大,励磁电流也就需要相应地增加或减小,以维持发电机电压恒定。

在一般情况下($0°<\psi<90°$)的电枢反应既非纯交磁性质也非纯去磁性质,而是兼有两种性质。此时电枢电流既有有功分量,又有无功分量,也就是发电机既带有功负载,又带

感性无功负载。有功电流的变化会影响发电机的转速,从而影响到发电机的频率;无功电流的变化会影响发电机的电压。为了保持发电机的电压和频率的稳定,必须随负载的变化及时调节发电机的输入功率和励磁电流。

综上所述,同步电机交轴电枢反应的存在是电机实现机—电能量转换的关键。

(三)同步发电机的电动势方程式、相量图和等效电路

下面以隐极式同步电动机为例进行分析。

1.同步发电机的电动势方程式

在同步发电机带负载运行时,气隙中存在着两种磁场,即由交流励磁的电枢旋转磁场和由直流励磁的励磁旋转磁场。在不计饱和的情况下,可以应用叠加原理进行分析,即认为励磁磁动势和电枢磁动势分别产生对应的基波磁通和电动势,它们之间的关系如下:

$$\dot{I}_f \rightarrow \vec{F}_f \rightarrow \dot{\Phi}_0 \rightarrow \dot{E}_0 \left.\begin{matrix} \\ \\ \end{matrix}\right\} \dot{E}_\delta$$

$$\dot{I}(三相) \rightarrow \vec{F}_a \xrightarrow{\begin{subarray}{l} \\ \end{subarray}} \dot{\Phi}_a \rightarrow \dot{E}_a \quad\quad \dot{\Phi}_\sigma \rightarrow \dot{E}_\sigma$$

不考虑饱和时,$E_a \propto \Phi_a \propto F_a \propto I$,即电枢反应电动势 E_a 正比于电枢电流 I,且相位上 $\dot{E}_a$ 滞后 $\dot{I}$90°。因此,电枢反应电动势可用相应的电抗压降来表示

$$\dot{E}_a = -\mathrm{j}x_a \dot{I}$$

式中,x_a 为对应于电枢反应磁通的电抗,称为电枢反应电抗。该值相当于感应电动机中的励磁电抗 x_m。由于同步电机具有较大的空气隙,在数值上 x_a 要比 x_m 小。

同样,由电枢磁动势产生的与转子无关的漏磁通在定子绕组中感应漏磁电动势 E_σ,也可以写成电抗压降的形式,即

$$\dot{E}_\sigma = -\mathrm{j}x_\sigma \dot{I} \tag{5-6}$$

根据基尔霍夫回路电压定律,可写出电枢回路的电动势方程式为

$$\dot{E}_0 = \dot{U} + \dot{E}_a + \dot{E}_\sigma + r_a \dot{I}$$

即为

$$\dot{E}_0 = \dot{U} + \dot{E}_a + \dot{E}_\sigma + r_a \dot{I} = \dot{U} - \mathrm{j}x_a \dot{I} - \mathrm{j}x_\sigma \dot{I} + r_a \dot{I} = \dot{U} - \mathrm{j}x_t \dot{I} + r_a \dot{I} \tag{5-7}$$

式中,r_a 为定子电枢绕组电阻;$x_t = x_a + x_\sigma$,称为同步电抗。

x_t 表征在对称负载下单位电枢电流三相联合产生的电枢总磁场(包括电枢反应磁场和漏磁场)在电枢每一相绕组中的感应电动势。

2.同步发电机的相量图

不考虑磁路饱和时,如果已知发电机带负载的情况,即已知 $\dot{U}$、$\dot{I}$ 及 $\cos\varphi$,并且知道发电机的参数 r_a 和 x_t,根据式(5-7)可以画出隐极式同步发电机的相量图,如图 5-6 所示。

根据相量图可直接计算出 E_0 和 ψ 的值,即

$$E_0 = \sqrt{(U\cos\varphi + r_a I)^2 + (U\sin\varphi + x_t I)^2} \tag{5-8}$$

$$\psi = \arctan\frac{U\sin\varphi + x_t I}{U\cos\varphi + r_a I} \tag{5-9}$$

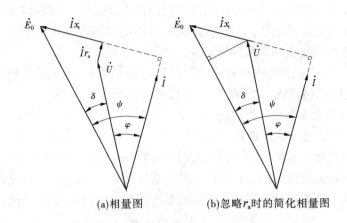

(a)相量图　　　　　(b)忽略r_a时的简化相量图

图 5-6　隐极式同步发电机的相量图

3.同步发电机的等效电路

式(5-7)表明,隐极式同步发电机的等效电路相当于直流励磁电动势 $\dot{E}_0$ 和同步阻抗 $Z_t = r_a + jx_t$ 串联的电路,如图 5-7 所示。其中 $\dot{E}_0$ 反映了励磁磁场的作用,r_a 代表电枢电阻, x_t 反映了漏磁场和电枢反应磁场的总作用。由于这个电路极为简单,而且物理概念明确, 故在隐极机分析和工程计算上得到了广泛的应用。

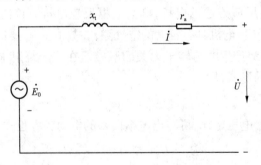

图 5-7　隐极式同步发电机的等效电路

二、同步发电机的并联运行

多台发电机在一起并联运行,一方面可以根据负载的变化,统一调度来调整投入运行 的机组数目,提高机组的运行效率;另一方面又可合理地安排定期轮流检修,提高供电的 可靠性,减少电机检修和事故的备用容量。这样就可使总的电能成本降低,从而保证整个 电力系统在最经济的条件下运行。当许多发电厂并联在一起时,形成了强大的电力网,因 此负载的变化对电网电压和频率的影响就很小,从而提高了供电的质量和可靠性。

同步发电机投入电力系统并联运行,必须具备一定的条件,否则可能造成严重的后 果。下面介绍并联运行的条件与方法。

同步发电机与电网并联合闸时,为了避免产生巨大的冲击电流,防止发电机组的转轴 受到突然的冲击扭矩而遭到损坏,以致电力系统受到严重的干扰,需要满足如下的并联条 件:

（1）发电机电压和电网电压大小相等且波形相同；

（2）发电机电压相位和电网电压相位相同；

（3）发电机的频率和电网频率相等；

（4）发电机和电网的相序要相同。

上述条件中发电机电压波形在制造电机时已得到保证。第（4）项要求一般在安装发电机时，根据发电机规定的旋转方向，确定发电机的相序，因而得到满足。这样并联投入时只要调节待并联发电机电压大小、相位和频率与电网相同，即满足了并联条件。事实上绝对地符合并联条件只是一种理想，通常允许在小的冲击电流下将发电机投入电网并联运行。

把发电机调整到完全符合上述四条并联条件后并入电网，这种方法称为准同期法。准同期法的优点是投入瞬间，发电机与电网间无电流冲击；缺点是操作复杂，需要较长的时间进行调整。尤其是电网处于异常状态时，电压和频率都在不断地变化，此时要用准同期法并联就相当困难。故其主要用于系统正常运行时的并列。

在系统事故状态下，为迅速将机组投入电网，可采用自同期法。所谓自同期法，是指同步发电机在不加励磁情况下，把励磁绕组经过电阻短接，然后起动发电机，待其转速接近同步转速时合上并联开关，将发电机投入电网，再立即加上直流励磁，此时依靠定子和转子磁场间形成的电磁转矩，可把转子迅速地牵入同步。自同期法操作简单、迅速，缺点是合闸及投入励磁时有电流冲击。

三、同步发电机的功角特性及有功功率的调节

一台同步发电机并入电网后，必须向电网输送功率，并根据电力系统的需要随时进行调节，以满足电网中负载变化的需要。下面讨论如何使已并入电网的发电机增加或减少有功功率。

（一）功率和转矩平衡方程式

同步发电机的功率转换可用图 5-8 所示关系来说明，发电机来自原动机的输入机械功率为 P_1，这个功率的一部分用来抵偿机械损耗 p_Ω、铁芯损耗 p_{Fe} 和附加损耗 p_{ad}，其余部分便以电磁感应的方式传递到电枢绕组，这个功率称为电磁功率，用 P_M 来表示。即

$$P_1 - (p_\Omega + p_{Fe} + p_{ad}) = P_1 - p_0 = P_M \tag{5-10}$$

式中 p_0——空载损耗，$p_0 = p_\Omega + p_{Fe} + p_{ad}$。

励磁损耗与励磁系统有关。对于同轴励磁机，P_1 还应扣除励磁机的输入功率后才是 P_M。电磁功率中再扣除电枢绕组中的铜损耗 $p_{Cu} = 3r_a I^2$，才为输出的电功率 P_2，即

$$P_2 = P_M - p_{Cu} \tag{5-11}$$

对大、中型同步发电机，定子铜损耗不超过额定功率的 1%，可略去不计，则

$$P_M \approx P_2 = mUI\cos\varphi \tag{5-12}$$

将式（5-10）两边同除以同步机械角速度 $\Omega_1 = \dfrac{2\pi n_1}{60}$，得转矩平衡方程式

$$T = T_1 - T_0$$

或

$$T_1 = T + T_0 \tag{5-13}$$

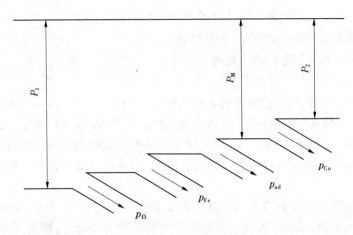

图 5-8　同步发电机的功率流程图

式中　$T_1 = \dfrac{P_1}{\Omega_1}$，为原动转矩，是驱动转矩；

$T = \dfrac{P_M}{\Omega_1}$，为电磁转矩，是制动转矩；

$T_0 = \dfrac{p_0}{\Omega_1}$，为空载转矩，是制动转矩。

（二）功角特性

由相量图 5-6 可通过推导求得

$$\cos\varphi = \frac{E_0}{Ix_t}\sin\delta \tag{5-14}$$

代入 $P_M \approx P_2 = mUI\cos\varphi$，则可求得电磁功率表达式为

$$P_M = \frac{mE_0U}{x_t}\sin\delta \tag{5-15}$$

由式（5-15）可知，当电网电压 U 和频率恒定，参数 x_1 为常数，励磁电动势 E_0 不变（即 I_f 不变）时，同步发电机的电磁功率只取决于 $\dot{E}_0$ 与 $\dot{U}$ 的夹角 δ，称 δ 为功率角，则 $P_M = f(\delta)$ 为同步电机的功角特性，如图 5-9 所示。

从功角特性可知，电磁功率 P_M 与功率角 δ 的正弦成正比。当 $\delta = 90°$ 时，功率达到极限值，$P_{Mmax} = \dfrac{mE_0U}{x_t}$；当 $\delta > 180°$ 时，电磁功率由正变负，这说明发电机不向电网输送有功功率，而是从电网吸收有功功率，此时电机转入电动机运行状态。

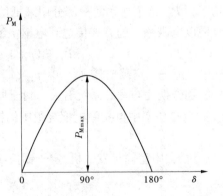

图 5-9　隐极式同步发电机的功角特性

由此可见,功率角体现发电机的功率输出大小,是研究同步电机并联运行的一个重要物理量。下面分析功率角的物理意义。

功率角δ有着双重物理意义:一个是电动势$\dot{E}_0$和电压$\dot{U}$间的时间相角差,$\dot{E}_0$与气隙电动势$\dot{E}_\delta$间的夹角δ_i称为内功率角。由于电机的漏阻抗远小于同步电抗,所以$\delta_i \approx \delta$。又由于δ_i也就是空间矢量$\vec{F}_f$和$\vec{B}_\delta(\vec{F}_\delta)$的夹角,因而功率角又可近似认为是$\vec{F}_f$和$\vec{B}_\delta(\vec{F}_\delta)$的空间相角差,也即是转子主磁场轴线和气隙合成等效磁场轴线在空间的夹角。对功率角的正负作如下规定:沿着转子旋转方向$\dot{E}_0$超前$\dot{U}$,功率角δ为正,这表明$\vec{F}_f$超前$\vec{B}_\delta(\vec{F}_\delta)$,对应的电磁功率$P_M$为正,同步电机输出有功功率,即工作于发电机状态;若$\dot{E}_0$滞后于$\dot{U}$,则功率角为负值,这表明$\vec{F}_f$滞后于$\vec{B}_\delta(\vec{F}_\delta)$,对应的$P_M$为负,同步电机自电网吸取有功功率,同步电机工作于电动机状态。

(三)并联运行有功功率的调节

为简化分析,现以已并入无穷大电网的隐极式发电机为例,略去磁路饱和的影响和电枢电阻,且维持发电机励磁电流不变。

当发电机处于空载运行状态时,发电机的输入机械功率P_1恰好和空载损耗p_0相平衡,没有多余的部分可以转化为电磁功率,即$P_1 = p_0$,$T_1 = T_0$,$P_M = 0$,如图5-10(a)所示。此时虽然可以有$E_0 > U$,且有电流I输出,但它是无功电流。此时气隙合成磁场和转子磁场的轴线重合,功率角等于零。

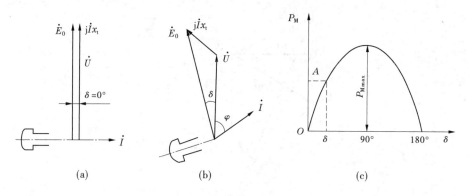

图5-10 与无穷大电网并联时同步发电机有功功率的调节

当增加原动机的输入功率P_1,即增大了输入转矩T_1,这时$T_1 > T_0$,出现了剩余转矩$(T_1 - T_0)$,使转子瞬时加速,主磁极的位置将沿转向超前气隙合成磁场,相应的$\dot{E}_0$也超前$\dot{U}$一个δ角,如图5-10(b)所示,使$P_M > 0$,发电机开始向电网输出有功电流,并同时出现与电磁功率P_M相对应的制动电磁转矩T_0。当δ增大到某一数值使电磁转矩与剩余转矩$(T_1 - T_0)$相平衡时,发电机的转子就不再加速,这样,发电机输入功率和输出功率达到一个新的平衡状态,便在功角特性曲线上新的运行点稳定运行,如图5-10(c)功角特性上的A点。

由此可见,要调节同步发电机有功功率的输出,就必须调节来自原动机的输入功率,改变功率角使电磁功率变化,输出功率也随之而变。但并不是无限制地加大发电机的输入功率,发电机的输出总会相应增大。对于隐极式电机,当功率角达到90°时,电磁功率将达到功率的极限值 P_{Mmax},若再增加输入,剩余功率将使转子继续加速,δ 角继续增大,电磁功率反而减小,结果使得电机的转速连续上升直至失步,或叫做失去"静态稳定"。

四、同步发电机的无功功率调节及 V 形曲线

从能量守恒的观点来看,同步发电机与电网并列运行时,如果仅调节无功功率,是不需要改变原动机的输入功率的。只要调节励磁电流,就可改变同步发电机发出的无功功率,调节无功功率,对有功功率不会产生影响;但调节无功功率将改变功率极限值和功率角的大小,从而影响静态稳定性。另外需指出的是,当调节有功功率时,由于功率角大小发生变化,无功功率也随之改变。

下面仍以隐极式同步发电机为例,不计磁路饱和的影响,且忽略电枢电阻。当发电机的端电压恒定,在保持发电机输出的有功功率不变时,应有

$$P_M = m\frac{E_0 U}{x_t}\sin\delta = 常数,即 E_0\sin\delta = 常数 \tag{5-16}$$

$$P_M = mUI\cos\varphi = 常数,即 I\cos\varphi = 常数 \tag{5-17}$$

上述两式说明,在输出恒定的有功功率时,如调节励磁电流,电动势相量 $\dot{E}_0$ 端点的轨迹为图 5-11 中的 CD 线,电流相量 $\dot{I}$ 端点的轨迹为 AB 线。不同励磁电流时的 $\dot{E}_0$ 和 $\dot{I}$ 的相量端点在轨迹线上有不同的位置。

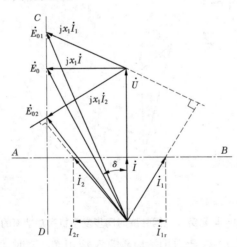

图 5-11 不同励磁电流时同步发电机的相量图

在图 5-11 中,E_0 为正常励磁电流下功率因数为 1 时的空载电动势,即电枢电流全为有功分量。当过励时,$I_f > I_{f0}$,从而 $E_{01} > E_0$,则电枢电流 I_1 中除有功电流 I 外,还出现一个滞后的无功分量 I_{1r},向电网输出一个感性的无功功率;反之,当欠励时,$I_f < I_{f0}$,$E_{01} < E_0$,则电枢电流 I_2 中除有功分量 I 外,还出现一个超前的无功分量 I_{2r},向电网输出一个容性的无功功率,即从电网吸收感性无功功率。如果进一步减少励磁电流,E_0 将更小,功率角将增大,当 $\delta = 90°$ 时,发电机达到稳定运行的极限。若再进一步减小励磁电流,发电机将失去同步。

在有功功率保持不变时,表示电枢电流 I_M 和励磁电流 I_f 的关系曲线 $I_M = f(I_f)$,由于其形状像字母"V",故称为 V 形曲线,如图 5-12 所示。由图可见,对应于不同的有功功率,都可做出一条 V 形曲线,功率值越大,曲线越上移。每条曲线的最低点,表示 $\cos\varphi = 1$,这点的电枢电流最小,全为有功分量,这点的励磁就是"正常励磁"。将各曲线最低点连接起来得到一条 $\cos\varphi = 1$ 的曲线,在这条曲线的右边,发电机处于过励状态,输出感性的无功功率;在该曲线的左边,发电机处于欠励状态,输出容性无功功率。V 形曲线左侧有一个不稳定区,对应于 $\delta > 90°$。

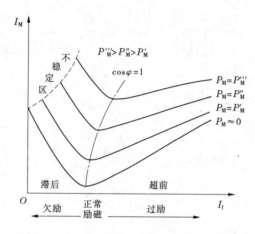

图 5-12　同步发电机的 V 形曲线

■ 任务三　同步电动机

一、同步电机的可逆原理

和其他旋转电机一样,同步电机也是可逆的,既可以作为发电机运行,也可以作为电动机运行,完全取决于它的输入功率是机械功率还是电功率。以一台已投入电网运行的隐极式电机为例,说明其从同步发电机过渡到同步电动机运行状态的物理过程,以及其内部各电磁物理量之间的关系变化。

如前所述,同步电机运行于发电机状态时,其转子主磁极轴线超前于气隙合成磁场的等效磁极轴线一个功率角 δ,它可以想象成为转子磁极拖着合成等效磁极以同步转速旋转,如图 5-13(a)所示。这时发电机产生的电磁制动转矩与输入的驱动转矩相平衡,把机械功率转变为电功率输送给电网。因此,此时电磁功率 P_M 和功率角 δ 均为正值,励磁电动势 $\dot{E}_0$ 超前于电网电压 $\dot{U}$ 一个 δ 角度。

如果逐步减少发电机的输入功率,转子将瞬时减速,δ 角减小,相应的电磁功率 P_M 也减小。当 δ 减到 0 时,相应地电磁功率也为 0,发电机的输入功率只能抵偿空载损耗,这时发电机处于空载运行状态,并不向电网输送功率,如图 5-13(b)所示。

继续减少发电机的输入功率,则 δ 和 P_M 变为负值,电机开始自电网吸取功率,和原

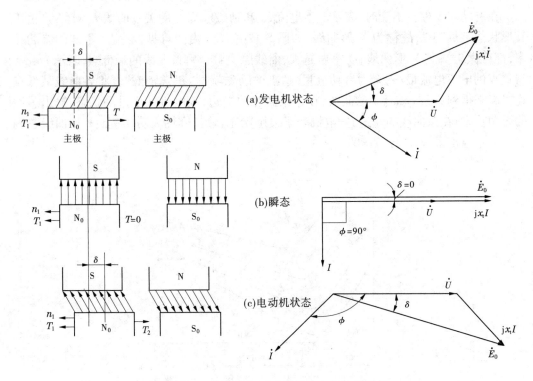

图 5-13　同步发电机过渡到同步电动机的过程

动机一起共同提供驱动转矩来克服空载制动转矩,供给空载损耗。如果再卸掉原动机,就变成了空转的电动机,此时空载损耗全部由电网输入的电功率来供给。如在电机轴上再加上机械负载,则负值的 δ 角将增大,由电网输入的电功率和相应的电磁功率也将增大,以供给电动机的输出功率。此时,功率角 δ 为负值,即 $\dot{E}_0$ 滞后于 $\dot{U}$,主极磁场落后于气隙合成磁场,转子受到一个驱动性质的电磁转矩作用,此时可以想象为由气隙合成磁场拖着转子磁场同步转动,如图 5-13(c)所示。

综上所述,同步电机有如下几种运行状态:

$0° < δ < 90°$,同步电机处于发电机运行状态,向电网输送有功功率,同时也可输送或吸收无功功率。

$δ = 0°$,同步电机处于发电机空载运行状态,只向电网送出或吸收无功功率。

$δ ≈ 0°$,同步电机处于电动机空载运行状态,从电网吸收少量有功功率,供给电机空转损耗,并可向电网送出或吸收无功功率。

$-90° < δ < 0°$,同步电机处于电动机运行状态,从电网吸收有功功率,同时可向电网送出或吸收无功功率。

二、同步电动机的基本方程式和相量图

按照发电机惯例,同步电动机应是一台输出负有功功率的发电机,其隐极式电机的电动势方程式为

$$\dot{E}_0 = \dot{U} + r_a\dot{I} + jx_t\dot{I}$$

(5-18)

此时 $\dot{E}_0$ 滞后于 $\dot{U}$ 一个功率角 δ, $\varphi > 90°$。其相量图和等效电路如图 5-14(a)、(c)所示。但习惯上，人们总是把电动机看作是电网的负载，它从电网吸取有功功率。为此，按照电动机惯例，重新定义，把输出负值电流看成是输入正值电流，即令 $\dot{I}_M = -\dot{I}$，则 $\dot{I}$ 应转过 180°，其电动势相量图和等效电路如图 5-14(b)、(c)所示。此时 $\varphi_M < -90°$，表示电动机自电网吸取有功功率。其电动势方程式为

$$\dot{U} = \dot{E}_0 + r_a \dot{I}_M + jx_t \dot{I}_M \tag{5-19}$$

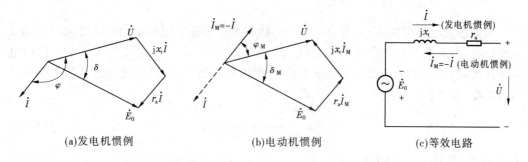

(a)发电机惯例　　　　　　(b)电动机惯例　　　　　　(c)等效电路

图 5-14　隐极式同步电动机的相量图和等效电路

同步电动机的电磁功率 P_M 与功率角 δ 的关系，和发电机的 P_M 与 δ 关系一样，所不同的是在电动机中功率角 δ 变为负值。因此，只需在发电机的电磁功率公式中用 $\delta_M = -\delta$ 代替 δ 即可。于是，同步电动机电磁功率公式为

$$P_M = \frac{mE_0U}{x_t}\sin\delta_M \tag{5-20}$$

式(5-20)除以同步角速度 Ω_1，便得到同步电动机的电磁转矩为

$$T = \frac{mE_0U}{x_t\Omega_1}\sin\delta_M \tag{5-21}$$

当同步电动机的负载转矩大于最大电磁转矩时，电动机便无法保持同步旋转状态，即产生"失步"现象。为了衡量同步电动机的过载能力，常以最大电磁转矩与额定转矩之比来看，对隐极式同步电动机，则有

$$K_m = \frac{T_{max}}{T_N} = \frac{1}{\sin\delta_N} \tag{5-22}$$

式中　K_m——同步电动机的过载能力；

　　　δ_N——额定运行时的功率角。

同步电动机稳定运行时，一般 $K_m = 2 \sim 3$，$\delta_N = 20° \sim 30°$。

由于同步电动机运行状态从机—电能量转换角度来看，是同步发电机运行状态的逆过程，由此可得同步电动机的功率方程式为

$$P_1 = p_{Cu} + p_M$$
$$P_M = p_{Fe} + p_\Omega + p_{ad} + P_2 = P_2 + P_0 \tag{5-23}$$

将式(5-23)两边同除同步角速度 Ω_1，得

$$T = T_2 + T_0 \tag{5-24}$$

此即转矩平衡方程式,该式表明同步电动机产生的电磁转矩 T 是驱动转矩,其大小等于负载制动转矩 T_2 和空载制动转矩 T_0 之和,驱动转矩与制动转矩相等时,电动机稳定运行。由于同步电动机是气隙合成磁场拖着转子励磁磁场同步转动的,因此其转速总是同步转速不变。当负载制动转矩 T_2 变化时,转子转速瞬间改变,功率角 δ 随之改变,电磁转矩 T 也相应变化,以保持转矩平衡关系不变,维持稳定状态。所以,当励磁电流不变时,同步电动机的功率角 δ 大小取决于负载制动转矩 T_2 的大小,而不取决于电动机本身。

三、同步电动机的 V 形曲线

与同步发电机相似,同步电动机的 V 形曲线也是指在电网恒定和电动机输出功率恒定的情况下,电枢电流和励磁电流之间的关系曲线,即 $I=f(I_f)$,如图 5-15 所示。假设电网电压恒定,则 U 与 f_1 均保持不变。忽略励磁电流 I_f 改变时,附加损耗的微弱变功率也保持不变,即

$$P_M = m\frac{E_0 U}{X_c}\sin\theta = mUI\cos\varphi \tag{5-25}$$

有 $E_0\sin\theta=$ 常数,$I\cos\varphi=$ 常数。

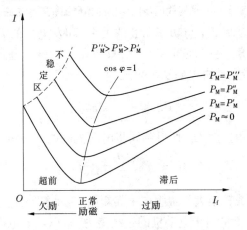

图 5-15 同步电动机的 V 形曲线

当电动机带有不同的负载时,对应有一组 V 形曲线。输出功率越大,在相同励磁电流条件下,定子电流增大,V 形曲线向右上方移动。对应每条 V 形曲线定子电流最小值处,即为正常励磁状态,此时 $\cos\varphi=1$。左边是欠励区,右边是过励区。并且欠励时,功率因数是滞后的,电枢电流为感性电流;过励时,功率因数是超前的,电枢电流为容性电流。

由于 P_{Mmax} 与 E_0 成正比,所以当减小励磁电流时,它的过载能力也要降低,而对应功率角则增大。这样,在某一负载下,励磁电流减少到一定值时,θ 角就超过 $90°$,对隐极式同步电动机就不能同步运行。图 5-15 中虚线表示了同步电动机不稳定运行的界限。

当同步电动机输出的有功功率恒定而改变其励磁电流时,也可以调节电动机的无功功率输出,这是同步电动机最可贵的特点。由于电网上的主要负载是感应电动机和变压器,它们都要从电网中吸取感性的无功功率,如果同步电动机工作在过励状态下,则可提高功率因数。这也是同步电动机的最大优点。所以,为改善电网功率因数和提高电动机

过载能力,同步电动机的额定功率因数为 0.8~1(超前)。

四、三相同步电动机的起动及调速

(一)三相同步电动机的起动

三相同步电动机本身没有起动转矩,通电后转子不能自行起动。下面以图 5-16 说明不能自行起动的原因。

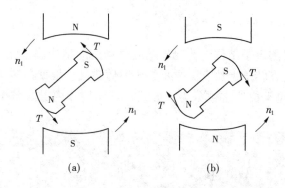

图 5-16 同步电动机的起动

由图 5-16 可看出,当静止的三相同步电动机的定、转子接通电流时,定子三相绕组产生旋转磁场,转子绕组产生固定磁场。假设起动瞬间,定、转子磁极的相对位置如图 5-16(a)所示,旋转磁场产生逆时针方向转矩。由于旋转磁场以同步转速旋转,而转子本身存在惯性,不可能一下子达到同步转速。这样,定子的旋转磁场转过 180° 到了图 5-16(b),这时转子上又产生一个顺时针转矩。由此可见,在一个周期内,作用在同步电动机转子上的平均起动转矩为零。所以,同步电动机就不能自行起动。

三相同步电动机的起动方法有 3 种:辅助起动法、变频起动法和异步起动法。下面介绍目前应用较多的异步起动法。

三相异步电动机异步起动法就是在转子极靴上装一个起动绕组(阻尼绕组),利用异步电动机起动原理来起动,具体步骤如下:

(1)首先将三相同步电动机的励磁绕组通过一个附加电阻短接,该附加电阻约为励磁绕组电阻的 10 倍,并且励磁绕组不可开路。

(2)起动过程中采用定子绕组建立的旋转磁场,在转子的起动绕组中产生感应电动势及电流,而产生类似于异步电动机的电磁转矩。

(3)当三相同步电动机的转速接近同步转速时,将附加电阻切除,励磁绕组与励磁电源连接,依靠同步转矩保持电动机同步运行。

在三相同步电动机异步起动时,如果为限制起动电流,可采用减压起动。当转速达到同步转速时,电压恢复至额定值,然后再给直流励磁,使同步电动机进入同步运行。

(二)三相同步电动机的调速

一般由三相同步电动机、变频器及磁极位置检测器,再配上控制装置等,就构成了自控式同步电动机调速系统。改变自控式同步电动机电枢电压即可调节其转速,并具有类似直流电动机的调速特性,但不需要直流电动机那样的机械换相器,所以也称无换相器电动机。

自控式同步电动机调速系统可以用于拖动轧钢机、造纸机以及数控机床用伺服电动机等要求高精度、高静动态特性的场合;也可以用于拖动风机、泵类负载等只要求调速节能而对特性要求不高的场合。有些大容量同步电动机,为了能平稳起动,在起动过程中,改接成自控式同步电动机运行,待起动完毕,再把同步电动机直接并网运行。显然,针对不同的使用场合,应采用不同的控制方法。

五、永磁同步电动机

永磁同步电动机的定子结构与普通的感应电动机的结构非常相似,转子结构与异步电动机的最大不同是在转子上放有高质量的永磁体磁极。根据在转子上安放永磁体的位置的不同,永磁同步电动机通常被分为表面式转子结构和内置式转子结构,如图 5-17 所示。

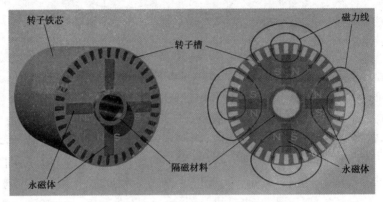

图 5-17　永磁同步电动机表面式转子结构和内置式转子结构图

(一)工作原理

永磁同步电动机的起动和运行是由定子绕组、转子笼型绕组和永磁体这三者产生的磁场的相互作用而形成的。电动机静止时,给定子绕组通入三相对称电流,产生定子旋转磁场,定子旋转磁场相对于转子旋转,在笼型绕组内产生电流,形成转子旋转磁场,定子旋转磁场与转子旋转磁场相互作用产生的异步转矩使转子由静止开始加速转动。在这个过程中,转子永磁磁场与定子旋转磁场转速不同,会产生交变转矩。当转子加速到速度接近同步转速的时候,转子永磁磁场与定子旋转磁场的转速接近相等,定子旋转磁场速度稍大于转子永磁磁场,它们相互作用产生转矩将转子牵入到同步运行状态。在同步运行状态下,转子绕组内不再产生电流。此时转子上只有永磁体产生磁场,它与定子旋转磁场相互作用,产生驱动转矩。由此可知,永磁同步电动机是靠转子绕组的异步转矩实现起动的。起动完成后,转子绕组不再起作用,由永磁体和定子绕组产生的磁场相互作用产生驱动转矩。

(二)特点

1.损耗低、温升低

由于永磁同步电动机的磁场是由永磁体产生的,从而避免通过励磁电流来产生磁场而导致的励磁损耗,即铜耗;转子运行无电流,可显著降低电动机温升,在相同负载情况下温升低 20 K 以上。

2. 功率因数高

永磁同步电动机功率因数高,且与电动机极数无关,电动机满负载时功率因数接近1,这样相比异步电动机,其电动机电流更小,相应地电动机的定子铜耗更小,效率也更高。而异步电动机随着电动机极数的增加,功率因数越来越低。而且,因为永磁同步电动机功率因数高,电动机配套的电源(变压器)容量理论上是可以降低的,同时可以降低配套的开关设备和电缆等规格。

3. 效率高

相比异步电动机,永磁同步电动机在轻载时效率值要高很多,其高效运行范围宽,在25%～120%范围内效率大于90%,永磁同步电动机额定效率可达现行国标的 1 级能效要求,这是其在节能方面,相比异步电动机最大的一个优势。实际运行中,电动机在驱动负载时很少以满功率运行。其原因是:一方面,设计人员在电动机选型时,一般是依据负载的极限工况来确定电动机功率,而极限工况出现的机会是很少的,同时,为防止在异常工况时烧损电动机,设计时也会进一步给电动机的功率留裕量;另一方面,电动机制造商为保证电动机的可靠性,通常会在用户要求的功率基础上,进一步留一定的功率裕量。这样就导致实际运行的电动机,大多数工作在额定功率的 70% 以下,特别是驱动风机或泵类负载,电动机通常工作在轻载区。对异步电动机来讲,其轻载效率很低,而永磁同步电动机在轻载区,仍能保持较高的效率。

4. 其他优势

永磁同步电动机还具有高起动转矩、起动时间较短、高过载能力的优点,可以根据实际轴功率降低设备驱动电动机的装机容量,节约能源,同时减少固定资产的投资。永磁同步电动机控制方便,转速恒定,不随负载的波动、电压的波动而变化,只取决于频率,运行平稳可靠。由于转速严格同步,动态响应性能好,适合变频控制。

5. 缺点

(1)不可逆退磁问题。如果设计或使用不当,永磁同步电机在过高(钕铁硼永磁)或过低(铁氧体永磁)温度时,在冲击电流产生的电枢反应作用下,或在剧烈的机械振动时有可能产生不可逆退磁,或叫失磁,使电机性能下降,甚至无法使用。因此,既要研究开发适用于电机制造厂使用的检查永磁材料热稳定性的方法和装置,又要分析各种不同结构型式的抗去磁能力,以便设计和制造时,采用相应措施保证永磁同步电机不失磁。

(2)成本问题。铁氧体永磁同步电机由于结构工艺简单、质量较轻,总成本一般比电励磁电机低,因而得到了广泛应用。由于稀土永磁目前的价格比较贵,稀土永磁电机的成本一般比电励磁电机高,这需要用它的高性能和运行费用的节省来补偿。在设计时既需要根据具体使用场合和要求进行性能、价格的比较后取舍,又要进行结构工艺的创新和设计优化,以降低成本。

(3)控制问题。永磁同步电机不需外界能量即可维持其磁场,但这也造成从外部调节、控制其磁场极为困难。但是随着 MOSFET、IGBT 等电力电子器件和控制技术的发展,大多数永磁同步电机在应用中,可以不进行磁场控制而只进行电枢控制。设计时需把永磁材料、电力电子器件和微机控制三项新技术结合起来,使永磁同步电机在崭新的工况下运行。此外,对于以永磁同步电机作为执行元件的永磁交流伺服系统,由于永磁同步电机本身是具有一定非线性、强耦合性和时变性的系统,同时其伺服对象也存在较强的不确定性和非线性,加之系统运行时易受到不同程度的干扰,因此采用先进控制策略、先进的控制系统实现方式(如基于 DSP 控制),从整体上提高系统的智能化和数字化水平,这应是当前发展高性能永磁同步电机伺服系统的一个主要突破口。

(三)应用范围

交流永磁同步电动机由于其体积小、重量轻、高效节能等一系列优点,是当今社会的低碳电机,已越来越引起人们的重视。由于同步电机的运行特性和其控制技术日趋成熟,中小功率的直流电动机、异步电动机变频调速正逐步被永磁同步电动机调速系统所取代。电梯驱动就是一个典型的例子。电梯的驱动系统对电机的加速、稳速、制动、定位都有一定的要求。早期人们采用直流电动机调速系统,其缺点是效率低、维护保养困难。20 世纪 90 年代变频技术发展成熟,异步电动机的变频调速驱动迅速取代了电梯行业中的直流调速系统。而近十年电梯行业中逐渐采用最新驱动技术,即永磁同步电动机调速系统,其体积小、节能、控制性能好,又容易做成低速直接驱动,消除齿轮减速装置;其低噪声、平层精度和舒适性都优于以前的驱动系统,也适合在无机房电梯中使用。此外,耐热、高磁性能钕铁硼永磁材料的开发成功将使其在大功率永磁同步电机中获得重要应用,运输业和工业中诸如电动汽车、混合型(内燃机与电动机并用)动力汽车、列车、电梯、机床、机器人等,对大功率电动机的需求正在增长。可以预见,调速驱动的场合,将会是永磁同步电动机的天下。

任务四　同步电动机调相运行及同步调相机

接到电网上的负载,除少数外,绝大多数既消耗有功功率,也消耗无功功率,因此电力系统除要供给负载有功功率外还供给无功功率。一个现代化的电力系统,异步电动机负载需要的无功功率占电网供给的总无功功率的 70%,变压器占 20%,其他设备占 10%。这些无功功率完全由电网供给,就会导致功率因数的降低。电网的传输能力是一定的,负载功率因数越低,电网能输送到用电点的有功功率越小,致使整个电力系统的设备利用率降低,此外由于功率因数降低,也使得线路损耗和压降增大,同时输电质量下降,运行很不经济。为此,在负载需要大量无功功率的用电点,装上同步调相机补偿负载所需的无功功率来提高电网的功率因数。另外,还可以让同步电动机做调相运行,向电网提供无功功率。

(一)同步电动机调相运行

同步电动机处于空载运行状态,从电力系统吸收少量有功功率,抵偿电机运转的各种损耗,并向电力系统送出无功功率,即为同步电动机调相运行。其方式为增加转子励磁电流,使电机在过励状态下运行,向电网输送无功功率。此时,应当控制转子电流和定子电流不超过额定值,定子端电压不超过额定值的 10%。

(二)同步调相机

通常所说的发电机和电动机,仅指有功功率而言,当电机向电网输出有功功率时便为发电机运行,当电机从电网吸收有功功率时便为电动机运行。同步电机也可以专门供给无功功率,特别是感性无功功率,这种专供无功功率的同步电机称为同步调相机或同步补偿机。

同步调相机实际上就是一台在空载运行情况下的同步电动机。它从电网吸收的有功功率仅供给电机本身的损耗,因此同步调相机总是在接近于零的电磁功率和零功率因数的情况下运行。忽略调相机的全部损耗,则电枢电流全是无功分量,其电动势方程式为

$$\dot{U} = \dot{E}_0 + jx_t\dot{I} \tag{5-26}$$

根据式(5-26)可画出过励和欠励时同步调相机的相量图,如图 5-18 所示。从图 5-18 可见,过励时,电流 $\dot{I}$ 超前 $\dot{U}90°$,而欠励时,电流 $\dot{I}$ 滞后 $\dot{U}90°$。所以,只要调节励磁电流,就能灵活地调节它的无功功率的性质和大小。同步调相机的 V 形曲线参见图 5-15 中 $P_M \approx 0$ 的曲线。由于电力系统大多数情况下带感性无功功率,故调相机通常都是在过励状态下运行,即向电网提供无功功率,提高功率因数。

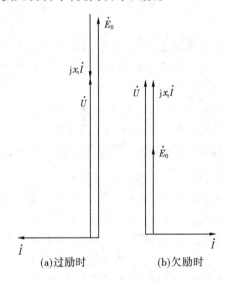

(a)过励时   (b)欠励时

图 5-18 同步调相机的相量图

同步调相机的额定容量是指它在过励时的视在功率,通常按过励状态时所允许的容量而定,这时的励磁电流称为额定励磁电流。考虑到稳定等因素,欠励时的容量为过励时额定容量的50%~65%。同步调相机一般采用凸极式结构,由于转轴上不带机械负载,故在机械结构上要求较低,转轴较细。静态过载倍数也可以小些,相应地可以减小气隙和励磁绕组的用铜量。为节省材料,同步调相机的转速较高。同步调相机的转子上装有笼型绕组,作异步起动之用。起动时常采用电抗器降压法,以限制起动电流和起动时对电网的影响。

【例5-1】 某工厂电源电压为 6 000 V,厂中使用了多台异步电动机,设其总输出功率为 1 500 kW,平均效率为70%,功率因数为0.7(滞后),由于生产需要又增添一台同步

电动机。设当该同步电动机的功率因数为 0.8(超前)时,已将全厂的功率因数调整到 1,求此同步电动机承担多少视在功率(kVA)和有功功率(kW)。

解: 这些异步电动机总的视在功率 S 为

$$S = \frac{P_2}{\eta\cos\varphi} = \frac{1\ 500}{0.7 \times 0.7} = 3\ 060(\text{KVA})$$

由于 $\cos\varphi = 0.7, \sin\varphi = 0.713$,故这些异步电动机总的无功功率 Q 为

$$Q = S\sin\varphi = 3\ 060 \times 0.713 = 2\ 185(\text{kvar})$$

同步电动机运行后,$\cos\varphi = 1$,故全厂的感性无功全由该同步电动机提供,即有

$$Q' = Q = 2\ 185\ \text{kvar}$$

因 $\cos\varphi' = 0.8, \sin\varphi' = 0.6$,故同步电动机的视在功率为

$$S' = \frac{Q'}{\sin\varphi'} = \frac{2\ 185}{0.6} = 3\ 640(\text{kVA})$$

有功功率为 $P' = S'\cos\varphi' = 3\ 640 \times 0.8 = 2\ 910(\text{kW})$

■ 项目小结

同步电机是根据电磁感应原理工作的,其最基本的特点是电枢电流的频率和极对数与转速有着严格的关系。当电网频率一定时,同步电机转速为恒定值。在结构上一般采用旋转磁极式。

汽轮发电机由于转速和容量大,采用卧式隐极结构,水轮发电机则多为立式凸极结构。一般用途的同步电动机和调相机多数为卧式凸极结构。

在对称负载时,电枢磁场对气隙磁场的影响称为电枢反应,电枢反应的性质取决于负载的性质和电机内部的参数,即取决于励磁电动势 $\dot{E}_0$ 和电枢电流 $\dot{I}$ 之间的夹角 ψ 的数值。一般带感性负载运行时,电枢磁动势可分解为交轴电枢反应磁动势和去磁的直轴电枢反应磁动势。交轴电枢反应是机电能量转换的关键。

并联运行是现代同步发电机的主要运行方式,采用并联运行可提高供电可靠性,改善电能质量,实现经济运行。并联运行的主要特性是功角特性,用它可以分析同步发电机并入电网后的有功功率和无功功率的调节方法。若要调节输出的有功功率,必须改变原动机输出机械功率,此时无功功率随之改变。有功功率的调节表现为功率角的变化。而当要调节无功功率输出时,只要改变励磁电流大小,此时有功功率输出不变。无功功率的调节表现为空载电动势和功率角同时变化。有功功率的调节受到静态稳定的限制,而调节励磁电流以改变无功功率时,如果励磁电流调得过低,则也有可能使电机失去稳定而被迫停止运行。

同步电动机与同步发电机的区别在于有功功率的传递方向不同。同步发电机向电网输送有功功率,因而功率角为正值。同步电动机从电网吸收有功功率,因而功率角为负值。

同步电动机主要优点是:(1)转速恒定。只要负载在允许的范围内变化,电动机的转速就始终保持同步。(2)功率因数可调节。不但本身具有很好的功率因数,而且过励状

态时还可以改善电网的功率因数。(3)电网电压变化时,过载能力变化小。对隐极机而言,同步电动机的最大电磁转矩与电网电压及空载电势成正比,而异步电动机的最大电磁转矩与电网电压的平方成正比。另外,同步电动机当调节励磁电流时,可以改变最大电磁转矩。

同步电动机不能自行起动是主要问题。永磁同步电机以其效率高、比功率大、结构简单、节能效果显著等一系列优点在工业生产和日常生活中逐步得到广泛应用。

同步调相机实质上就是空载运行的同步电动机。作为无功功率电源,同步调相机对改善电网的功率因数,保持电压稳定及电力系统的经济运行起着重要的作用。

■ 思考与习题

5-1 什么叫同步电机?试问 750 r/min、50 Hz 的同步电机是几极的?该电机应是隐极结构,还是凸极结构?

5-2 为什么大容量同步电机都采用旋转磁极式结构?

5-3 一台汽轮发电机的额定功率为 10×10^4 kW,额定电压为 10.5 kV,额定功率因数为 0.85,试求额定电流。

5-4 简述同步电机与异步电机在结构上的不同之处。

5-5 何谓同步发电机的电枢反应?

5-6 试简述三相同步发电机投入并联的条件。

5-7 从同步发电机过渡到同步电动机时,功率角、电枢电流、电磁转矩的大小和方向有何变化?

5-8 一台汽轮发电机并入无穷大电网,额定负载时的功率角 $\delta = 20°$,现因外线发生故障,电网电压降为 $0.6U_N$,问欲使 δ 角保持 25° 范围内,应使 E_0 上升为原来的多少倍?

5-9 改变励磁电流时,同步电动机的定子电流发生什么变化?对电网有什么影响?

5-10 什么叫同步电动机的 V 形曲线?它有什么用途?

5-11 同步电动机为什么不能自行起动?一般采用哪些起动方法?

5-12 同步电动机采用异步起动法时,为什么其励磁绕组要先经过附加电阻短接?

5-13 某工厂自 6 000 V 的电网上吸取 $\cos\varphi_N = 0.6$ 的电功率 2 000 kW,今装一台同步电动机,容量为 720 kW,效率 0.9,Y 形连接,求功率因数提高到 0.8 时,同步电动机的额定功率和 $\cos\varphi_N$。

项目六 直流电机

【学习目标】

理解直流发电机和直流电动机的工作原理。了解直流电机的基本结构及各部件的作用。熟悉直流发电机的运行特性和直流电动机的工作特性。

任务一 直流电机的基本工作原理与结构

一、直流电机的基本工作原理

（一）直流发电机的基本工作原理

直流发电机是根据导体在磁场中做切割磁力线运动，从而在导体中产生感应电势的电磁感应原理制成的。为获得直流电势输出，就要把电枢绕组先连接到换向器上，再通过电刷输给负载，其工作原理如图6-1所示。

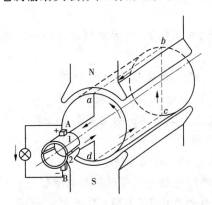
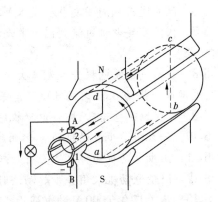

(a)导体ab和cd分别处在N极和S极下时   (b)导体cd和ab分别处在N极和S极下时

图6-1 直流发电机工作原理

定子上的主磁极 N 和 S 可以是永久磁铁，也可以是电磁铁。嵌在转子铁芯槽中的某一个元件 $abcd$ 位于一对主磁极之间，元件的两个端点 a 和 d 分别接到换向片 1 和 2 上，换向片表面分别放置固定不动的电刷 A 和 B，而换向片随同元件同步旋转，由电刷、换向片把元件 $abcd$ 与外负载连接成电路。

当转子在原动机的拖动下按逆时针方向恒速旋转时，元件 $abcd$ 中将有感应电势产生。在图 6-1(a)所示时刻，导体 ab 处在 N 极下面，根据右手定则判断其感应电势方向由 b 到 a；导体 cd 处在 S 极下面，其感应电势方向由 d 到 c；元件中的电势方向为 $d-c-b-a$，此刻 a 点通过换向片 1 与电刷 A 接触，d 点通过换向片 2 与电刷 B 接触，则电刷 A 呈正电位,电刷 B 呈负电位,流向负载的电流是由电刷 A 指向电刷 B。

当转子旋转 180°后到图 6-1(b)所示时刻时,导体 cd 处在 N 极下面,根据右手定则判断其感应电势方向由 c 到 d;导体 ab 处在 S 极下面,其感应电势方向由 a 到 b;元件中的电势方向为 $a-b-c-d$,与图 6-1(a)所示的时刻恰好相反,但此刻 d 点通过换向片 2 与电刷 A 相接触,a 点通过换向片 1 与电刷 B 相接触,电刷 A 仍呈正电位,电刷 B 仍呈负电位,流向负载的电流仍是由电刷 A 指向电刷 B。可以看出,当转子旋转 360°经过一对磁极后,元件中电势将变化一个周期,转子连续旋转时,元件中产生的是交变电势,而电刷 A 和电刷 B 之间的电势方向却保持不变。

由以上分析看出,由于换向器的作用,处在 N 极下面的导体永远与电刷 A 相接触,处在 S 极下面的导体永远与电刷 B 相接触,使电刷 A 总是呈正电位,电刷 B 总是呈负电位,从而获得直流输出电势。

一个线圈产生的电势波形如图 6-2(a)所示,这是一个脉动的直流,不适于做直流电源使用。实际应用的直流发电机是由很多个元件和相同个数的换向片组成电枢绕组,这样可以在很大程度上减少其脉动幅值,可以看作是稳恒电流电源,如图 6-2(b)所示。

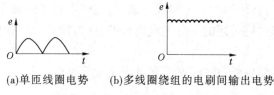

(a)单匝线圈电势   (b)多线圈绕组的电刷间输出电势

图 6-2   直流发电机输出的电势波形

(二)直流电动机的基本工作原理

直流电动机是根据通电导体在磁场中会受到磁场力作用这一基本原理制成的,其工作原理如图 6-3 所示。

在电刷 A 和 B 之间加上一个直流电压时,便在元件中流过一个电流,若起始时元件处在图 6-3(a)所示位置,电流由电刷 A 经元件按 $a-b-c-d$ 的方向从电刷 B 流出。根据左手定则可判定,处在 N 极下的导体 ab 受到一个向左的电磁力;处在 S 极下的导体 cd 受到一个向右的电磁力。两个电磁力形成一个使转子按逆时针方向旋转的电磁转矩。当这一电磁转矩足够大时,电机就按逆时针方向开始旋转。当转子转过 180°(如图 6-3(b)所示位置)时,电流由电刷 A 经元件按 $d-c-b-a$ 的方向从电刷 B 流出,此时元件中电流的方向改变了,但是导体 ab 处在 S 极下受到一个向右的电磁力,导体 cd 处在 N 极下受到一个向左的电磁力,两个电磁力矩仍形成一个使转子按逆时针方向旋转的电磁转矩。可以看出,转子在旋转过程中,元件中电流方向是交变的,但处在同一磁极下面导体中电流的方向却是恒定的,这是由于换向器的作用,从而使得直流电动机的电磁转矩方向不变。

为使电动机产生一个恒定的电磁转矩,同发电机一样,电枢上不止安放一个元件,而是安放若干个元件和换向片。

由直流电机的工作原理可以看出,直流发电机是将机械能转变成电能,直流电动机是将电能转变成机械能,因此说直流电机具有可逆性。

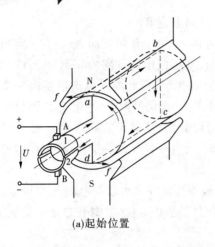 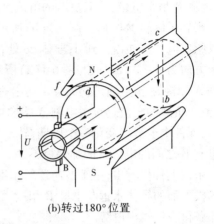

(a)起始位置　　　　　　　　　　　　(b)转过180°位置

图 6-3　直流电动机的工作原理

二、直流电机的基本结构

直流电机由定子与转子两大部分构成。通常,把产生磁场的部分做成静止的,称为定子;把产生感应电势或电磁转矩的部分做成旋转的,称为转子(又叫电枢)。

(一)定子

定子由主磁极、换向磁极、机座、端盖和电刷装置等组成。

1. 主磁极

主磁极的作用是产生主磁通。主磁极由铁芯和励磁绕组组成,如图 6-4 所示。铁芯包括极身和极靴两部分,极靴的作用是支撑励磁绕组和改善气隙磁通密度的波形。铁芯通常由 0.5~1.5 mm 厚的硅钢片或低碳钢板叠装而成,以减少电机旋转时因极靴表面磁通密度变化产生的涡流损耗。励磁绕组选用绝缘的圆铜或扁铜线绕制而成,并励绕组多用圆铜线绕制,串励绕组多用扁铜线绕制。各主磁极的励磁绕组串联相接,但要使其产生的磁场沿圆周交替呈现 N 极和 S 极。绕组和铁芯之间用绝缘材料制成的框架相隔,铁芯通过螺栓固定在磁轭上。对某些大容量电机,为改善换向条件,常在极靴处装设补偿绕组。

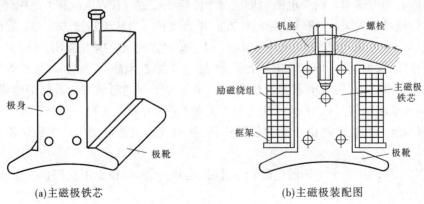

(a)主磁极铁芯　　　　　　　　　　(b)主磁极装配图

图 6-4　直流电机主磁极

2. 换向磁极

换向磁极又叫附加磁极,用于改善直流电机的换向性能,位于相邻主磁极间的几何中心线上,其几何尺寸明显比主磁极小。换向磁极由铁芯和套在铁芯上的换向极绕组组成,如图6-5所示。铁芯常用整块钢或厚钢板制成,其绕组一般用扁铜线绕成,为防止磁路饱和,换向磁极与转子间的气隙都较大。换向磁极绕组匝数不多,与电枢绕组串联。换向磁极的极数一般与主磁极的极数相同。换向磁极与电枢之间的气隙可以调整。

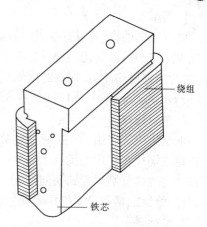

图6-5 直流电机换向磁极

3. 机座和端盖

机座的作用是支撑电机、构成相邻磁极间磁的通路,故机座又称为磁轭。机座一般用铸钢或厚钢板焊成。

机座的两端各有一个端盖,用于保护电机和防止触电。在中小型电机中,端盖还通过轴承担负支持电枢的作用。对于大型电机,考虑到端盖的强度,则采用单独的轴承座。

4. 电刷装置

电刷装置的作用是使转动部分的电枢绕组与外电路连通,将直流电压、电流引出或引入电枢绕组。电刷装置由电刷、刷握、刷杆、刷杆座和汇流条等零件组成,如图6-6所示。电刷一般采用石墨和铜粉压制烧焙而成,它放置在刷握中,由弹簧将其压在换向器的表面上,刷握固定在与刷杆座相连的刷杆上,每个刷杆装有若干个刷握和相同数目的电刷,并把这些电刷并联形成电刷组,电刷组个数一般与主磁极的个数相同。

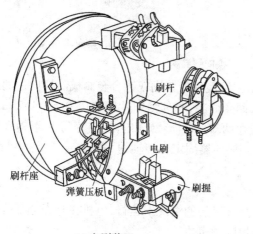

(a) 电刷装置

(b) 电刷与刷握的装配

图6-6 电刷装置

(二)转子

转子由铁芯、绕组、换向器、转轴和风扇等组成。

1. 电枢铁芯

电枢铁芯的作用是构成电机磁路和安放电枢绕组。通过电枢铁芯的磁通是交变的，为减少磁滞和涡流损耗，电枢铁芯常用 0.35 mm 或 0.5 mm 厚冲有齿和槽的硅钢片叠压而成，为加强散热能力，在铁芯的轴向留有通风孔，较大容量的电机沿轴向将铁芯分成长 4～10 cm 的若干段，相邻段间留有 8～10 mm 的径向通风沟。

2. 电枢绕组

电枢绕组的作用是产生感应电势和电磁转矩，从而实现机电能量的转换。电枢绕组是用绝缘铜线在专用的模具上制成一个个单独元件，然后嵌入铁芯槽中，每一个元件的端头按一定规律分别焊接到换向片上。元件在槽内部分的上下层之间及与铁芯之间垫以绝缘，并用绝缘的槽楔把元件压紧在槽中。元件的槽外部分用绝缘带绑扎和固定。

3. 换向器

换向器又叫整流子。对于发电机，它将电枢元件中的交流电变为电刷间的直流电输出；对于电动机，它将电刷间的直流电变为电枢元件中的交流电输入。换向器的结构如图 6-7 所示。换向器由换向片组合而成，是直流电机的关键部件，也是最薄弱的部分。

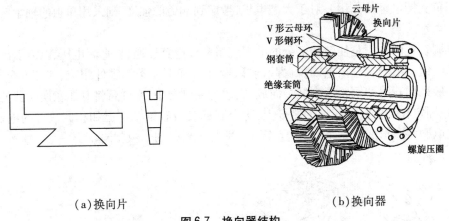

（a）换向片　　　　　　　　　　　（b）换向器

图 6-7　换向器结构

换向片采用导电性能好、硬度大、耐磨性能好的紫铜或铜合金制成。换向片的底部做成燕尾形状，各换向片拼成圆筒形套入钢套筒上，相邻换向片间垫以 0.6～1.2 mm 厚的云母片做为绝缘，换向片下部的燕尾嵌在两端的 V 形钢环内，换向片与 V 形钢环之间用 V 形云母片绝缘，最后用螺旋压圈压紧。换向器固定在转轴的一端。

三、直流电机的铭牌

为正确地使用电机，使电机在既安全又经济的情况下运行，电机在外壳上都装有一个铭牌，上面标有电机的型号和有关物理量的额定值。

（一）型号

型号表示的是电机的用途和主要的结构尺寸。如 Z2－42 的含义是普通用途的直流电动机，第二次改型设计，4 号机座，2 号铁芯长。

（二）额定值

铭牌中的额定值有额定功率、额定电压、额定电流和额定转速等。额定值是指按规定的运行方式,在该数值情况下运行的电机既安全又经济。

对于发电机,额定功率是指电刷间输出的电功率,它等于额定电压 U_N 与额定电流 I_N 的乘积。

$$P_N = U_N I_N \tag{6-1}$$

对于电动机,额定功率是指转轴输出的机械功率,它等于额定电压 U_N 乘以额定电流 I_N 再乘以额定效率 η_N。

$$P_N = U_N I_N \eta_N \tag{6-2}$$

电机运行时,当各物理量均处在额定值时,电机处在额定状态运行。电流超过额定值叫过载运行,电流小于额定值叫欠载运行。电机长期过载或欠载运行都是不好的,应尽可能使电机靠近额定状态运行。如何根据负载选择电机将在项目十中介绍。

■ 任务二 直流电机的电枢电势与电磁转矩

一、直流电机的电枢电势

直流电机的电枢电势是指正、负电刷间的电势,电枢电势均是每个支路的电势。每个支路由若干个结构相同的元件串联组成,而每个元件又由多根导体组成,在分析电枢电势时,根据电磁感应定律先由单根导体开始,再进一步导出元件的电势和支路电势。由于支路中各元件处在磁场中的不同位置,磁场分布又是不均匀的,因此每个元件感应的电势也不一样大。在此求的是每个支路的电势,不是求每个元件实际感应电势的大小,故为方便起见,取每极下的平均磁通密度为 B_{avg},气隙中主磁极磁密分布如图 6-8 所示。这样,每根导体感应电势的平均值为

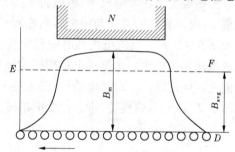

图 6-8 气隙中主磁极磁密分布

$$e_{avg} = B_{avg} l v \tag{6-3}$$

式中 e_{avg}——每根导体的平均电势,V;

B_{avg}——气隙磁密平均值,Wb;

l——导体的有效长度,m;

v——导体的线速度,m/s。

公式中的 v 可由电枢的转速和电枢表面周长求得,即

$$v = \pi D \frac{n}{60} = 2p\tau \frac{n}{60} \tag{6-4}$$

式中 n——电枢转速,r/min;

p——磁极对数;

τ——极距。

将式(6-4)代入式(6-3),得

$$e_{avg} = B_{avg}l2p\tau\,\frac{n}{60} = 2p\varPhi\,\frac{n}{60} \tag{6-5}$$

式中 $\varPhi$——每极磁通，$\varPhi = B_{avg}l\tau$，$\mathrm{Wb/m^2}$。

当电刷放置在主磁极轴线上，电枢导体总数为 N，电枢支路数为 $2a$ 时，则直流电机的电枢电势为

$$E_a = \frac{N}{2a}e_{avg} = \frac{N}{2a}\times 2p\varPhi\,\frac{n}{60} = C_e\varPhi n \tag{6-6}$$

式中 E_a——电枢电势，V；

C_e——由电机结构决定的电势常数，$C_e = \dfrac{pN}{60a}$。

顺便指出，当电刷不在主磁极轴线上时，支路中将有一部分元件的电势被抵消，故电枢电势将有所减小。

二、直流电机的电磁转矩

（一）计算公式

电机运行时，电枢绕组有电流流过，载流导体在磁场中将受到电磁力的作用，该电磁力对转轴产生的转矩叫作电磁转矩，用 T 表示。电枢绕组在磁场中所受电磁力的方向由左手定则确定。在发电机中，电磁转矩的方向与电枢转向相反，对电枢起制动作用；在电动机中，电磁转矩的方向与电枢转向相同，对电枢起推动作用。直流电机的电磁转矩与转向如图 6-9 所示。直流电机的电磁转矩使得电机实现机电能量的转换。对于发电机，输入的机械功率产生一个拖动电枢旋转的转矩 T_1，T_1 克服电磁转矩 T 和空载转矩 T_0，将机械能变成电能输出。对于电动机，输入的电功率产生电磁转矩 T，T 克服负载转矩 T_L 和空载转矩 T_0 驱动电枢旋转，将电能变成机械能输出。

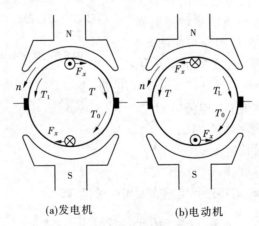

(a)发电机　　　　　(b)电动机

图 6-9　直流电机的电磁转矩与转向

电磁转矩的计算，仍从单根导体入手，并取每极下的平均磁密为 B_{avg}，故每根导体所受的平均电磁力 F_{av} 为

$$F_{av} = B_{avg}li_a \tag{6-7}$$

式中 i_a——电枢支路电流。

单根导体产生的平均电磁转矩 T_{av} 为

$$T_{av} = F_{av}\frac{D}{2} = B_{avg}li_a\frac{D}{2} \qquad (6-8)$$

式中　D——电枢直径。

总的电磁转矩 T 等于每根导体产生的平均转矩之和

$$T = NT_{av} = NB_{avg}li_a\frac{D}{2} \qquad (6-9)$$

又因为

$$B_{avg} = \frac{\Phi}{\tau l} = \frac{\Phi}{\frac{\pi D}{2p}l} = \frac{2p\Phi}{\pi Dl} \qquad (6-10)$$

$$i_a = \frac{I_a}{2a} \qquad (6-11)$$

将式(6-10)、式(6-11)代入式(6-9),则有

$$T = \frac{pN}{2a\pi}\Phi I_a = C_T\Phi I_a \qquad (6-12)$$

式中　T——电磁转矩,N·m;

　　　I_a——电枢电流,A;

　　　C_T——由电机结构决定的转矩常数,$C_T = \dfrac{pN}{2a\pi}$。

当电磁转矩单位用 kg·m 表示时,表达式为

$$T = \frac{1}{9.81}C_T\Phi I_a \quad (kg·m) \qquad (6-13)$$

(二)物理意义

式(6-13)表明,电磁转矩的大小取决于电枢电流和每极磁通的大小。当电枢电流 I_a 恒定时,电磁转矩 T 和每极磁通 Φ 成正比;当每极磁通 Φ 值恒定时,电磁转矩 T 和电枢电流 I_a 成正比。

■ 任务三　直流发电机

一、直流电机的励磁方式

电机主磁极产生的磁场叫主磁场。一般在小容量电机中可采用永久磁铁做为主磁极,绝大多数的直流电机是用电磁铁来建立主磁场的。主磁极上励磁绕组获得电源的方式叫作励磁方式。直流电机的励磁方式分为他励和自励两大类,其中自励又分为并励、串励和复励三种形式。直流电机各种励磁方式接线如图 6-10 所示。

(一)他励

他励直流电机的励磁绕组由单独直流电源供电,与电枢绕组没有电的联系,励磁电流的大小不受电枢电流影响,如图 6-10(a)所示。用永久磁铁做为主磁极的电机也属他励

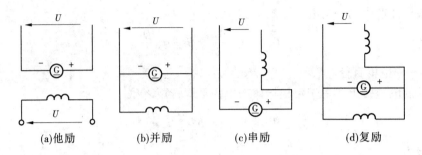

(a)他励　　　　(b)并励　　　　(c)串励　　　　(d)复励

图 6-10　直流电机各种励磁方式接线图

电机。

（二）并励

并励直流电机的励磁绕组与电枢绕组并联,如图 6-10(b)所示。该励磁方式的励磁绕组匝数较多,采用的导线截面面积较小,励磁电流一般为电机额定电流的 1% ~5% 。

（三）串励

串励直流电机的励磁绕组与电枢绕组串联,如图 6-10(c)所示。该励磁绕组与电枢绕组通过相同的电流,故励磁绕组的截面面积较大,匝数较少。

（四）复励

复励直流电机在主磁极铁芯上缠有两个励磁绕组,其中一个与电枢绕组并联,一个与电枢绕组串联,如图 6-10(d)所示。在复励方式中,通常并励绕组产生的磁势不少于总磁势的 70% 。当串励磁势与并励磁势方向相同时,称为积复励;当串励磁势与并励磁势方向相反时,称为差复励。

不同的励磁方式对直流电机的运行性能有很大的影响。直流发电机的励磁方式主要采用他励、并励和复励,很少采用串励方式。直流电动机因励磁电流都是外部电源供给的,因此不存在自励,所说的他励是指励磁电流和电枢电流不是由同一电源供给的。

二、直流发电机的基本方程式

（一）直流发电机的电势平衡方程式

图 6-11 为一台他励发电机的原理接线图,图中标出的有关物理量为选定的正方向,根据电路定律可列出电枢回路的电势平衡方程式

$$E_a = U + I_a R_a \tag{6-14}$$

式中　E_a——电枢电势,V;

U——发电机端电压,V;

I_a——电枢电流,A;

R_a——电枢回路总电阻,Ω。

由式(6-14)可知,负载时电枢电流通过电枢总电阻产生电压降,故发电机负载时端电压低于电枢电势。

（二）直流发电机的功率平衡方程式

将式(6-14)两边同乘以电枢电流,则得到电枢回路的功率平衡方程式

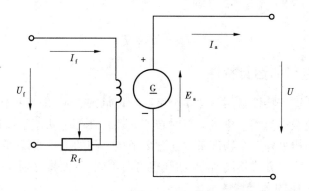

图6-11 他励发电机原理接线图

$$E_a I_a = U I_a + I_a^2 R_a \tag{6-15}$$

或
$$P_M = P_2 + p_{Cua} \tag{6-16}$$

式中　P_M——电磁功率;

　　　P_2——发电机的输出功率, $P_2 = U I_a$;

　　　p_{Cua}——电枢回路的铜损耗, $p_{Cua} = I_a^2 R_a$。

由式(6-16)可知,发电机的输出功率等于电磁功率减去电枢回路的铜损耗。电磁功率等于原动机输入的机械功率 P_1 减去空载损耗功率 p_0。p_0 包括轴承、电刷及空气摩擦所产生的机械损耗 p_Ω,电枢铁芯中磁滞、涡流产生的铁损耗 p_{Fe} 以及附加损耗 p_{ad},则输入功率平衡方程为

$$P_1 = P_M + p_\Omega + p_{Fe} + p_{ad} = P_M + p_0 \tag{6-17}$$

将式(6-16)代入式(6-17),可得功率平衡方程式

$$P_1 = P_2 + \sum p \tag{6-18}$$

$$\sum p = p_{Cua} + p_\Omega + p_{Fe} + p_{ad} \tag{6-19}$$

式中　$\sum p$——电机总损耗。

功率平衡方程说明了能量守恒的原则,他励发电机的功率流程如图6-12所示。

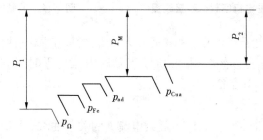

图6-12 他励发电机的功率流程图

(三)直流发电机的转矩平衡方程式

直流发电机在稳定运行时存在3个转矩:对应原动机输入功率 P_1 的转矩 T_1、对应电磁功率 P_M 的电磁转矩 T、对应空载损耗功率 p_0 的转矩 T_0。其中,T_1 是驱动性质的,T 和 T_0 是制动性质的,当发电机处于稳态运行时,根据转矩平衡原则,可得出发电机转矩平衡方

程

$$T_1 = T + T_0 \tag{6-20}$$

三、直流发电机的运行特性

直流发电机的运行特性常用下述 4 个可测物理量来表示,即电枢转速 n、电枢端电压 U、励磁电流 I_f 和负载电流 I_a。电机运行时转速 n 通常在额定状态下保持不变,即 $n = n_N$。发电机运行特性是指另外 3 个物理量中任意 2 个量之间的关系曲线,它们是空载特性、外特性和调节特性。励磁方式不同,特性曲线也有所不同,下面将分别介绍。

(一)他励发电机的运行特性

1. 空载特性

当 $n = n_N$, $I_a = 0$ 时,发电机端电压 U_0 与励磁电流 I_f 的关系曲线,即 $U_0 = f(I_f)$ 叫作发电机的空载特性曲线。空载特性曲线可通过图 6-13 所示的发电机空载试验接线求得。做空载试验时,将刀闸 K 打开,保持 $n = n_N$,调节电阻 R_1,使励磁电流 I_f 由零逐渐增大,直到 $U_0 = (1.1 \sim 1.3) U_N$ 为止,在升流过程中逐点记取安培表 A_C 和伏特表 V 的读数,便得到空载特性的上升曲线,如图 6-14 所示。然后逐渐减小励磁电流,直至 $I_f = 0$,得到空载特性的下降曲线。空载特性曲线通常取上升曲线和下降曲线的平均值,如图 6-14 中的虚线所示。

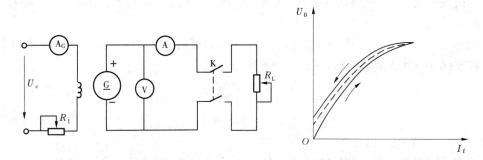

图 6-13　他励发电机空载试验接线图　　　　图 6-14　他励发电机空载特性曲线

空载时,$U_0 = E_0$,由于 $E_0 \propto \Phi$、励磁磁势 $F_f \propto I_f$,所以空载特性曲线与铁芯磁化曲线形状相似。由于主磁极铁芯存在剩磁,所以当励磁电流为零时,仍有一个不大的剩磁电势,其大小一般为额定电压的 $2\% \sim 4\%$。

2. 外特性

当 $n = n_N$、$I_f =$ 常数时,端电压 U 与负载电流 I_a 的关系曲线,即 $U = f(I_a)$ 叫作发电机的外特性曲线。用图 6-13 的接线可求得发电机的外特性曲线,使发电机在额定转速下运行,闭合开关 K,调节励磁电流 I_f,使发电机在额定负载时端电压为额定值。保持转速和励磁电流不变,逐渐增大电阻 R_L 来减小负载电流,直至 $I_a = 0$。在增大电阻 R_L 的过程中,逐点记取安培表和伏特表的读数,最后用描点法得出发电机的外特性曲线,如图 6-15 所示。

由外特性曲线可知,发电机的端电压随负载的增加而有所下降。从公式 $U = E_a - I_a R_a$ 和 $E_a = C_e \Phi n$ 可知,发电机端电压下降的原因有两点:一是负载电流在电枢电阻上产生电压降;二是电枢反应呈现的去磁作用。

发电机端电压随负载的变化程度可用电压变化率来表示。他励发电机的额定电压变化率是指发电机从额定负载过渡到空载时,端电压变化的数值对额定电压的百分比,即

$$\Delta U = \frac{U_0 - U_N}{U_N} \times 100\% \tag{6-21}$$

电压变化率 ΔU 是表示发电机运行性能的一个重要数据,他励发电机的 $\Delta U \approx 5\% \sim 10\%$,故可认为是恒压源。

3. 调节特性

当 $U = U_N$、$n = n_N$ 时,励磁电流 I_f 随负载电流 I_a 的变化曲线,即 $I_f = f(I_a)$ 称为发电机的调节特性曲线。他励发电机的调节特性曲线如图 6-16 所示,曲线表明,欲保持端电压不变,负载电流增加时,励磁电流也应随着增加,故调节特性曲线是一条上翘的曲线。曲线上翘的原因有两点:一是补偿电枢电阻压降,二是补偿电枢反应的去磁作用。

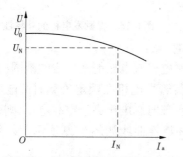

图 6-15　他励发电机的外特性曲线

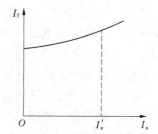

图 6-16　他励发电机的
调节特性曲线

(二)并励发电机的外特性

当 $n = n_N$、$R_f =$ 常数时,发电机端电压与负载电流的关系曲线,即 $U = f(I_a)$ 叫并励发电机的外特性曲线。与他励发电机相比,不是保持 $I_f =$ 常数,而是保持 $R_f =$ 常数,R_f 是励磁回路的总电阻。用试验方法求并励发电机外特性曲线的接线如图 6-17 所示,闭合开关 K,调节励磁电流使电机在额定负载时端电压为额定值,保持励磁回路电阻 $R_f =$ 常数,然后逐点测出不同负载时的端电压值,便可得到并励发电机的外特性曲线,如图 6-18 所示,为方便比较,图中还画出同一台电机他励时的外特性曲线。由图 6-18 看出,并励发电机的外特性与他励发电机的外特性一样,也是一条向下弯的曲线,而且比他励发电机的外特性曲线下弯的更大,其原因除电枢电阻产生的压降和电枢反应的去磁影响外,还由于发电机端电压下降,与电枢并联的励磁线圈中的励磁电流 I_f 也要减少。并励发电机的电压变化率一般为 $20\% \sim 30\%$,如果负载变化较大,不宜作恒压源使用。

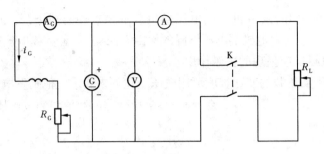

图 6-17 并励发电机原理接线图

（三）复励发电机的外特性

复励发电机是在并励发电机的基础上增加一个串励绕组,其原理接线图如图 6-19 所示。复励又分为积复励和差复励两种。当串励绕组磁场对并励磁场起增强作用时,叫积复励;当串励绕组磁场对并励磁场起减弱作用时,叫差复励。

积复励发电机能弥补并励时电压变化率较大的缺点。一般来说,串励磁场要比并励磁场弱得多,并励绕组使电机建立空载额定电压,串励绕组在负载时

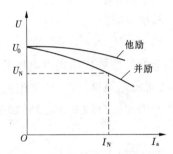

图 6-18 并励发电机的外特性曲线

可弥补电枢电阻压降和电枢反应的去磁作用,以使发电机端电压能在一定的范围内稳定。积复励中根据串励磁场弥补的程度又分为 3 种情况:若发电机在额定负载时端电压恰好与空载时相等,称为平复励;若弥补过剩,使得额定负载时端电压高于空载电压,则称为过复励;若弥补不足,则称为欠复励。复励发电机的外特性曲线如图 6-20 所示。差复励的外特性是随负载增大端电压急剧下降的一条曲线。

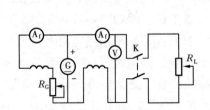

图 6-19 复励发电机的原理接线图

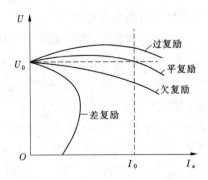

图 6-20 复励发电机的外特性曲线

积复励发电机用途比较广,如电气铁道的电源等。

差复励发电机只用于要求恒电流的场合,如直流电焊机等。

任务四 直流电动机

一、直流电动机的基本方程式

同直流发电机一样,直流电动机也有电势、功率和转矩等基本方程式,它们是分析直流电动机各种运行特性的基础。下面以并励直流电动机为例进行讨论。

(一)直流电动机的电势平衡方程式

直流电动机运行时,电枢两端接入电源电压 U,若电枢绕组的电流 I_a 方向以及主磁极的极性如图 6-21 所示,可由左手定则决定电动机产生的电磁转矩 T 将驱动电枢以转速 n 旋转,旋转的电枢绕组又将切割主磁极磁场感应电势 E_a,可由右手定则确定电势 E_a 与电枢电流 I_a 的方向是相反的。各物理量的方向如图 6-21(b)所示,可得电枢回路的电势方程式为

$$U = E_a + I_a R_a \tag{6-22}$$

式中,R_a 为电枢回路的总电阻,包括电枢绕组、换向器、补偿绕组的电阻,以及电刷与换向器间的接触电阻等。

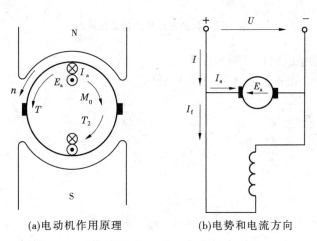

(a)电动机作用原理   (b)电势和电流方向

图 6-21 并励电动机的电动势和电磁转矩

并励电动机的电枢电流

$$I_a = I - I_f \tag{6-23}$$

式中 I——输入电动机的电流;

I_f——励磁电流,$I_f = \dfrac{U}{R_f}$,其中 R_f 是励磁回路的电阻。

由于电势 E_a 与电枢电流 I_a 方向相反,故称 E_a 为反电势,反电势 E_a 的计算公式与发电机相同。

式(6-22)表明,加在电动机的电源电压 U 是用来克服反电势 E_a 及电枢回路的总电阻压降 $I_a R_a$ 的。可见 $U > E_a$,电源电压 U 决定了电枢电流 I_a 的方向。

（二）直流电动机的功率平衡方程式

并励电动机的功率流程图如图 6-22 所示。图中 P_1 为电动机从电源输入的电功率，$P_1 = UI$，输入的电功率 P_1 扣除小部分在励磁回路的铜损耗 p_{Cuf} 和电枢回路铜损耗 p_{Cua} 便得到电磁功率 P_M，$P_M = E_a I_a$。电磁功率 $E_a I_a$ 全部转换为机械功率，此机械功率扣除机械损耗 p_Ω、铁损耗 p_{Fe} 和附加损耗 p_{ad} 后，即为电动机转轴上输出的机械功率 P_2，故功率方程式为

$$P_M = P_1 - (p_{Cua} + p_{Cuf}) \tag{6-24}$$

$$P_2 = P_M - (p_\Omega + p_{Fe} + p_{ad}) = P_M - p_0 \tag{6-25}$$

$$P_2 = P_1 - \sum p = P_1 - (p_{Cua} + p_{Cuf} + p_\Omega + p_{Fe} + p_{ad}) \tag{6-26}$$

式中　p_0——空载损耗，$p_0 = p_\Omega + p_{Fe} + p_{ad}$；

　　　$\sum p$——电机的总损耗，$\sum p = p_{Cua} + p_{Cuf} + p_\Omega + p_{Fe} + p_{ad}$。

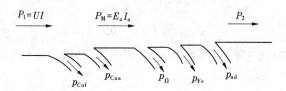

图 6-22　并励电动机的功率流程图

（三）直流电动机的转矩平衡方程式

将式（6-25）除以电机的角速度 Ω，可得转矩方程

$$\frac{P_2}{\Omega} = \frac{P_M}{\Omega} - \frac{p_0}{\Omega}$$

即

$$T_2 = T - T_0$$

或

$$T = T_2 + T_0 \tag{6-27}$$

电动机的电磁转矩 T 为驱动转矩，其值由式（6-27）决定。转轴上机械负载转矩 T_2 和空载转矩 T_0 是制动转矩。式（6-27）表明，电动机在转速恒定时，驱动性质的电磁转矩 T 与负载制动性质的转矩 T_2 和空载转矩 T_0 相平衡。

二、直流电动机的工作特性

前已述及电动机的机械功率可以用电磁转矩 T 和电机的角速度 Ω 来衡量，而角速度 Ω 正比于电动机的转速 n，故电磁转矩 T 和转速 n 是说明电动机重要特性的两个物理量。机械特性表征了转速 n 与转矩 T 的关系。

以并励电动机为例，当电动机的电源电压 U、励磁电流 I_f 为常数，电枢回路的电阻不变时，电动机转速 n 与转矩 T 的关系曲线 $n = f(T)$ 称为电动机的机械特性。图 6-23 为并励电动机的机械特性。

下面对并励电动机的机械特性作如下分析：

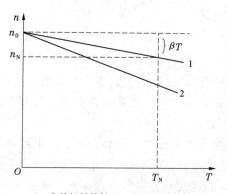

1—自然机械特性;2—人工机械特性

图 6-23 并励电动机的机械特性

因

$$E_a = C_e \Phi n$$

即

$$n = \frac{E_a}{C_e \Phi} \tag{6-28}$$

又因

$$T = C_T \Phi I_a$$

即

$$I_a = \frac{T}{C_T \Phi} \tag{6-29}$$

将式(6-28)及式(6-29)代入式(6-22)中,即可求得机械特性方程式

$$n = \frac{E_a}{C_e \Phi} = \frac{U}{C_e \Phi} - \frac{I_a R_a}{C_e \Phi} = \frac{U}{C_e \Phi} - \frac{R_a}{C_e C_T \Phi^2} T \tag{6-30}$$

从式(6-30)可见,当忽略电枢反应的影响时,Φ 为常数,则机械特性为一直线。如果 $T=0$,则电动机转轴上没有负载制动转矩和空载制动转矩 T_0 的情况,这时的电动机转速 以 n_0 表示,式(6-30)可写成 $n_0 = \dfrac{U}{C_e \Phi}$,称此为理想空载转速。式(6-30)中,用一个系数 $\beta = \dfrac{R_a}{C_e C_T \Phi^2}$ 表示时,机械特性方程式可改写成

$$n = n_0 - \beta T \tag{6-31}$$

根据式(6-31)作得图 6-23 中直线 1,这条直线稍微向下倾斜,这是因为 β 值很小(R_a 很小)的缘故,所以直线的斜率很小,称此为自然机械特性。可见,当负载转矩 T 增加时, 转速 n 只稍微下降。若在电枢回路中串入附加电阻 R_{st},式(6-31)中的系数 β 将增大,即 $\beta = \dfrac{R_a + R_{st}}{C_e C_T \Phi^2}$,直线的斜率增大,如图 6-23 中曲线 2,称此为人工机械特性。此时,电磁转矩 T 增加将使转速 n 显著下降。

项目小结

直流发电机是根据电磁感应定律工作的,电枢导体感应电势是交变的,经过换向器和电刷的作用才得到直流电压。直流电动机是根据电磁力定律工作的,利用通电导体在磁场中受电磁力的作用而旋转。

直流电机的结构包括定子和转子两大部件。定子的主要部件有主磁极、换向磁极、机座和电刷装置,主磁极产生主磁场,而换向磁极则起改善换向条件的作用。转子的主要部件是换向器、电枢铁芯和电枢绕组。换向器与电刷配合起整流作用,电枢绕组在运行时产生感应电势和电磁转矩,实现机电能量的转换。

电枢电势、电磁转矩的计算公式,是直流电机的基本公式,应当掌握它的意义和本质。

直流发电机的励磁方式可以他励,也可以自励。自励的方式主要有并励和复励。

直流发电机的基本方程式有:功率方程式 $P_1 = P_2 + \sum p$;电势方程式 $U = E_a - I_a R_a$;转矩方程式 $T_1 = T_0 + T$,电磁功率 $P_M = T\Omega = E_a I_a$,表明直流电机通过电磁感应实现了机电能量的转换。

直流电动机的基本方程式有:功率方程式 $P_2 = P_1 - \sum p$;电势方程式 $U = E_a + I_a R_a$;转矩方程式 $T_2 = T - T_0$。

思考与习题

6-1 直流电机有哪些主要部件? 各部件的作用是什么?

6-2 一台四极直流发电机,额定功率 P_N 为 55 kW,额定电压 U_N 为 220 V,额定转速 n_N 为 1 500 r/min,额定效率 η_N 为 0.9。试求额定状态下电机的输入功率 P_1 和额定电流 I_N。

6-3 一台并励发电机,$U = 220$ V,$R_f = 44\ \Omega$,$R_L = 4\ \Omega$,$R_a = 0.25\ \Omega$,求发电机的 I_f、I_a、I、E_a、P_2。

6-4 一台 $P_N = 6$ kW,$U_N = 110$ V,$n_N = 1\ 440$ r/min,$I_N = 70$ A,$R_a = 0.08\ \Omega$,$R_f = 220\ \Omega$ 的并励直流发电机,求额定运行时电机的电枢电流、电磁功率、电磁转矩及效率。

项目七　直流电动机的电力拖动

【学习目标】

熟悉他励直流电动机机械特性。理解直接起动对电动机的影响。了解他励直流电动机电枢串电阻的起动过程;了解直流电动机调速性能的指标,掌握各种调速方法及调速原理;掌握直流电动机反转的原理。掌握直流电动机三种制动方法的特点、物理过程及应用场合。

直流电动机相对异步电动机具有更好的起动、制动和调速性能。因此,对需要频繁地起动和制动,频繁地或周期性地改变旋转方向和平滑地调节速度的场合,一般采用直流电动机拖动。如大型可逆式轧钢机、矿井卷扬机、电力机车和大型吊车等都是由直流电动机拖动的。

■ 任务一　直流电动机的机械特性

在直流电力拖动系统中,他励(并励)电动机应用比较广泛。由于并励直流电动机在电枢电压一定时,和他励直流电动机无本质的区别,所以不单独讨论,在这里仅着重对他励直流电动机的机械特性进行比较全面的分析。

直流电动机的机械特性是指电动机在电枢电压、励磁电流、电枢回路电阻为恒定值的条件下,即电动机处于稳定运行时,电动机的转速 n 与电磁转矩 T 之间的关系:$n = f(T)$。利用电动机的机械特性和生产机械的负载特性可以确定电力拖动系统的稳态转速,在一定近似条件下还可以利用这两条特性和拖动系统的运动方程分析拖动系统的动态运行情况(如起动、制动或调速的动态过程中,转速、转矩及电流随时间的变化规律)。可见,电动机的机械特性对分析电力拖动系统的运行是非常重要的。

一、机械特性方程

图 7-1 是他励直流电动机的电路原理图。与并励直流电动机基本方程的原理图相比,在电枢电路中串联了一附加电阻 R_s,在励磁电路中串联了一附加电阻 R_{sf}。其他各物理量的正方向的规定与前述相同,不再赘述。这时电动机的电压方程式为

$$U = E_a + RI_a \tag{7-1}$$

式中　R——电枢回路总电阻,$R = R_a + R_s$,即电枢内电阻 R_a 与外接附加电阻 R_s 之和。

将电枢电动势 $E_a = C_e \Phi n$ 和电磁转矩 $T = C_T \Phi I_a$ 代入式(7-1)中,经整理可得他励直流电动机的机械特性方程式

$$n = \frac{U}{C_e \Phi} - \frac{R}{C_e C_T \Phi^2} T$$

$$= n_0 - \beta T \tag{7-2}$$

$$= n_0 - \Delta n$$

式中 C_e、C_T——电动势常数和转矩常数,且 $C_T = 9.55 C_e$;

n_0——电磁转矩 $T = 0$ 时的转速,$n_0 = \dfrac{U}{C_e \Phi}$,称为理想空载转速,它和实际的空载转

速不同,是无损耗的空载转速;

β——机械特性的斜率,$\beta = \dfrac{R}{C_e C_T \Phi^2}$;

Δn——转速降,$\Delta n = \beta T$。

由公式 $T = C_T \Phi I_a$ 可知,当励磁磁通 Φ 保持不变时,$T \propto I_a$,这时机械特性方程式(7-2)可用转速特性代替,得

$$n = \frac{U}{C_e \Phi} - \frac{R}{C_e \Phi} I_a \tag{7-3}$$

当电源电压 $U =$ 常数,电枢电路总电阻 $R =$ 常数,励磁电流 $I_f =$ 常数(忽略电枢反应)时,电动机的机械特性曲线 $n = f(T)$ 是一条以 β 为斜率向下倾斜的直线,如图 7-2 所示。

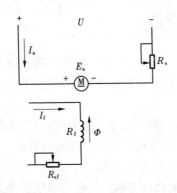

图 7-1 他励直流电动机电路原理图   图 7-2 他励直流电动机的机械特性

图 7-2 中的 n_0' 为电动机的实际空载转速。因为当电动机空载运行时,存在空载损耗,电动机要输入一定的电枢电流,其产生的电磁转矩与由摩擦等原因的空载转矩平衡,即 $T = T_0$,故实际空载转速为

$$n_0' = \frac{U}{C_e \Phi} - \frac{R}{C_e C_T \Phi^2} T_0 \tag{7-4}$$

转速降 $\Delta n = n_0 - n = \beta T$,是电动机在某一定负载和电枢电路电阻时理想空载转速与实际转速之差。在转矩一定时,转速降与机械特性的斜率 β 成正比;在机械特性的斜率 β 一定时(电动机磁通 Φ 和电枢电路电阻一定时),负载越大,转速降越大。通常称 β 大的机械特性为软特性,而 β 小的特性为硬特性。

二、固有机械特性和人为机械特性

（一）固有机械特性方程和固有机械特性曲线

他励直流电动机的固有机械特性是指在额定电压和额定磁通下，电枢电路没有外接电阻时，电动机转速与电磁转矩的关系。根据 $U = U_N，\Phi = \Phi_N，R = R_a$ 的条件，得固有特性方程

$$n = \frac{U_N}{C_e \Phi_N} - \frac{R_a}{C_e C_T \Phi_N^2} T \tag{7-5}$$

因为电枢电阻 R_a 很小，特性斜率 β 很小，故他励直流电动机的固有机械特性属硬特性。

因为他励直流电动机的机械特性为一直线，所以绘制比较容易，只要求出直线上任意两点的数据就可画出这条直线。一般计算理想空载点（$T = 0，n = n_0$）和额定运行点（$T = T_N，n = n_N$）的数据来绘制。在这些数据中，n_N 在电动机铭牌上已给出，所以只要计算出 T_N 和 n_0 即可。具体步骤如下：

（1）估算 R_a（或实测）。按经验公式认为在额定负载下，电枢铜损耗占电动机总损耗的 $1/2 \sim 2/3$，即

$$R_a = \left(\frac{1}{2} \sim \frac{2}{3} \right) \frac{U_N I_N - P_N}{I_N^2} \tag{7-6}$$

式中，P_N、I_N、U_N 均可从铭牌数据中查找。

（2）计算 $C_e \Phi_N$、$C_T \Phi_N$，即 $C_e \Phi_N = \dfrac{U_N - I_N R_a}{n_N}$，$C_T \Phi_N = 9.55 C_e \Phi_N$。

（3）计算理想空载点数据为 $T = 0，n_0 = \dfrac{U_N}{C_e \Phi_N}$。

（4）计算额定工作点数据为 $T_N = C_T \Phi_N I_N，n = n_N$。

根据计算所得 $(0, n_0)$ 和 (T_N, n_N) 两点就可在 $T—n$ 平面内画出电动机的固有机械特性，如图7-3所示。通过公式 $\beta = R_a / (C_e \Phi_N C_T \Phi_N)$ 求出 β 后，便可求得他励电动机的固有机械特性方程式 $n = n_0 - \beta T$。

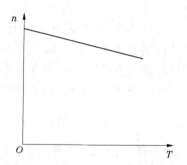

图7-3　他励直流电动机的固有机械特性

（二）人为机械特性方程和人为机械特性曲线

固有机械特性只反映电动机在正常运转条件下的性能。对应某一转矩，电动机只能运行于某一转速。

但是有许多生产机械往往还会有其他的要求。例如，电车上的电动机，就要求在一定的转矩下，根据不同的情况，改变行车的速度。这就需要人为地改变固有机械特性。我们一般把改变固有特性三个条件（$U = U_N，\Phi = \Phi_N，R = R_a$）中任何一个条件后得到的机械特性称为人为机械特性。

1. 电枢串电阻时的人为机械特性

保持 $U = U_N, \Phi = \Phi_N$ 不变,在电枢回路中串入电阻 R_s 时的人为特性(人为机械特性)方程为

$$n = \frac{U_N}{C_e\Phi_N} - \frac{R_a + R_s}{C_e C_T \Phi_N^2}T \tag{7-7}$$

与固有特性(固有机械特性)相比,电枢串电阻人为特性的特点是:

(1)理想空载转速 n_0 不变。

(2)机械特性的斜率 β 随 $R_a + R_s$ 的增大而增大,特性变软。

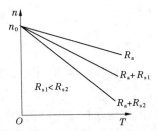

图7-4　电动机的固有特性和电枢串电阻的人为机械特性

所以,电枢串不同电阻时的人为特性是一簇放射形的直线,如图7-4所示。

若已知固有特性,要点绘电枢串联一附加电阻 R_s 时的人为特性曲线,只要求出在同一转矩 T_N 下的人为特性的斜率 β',即

$$\beta' = \frac{R_a + R_s}{9.55\,(C_e\Phi_N)^2} \tag{7-8}$$

而 $n' = n_0 - \beta' T_N$,连接 $(0, n_0)$ 和 (T_N, n') 两点就可画出电枢串电阻的人为机械特性。电枢串电阻的人为特性是研究他励直流电动机串电阻分级起动的基础,也是起重机和电车常用的一种调速方法。

2. 降低电枢电压时的人为机械特性

保持 $R = R_a(R_s = 0), \Phi = \Phi_N$ 不变,降低电枢电压 U 时的人为特性方程为

$$n = \frac{U}{C_e\Phi_N} - \frac{R_a}{C_e C_T \Phi_N^2}T \tag{7-9}$$

与固有特性相比,降低电枢电压 U 时的人为特性的特点是:

(1)斜率 β 不变,对应不同电压的人为特性互相平行。

(2)理想空载转速 n_0 与电枢电压 U 成正比。

对应不同电枢电压时的人为特性是一簇低于固有特性的平行线。若已知固有特性,点绘降低电压时的人为特性,方法1是计算出 $n_0' = \left(\dfrac{U_1}{U_N}\right)n_0$,过 $(0, n_0')$ 点作平行于固有特性的直线即可,如图7-5所示;方法2是计算出 n_0' 后,再按 $n' = n_0' - \beta T_N$ 求出 n',作通过 $(0, n_0')$ 和 (T_N, n') 两点的直线即可。利用改变电压能保持特性硬度不变的优点,生产中需要平滑调速的生产机械如机床、造纸机等常用调压调速。

3. 减弱励磁磁通时的人为机械特性

一般电动机在额定磁通下运行时,电机磁路已接近饱和,因此只能减弱磁通。减弱磁通的方法如图7-1所示,在励磁回路有一调节电阻 R_{sf},用改变 R_{sf} 的大小来改变励磁电流,从而改变励磁磁通。

保持 $R = R_a(R_s = 0), U = U_N$ 不变,只减弱磁通时的人为特性方程为

$$n = \frac{U_N}{C_e\Phi} - \frac{R_a}{C_e C_T \Phi^2}T \qquad (7\text{-}10)$$

与固有特性相比,减弱磁通的人为特性的特点是:

(1)磁通减弱会使 n_0 升高, n_0 与 Φ 成反比。

(2)磁通减弱会使斜率 β 增大, β 与 Φ^2 成反比。

(3)人为机械特性是一簇直线,但既不平行,又非放射形。磁通减弱时,特性上移,而且变软。点绘减弱磁通时的人为特性需按公式求出减弱磁通后的 n_0 和 β,稍复杂些,具体求法参看例7-2。减弱磁通的人为特性曲线见图7-6,减弱磁通可用于需要平滑调速的场合。

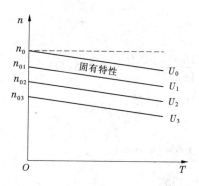

图7-5 改变电压时人为机械特性

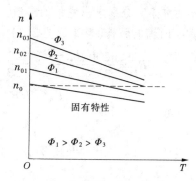

图7-6 改变磁通时人为机械特性

【例7-1】 一台他励直流电动机的铭牌数据为 $P_N = 5.5\ \text{kW}, U_N = 110\ \text{V}, I_N = 62\ \text{A},$ $n_N = 1\ 000\ \text{r/min}$。求:

(1)固有特性方程;

(2)实际空载转速 n_0'。

解:(1)求固有特性方程。

先估算 R_a,由式(7-6)取系数为1/2 时

$$R_a = \frac{1}{2} \times \frac{U_N I_N - P_N}{I_N^2} = \frac{1}{2} \times \frac{110 \times 62 - 5\ 500}{62^2} = 0.172(\Omega)$$

$$C_e\Phi_N = \frac{U_N - I_N R_a}{n_N} = \frac{110 - 62 \times 0.172}{1\ 000} = 0.099$$

$$C_T\Phi_N = 9.55 C_e\Phi_N = 9.55 \times 0.099 = 0.945$$

$$n_0 = \frac{U_N}{C_e\Phi_N} = \frac{110}{0.099} = 1\ 111(\text{r/min})$$

$$\beta = \frac{R_a}{C_e\Phi_N C_T\Phi_N} = \frac{0.172}{0.099 \times 0.945} = 1.84$$

固有特性方程为 $n = n_0 - \beta T = 1\ 111 - 1.84T$

(2)求实际空载转速 n_0',即

额定电磁转矩 $T_N = C_T\Phi_N I_N = 0.945 \times 62 = 57.6(\text{N} \cdot \text{m})$

额定负载转矩 $T_{LN} = 9.55\dfrac{P_N}{n_N} = 9.55 \times \dfrac{5\ 500}{1\ 000} = 52.5(\text{N} \cdot \text{m})$

空载转矩 $T_0 = T_N - T_{LN} = 57.6 - 52.5 = 6.1(\text{N} \cdot \text{m})$

实际空载转速 $n_0' = n_0 - \beta T_0 = 1\ 111 - 1.84 \times 6.1 = 1\ 100(\text{r/min})$

【例 7-2】 他励直流电动机的铭牌数据为 $P_N = 22\ \text{kW}, U_N = 220\ \text{V}, I_N = 116\ \text{A}, n_N = 1\ 500\ \text{r/min}$，试分别求下列固有特性和人为特性方程并绘制其特性曲线。

(1)固有特性；

(2)电枢串入电阻 $R_s = 0.7\ \Omega$ 时的人为特性；

(3)电源电压降至 110 V 时的人为特性；

(4)磁通减弱至 $2/3\Phi_N$ 时的人为特性；

(5)当负载转矩为额定转矩时，要求电动机以 $n = 1\ 000\ \text{r/min}$ 的速度运转，试问有几种可能的方案？分别求出它们的参数。

解:(1)固有特性(取系数为 2/3)

$$R_a = \frac{2}{3}\frac{U_N I_N - P_N}{I_N^2} = \frac{2}{3} \times \frac{220 \times 116 - 22\ 000}{116^2} = 0.175(\Omega)$$

$$C_e\Phi_N = \frac{U_N - I_N R_a}{n_N} = \frac{220 - 116 \times 0.175}{1\ 500} = 0.133$$

$$n_0 = \frac{U_N}{C_e\Phi_N} = \frac{220}{0.133} = 1\ 654(\text{r/min})$$

$$\beta = \frac{R_a}{9.55\ (C_e\Phi_N)^2} = \frac{0.175}{9.55 \times 0.133^2} = 1.04$$

固有特性方程为 $\qquad n = n_0 - \beta T = 1\ 654 - 1.04T$

理想空载点数据 $T = 0, n = n_0 = 1\ 654\ \text{r/min}$

额定工作点数据 $T = T_N = 9.55 C_e\Phi_N I_N = 9.55 \times 0.133 \times 116 = 147.3(\text{N} \cdot \text{m}), n = n_N = 1\ 500\ \text{r/min}$

连接这两点，得固有特性曲线，如图 7-7 所示。

(2)电枢回路串入 $R_s = 0.7\ \Omega$ 电阻时，$n_0 = 1\ 654\ \text{r/min}$ 不变，β 增大为

$$\beta' = \frac{R_a + R_s}{9.55\ (C_e\Phi_N)^2} = \frac{0.175 + 0.7}{9.55 \times 0.133^2} = 5.18$$

人为特性为 $\qquad n = 1\ 654 - 5.18T$

当 $T = T_N$ 时 $\qquad n = 1\ 654 - 5.18 \times 147.3 = 891(\text{r/min})$

其特性曲线为通过 $(T = 0, n = 1\ 654\ \text{r/min})$ 和 $(T = 147.3\ \text{N} \cdot \text{m}, n = 891\ \text{r/min})$ 两点的直线，如图 7-8 中人为机械特性曲线 1 所示。

(3)电源电压为 110 V 时，$\beta = 1.04$ 不变，n_0 变为

$$n_0' = \frac{110}{220} \times 1\ 654 = 827(\text{r/min})$$

人为特性为 $\qquad n = 827 - 1.04T$

当 $T = T_N$ 时 $\qquad n = (827 - 1.04 \times 147.3) = 674(\text{r/min})$

其特性曲线为通过 $(T = 0, n = 827\ \text{r/min})$ 和 $(T = 147.3\ \text{N} \cdot \text{m}, n = 674\ \text{r/min})$ 两点的直线，如图 7-8 中人为机械特性曲线 2 所示。

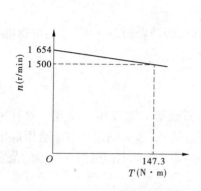

图 7-7　例 7-2 的固有机械特性

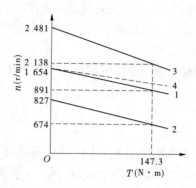

曲线 1—$R_s = 0.7\ \Omega$;曲线 2—$U = 110\ V$;

曲线 3—$\Phi = 2/3\Phi_N$;曲线 4—固有特性

图 7-8　例 7-2 的人为机械特性

（4）磁通减弱至 $2/3\Phi_N$ 时,n_0 和 β 发生变化:

$$n_0'' = \frac{U_N}{\frac{2}{3}C_e\Phi_N} = \frac{220}{\frac{2}{3} \times 0.133} = 2\ 481\ (\text{r/min})$$

$$\beta'' = \frac{R_a}{9.55\left(\frac{2}{3}C_e\Phi_N\right)^2} = \frac{0.175}{9.55 \times \left(\frac{2}{3} \times 0.133\right)^2} = 2.33$$

人为特性为　　　　　　　　　$n = 2\ 481 - 2.33T$

当 $T = T_N$ 时　　　$n = 2\ 481 - 2.33 \times 147.3 = 2\ 138\ (\text{r/min})$

其人为特性曲线为通过$(T = 0, n = 2\ 481\ \text{r/min})$和$(T = 147.3\ \text{N·m}, n = 2\ 138\ \text{r/min})$两点的直线,如图 7-8 中人为机械特性曲线 3 所示。

（5）当负载转矩为额定值,转速下降至 $n = 1\ 000\ \text{r/min}$ 时,可以采用电枢串电阻或降低电源电压的方法来实现。

当电枢串入 R_s 时,β 变化。将 $n = 1\ 000\ \text{r/min}$,$T_N = 147.3\ \text{N·m}$ 代入机械特性方程

$$1\ 000 = 1\ 654 - \beta'' \times 147.3$$

得　　　　　　　　　　　　　$\beta'' = 4.44$

应串入的电阻值为　　　$R_s = 9.55(C_e\Phi_N)^2\beta'' - R_a$

$$= 9.55 \times 0.133^2 \times 4.44 - 0.175 = 0.575\ (\Omega)$$

当电压下降时,由下式

$$1\ 000 = \frac{U}{0.133} - 1.04 \times 147.3$$

解得电压应降至　　　　　　　$U = 153.4\ V$

任务二　直流电动机的起动

直流电动机的起动是指电动机接通电源后,由静止状态加速到稳定运行状态的过程。要想使电动机起动过程合理,电动机起动主要性能指标主要考虑:①起动电流 I_{st} 的大小;

②起动转矩 T_{st} 的大小;③起动时间的长短;④起动过程是否平滑,即加速是否均匀;⑤起动过程的能量损耗;⑥起动设备的简单和可靠性。在这些问题中,起动电流和起动转矩是最主要的。

起动电流指直流电动机在额定电压下直接起动时,起动瞬间($n=0$ 时)的电枢电流,即

$$I_{st} = \frac{U_N}{R_a} \qquad (7-11)$$

由于电枢电阻 R_a 很小,所以直接起动电流将达到额定电流的 $10 \sim 20$ 倍。这样大的电流会使电动机换向困难,甚至产生环火,烧坏电机。另外,过大的起动电流会引起电网电压下降,影响电网上其他用户的正常用电。因此,必须把起动电流限制在一定的范围内(除极小容量电动机外,不允许直接起动)。

起动转矩指起动瞬间($n=0$ 时)电动机的电磁转矩,用 T_{st} 表示。

$$T_{st} = C_T \Phi I_{st} \qquad (7-12)$$

式中　Φ——每极磁通;

　　　I_{st}——起动电流。

由拖动系统的运动方程 $T_{st} - T_L = \dfrac{GD^2}{375}\dfrac{dn}{dt}$ 可知,只有电动机起动的电磁转矩 T_{st} 大于负载转矩 T_L,系统才能获得一定的加速度而很快起动起来。因此,要求电动机起动时应有足够大的起动转矩,起动转矩越大,起动时间就越短。但起动转矩并非越大越好,过大的起动转矩可能损坏电动机的传动机构。

为了限制起动电流,他励直流电动机通常采用电枢回路串电阻起动或降低电枢电压的起动方法。不论是哪一种起动方法,由 T_{st} 的表达式可以看出,起动时都应保证电动机的磁通达到最大值。这是因为在同样的起动电流下, Φ 大则 T_{st} 大;而在同样的起动转矩下, Φ 大则 I_{st} 就可以小一些。

一、电枢回路串电阻起动

这种起动方法比较简单,可将起动电流限制在容许的范围内,但需要在起动过程中将起动电阻分段切除。

电动机起动前,应使励磁电路的调节电阻 $R_{sf}=0$,励磁电流 I_f 达到最大值,以保证磁通 Φ 最大。电枢回路串接起动电阻 R_{st},电动机加上额定电压,这时起动电流为

$$I_{st} = \frac{U_N}{R_a + R_{st}} \qquad (7-13)$$

式(7-13)中 R_{st} 值应使 I_{st} 不大于允许值。对没有特殊要求的直流电动机,可取 $I_{st} \leqslant (1.5 \sim 2)I_N$。

由起动电流产生的起动转矩使电动机开始转动并逐渐加速,随着转速 n 的升高,电枢电动势($E_a = C_e \Phi n$)也逐渐增大,使电枢电流($I_a = \dfrac{U_N - E_a}{R_a + R_{st}}$)逐渐减小,电磁转矩($T = C_T \Phi I_a$)也随之减小,这样转速的上升速度就逐渐缓慢下来。为了缩短起动时间,保证电

动机在起动过程中的加速度不变,就要求在起动过程中电枢电流维持不变,因此随着电动机转速的升高,应将起动电阻平滑地切除,最后使电动机转速达到运行值。

欲按要求平滑地切除起动电阻,在实际上是不可能的,一般是将起动电阻分成若干段(一般取 2~5 段)加以切除。分段数目越多,起动过程就越平滑,但所需的控制设备也越多,投资也越大。为减少控制电器数量,提高工作的可靠性,段数不宜过多,只要将起动电流的变化保持在一定的范围内即可。下面对电枢串多级(段)电阻的起动过程进行定性分析。

图 7-9 为采用三级电阻起动时电动机的电路原理图及其对应的机械特性(电枢串电阻的人为机械特性)。电枢利用接触器 KM 接入电网,起动电阻 R_{st1}、R_{st2}、R_{st3} 利用接触器的 KM_1、KM_2、KM_3 触点来切除。

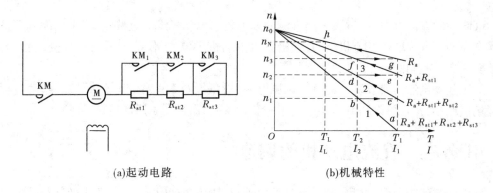

(a)起动电路　　　　　　　　　(b)机械特性

图 7-9　他励直流电动机三级电阻起动

起动开始时,接触器的触点 KM 闭合(KM_1、KM_2、KM_3 断开),电枢电路接入全部起动电阻 R_3($R_3 = R_a + R_{st1} + R_{st2} + R_{st3}$),起动电流 $I_1 = U_N/R_3$($n = 0$,$E_a = C_e\Phi n = 0$),此时起动电流 I_1 和起动转矩 T_1 均达到最大值(通常取额定值的 2 倍左右)。接入全部起动电阻的人为机械特性如图 7-9(b)中直线 1 所示。起动瞬间对应于 a 点,电动机的电磁转矩 T_1(起动转矩)大于负载转矩 T_L,电动机开始加速,电动势 E_a 逐渐增大,电枢电流和电磁转矩随 E_a 的逐渐增大而逐渐减小,工作点沿直线 1 箭头方向移动。当转速升高至 n_1、电流降至 I_2、转矩减至 T_2(图中 b 点)时,接触器 KM_3 触头闭合,切除电阻 R_{st3}。I_2 称为切换电流,一般取 $I_2 = (1.1 \sim 1.2)I_N$ 或 $T_2 = (1.1 \sim 1.2)T_N$。电阻 R_{st3} 切除后,电枢回路电阻减小为 $R_2 = R_a + R_{st1} + R_{st2}$,与之对应的人为机械特性如图 7-9(b)中直线 2 所示。在切除电阻的瞬间,由于机械惯性,转速不能突变,电动机的工作点由 b 点沿水平方向跃变到直线 2 上的 c 点。选择恰当的各级起动电阻,可使 c 点的电流仍为 I_1,转矩仍为 T_1。工作点沿直线 2 箭头方向移动。当到达 d 点时,转速升至 n_2,电流又降至 I_2,转矩也降至 T_2,此时接触器 KM_2 闭合,将 R_{st2} 切除,电枢回路电阻变为 $R_1 = R_a + R_{st1}$,工作点由 d 点平移到人为特性 3 上的 e 点。e 点的电流和转矩仍为最大值,电动机又在最大转矩 T_1 下加速,工作点在直线 3 上移动。当转速升至 n_3 时,即在 f 点时,接触器 KM_1 闭合切除最后一级电阻 R_{st1} 后,电动机将过渡到固有特性上,并沿固有特性加速,到达 h 点时,电磁转矩与负载转矩相等,电动机便在 h 点稳定运行,起动过程结束。

在小容量直流电动机中或在实验室里,常用人工手动办法来起动。常用的有 3 点或 4 点起动变阻器起动。在电动机起动前,把起动手柄置于零位,即具有最大电阻值位置。然后闭合电源开关,缓慢地移动起动器手柄(相当于自动控制中闭合接触器触点),逐步减小起动电阻,使电动机起动。

二、降压起动

由前面的分析可知,降低直流电动机的电枢电压,同样可以减小起动电流。当直流电源电压可调时,就应选择降压起动。起动时,以较低的电源电压起动电动机,起动电流便随电压的降低而成正比减小。随着电动机转速的上升,反电动势逐渐增大,再逐渐提高电源电压,使起动电流和起动转矩保持在一定的数值上,从而保证电动机按需要的加速度升速。

可调压的直流电源,在过去采用直流的发电机－电动机组。近些年,多采用晶闸管整流器作为调压电源取代变流机组,直接给直流电动机供电,不仅节省了设备投资,而且有利于实现自动控制。

降压起动虽然需要较复杂的直流调压电源,设备投资大一些,但起动平稳,起动过程中能量损耗小,并且可以和调压调速共用一套设备,因而得到了广泛应用。

■ 任务三 直流电动机的调速

在生产实践中,同一型号、同一容量的电动机,所服务的对象不同,要求的运行速度可能不同,甚至同一个生产机械在不同的生产过程中也需要不同的运行速度。例如金属切削机床,由于加工件的材料和精度要求不同,速度也就不同;又如轧钢机,当轧制不同品种和不同厚度的钢材时,也必须采用不同的最佳速度。

为了改变拖动系统的运行速度,一般可采用两种方法:一种是不改变电动机的速度,通过改变电动机与生产机械之间传动装置的速比来达到调速的目的,工程上称为机械调速;另一种是改变电动机的参数来达到改变电动机运行速度的目的,工程上称为电气调速。除单独应用上述两种调速方法外,生产中有时也将机械调速和电气调速配合起来以满足调速要求。本任务中只介绍他励直流电动机的电气调速。

必须指出,这里所讲的调速是指在任一负载下(负载保持不变),用人为的办法改变电动机的参数,以得到不同的人为机械特性,使负载的工作点发生变化,转速随之变化。至于电机拖动系统由负载变化而引起的速度变化,不属调速内容。由此可见,在调速前后,电动机必须运行在不同的机械特性上,所以分析与研究各种调速方法是与分析研究人为机械特性密切相联系的。

根据他励直流电动机的转速公式

$$n = \frac{U - I_a(R_a + R_s)}{C_e \Phi} \tag{7-14}$$

可知,在一定负载下(电枢电流 I_a 不变),通过改变串入电枢回路的电阻 R_s、外加于电枢两端的电压 U 及主磁通 Φ 三者之中的任意一个量,都可以改变转速 n,从而达到速度调节

的目的。因此,他励直流电动机的调速方法有三种:

(1)改变串入电枢回路电阻 R_{s}。

(2)改变电枢供电电压 U。

(3)改变磁通 Φ。

一、评价调速方法的主要指标

在生产实践中,当为不同的生产机械选择调速方法时,必须通过技术与经济方面的比较。通常用下述几个主要技术经济指标评价所选用的调速方法是否合理。

(一)调速范围

调速范围是指电动机在额定负载下(电枢电流保持额定值不变),可能达到的最高转速 $n_{\max}$ 与最低转速 $n_{\min}$ 之比,即

$$D = \frac{n_{\max}}{n_{\min}} \tag{7-15}$$

不同的生产机械对电动机的调速范围有不同的要求。要扩大调速范围,必须尽可能地提高电动机的最高转速和降低电动机的最低转速,电动机的最高转速受到电动机的机械强度、换向条件、电压等级方面的限制,而最低转速则受到低速运行时转速相对稳定性的限制。如某些轧钢机 $D = 8 \sim 10$,龙门刨床 $D = 10 \sim 20$。

(二)调速的稳定性

调速的稳定性是指负载转矩发生变化时,电动机转速随之变化的程度,工程上常用静差率来衡量。所谓静差率,是指电动机在某一机械特性上运行时,在额定负载下的转速降 Δn_{N} 和对应的机械特性的理想空载转速 n_0 之比,即

$$\delta\% = \frac{n_0 - n_{\mathrm{N}}}{n_0} \times 100\% = \frac{\Delta n_{\mathrm{N}}}{n_0} \times 100\% \tag{7-16}$$

很显然,电动机机械特性越硬,静差率越小,相对稳定性越高。但应注意,静差率的概念和机械特性硬度是有区别的。如图 7-10 中的两条相互平行的机械特性曲线 2、3,它们的硬度相同,额定转速降也相等,即 $\Delta n_2 = \Delta n_3$,但由于它们的理想空载转速不等,$n_{02} > n_{03}$,所以它们的静差率不等,分别为 2% 和 3%。可见,硬度相同的两条机械特性,理想空载转速越低,其静差率越大。

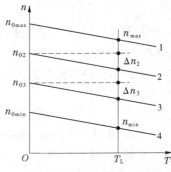

图 7-10　电枢串电阻调速

静差率与调速范围也是互相联系的两项指标,由于最低转速取决于低速时的静差率,因此调速范围必然受到低速时静差率 δ 的制约。设图 7-10 中曲线 1 和曲线 4 为电动机最高转速和最低转速时的机械特性,由式(7-15)和式(7-16)可导出电动机的调速范围 D 与最低转速时静差率 δ 的关系为

$$D = \frac{n_{\max}\delta}{\Delta n_{\mathrm{N}}(1 - \delta)} \tag{7-17}$$

式中　Δn_{N}——最低转速机械特性上的转速降;

δ——最低转速时的静差率,即系统的最大静差率。不同的生产机械,对静差率的要求不同。一般设备要求 δ 不超过 30% ~ 50%,而精度高的造纸机则要求 $\delta \leqslant 0.1\%$。

在设计调速方案时,可以根据生产要求提出的 D 与 δ,计算出允许的 Δn_N,然后决定采用何种调速方法。

(三)调速的平滑性

调速时,相邻两级转速的接近程度叫作调速的平滑性,可用平滑系数 φ 来表示

$$\varphi = \frac{n_i}{n_{i-1}} \tag{7-18}$$

φ 值越接近 1,则平滑性越好,当 $\varphi = 1$ 时,称为无级调速,即转速是连续可调的。

(四)调速的经济性

经济性包含两方面的内容,一方面是指调速所需的设备投资和调速过程中的能量损耗,另一方面是指电动机在调速时能否得到充分利用,也就是在调速过程中所能输出的功率和转矩。关于这一问题将在"调速方式与负载类型的配合"中介绍。

二、调速方法

(一)改变串入电枢回路电阻调速

大家知道,在电枢回路串入不同的电阻后,n_0 不变,而转速降 Δn 与电阻成正比,使机械特性变软。对应不同的电阻,可得到不同的人为机械特性。现用图 7-11 说明电枢回路串电阻的调速原理及调速过程。

用此法调速时,保持电机端电压为额定电压,磁通为额定磁通不变。在调速过程中,设电动机拖动恒转矩负载。

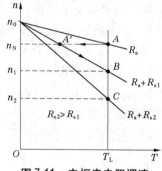

图 7-11 电枢串电阻调速

调速前,电动机带额定负载,运行在对应于 $T = T_L$ 的固有特性上的 A 点,其转速为 n_N,电枢电流为 I_N。

当电枢串入调节电阻 R_{s1} 时,电动机的机械特性变为直线 $n_0 B$,电枢电流为

$$I_a = \frac{U_N - C_e \Phi_N n_N}{R_a + R_{s1}} \tag{7-19}$$

在此瞬间,由于系统的机械惯性,电动机的转速不能突变(E_a 不变),于是电枢电流及电磁转矩减小,这时运行点由固有特性上的 A 点过渡到人为特性上的 A' 点。在 A' 点,按假设条件 T_L 不变,则 $T < T_L$,由拖动系统运动方程可知,电动机的转速开始下降。

转速下降的同时,电动机的电动势($E_a = C_e \Phi_N n$)与转速成正比地减小,使得电枢电流及电磁转矩重新增大,$n(E_a)$ 及 $T(I_a)$ 沿着人为特性由 A' 点向 B 点沿箭头方向移动,当到达 B 点时,$T = T_L$,达到了新的平衡,电动机便在 n_1 转速下稳定运行。因为 $T = T_L$ 不变,磁通 Φ 不变,即 $I_A = I_B = I_N$。新的稳定转速为

$$n_1 = n_0 - \frac{R_a + R_{s1}}{C_e \Phi_N} I_N = n_0 - \frac{R_a + R_{s1}}{C_e C_T \Phi_N^2} T_N \tag{7-20}$$

这种调速方法的优点是设备简单,操作方便。

缺点是:①由于电阻只能分段调节,所以调速的平滑性差;②低速时,特性较软,稳定性较差;③轻载时调速范围小;④因为电枢电流不变,电阻损耗与电阻成正比,转速越低,需串入的电阻越大,电阻损耗越大,效率越低,所以这种调速方法不太经济;⑤考虑到上述因素,电动机的调速下限不能太低,上限为额定转速,因此也就限制了调速范围。

因此,电枢串电阻调速多用于对调速性能要求不高、运行时间短的生产机械上。例如起重和运输牵引装置多采用这种调速方法。

需要指出的是,作为调速用的电阻 R_s(调速电阻)和作为起动用的电阻 R_{st}(起动电阻),都是用来得到不同的机械特性,但是起动电阻是按短时工作设计的,而调速电阻则应按长期工作考虑。因此,不能把起动电阻当作调速电阻使用。

【例 7-3】 一台直流他励电动机额定数据:$P_N = 17$ kW,$U_N = 220$ V,$I_N = 90$ A,$n_N = 1\ 500$ r/min,$R_a = 0.23\ \Omega$。试问:

(1)当轴上负载转矩为额定时,在电枢串入调节电阻 $R_s = 1\ \Omega$,电动机的转速是多少?

(2)当负载要求调速范围 $D = 2$ 时,电动机最低的转速是多少? 要获得此转速,应串联多大电阻?

解:(1)$C_e \Phi_N = \dfrac{U_N - I_N R_a}{n_N} = \dfrac{220 - 90 \times 0.23}{1\ 500} = 0.133$

当 $T = T_N$ 时,得 $I_a = I_N$,串入电阻后稳定转速

$$n = \frac{U_N - I_N(R_a + R_s)}{C_e \Phi_N} = \frac{220 - 90 \times (0.23 + 1)}{0.133} = 822(\text{r/min})$$

(2)如要求 $D = 2$,最小的转速

$$n_{\min} = \frac{n_{\max}}{D} = \frac{1\ 500}{2} = 750(\text{r/min})$$

理想空载转速 $n_0 = \dfrac{U_N}{C_e \Phi_N} = \dfrac{220}{0.133} = 1\ 654(\text{r/min})$

转速降 $\Delta n_N = n_0 - n_{\min} = 1\ 654 - 750 = 904(\text{r/min})$

由转速降公式 $\Delta n_N = \dfrac{RI_N}{C_e \Phi_N}$ 得

$$R = \frac{\Delta n_N C_e \Phi_N}{I_N} = \frac{904 \times 0.133}{90} = 1.336(\Omega)$$

应串联的调节电阻 $R_s = R - R_a = 1.336 - 0.23 = 1.106(\Omega)$

(二)降低电枢供电电压调速

电动机的工作电压不允许超过额定电压,因此只能采用降低电枢供电电压调速。降低电压的人为机械特性是与固有机械特性平行且低于固有机械特性的直线,因此调速只在额定转速以下进行。现用图 7-12 说明降低电枢供电电压的调速原理及调速过程。

采用这种方法调速,电动机应采取他励方式,保持励磁磁通不变,电枢回路不串电阻。在调速过程中,电动机拖动恒转矩负载。调速前,电动机运行于 $T = T_L$ 的固有特性上的 A 点,其转速为 n_N,电枢电流为 I_N。当电源电压由 U_N 降至 U_1 时,电动机的人为机械特性变

为直线 $n_{01}B$,电枢电流为

$$I_a = \frac{U_1 - C_e \Phi_N n_N}{R_a} \qquad (7-21)$$

在此瞬间,由于系统的机械惯性,电动机的转速不能突变(E_a 不变),于是电枢电流因电压的降低而减小,电磁转矩也相应减小。这时运行点由固有特性的 A 点过渡到人为特性上的 A' 点,在 A' 点,$T < T_L$,由拖动系统运动方程可知,电动机的转速开始下降。

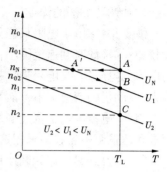

图7-12 降低电压调速

转速下降的同时,电动机的电动势($E_a = C_e \Phi_N n$)与转速成正比地减小,使得电枢电流及电磁转矩重新增大,$n(E_a)$ 及 $T(I_a)$ 沿着人为特性由 A' 点向 B 点沿箭头方向移动,当到达 B 点时,$T = T_L$,达到了新的平衡,电动机便在 n_1 转速下稳定运行。因为 $T = T_L$ 不变,磁通 Φ 不变,即 $I_A = I_B = I_N$。新的稳定转速为

$$n_1 = \frac{U_1}{C_e \Phi_N} - \Delta n_N = n_{01} - \Delta n_N \qquad (7-22)$$

这种调速方法的优点有:①可以实现无级调速,平滑性好;②由于机械特性的硬度不变,当负载变化时,速度稳定性好;③无论是轻载还是负载,调速范围都相同,调速范围较广;④调速过程中能量损耗较小。

降压调速的缺点是需调压电源设备,投资大。但是,在降压调速的电力拖动装置中,电动机起动时调压电源设备可用于降压起动,拖动系统制动时,可用于回馈制动,一套设备可有多种用途。

【例7-4】 一台他励直流电动机额定数据为:$P_N = 7.5\ \text{kW}$,$U_N = 220\ \text{V}$,$I_N = 40\ \text{A}$,$n_N = 1\ 000\ \text{r/min}$,$R_a = 0.5\ \Omega$。当电源电压降到 180 V 时,电动机拖动额定负载转矩时的转速与电枢电流各为多少?

解: 理想空载转速:$n_0 = \dfrac{U_N}{C_e \Phi_N} = \dfrac{220}{0.2} = 1\ 100(\text{r/min})$

额定转矩时的转速降:$\Delta n = n_0 - n_N = 1\ 100 - 1\ 000 = 100(\text{r/min})$

降低电压到 180 V 时的理想空载转速:$n_{01} = \dfrac{U_1}{U_N} n_0 = \dfrac{180}{220} \times 1\ 100 = 900(\text{rmin})$

降压后拖动额定转矩时的转速:$n = n_{01} - \Delta n = 900 - 100 = 800(\text{r/min})$

降压后拖动额定转矩时的电流:$I_a = I_N = 40\ \text{A}$

(三) 减弱电动机的磁通调速

他励和并励电动机改变磁通的方法比较简单,在励磁电路中串联调节电阻来改变励磁电流,从而达到改变磁通的目的。由于电动机额定运行时,磁路已经饱和,增磁调速效果不好,通常是在额定磁通下减弱磁通调速。减弱磁通的人为机械特性的理想空载转速与磁通成反比,转速降则与磁通的平方成反比。现用图 7-13 说明减弱磁通的调速原理及调速过程。

设在调速过程中,保持电枢端电压为额定电压,电枢回路不串电阻,电动机拖动额定

恒转矩负载。

调速前,电动机在 $\Phi = \Phi_N$ 的固有特性上 A 点运行,其转速为 n_N,电枢电流为 I_N。

当增加励磁电路调节电阻时,磁通减小,电动机的反电动势随之减小,虽然反电动势和磁通减小不多,但由于电枢内电阻很小,电枢电流将急剧增加。以例 7-4 的电动机为例,$E_a = U_N - I_N R_a = 220 - 40 \times 0.5 = 200(\text{V})$,若将磁通减至原有值的 0.8 倍,并认为初始瞬间电动机转速来不及改变,则得

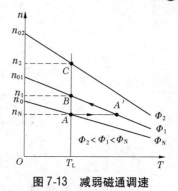

图 7-13 减弱磁通调速

$$I'_a = \frac{U_N - 0.8 C_e \Phi_N n_N}{R_a} = \frac{220 - 0.8 \times 200}{0.5} = 120(\text{A}) = 3I_N$$

此瞬间电动机的电磁转矩 $T' = C_T \Phi I'_a = 0.8 C_T \Phi_N \times 3I_N = 2.4 T_N$。

在此瞬间,由于系统的机械惯性,电动机的转速不能突变,电枢电流和电磁转矩因磁通的减小而增大。这时运行点由固有特性上的 A 点过渡到人为特性上的 A' 点,在 A' 点,$T > T_L$,由拖动系统运动方程可知,电动机的转速开始上升。

转速上升的同时,反电动势 E_a 随之增大,使得电枢电流及电磁转矩减小,工作点沿 $A'B$ 方向移动,当到达 B 点时,$T = T_L$,出现了新的平衡,电动机便在较高的转速 n_1 下稳定运行。在新的稳定点 B,由 $T = C_T \Phi_N I_N = C_T \Phi I_a$ 得电枢电流

$$I_a = \frac{\Phi_N}{\Phi} I_N \tag{7-23}$$

由此可以看出,对于恒转矩负载,若调速前后电动机的电磁转矩不变,因磁通减小了,调速后的稳定电枢电流要增大。

新的稳定转速

$$n_1 = \frac{U_N - I_a R_a}{U_N - I_N R_a} \frac{C_e \Phi_N}{C_e \Phi_1} n_N \approx \frac{\Phi_N}{\Phi_1} n_N \tag{7-24}$$

这种调速方法的优点有:①调速在励磁电路里进行,因励磁电流较小,通常只是电枢额定电流的 2% ~ 5%,控制起来很方便,设备也简单。调速的平滑性较好。②调速前后,电动机的效率基本不变,因此弱磁调速经济性较好。

缺点:①因弱磁只能升速,转速升高受到电机换向能力和机械强度的限制,调速范围不可能很大。②因弱磁调速的人为机械特性的斜率变大,特性变软,稳定性较差。

最后还必须指出,如他励直流电动机在运行过程中励磁回路突然断线,电动机将处于严重的弱磁状态。此时不仅使电枢电流猛增,电动机的转速也将上升到危险的高速,有可能使电动机遭受破坏性的损伤,所以必须采取相应的保护措施。

为扩大调速范围,常把降压和弱磁两种调速方法结合起来。在额定转速以下采用降压调速,在额定转速以上采用弱磁调速。

【例 7-5】 一台他励直流电动机的额定数据为 $U_N = 220$ V,$I_N = 41.1$ A,$n_N = 1\ 500$ r/min,$R_a = 0.4\ \Omega$,保持额定负载转矩不变,求磁通减弱为 90% Φ_N 时的稳态转速及电枢电流。

解：

$$I_a = \frac{\Phi_N}{\Phi} I_N = \frac{1}{0.9} \times 41.1 = 45.7(A)$$

$$C_e\Phi_N = \frac{U_N - I_N R_a}{n_N} = \frac{220 - 41.1 \times 0.4}{1\,500} = 0.136$$

$$n_1 = \frac{U_N - I_a R_a}{0.9 C_e\Phi_N} = \frac{220 - 0.4 \times 45.7}{0.9 \times 0.136} = 1\,648(r/min)$$

用近似公式求：$n_1 \approx \frac{\Phi_N}{\Phi} n_N = \frac{\Phi_N}{0.9\Phi_N} n_N = 1\,666.7(r/min)$

三、调速方式与负载类型的配合

上面所讨论的内容是针对电动机本身来讨论调速原理和调速性能的，而电动机服务的对象是生产机械，因此电动机调速在技术性能方面要能够满足生产机械与生产工艺条件所提出的要求，而且在经济上还要求电动机容量能够得到充分利用。要做到这一点，最基本的就是要求电动机在不同转速下稳定运行时，电枢电流始终接近或等于电动机的额定电流。

由电机拖动系统的运动方程可知，电动机在不同的转速下稳定运行时，电动机的电磁转矩必须和负载转矩相等。由电动机的电磁转矩表达式 $T = C_T\Phi I_a$ 知，当励磁磁通 Φ 不变时，$T \propto I_a$。电枢电流 I_a 的大小不仅与调速方法有关，而且与负载的大小和性质有关。由此可见，问题的实质是讨论电动机的三种调速方法各适用于什么性质的负载，以保证电枢电流在不同转速下始终接近或等于额定电流。

（一）恒转矩调速

他励直流电动机降低电枢电压调速和电枢回路串电阻调速的实质都是降低了加在电枢绕组两端的电压，在整个调速过程中，或在某一转速稳定运行时，都保持磁通 Φ 不变。若要求电枢电流保持额定值，则电动机允许输出的转矩

$$T = C_T\Phi I_N = 常数 \tag{7-25}$$

因此，其输出功率为

$$P = \frac{Tn}{9\,550} = Kn \tag{7-26}$$

式中　K——常数。

上两式表明，如果调速前后电枢电流保持额定值，则电动机调速前后输出的转矩保持不变；反过来说，如果生产机械在调速前后的负载转矩保持不变，就能保证电动机调速前后的电枢电流为额定值。所以，这种调速方法适用于恒转矩性质的负载，习惯上叫恒转矩调速。

假设有一恒功率性质的负载，采用降压调速或电枢串电阻调速（恒转矩调速）。这时负载功率为

$$P_L = \frac{T_L n}{9\,550} = K_L$$

式中　K_L——常数。

负载转矩 $$T_L = 9\,550K_L\frac{1}{n} = \frac{K'}{n} \tag{7-27}$$

此时的负载转矩特性 $T_L \propto 1/n$。为分析问题方便,把电动机的转矩 $T = f(n)$ 的关系曲线与负载的转矩 $T_L = f(n)$ 关系曲线画在同一坐标图上,如图 7-14(b)所示。

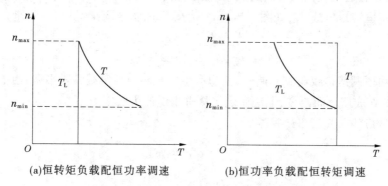

(a)恒转矩负载配恒功率调速   (b)恒功率负载配恒转矩调速

图 7-14　调速方式与负载类型的不适当配合

为了使电动机正常运行,选用的电动机允许输出转矩必须等于或略大于负载转矩,通常选取电动机的额定转矩要满足最大负载转矩的要求,即

$$T_N = T_{Lmax}$$

由于调速是从额定转速 n_N 向下调节的,所以电动机的额定转速 n_N 不能小于负载要求的最高转速 n_{max},通常取 $n_N = n_{max}$,这样电动机的额定功率应选为

$$P_N = \frac{T_N n_N}{9\,550} = \frac{T_{Lmax}n_{max}}{9\,550} = \frac{n_{max}}{n_{min}}\frac{T_{Lmax}n_{min}}{9\,550} = DP_L$$

即 $$P_L = \frac{1}{D}P_N \tag{7-28}$$

将恒转矩调速方法用于恒功率性质的负载时,电动机的额定功率应选为实际负载功率的 D(调速范围)倍,必然造成浪费。低速时电动机的转矩满足生产机械的要求,电动机电流为额定值。而在高速时,电动机需要输出的转矩小于额定转矩,电枢电流小于额定电流,电动机没有被充分利用。

(二)恒功率调速

他励直流电动机在减弱磁通调速时,若保持电枢电流为额定值,根据转速特性的公式可推出

$$n = \frac{U_N - I_N R_a}{C_e \Phi} \tag{7-29}$$

$$\Phi = \frac{U_N - I_N R_a}{C_e n} = \frac{K}{n} \tag{7-30}$$

电动机的电磁转矩

$$T = C_T \Phi I_N = C_T \frac{K}{n}I_N = \frac{K'}{n} \tag{7-31}$$

电动机的输出功率

$$P = \frac{Tn}{9\,550} = \frac{1}{9\,550}\frac{K'}{n}n = 常数 \tag{7-32}$$

这就表明,在减弱磁通调速时,如果调速前后电枢电流保持额定值,则电动机的输出功率为常数。输出转矩与转速成反比。如果生产机械调速前后的负载功率不变,就能保证电动机调速前后的负载功率不变,也就能保证电动机调速前后的电枢电流不变,由此可知,这种调速方法适用于恒功率的负载,习惯上称为恒功率调速。

假设有一恒转矩负载 T_L,如图 7-14(a)所示,采用弱磁调速(恒功率调速),则转速稳定时,有

$$T = C_T \Phi I_a = T_L = 常数 \tag{7-33}$$

因为恒功率调速是减弱磁通调速,要想产生恒定转矩与负载转矩平衡,由上式可以看出,I_a 必须与 Φ 成反比而改变,无法做到保持电枢电流为额定值不变。

将式(7-30)代入式(7-33)得

$$C_T \frac{K}{n} I_a = T_L = 常数$$

即得

$$\frac{I_a}{n} = 常数$$

或

$$\frac{I_{max}}{n_{max}} = \frac{I_{min}}{n_{min}} = 常数 \tag{7-34}$$

由此得

$$\frac{I_{max}}{I_{min}} = \frac{n_{max}}{n_{min}} = 常数 \tag{7-35}$$

如以最高转速时的电枢电流为额定值,即取 $I_{max} = I_N$,则在低速运转时,电枢电流将小于额定值,电动机容量得不到充分利用,造成浪费;反之,如取最低转速时的电枢电流为额定值,$I_{min} = I_N$,则在高速运转时,电枢电流将超过额定值,影响电动机的寿命。

综上所述可知,为生产机械选择电动机调速方法时,最好能在整个调速范围内,使电动机允许输出与负载特性相配合,以期电动机获得最充分的利用。这种最佳配合是:恒转矩负载应选用恒转矩调速方法;恒功率负载应选用恒功率调速方法。

任务四　直流电动机的反转与制动

一、直流电动机的反转

在生产实际中,许多生产机械要求电动机做正、反转运行。例如,直流电动机拖动龙门刨床的工作台往复运动;矿井卷扬机的上下运动,起重机的升降运动等。

由电动机电磁转矩的表达式 $T = C_T \Phi I_a$ 可知,要改变电磁转矩的方向,从理论上讲,一是保持电动机励磁电流方向(磁场方向)不变而改变电枢电流方向,即改变电枢电压极性。二是保持电枢电压极性不变而改变励磁电流方向。注意,同时改变电枢电流和励磁电流的方向,电动机的转向不变。

改变电动机转向应用最多的是改变电枢电流的方向,原因是励磁绕组匝数多,电感较大,切换励磁绕组时会产生较大的自感电压,危及励磁绕组的绝缘。另一方面,励磁电流的反向过程比电枢电流反向要慢得多,影响系统快速性。所以,改变励磁电流方向只用于

正反转不太频繁的大容量系统。

改变电枢电流方向的原理接线如图 7-15 所示。假设接触器触点 KM_1 闭合（KM_2 断开），电动机为正转状态运行。现将触点 KM_2 闭合（KM_1 断开），这时加到电枢绕组两端的电源电压极性便和正转运行时相反。因磁场方向不变，这时电枢电流变为负值（与正转时相反），电磁转矩的方向也随之改变（中间经制动、起动），最后电动机以反向状态运行。

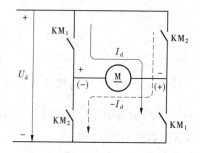

图 7-15　用接触器切换的可逆线路

二、直流电动机的制动

在电力拖动系统中，有时需要电动机快速停车或者由高速运行迅速转为低速运行，这时就需要对电动机进行制动。常用的制动方法有机械的（用抱闸）和电磁的两种。电磁制动就是使电动机产生一个与旋转方向相反的电磁转矩 T。这种制动方法制动转矩大，制动强度控制也比较容易，电力拖动系统多采用这种方法，也可以与机械制动配合使用。

必须指出，当一台生产机械工作完毕需要停车时，最简单的方法是断开电枢电源，让系统在摩擦阻转矩的作用下，转速慢慢下降至零而停车，这叫自由停车。自由停车一般较慢，如风机一类的负载，停车时间长短是无所谓的；但是有些机械，如电车，若不能紧急停车，就会出大事故。如希望加快制动过程，就要人为地对电动机进行制动。

对电动机的制动有以下的要求：①制动转矩要足够大，制动电流不超过电动机换向和发热所允许的数值（可仿照起动电流选取）；②制动过程要平滑，有的生产机械（如载人电梯）制动时，要求电动机的转速均匀降低，当采用分级制动时，要求相邻的两级转速差小，即平滑性好；③能按生产工艺的要求，准确、可靠地停止在预定位置，或将转速限定到指定值；④制动过程中能量的损耗及设备投资要少，即经济性好；⑤制动时间要符合制动要求，一般来说，制动越快越好，但要考虑电动机及传动机构所允许的条件。

他励直流电动机的制动有能耗制动、反接制动和回馈制动三种方式。下面分别讨论各种制动的物理过程、机械特性及制动电阻的计算。

（一）能耗制动

图 7-16 为他励直流电动机能耗制动的接线图，当开关 S 接电源时，电动机处于电动工作状态，此时电动机的电枢电流、电枢电动势、电磁转矩和转速的方向如图 7-16 中实线所示。当需要制动时，保持励磁电流不变，将电枢两端的电源断开，接到制动电阻 R_B 上。在这一瞬间，由于拖动系统的机械惯性作用，电动机的转速来不及改变，又由于磁通不变，于是 E_a 的大小和方向均未变。因为 $U=0$，E_a 将在电枢闭合回路中产生电流 I_{aB}，$I_{aB}=-\dfrac{E_a}{R_a+R_B}$，为负值，表明它的方向与电动状态时相反，如图 7-16 中虚线所示。由此而产生的电磁转矩 T_B 也与电动状态时的 T 相反，成为制动性质的转矩对电动机进行制动。这时电动机由生产机械的惯性作用拖动而发电，将生产机械储存的动能转换成电能，消耗在电阻（R_a+R_B）上，直到电动机停止转动，所以这种制动方式称为能耗制动。

能耗制动时，因 $U=0$，$\Phi=\Phi_N$，$R=R_a+R_B$，电动机的人为机械特性方程为

$$n = -\frac{R_a + R_B}{C_e C_T \Phi_N^2} T \qquad (7-36)$$

或

$$n = -\frac{R_a + R_B}{C_e \Phi_N} I_a \qquad (7-37)$$

由上式可知,机械特性为通过坐标原点的直线,它的斜率 $\beta = \dfrac{R_a + R_B}{C_e C_T \Phi_N^2}$,与电动状态下电枢串电阻 R_B 时的人为特性的斜率相同。由于 n 为正时,I_a 和 T 为负,所以特性位于第二象限,如图 7-17 所示。

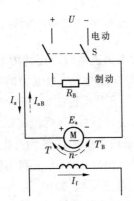

图 7-16　能耗制动接线图

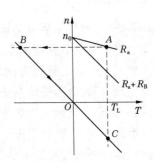

图 7-17　能耗制动时的机械特性

能耗制动时,电机工作点的变化情况用机械特性曲线说明,设制动前电机工作在电动状态的固有特性上 A 点运行,这时 $n > 0$,$T > 0$,T 为驱动转矩。开始制动时,n 不能突变,工作点过渡到能耗制动特性曲线的 B 点。在 B 点,$n > 0$,$T < 0$,T 为制动性质转矩,电动机开始减速,工作点沿 BO 方向移动。

如果负载是反抗性负载,旋转系统到达 O 点时,$n = 0$,$T = 0$,电动机便停转。

如果负载是位能性负载,到达 O 点时,虽然 $n = 0$,$T = 0$,但 $T_L \neq 0$,电动机在位能负载转矩的作用下反转并加速,工作点沿特性曲线 OC 方向移动。此时,n、E_a 的方向均与电动状态时相反,由 E_a 产生的 I_a 的方向却与电动状态相同,$T = C_T \Phi I_a$,其方向也与电动状态时相同,即 $n < 0$,$T > 0$,所以电磁转矩仍为制动转矩。随着反向转速的增加,制动转矩也不断增大,当增加到 $T = T_L$ 时,电机便在某一转速下稳定运行,即匀速下放重物,如图 7-17 中的 C 点。

为满足不同的制动要求,可在电枢回路串接不同的制动电阻,从而可以改变起始制动转矩的大小,以及下放位能负载时的稳定转速,R_B 越小,特性曲线的斜率越小,起始制动转矩越大,而下放位能负载的转速就越低。为了避免过大的制动转矩和制动电流给系统带来的不利影响,通常限制最大制动电流不超过 $2 \sim 2.5$ 倍的额定电流。即

$$I_{aB} = \frac{E_a}{R_a + R_B} \leqslant I_{max} = (2 \sim 2.5) I_N$$

$$R_B \geqslant \frac{E_a}{(2 \sim 2.5) I_N} - R_a \qquad (7-38)$$

式中　E_a——制动初始时(制动前电动状态时)的电枢电势,$E_a = C_e \Phi_N n$,如制动前电机处

于额定运行,则 $E_a = U_N - R_a I_N \approx U_N$。

能耗制动的接线和操作都比较简单,在制动过程中电动机已从电网断开,不需从电网输入电功率,因而比较经济,而且用这种方法实现停车比较准确。但也存在着一定的缺点,随着转速的下降,制动电流和制动转矩也随之减小,制动效果变差。若为了使电机能更快地停转,可以在转速降到一定程度时,切除一部分制动电阻(二级能耗制动),使制动转矩增大,加强制动作用,也可以与机械制动配合使用。

【例 7-6】 一台直流他励电动机额定数据为:$P_N = 40$ kW, $U_N = 220$ V, $I_N = 210$ A, $n_N = 1\ 000$ r/min,电枢内阻 $R_a = 0.07\ \Omega$,试求:

(1)在额定负载下进行能耗制动,欲使制动电流等于 $2I_N$,电枢应外接多大的电阻?

(2)它的机械特性方程。

解:(1)额定负载时,电动机电动势

$$E_a = U_N - R_a I_N = 220 - 210 \times 0.07 = 205.3(\text{V})$$

按要求,应串入的制动电阻值为

$$R_B = \frac{E_a}{2I_N} - R_a = \frac{205.3}{2 \times 210} - 0.07 = 0.419(\Omega)$$

(2)因为磁通不变,所以

$$C_e \Phi_N = \frac{E_a}{n_N} = \frac{205.3}{1\ 000} = 0.205\ 3$$

转矩系数　　$C_T \Phi_N = 9.55 C_e \Phi_N = 9.55 \times 0.205\ 3 = 1.96$

机械特性方程为　$n = -\frac{R}{C_e C_T \Phi_N^2} T = -\frac{0.419 + 0.07}{0.205\ 3 \times 1.96} T = -1.215T$

(二)反接制动

反接制动可以用两种方法来实现,即电压反接与倒拉反转反接制动。

(1)电压反接制动。图 7-18 为电压反接制动的接线图。当开关 S 投向"电动"侧时,电动机在正常电动状态运行,电动机的转速 n、电动势 E_a、电枢电流 I_a、电磁转矩 T 的方向如图 7-18 中实线所示,若将开关 S 投向"制动"侧,这时加到电枢绕组两端电源电压极性便和电动运行时相反。因为这时磁场和转向不变,电动势方向不变。于是外加电压方向便与电动势方向相同,这样,电枢电流为

$$I_{aB} = \frac{-U_N - E_a}{R_a + R_B} = -\frac{U_N + E_a}{R_a + R_B} \tag{7-39}$$

电枢电流 I_{aB} 方向与电动状态时相反,变为负值,电磁转矩 T_B 方向也就随之改变(如图 7-18 中虚线所示),起制动作用,使转速迅速下降,所以称电压反接制动。

电动状态时,电枢电流的大小取决于 U_N 与 E_a 之差,即 $I_a = \frac{U_N - E_a}{R_a}$。而电压反接制动时,电枢电流的大小取决于 U_N 与 E_a 之和,因此若不采取其他措施,反接制动时的电枢电流是非常大的。因此,必须在反接的同时在电枢电路中串入制动电阻 R_B,以限制过大的制动电流,R_B 的大小应使反接制动时电枢电流不超过电动机的最大允许电流 I_{max}($I_{max} = (2 \sim 2.5)I_N$),由此可得应串入的制动电阻值为

$$R_B \geqslant \frac{U_N + E_a}{(2 \sim 2.5) I_N} - R_a \qquad (7\text{-}40)$$

电压反接制动时的机械特性是在 $U = -U_N$，$\Phi = \Phi_N$，$R = R_a + R_B$ 条件下的一条人为机械特性，即

$$n = -\frac{U_N}{C_e \Phi_N} - \frac{R_a + R_B}{C_e C_T \Phi_N^2} T \qquad (7\text{-}41)$$

或

$$n = -\frac{U_N}{C_e \Phi_N} - \frac{R_a + R_B}{C_e \Phi_N} I_a \qquad (7\text{-}42)$$

可见，特性曲线是一条理想空载点坐标为 $(0, -n_0)$，斜率为 $\dfrac{R_a + R_B}{C_e C_T \Phi_N^2}$，与电动状态下电枢串入电阻 R_B 时的人为机械特性相平行的直线，如图 7-19 所示。

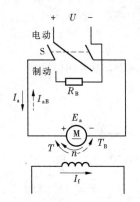

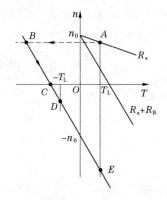

图 7-18 电压反接制动接线图　　图 7-19　电压反接制动时的机械特性

电压反接制动时电机工作点的变化情况可用图 7-19 说明：设电动机原来工作在固有特性上的 A 点，在串加电阻并将电压反接瞬间，电动机过渡到电压反接的人为特性上的 B 点，电动机的电磁转矩变为制动转矩开始反接制动，工作点沿 BC 方向移动，当到达 C 点时，制动过程结束。在 C 点，$n = 0$，但制动性质的电磁转矩 $T_B \neq 0$，根据负载性质的不同，电机工作点的变化情况又分为两种。

如果负载是反抗性负载，并且 C 点的制动电磁转矩 $|T_B| \leqslant |T_L|$ 时，电动机便停止不转；如果 $|T_B| \geqslant |T_L|$，在反向的电磁转矩作用下，电动机将反向起动，沿特性曲线到 D 点，$|T_B| = |T_L|$，电动机以 $-n$ 的速度稳定运行（通常把运行点在第三象限称为反向电动）；如果制动的目的仅是停车，当电动机转速 n 接近于零时，应立即断开电源。

如果负载是位能性负载，则过 C 点以后，电动机将反向加速，一直到 E 点，电动机的电磁转矩与位能负载转矩平衡时，便稳定运行。

在反接制动过程中（图 7-19 中 BC 段），U、I_a、T 均为负值，n、E_a 为正值。输入功率 $P_1 = U I_a > 0$，输出功率 $P_2 = T_2 \Omega \approx T\Omega < 0$，表明电动机从电源输入电功率，从电动机轴上输入机械功率（将下放重物时的机械位能变为电能），把这两部分电能都消耗在电枢回路的电阻 $(R_a + R_B)$ 上，所以反接制动在电能利用方面是不经济的。

（2）倒拉反转反接制动。倒拉反转的反接制动仅适用于位能性恒转矩负载，现以起

重机下放重物为例说明电机倒拉反转反接制动时工作点的变化情况,见图7-20。

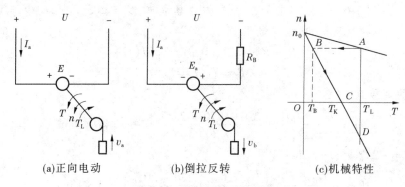

(a)正向电动　　　　　　(b)倒拉反转　　　　　　(c)机械特性

图7-20　倒拉反转反接制动

图7-20(a)标出了正向电动状态(提升重物)时电动机的各物理量方向,此时电动机工作在固有机械特性(见图7-20(c))的 A 点。这时在保持电动机接线不变的情况下,在电枢回路串入一个较大的电阻 R_B,这时的人为机械特性如图7-20(c)中的直线 n_0D 所示。在串入电阻的瞬间,由于系统的惯性,转速不能突变,工作点由固有特性上的 A 点沿水平方向跳跃到人为特性上的 B 点。这时电动机产生的电磁转矩 T_B 小于负载转矩 T_L,电动机开始减速,反电动势随之减小,与此同时电枢电流和电磁转矩又随反电动势减小而重新增加。工作点沿人为特性由 B 点向 C 点变化,到达 C 点时,$n=0$,因电动机的电磁转矩仍小于负载转矩 T_L,所以在负载位能转矩作用下,将电动机倒拉而开始反转,其旋转方向变为下放重物的方向。因为励磁不变,E_a 随 n 的反向而改变方向,于是电枢电路中电流为

$$I_a = \frac{U-(-E_a)}{R_a+R_B} = \frac{U+E_a}{R_a+R_B} \tag{7-43}$$

由于电枢电流方向未变,这时电动机电磁转矩方向也不变,但因旋转方向已改变,所以电磁转矩为制动转矩,电动机处于制动状态。随着电动机反向转速的增加,E_a 增大,电枢电流 I_a 和制动的电磁转矩 T 也相应增大,当到达 D 点时,电磁转矩与负载转矩平衡,电动机便以稳定的转速匀速下放重物。

倒拉反转反接制动的机械特性方程就是电枢回路串电阻时的机械特性方程式,只不过由于串入的电阻值较大,出现 $\dfrac{R_a+R_B}{C_eC_T\Phi_N^2}T_L > n_0$,即 $n = n_0 - \dfrac{R_a+R_B}{C_eC_T\Phi_N^2}T_L < 0$。因此,倒拉反转反接制动的机械特性是电动状态时的机械特性在第四象限的延伸部分。另外,当电枢回路串入不同阻值的电阻时,电动机最后稳定下放重物的转速是不同的。

倒拉反转反接制动时,电网仍向电动机输送功率,同时下放重物时的机械位能转变为电能,这两部分电能都消耗在电阻 (R_a+R_B) 上,由此看出反接制动在电能利用方面也是不经济的。

【例7-7】 用例7-6的电动机进行反接制动。试求:

(1)若电动机的负载是位能性负载,提升重物在额定负载情况下工作,如在电枢电路中串入2.1 Ω电阻进行倒拉反转反接运行,略去空载转矩 T_0,求倒拉时的稳定转速;

(2)如电动机作电压反接,使反接初瞬的电磁制动转矩等于2倍的额定转矩,电枢电

路中需串入多大电阻?

解:(1)从例7-6中,可知电动机有关的计算数据:$E_a = 205.3$ V,$C_e\Phi_N = 0.205\,3$,$C_T\Phi_N = 1.96$,倒拉反转时,电枢总电阻

$$R_a + R_B = 2.1 + 0.07 = 2.17(\Omega)$$

额定负载时
$$T_L = T_N, I_a = I_N$$

电动机的稳定转速

$$n = \frac{U_N - I_N R}{C_e\Phi_N} = \frac{220 - 210 \times 2.17}{0.205\,3} = -1\,148(\text{r/min})$$

(2)$T = -2T_N$ 时,$I_a = 2I_N$,则

$$R = -\frac{U_N + E_a}{-2I_N} = \frac{U_N + E_a}{2I_N} = \frac{220 + 205.3}{2 \times 210} = 1.013(\Omega)$$

应串入的制动电阻

$$R_B = R - R_a = 1.013 - 0.07 = 0.943(\Omega)$$

(三)回馈制动(再生制动)

在电动状态下运行的电动机,如遇到起重机下放重物或电车下坡,使电动机的转速高于理想空载转速,电动机便处于回馈制动状态。

回馈制动的机械特性方程式与电动状态时完全一样,只不过 $n > n_0$ 时,$E_a = C_e\Phi_N n > U$,电枢电流 $I_a = \dfrac{U - E_a}{R} < 0$,即为负值,电磁转矩 T 随 I_a 的反向而反向,对电动机起制动作用。电动状态时,电枢电流为正值,由电网的正端流向电动机。回馈制动时,电枢电流为负值,由电枢流向电网的正端(将机械能转变成电能回馈给电网),由此称这种状态为回馈制动状态。

回馈制动分为:正向回馈制动,其机械特性位于第二象限;反向回馈制动,其机械特性位于第四象限。下面分两种情况说明回馈制动时电动机工作点的变化情况。

(1)电动机拖动位能性负载下放重物。这个过程就是电压反接制动的过程,其电压反接制动的接线(图7-18)与电压反接制动的机械特性(图7-19)已做介绍,不再详述。电动机经制动减速,反向电动加速,最后到达 E 点,制动的电磁转矩与重物作用力平衡,电力拖动系统便在反向回馈制动状态下稳定运行,即匀速下放重物。为防止转速过高,可在反向回馈制动后,将电枢回路串联电阻全部切除,使电动机运行在电压反接的固有机械特性的反向回馈制动状态,如图7-21中的 B 点。

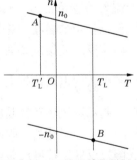

图7-21　回馈制动机械特性

(2)电车下坡时。如图7-22所示,电车走平路时电动机工作在正向电动状态,电动机的电磁转矩 T 与反抗性负载转矩 T_L 平衡,并以 n_a 的转速稳定运行在固有特性曲线的 a 点上,如图7-22(c)所示。当电车下坡,因重力作用而产生的下滑力超过摩擦力时,负载转矩就从反抗性变为位能性。其方向与摩擦转矩相反,与运动方向相同,应为负值,负载机械特性在第二象限。在电动机电磁转矩和负载位能转矩共同作用下,电动机开始加速,

当电动机的转速 $n > n_0$ 时，$E_a > U$，$I_a = \dfrac{U - E_a}{R_a} < 0$，$T = C_T \Phi_N I_a < 0$，电动机的电磁转矩变为制动转矩，对下滑起抑制作用，当到达 b 点时，电动机的电磁转矩与负载转矩平衡，电车以 n_b 的稳定转速下坡。此时，电动机工作在正向回馈制动状态，将电车的动能变为电能回馈到电网（说明：正向回馈制动运行在第二象限，起重机下放重物的反向回馈制动运行在第四象限。其实这是由于规定提升方向为正，下放为负而产生的区别）。

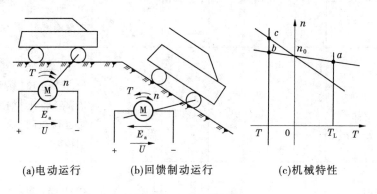

(a)电动运行　　　(b)回馈制动运行　　　(c)机械特性

图 7-22　正向回馈制动

回馈制动时，由于有功率回馈到电网，因此与能耗制动和反接制动相比，从能量观点来看，是比较经济的。

【例 7-8】　用例 7-6 的电动机，带 1/2 额定位能负载下放重物，试求：

(1)在固有特性上进行回馈制动的稳定转速；

(2)欲使电动机在下放转速为 1 200 r/min 时稳定运行，电枢电路应接入多大电阻？

解：(1) $T_L = \dfrac{1}{2} T_N$，可认为 $I_a = \dfrac{1}{2} I_N = \dfrac{1}{2} \times 210 = 105 (\text{A})$

在反向（回馈制动）机械特性方程应以 $-U$ 代 U，求得在固有特性上进行回馈制动的稳定转速为

$$n = \frac{-U - I_a R_a}{C_e \Phi_N} = \frac{-220 - 105 \times 0.07}{0.205\ 3} = -1\ 107 (\text{r/min})$$

(2)当 $n = -1\ 200$ r/min 时

$$E_a = C_e \Phi_N n = 0.205\ 3 \times (-1\ 200) = -246.4 (\text{V})$$

由电压平衡方程求电枢回路总电阻

$$R = \frac{-U - E_a}{I_a} = \frac{-220 + 246.4}{105} = 0.251 (\Omega)$$

应串入制动电阻

$$R_B = R - R_a = 0.251 - 0.07 = 0.181 (\Omega)$$

研究各种制动运行时电动机工作点的变化情况，应先找制动条件，然后利用方程 $T = C_T \Phi I$，$T - T_L = \dfrac{GD^2}{375} \dfrac{dn}{dt}$，$I = \dfrac{U - E_a}{R_a + R_B}$，$E_a = C_e \Phi_N n$ 分析。各种制动方法比较见表 7-1。

表 7-1　各种制动方法比较

制动方式	制动条件	机械特性方程	所在象限	应用场合	优点	缺点
能耗制动	$U = 0$ $n_0 = 0$ $\Phi = \Phi_N$ $R = R_a + R_B$	$n = -\dfrac{R_a + R_B}{C_e C_T \Phi_N^2} T$	二（或四）	减速要求较平稳的场合	制动减速平稳可靠；控制线路简单；便于实现准确停车	制动转矩随转速降低而减小
电压反接制动	$U = U_N$ $n_0 = -n_0$ $\Phi = \Phi_N$ $R = R_a + R_B$	$n = -n_0 - \dfrac{R_a + R_B}{C_e C_T \Phi_N^2} T$	二（或四）	要求迅速反转，有较强烈制动转矩场合	制动强烈，制动较快；在停车时也存在制动转矩	制动过程中能耗大；转速到 0 时如不及时切断电源，电动机则自行反转
回馈制动（反向）	$U = U_N$ $n_0 = -n_0$ $\Phi = \Phi_N$ $R = R_a + R_B$	$n = -n_0 - \dfrac{R_a + R_B}{C_e C_T \Phi_N^2} T$	四	用于位能负载在 $n > n_0$ 条件下稳速下放场合	不需要改接线路，即可从反向电动自行转到回馈状态；电能回馈电网，较经济	当 $E_a < U$ 时，不能实现回馈制动，运行范围窄
倒拉反转反接制动	$U = U_N$ $\Phi = \Phi_N$ $R = R_a + R_B$	$n = n_0 - \dfrac{R_a + R_B}{C_e C_T \Phi_N^2} T$	四	用于位能负载在 $n = (n_0 - \Delta n) < 0$ 条件下稳速下放场合	制动平稳可靠；控制线路简单	制动过程中有大量能量损失

　　他励直流电动机各种运转状态的机械特性如图 7-23 所示。电动运行 T 与 n 同方向，机械特性处于第一、二象限；制动运行 T 与 n 反方向，机械特性在第二、四象限。

项目小结

　　直流电动机的电力拖动主要研究电动机与所拖动的生产机械之间的关系，即电动机的电磁转矩与生产机械的负载转矩以及系统转速之间的关系。

　　他励直流电动机的机械特性指稳态运行时电

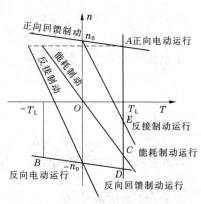

图 7-23　他励电动机的各种运行状态

机转速与电磁转矩之间的关系。机械特性的一般表达式为

$$n = \frac{U}{C_e \Phi} - \frac{R}{C_e C_T \Phi^2} T$$

当 $U = U_N, \Phi = \Phi_N, R = R_a$ 时的机械特性为固有机械特性。当 U、Φ、R 中任意一个参数改变时的机械特性称为人为机械特性。

利用电动机的机械特性和负载的机械特性可以确定电动机的稳定工作点,即根据负载转矩确定稳态转速,或根据稳态转速计算负载转矩。也可以根据要求的稳态工作点计算电动机的外接电阻、外加电压和磁通等参数。

直流电动机起动时,由于起动瞬间 $n = 0, E_a = 0$,起动电流 I_{st} 可达 I_N 的十几倍,这是不允许的,为了限制起动电流,通常采用电枢回路串入附加电阻分级起动和降低电枢电压起动。直流电动机的调速是人为地改变电气参数使电动机在不同的人为机械特性上运行,使生产机械的工作速度得到改变,以满足生产的需要。他励直流电动机的调速方法有电枢串电阻调速、降低电枢电压调速、减弱磁通调速。电枢串电阻调速和降低电枢电压调速属恒转矩调速,减弱磁通调速属恒功率调速。注意,恒转矩调速方式适合于拖动恒转矩负载,恒功率调速方式适合于拖动恒功率负载。

电动机的反转:通常采用改变电枢电流方向以达到改变电动机转向的目的。

直流电动机有三种制动方法:能耗制动、反接制动(电压反接和倒拉反转)和回馈制动。制动运行的特点是 T 与 n 的方向相反,电磁转矩 T 对系统起制动作用,机械特性处于第二、四象限。

思考与习题

7-1　他励直流电动机的机械特性指的是什么?

7-2　什么叫他励直流电动机的固有机械特性? 什么叫人为机械特性?

7-3　试说明他励直流电动机三种人为机械特性的特点。

7-4　电动机的理想空载转速与实际空载转速有何区别?

7-5　为什么在他励直流电动机固有机械特性上对应 T_N 时,会有转速 Δn_N 的降低?

7-6　从物理概念上说,为什么电枢回路串入附加电阻后不影响 n_0?

7-7　直流电动机为什么不能直接起动? 如果直接起动会引起什么后果?

7-8　如果不切除直流电动机起动时电枢回路的外串电阻,对电机运行有何影响?

7-9　如何考虑直流电动机的最大起动电流(或最大起动转矩)? 其过大或过小对起动有何影响?

7-10　直流电动机的起动方法有几种?

7-11　静差率与调速范围有什么关系? 为什么要同时提出才有意义?

7-12　静差率与机械特性的硬度是一回事吗?

7-13　他励直流电动机稳定运行时,电枢电流的大小与哪些因素有关?

7-14　减弱磁通调速时,转矩变小了,为什么稳定运行后电动机转速会升高?

7-15　当电动机拖动恒转矩负载时,应采用什么调速方式? 拖动恒功率负载时,又应

采用什么样的调速方式?

7-16　为什么恒转矩负载最好选用恒转矩调速方式?

7-17　什么因素影响调速范围的扩大? 用什么办法可以扩大调速范围?

7-18　他励直流电动机的三种调速方法各属于什么调速方式?

7-19　如何改变他励直流电动机的旋转方向?

7-20　怎样实现他励直流电动机的能耗制动?

7-21　采用能耗制动和电压反接制动进行系统停车时都需要在电枢回路串入制动电阻,那么哪一种串入的电阻更大些? 为什么?

7-22　什么叫回馈制动? 其有何特点?

7-23　当提升机下放重物时,要使他励电动机在低于理想空载转速下运行,应采用什么制动方法? 若在高于理想空载转速下运行,又应采用什么制动方法?

7-24　一台他励直流电动机拖动起重机提升机构,在电动机拖动重物匀速上升时,将电压反接(励磁电流不变)。试用机械特性说明:¢ 从反接开始到系统达到新的稳定状态之间,电机经历了哪几种运行状态,最后在什么状态下稳态运行;¢ 各种状态下,n、E_a、I_a 及 T 的变化情况。

项目八 控制电机

【学习目标】

了解几种主要控制电机的工作原理、特点和用途。理解伺服电动机、测速发电机和步进电动机的工作原理及控制方法;了解自整角机和旋转变压器。

控制电机多用于自动化系统和计算机装置中以实现信号(或能量)的检测、解算、执行、转换或放大功能。控制电机的输出功率一般从数百毫瓦到数百瓦,通常不大于 600 W。控制电机的外形尺寸较小,机座外径不足 130 mm。质量从数十克到数千克。

(1)控制电机的特点。

普通的旋转电机较注重起动和运行时的力能指标。而控制电机则注重特性的可靠性、高精度和快速响应,以满足系统的要求,三种特点分述如下:

①可靠性。在自动控制系统中,每个元件都要按系统对它的要求而工作,可靠性高是确保系统正常工作的基础,因此要求使用中的控制电机能在恶劣环境(高低温、潮湿、腐蚀、冲击和振动)下可靠地工作。

②高精度。测速和测位用的微电机常用高精度作为考察指标,如静、动态误差和输出特性的漂移(工作环境的变化、电源电压及频率变化引起的);执行和放大用的控制电机主要用线性度和不灵敏区等指标来作为精度的标准。控制电机的精度直接影响自动控制系统的精度,所以高精度的控制电机是自动控制系统高精度的必备条件。

③快速响应。执行用微电机,要具备快速响应的能力。常用最大理论加速度、机电时间常数和功率变化率等作为衡量快速响应的指标。因为控制电机对信号的响应能力远低于同一系统中的其他元器件,所以其主要指标是影响系统响应速度的决定因素。随着科技的发展和进步,微电机的领域不断被拓展,其技术也在不断更新和发展。

(2)控制电机的类型。

根据控制电机的应用,可将其分成五种类型:

①执行用控制电机。如无刷直流电动机、交流伺服电动机、直流伺服电动机、步进电动机、力矩电动机和开关磁阻电动机等。它们的任务是根据不断变化的指令快速准确地动作,带动负载完成规定的工作,也就是将控制电压信号(或电脉冲)转化成转轴上的机械转动信号(角位移和角速度等)。

②测位用控制电机。如自整角机、旋转变压器等,常用来测量机械转角和转角差。

③测速用控制电机。如交、直流测速发电机,它把机械转角转换成电压或脉冲信号输出,也用作解算元件和阻尼元件。

④放大用控制电机。如放大器和电机扩大机,可放大输入量或反馈量,并进行校正或变换,从而控制执行元件的动作。

⑤特殊微电机。如静电电动机、低速同步电动机、谐波电动机、超声波电动机和磁性编码器等。

任务一　伺服电动机

伺服电动机也叫执行电动机,它的工作状态受控于信号,按信号的指令而动作:信号为零时,转子处于静止状态;有信号输入,转子立即旋转;除去信号,转子能迅速制动,很快停转。伺服电动机正是由于电动机的这种工作特点而命名的。

为了达到自动控制系统的要求,伺服电动机应具有以下特点:好的可控性(是指信号去除后,伺服电动机能迅速制动,很快达到静止状态);高的稳定性(是指转子的转速平稳变化);灵敏性(是指伺服电动机对控制信号能快速做出反应)。

伺服电动机通常分为两大类,即直流伺服电动机和交流伺服电动机,是以供电电源是直流还是交流来划分的。

一、直流伺服电动机

(一)直流伺服电动机的结构

直流伺服电动机的结构和普通小功率直流电动机相同。按结构可分为两种基本类型:永磁式和电磁式。永磁式的定子由永久磁铁制成,可看作是他励直流伺服电动机的一种。电磁式直流伺服电动机定子由硅钢片叠成,外套励磁绕组。直流伺服电动机的功率一般是 1 ~ 600 W。图 8-1 是直流伺服电动机的外形和内部结构。

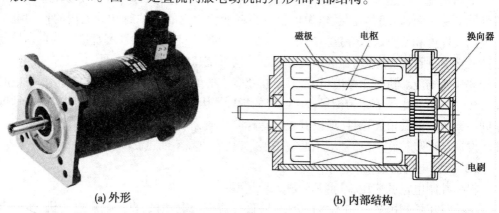

(a) 外形　　　　　　　　　　　(b) 内部结构

图 8-1　直流伺服电动机的外形和内部结构

(二)直流伺服电动机的工作原理

当励磁绕组和电枢绕组中都通过电流并产生磁通时,它们相互作用而产生电磁转矩,使直流伺服电动机带动负载工作。如果两个绕组中任何一个电流消失,电动机马上静止下来。作为自动控制系统中的执行元件,直流伺服电动机把输入的控制电压信号转换为转轴上的角位移或角速度输出。电动机的转速及转向随控制电压的改变而改变。

直流伺服电动机的励磁绕组和电枢绕组分别装在定子和转子上,改变电枢绕组的端电压或改变励磁电流都可以实现调速控制。下面分别对这两种控制方法进行分析。

1. 改变电枢绕组端电压的控制

如图 8-2 是此种电枢控制方式的原理图,电枢绕组作为接收信号的控制绕组,接控制电压 U_K。励磁绕组接到电压为 U_f 的直流电源上,以产生磁通。当控制电源有电压输出时,电动机立即旋转;无控制电压输出时,电动机立即停止转动。

此种控制方式可简称为电枢控制。其控制的具体过程如下:

设初始时刻控制电压 $U_K = U_1$,电机的转速为 n_1,反电动势为 E_1,电枢电流为 I_{K1},电动机处于稳定状态,电磁转矩和负载转矩相平衡,即 $T = T_L$。现在保持负载转矩不

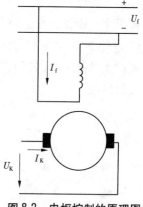

图 8-2　电枢控制的原理图

变,增加电源电压到 U_2,由于转速不能突变,仍然为 n_1,所以反电动势也为 E_1,由电压平衡方程式 $U = E_a + I_a R_a$ 可知,为了保持电压平衡,电枢电流应上升,电磁转矩也随之上升,此时 $T > T_L$,电机的转速上升,反电动势随着增加。为了保持电压平衡关系,电枢电流和电磁转矩都要下降,一直到电流减小到 I_{K1},电磁转矩和负载转矩达到平衡,电动机处于新的平衡状态。可是,此时电机的转速为 $n_2 > n_1$。当负载和励磁电流不变时,我们用一流程表示上述过程:

$U_K \uparrow (n$ 和 E_a 不会突变 $) \rightarrow I_a \uparrow \rightarrow T \uparrow \rightarrow T > T_L \rightarrow n \uparrow \rightarrow E_a \uparrow \rightarrow I_a \downarrow \rightarrow T \downarrow \rightarrow T = T_L \rightarrow n = n_2$

降低电枢电压,使转速下降的过程和上述过程原理上是相同的。

电枢控制时,直流伺服电动机的机械特性和他励直流电动机改变电枢电压时的人为机械特性是一样的。

2. 改变励磁电流的控制

改变励磁电流控制的原理图如图 8-3 所示,此种控制方式中,电枢绕组起励磁绕组的作用,接在励磁电源 U_f 上,而励磁绕组则作为控制绕组,受控于电压 U_K。

由于励磁绕组进行励磁时,所消耗的功率较小,并且电枢电路的电感小,响应迅速,所以直流伺服电动机多采用改变电枢绕组端电压的控制方式。

(三)直流伺服电动机机械特性和调节特性

直流伺服电动机的机械特性公式仍为

$$n = \frac{U}{C_e \Phi} - \frac{R_a}{C_e C_T \Phi^2} T = n_0 - \beta T$$

采用电枢控制,并忽略电枢反应对磁通的影响时,磁通 $\Phi = $ 常数。

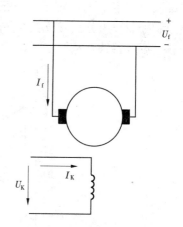

图 8-3　改变励磁电流控制的原理图

1. 机械特性

控制电压 $U = $ 常数时的 $n = f(T)$ 曲线称为机械特性,亦为向下倾斜的直线,电枢电压下降,特性下移,如图 8-4 所示。可以看出,负载转矩一定亦即电磁转矩一定时,控制信号电压升高,转速就上升,控制信号电压降低,转速就下降。

2.调节特性

转矩 T = 常数时的 $n = f(U)$ 曲线称为调节特性。由于 $C_e\Phi$ 和 βT 为常数,n 与 U 之间成线性关系,转矩 T 不同时的调节特性也是一组平行直线,如图 8-5 所示。转速 $n = 0$ 时的电压称为始动电压,转矩越大,始动电压也越大。低于始动电压的区间,称为对应转矩下的失灵区或死区。

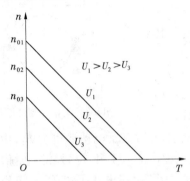

图 8-4　直流伺服电动机的机械特性

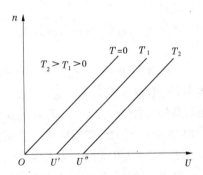

图 8-5　直流伺服电动机的调节特性

二、交流伺服电动机

（一）基本结构

结构与单相异步电动机相似,定子上有两相绕组,在空间相差 90°电角度,一相为励磁绕组 f,一相为控制绕组 K。转子分笼形和杯形两种,杯形转子交流伺服电动机的结构如图 8-6 所示,杯形转子 1 由非磁性导电材料(青铜或铝合金)制成空心薄壁杯状,杯形转子内部装有内定子 3,内定子上一般不装绕组,但对功率很小的交流伺服电动机,常将励磁绕组和控制绕组分别安放在内、外定子铁芯的槽内。杯形转子的优点是转动惯量小,响应快,运转平滑;缺点是加工困难,气隙较大,所需励磁电流大。

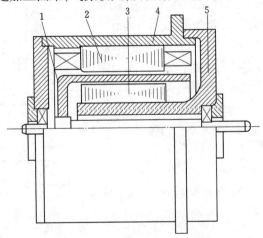

1—杯形转子;2—外定子;3—内定子;4—机壳;5—端盖

图 8-6　杯形转子交流伺服电动机

（二）工作原理

励磁绕组 f 接通交流电源电压 $\dot{U}_f$，在气隙中产生脉振磁场，$\dot{U}_f = 0$ 时，电动机无起动转矩，转子不转。若加以控制信号电压 $\dot{U}_K$，并使控制绕组中的电流 $\dot{I}_K$ 与励磁电流 $\dot{I}_f$ 不同相，就会形成圆形或椭圆形旋转磁场，产生起动转矩，使电动机转动起来，如图 8-7 所示。可是，如果转子参数（主要是电阻 r_2）设计得和一般单相异步电动机相似，则当去掉控制电压 $\dot{U}_K$ 时，电动机不会停转，这就不符合伺服电动机的要求，这种现象称为"自转"，必须加以克服。克服"自转"现象的方法是增大转子电阻。

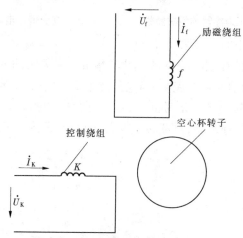

图 8-7　交流伺服电动机的原理图

从单相异步电动机的工作原理可知，当转子电阻 r_2 足够大时，励磁绕组单独工作所产生的正向机械特性和反向机械特性的临界转差率均大于等于1。如图 8-8 所示，其合成机械特性 $n = f(T)$ 在第二、四象限，电磁转矩是制动性质的。当控制信号电压切除，励磁绕组单独工作时，不论原来转向如何，总会受到制动转矩的作用，很快停下来，从而克服了"自转"现象。

（三）控制方法

交流伺服电动机的励磁绕组和控制绕组通常都设计成对称的，当控制信号电压 $\dot{U}_K$ 和励磁绕组电压 $\dot{U}_f$ 亦对称时，两相绕组产生的合成磁通势是圆形旋转磁通势，气隙磁场是圆形旋转磁场。如果控制信号电压 $\dot{U}_K$ 与励磁绕组电压 $\dot{U}_f$ 的幅值不等或相位差不为 $90°$ 电角度，则产生的气隙磁场将是一个椭圆形旋转磁场。所以，改变 $\dot{U}_K$，就可以改变磁场的椭圆度，从而控制伺服电动机的转矩和转速，具体的控制方法有 3 种。

1. 幅值控制

幅值控制指保持控制信号电压 $\dot{U}_K$ 的相位与励磁绕组电压 $\dot{U}_f$ 相差 $90°$ 电角度不变，仅改变其幅值的大小来控制伺服电动机的转速。原理接线如图 8-9 所示。

用有效信号系数 α 反映控制信号电压的大小，其定义为

$$\alpha = \frac{U_K}{U_{KN}} = \frac{U_K}{U_f} \tag{8-1}$$

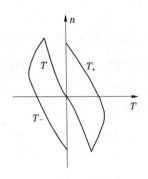

图 8-8 控制信号电压为零时的机械特性

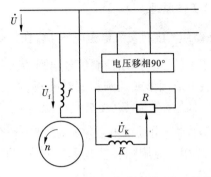

图 8-9 交流伺服电动机幅值控制接线图

式中 U_{KN}——额定控制电压,一般 $U_{KN} = U_f$。

交流伺服电动机幅值控制时的机械特性是指 $\alpha = $ 常数时的 $n = f(T)$ 曲线,不同 α 时的机械特性如图 8-10 所示。特性表明,当电磁转矩 T 一定时,α 越大,转速越高。

调节特性是指电磁转矩 T 一定时的 $n = f(\alpha)$ 曲线,如图 8-11 所示。特性表明:当电磁转矩一定时,α 越大,转速越高,负载转矩越大,因而电磁转矩 T 越大时,始动电压越大。

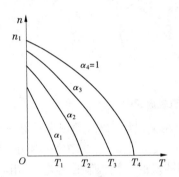

图 8-10 幅值控制时的机械特性
($\alpha_1 < \alpha_2 < \alpha_3 < 1$)

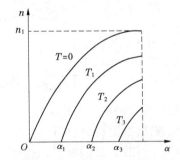

图 8-11 幅值控制时的调节特性
($0 < T_1 < T_2 < T_3$)

由图 8-10 和图 8-11 可见,幅值控制时的机械特性和调节特性都不是直线,这种非线性对系统的精度有影响。

2. 相位控制

相位控制指保持控制信号电压 $\dot{U}_K$ 的幅值不变,通过移相器改变其相位来控制电动机的转速。原理接线如图 8-12 所示。

设 $\dot{U}_K$ 与 $\dot{U}_f$ 的大小相等,相位差为 β,定义 $\sin\beta$ 为相位控制时的信号系数。信号系数 $\sin\beta$ 越大,转速越高。相位控制时的机械特性和调节特性与幅值控制时相似,只是线性度略好一些。

3. 幅值 – 相位控制

幅值 – 相位控制指既改变 $\dot{U}_K$ 的幅值,又改变 $\dot{U}_K$ 与 $\dot{U}_f$ 之间的相位差 β。其原理接线如图 8-13 所示,在励磁绕组回路串一电容器 C,通过电位器调节控制信号电压 $\dot{U}_K$ 的大小

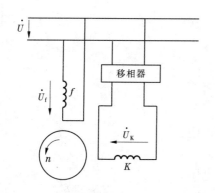 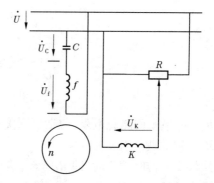

图 8-12 交流伺服电动机相位控制接线图　　图 8-13 交流伺服电动机幅值 – 相位控制接线图

时,其相位不变,但由于转子绕组的耦合作用,励磁绕组中的电流 $\dot{I}_f$ 会发生变化,$\dot{U}_f$ 和电容器上的电压 $\dot{U}_C$ 随之改变,从而使 $\dot{U}_f$ 与 $\dot{U}_K$ 之间的相位差 β 随 $\dot{U}_K$ 的幅值同时变化。当 $U_K = U_{KN}$ 时,电动机的转速最高;$U_K = 0$ 时,电动机的转速为零;$0 < U_K < U_{KN}$ 时,U_K 越大,转速越高。幅值 – 相位控制的机械特性和调节特性与幅值控制时相似,只是线性度稍差。由于幅值 – 相位控制方式不需复杂的移相设备,实际应用较多。

无论哪种控制方式,只要将控制信号电压的相位改变 180°电角度(反相),从而改变控制绕组与励磁绕组中电流的相位关系,电动机的转向就随之改变。

任务二　测速发电机

测速发电机的功能是将机械转速信号转换为相应的电压信号,输出的电压与转速成正比,在自动控制系统中作为检测转速的信号元件等。

自动控制系统对测速发电机的主要要求是:①线性度好,输出电压与转速严格成正比关系;②单位转速的输出电压较大,有足够的灵敏度;③剩余电压(转速为零时的电压)低;④输出电压的极性或相位能随转动方向的改变而改变;⑤转动惯量和电磁时间常数小,响应快。

测速发电机分为直流测速发电机和交流测速发电机两类。

一、直流测速发电机

(一)基本结构
直流测速发电机的结构与直流伺服电动机相同,采用他励(电磁式或永磁式)。永磁式结构应用较多。

(二)工作原理
工作原理与小型直流发电机相同。磁极磁场保持恒定,电枢随被测机械以转速 n 旋转,电枢绕组的感应电动势

$$E_a = C_e \Phi n$$

输出端电压

$$U = E_a - I_a R_a = C_e \Phi n - \frac{U}{R_L} R_a$$

解之可得

$$U = \frac{C_e \Phi}{1 + \frac{R_a}{R_L}} n = Cn \qquad (8\text{-}2)$$

式中　R_a——电枢回路总电阻,包括电刷接触电阻;

　　　R_L——负载电阻。

由式(8-2)可知,空载时,即 $R_L = \infty$,输出电压 U 与转速 n 成正比。$U = f(n)$ 曲线称为输出特性,近似为过原点的直线,空载时特性斜率最大,负载电阻 R_L 越小,斜率就越小,如图 8-14 所示。

要想输出特性的线性度好,必须 Φ 和 R_a 恒定不变,使 C 为常数,实际上 C 不完全是常数,因而会产生线性误差。原因有:①环境温度的变化使励磁绕组电阻变化;②负载电流产生的电枢反应会使磁通 Φ 变化;③电枢回路总电阻 R_a 中包括电刷与换向器之间的接触电阻,会随负载电流变化。

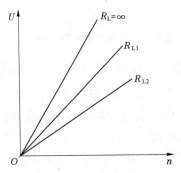

图 8-14　测速发电机的输出特性

为减小线性误差,可在励磁绕组回路串联具有负温度系数的热敏电阻进行温度补偿;同时,应限制负载电流的大小,为此,转速不能超过额定值,负载电阻 R_L 不能小于规定的数值。

二、交流测速发电机

交流测速发电机分为同步测速发电机和异步测速发电机,一般采用交流异步测速发电机。

(一)基本结构

交流异步测速发电机的结构与交流伺服电动机相同,定子上有两相绕组,即励磁绕组 f 和输出绕组 O,在空间相差 90° 电角度。转子分鼠笼式和非磁性杯形两种。杯形转子结构较鼠笼式复杂,但其惯性小,精度高,应用最广。杯形转子交流测速发电机常把励磁绕组嵌在外定子上,而把输出绕组嵌在内定子上,内、外定子的相对位置可以适当调节,以确保精度。

(二)工作原理

通常将励磁绕组的轴线称为 d 轴,输出绕组的轴线称为 q 轴。运行时,励磁绕组接通单相交流电源,加上频率为 f 的励磁电压 $\dot{U}_f$,产生 d 轴方向的脉振磁通势和磁通 $\dot{\Phi}_d$,与输出绕组无匝链关系,输出绕组不会有感应电动势,所以 $n = 0$ 时输出绕组的电压 $U_2 = 0$。当转子以转速 n 旋转时,杯形转子切割磁通 $\dot{\Phi}_d$,产生感应电动势 $\dot{E}_r$,其方向以 q 轴为分界,杯壁的上半部电动势为一个方向,下半部为另一方向,如图 8-15 所示。由于杯形转子的电阻很大,可以认为杯壁中的电流与电动势同相位,因而电流 $\dot{I}_r$ 与电动势 $\dot{E}_r$ 同方向,

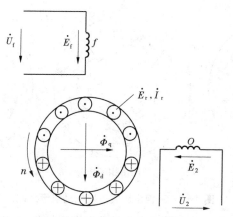

图 8-15 交流测速发电机原理图

这个电流 $\dot{I}_r$ 产生的磁通 $\dot{\Phi}_q$ 在 q 轴方向,与输出绕组相匝链,在输出绕组中感生电动势 $\dot{E}_2$。$\dot{\Phi}_d$、$\dot{E}_r$、$\dot{I}_r$、$\dot{\Phi}_q$ 和 $\dot{E}_2$ 均以励磁电源的频率 f 交变,此频率与转速高低无关。如果转速改变方向,则 $\dot{E}_r$、$\dot{I}_r$、$\dot{\Phi}_q$ 和 $\dot{E}_2$ 均反相。由上述电磁关系可得以下正比关系

$$U_2 \approx E_2 \propto \Phi_q \propto I_r \propto E_r \propto \Phi_d n$$

可见,只要保持 Φ_d 不变,交流测速发电机的输出电压 $U_2 \propto n$,输出特性为直线。另外,与直流测速发电机的输出特性相似,空载时输出电压高,负载时输出电压低。

交流测速发电机的误差有 3 种:线性误差、相位误差和剩余电压。应了解它们产生的原因和减小它们的方法。

任务三 步进电动机

步进电动机的功能是把输入的脉冲电信号变换为输出的角位移,亦即电源每输入一个脉冲电信号,电动机就前进一步,转过一个角度。输出的角位移与脉冲数成正比,转速与脉冲频率成正比。步进电动机在数控开环系统中作执行元件。

步进电动机按工作原理不同分为反应式、永磁式和混合式等,其中反应式应用最广,本任务只介绍反应式。

一、基本结构

反应式步进电动机定子相数 $m = 2 \sim 6$,定子极数为 $2m$。图 8-16 为三相反应式步进电动机的示意图,定子上有 6 个磁极,每个磁极上都套有控制绕组,相对两磁极的绕组为同一相,转子上有 4 个齿,齿宽与定子磁极极靴宽度相等,定、转子铁芯均为凸极结构,由硅钢片冲制叠压而成。

二、工作原理

当 A 相绕组通直流电时,由于磁力线力图通过磁阻最小的途径,转子将受到磁阻转矩(反应转矩)的作用,转到使转子齿 1 和 3 的轴线与定子 A 相绕组轴线重合的位置,如

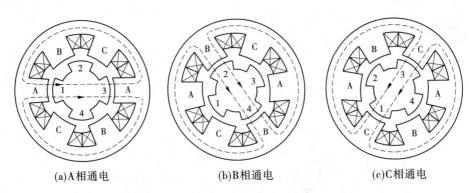

(a)A相通电　　　　　　　(b)B相通电　　　　　　　(c)C相通电

图 8-16　三相反应式步进电动机示意图

图 8-16(a)所示,当 A 相断电,B 相通电时,在反应转矩的作用下,转子将沿逆时针方向转过 30°角,至转子齿 2 和 4 的轴线与定子 B 相绕组轴线重合为止,如图 8-16(b)所示;当 B 相断电,C 相通电时,转子又逆时针转过 30°角,转子齿 3 和 1 的轴线与定子 C 相绕组轴线相重合,如图 8-16(c)所示。如按 A—B—C—A⋯顺序不断轮流接通和断开控制绕组,转子就按逆时针方向一步一步地转动。显然,步进电动机的转速取决于输入电脉冲的频率,旋转方向取决于控制绕组通电的顺序,如将通电顺序改为 A—C—B—A⋯,则电动机反向转动。

　　控制绕组从一种通电状态换到另一种通电状态叫"一拍"。每一拍转子所转过的空间角度称为步距角,以 θ_b 表示。上述通电方式称为"三相单三拍","三相"是指定子共有三相绕组,"单"是指每次通电时只有一相控制绕组通电,"三拍"是指经过三次切换通电状态完成一个循环,转子转过一个齿距对应的空间角度。步距角为 30°。三相步进电动机还常采用"三相双三拍"和"三相单双六拍"通电方式。"三相双三拍"的通电顺序是 AB—BC—CA—AB⋯、A、B 两相通电时,其平衡位置如图 8-17(a)所示;断开 A 相,使 B、C 相通电时,转子平衡位置将如图 8-17(b)所示;同理,断开 B 相,使 C、A 相通电时,平衡位置如图 8-17(c)所示。可见,转子转动方向与 A—B—C—A⋯通电方式相同,步距角也仍为 30°。如将通电顺序改为 AC—CB—BA—AC⋯,电动机将反转。"三相单双六拍"的通电顺序为 A—AB—B—BC—C—CA—A⋯,相当于前面两种通电方式的综合,步距角变为 15°。

　　这种三相反应式步进电动机的步距角太大,实际应用时常采用特性较好的小步距角反应式步进电动机。一种典型的结构如图 8-18 所示。定子上仍为 6 个极,三相控制绕组星形连接,转子上均匀分布 40 个齿,每个磁极的极靴上各有 5 个小齿,定、转子齿宽、齿距相等。齿距是相邻两齿中心线之间的距离,用 t 表示。

　　为分析方便起见,将定、转子展开,如图 8-19 所示。由图可见 A 相通电时,A 相极下定、转子齿对齐,而 B 相极下定、转子齿的中心线之间错开 $\frac{1}{3}t$,C 相极下定、转子齿错开 $\frac{2}{3}t$。当 A 相断电、B 相通电时,反应转矩使 B 相极下定、转子齿对齐,因而转子转过 $\frac{1}{3}t$,这时 A 相和 C 相极下的定、转子齿均错开 $\frac{1}{3}t$,以此类推。可见,采用"三相单三拍"通电

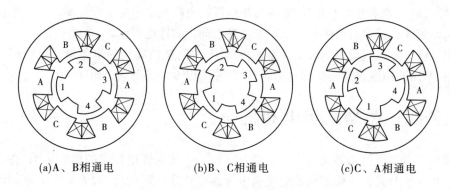

(a)A、B相通电   (b)B、C相通电   (c)C、A相通电

图8-17 三相反应式步进电动机双三拍运行

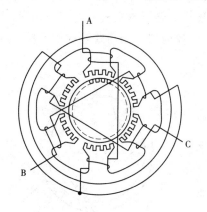

图8-18 小步距角三相反应式
步进电动机的示意图

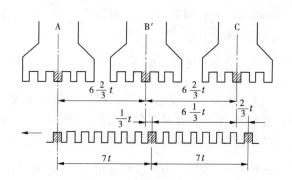

图8-19 图8-18所示电动机的定转子展开图

方式运行时的步距角为

$$\theta_b = \frac{360°}{Z_r N} = \frac{360°}{40 \times 3} = 3°$$

式中　Z_r——转子齿数；

N——一个循环的拍数,亦即转子转过一个齿距所需的拍数。

如果采用"三相单双六拍"通电方式运行,步距角为

$$\theta_b = \frac{360°}{Z_r N} = \frac{360°}{40 \times 6} = 1.5°$$

每输入一个脉冲,转子转过$\frac{1}{Z_r N}$转,每分种的脉冲数为$60f$,所以速度控制时的转速公式为

$$n = \frac{60f}{Z_r N} \tag{8-3}$$

单拍制运行时,$N = m$;双拍制运行时,$N = 2m$。

三、运行特性

步进电动机在一定负载转矩下能不失步地起动的最高频率称为起动频率。步进电动

机起动以后,再将频率缓慢上升时,能不失步运行的最高频率称为运行频率。一般运行频率要比起动频率高得多。这两种频率也属步进电动机的性能指标。

选用步进电动机时要根据系统的要求,综合考虑所选电动机的步距角、转矩、起动频率、运行频率以及精度等性能指标是否合适,并要配以专用的驱动电源。

任务四 微型同步电动机

微型同步电动机的功能是将不变的交流电信号变换为转速恒定的机械运动,在自动控制系统中作执行元件。微型同步电动机由于具有转速恒定的特点,为此在恒速传动装置中得到了广泛的应用。微型同步电动机的定子结构与异步电动机相同,定子上有三相或两相对称绕组,接通电源时产生圆形或椭圆形旋转磁场。转子磁极极数与定子相同,依其结构型式和材料的不同,微型同步电动机分为永磁式、反应式和磁滞式等类型。功率从零点几瓦至几百瓦。

一、永磁式同步电动机

永磁式同步电动机的转子用永久磁铁做成,为两极或多极,N、S极沿圆周交替排列,如图8-20所示。运行时,定子产生的旋转磁场吸牢转子一起旋转,转速为同步转速 $n_1 = \dfrac{60f}{p}$。当负载转矩增大时,定转子磁极轴线之间的夹角 θ 相应增大;负载减小时,夹角减小。转速恒定不变。

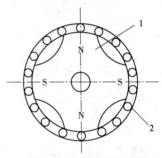

1—永久磁铁;2—鼠笼型起动绕组

图8-20 永磁式同步电动机转子

二、反应式同步电动机

反应式同步电动机的转子由铁磁性材料制成,本身没有磁性,但是必须有直轴和交轴之分,直轴的磁阻小,交轴的磁阻大。图8-21所示为反应式同步电动机转子冲片的几种不同型式,其中图8-21(a)的外形为凸极结构,称为外反应式;图8-21(b)的外形为圆,在内部开有反应槽2,称为内反应式;图8-21(c)既采用凸极结构,又在内部开有反应槽2,称为内外反应式。冲片上的小圆孔3是放鼠笼型起动绕组的导条用的。

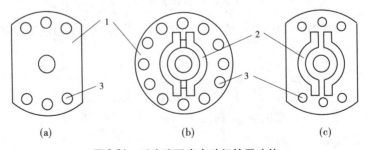

(a)　　　　　　(b)　　　　　　(c)

图8-21 反应式同步电动机转子冲片

三、磁滞式同步电动机

磁滞式同步电动机的定子结构与永磁式、反应式同步电动机相同,转子铁芯采用硬磁材料制成的圆柱体或圆环,装配在非磁材料制成的套筒上,典型的转子结构如图 8-22 所示。在功率极小的磁滞式同步电动机中,定子采用罩极式结构,转子由硬磁薄片组成,如图 8-23 所示。

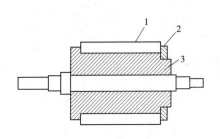

1—硬磁材料;2—挡环;3—套筒

图 8-22 磁滞式同步电动机转子典型结构

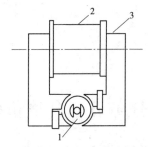

1—硬磁薄片;2—集中绕组;3—铁芯

图 8-23 罩极式磁滞同步电动机

硬磁材料的主要特点是磁滞回线很宽,剩磁 B_r 和矫顽力 H_c 都比较大,磁滞现象非常显著,磁化时磁分子之间的摩擦力甚大。可以图 8-24 为例说明其工作原理,定子产生的旋转旋场以一对等效磁极表示。当定子磁场固定不转时,转子磁分子受磁化,排列方向与定子磁场方向相一致,如图 8-24(a)所示,定子磁场与转子之间只有径向力,切向力和转矩 $T=0$。如果定子磁场以同步转速 n_1 逆时针方向旋转,转子处于旋转磁化状态,转子磁分子应跟随定子磁场旋转方向转动。由于磁分子之间的摩擦力甚大,磁分子不能立即跟随定子旋转磁场转过同样的角度,而始终落后一个空间角度 θ_c,θ_c 称为磁滞角。这样转子就成为一个磁极轴线落后定子旋转磁场磁极轴线 θ_c 角的磁铁,如图 8-24(b)所示。转子所受的磁拉力除径向分量以外还有一个切向分量,切向分量产生的转矩称为磁滞转矩 T_c,它使转子朝旋转磁场的方向旋转。产生磁滞转矩的条件是转子与定子旋转磁场之间有相对运动,即转子转速低于同步转速,转子受到旋转磁化,但是磁滞转矩的大小仅取决于硬磁材料的性质,而与转子异步运行时的转速无关,所以在转速低于同步转速时,磁滞转矩 T_c 始终保持常数。只要负载转矩 T_L 不大于 T_c,转速就将上升,直至转速等于同步转速时,转子不再被旋转磁化,而是恒定磁化,这时,磁滞式同步电动机就成为永磁式同步电动机了。同步运行以后,转速恒定不变,转子磁极轴线与定子旋转磁场磁极轴线之间的夹角改由负载大小决定,在 $0 \sim \theta_c$ 之间。

磁滞式同步电动机的转速低于同步转速时,转子与旋转磁场之间有相对切割运动,磁滞转子中会产生涡流,与旋转磁场作用产生涡流转矩。所以,磁滞式同步电动机起动时,不仅有磁滞转矩,还有涡流转矩,不但能够自行起动,而且起动转矩较大,这是这种电动机的主要特点。

磁滞式同步电动机结构简单,运行可靠,起动性能好,噪声小,常用于电钟、自动记录仪表、录音机和传真机等中。

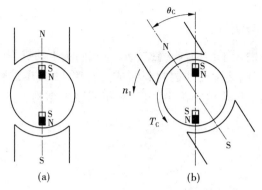

图 8-24　硬磁材料转子的磁化

任务五　自整角机

自整角机是一种能对角位移或角速度的偏差进行指示、传输及自动整步的感应式控制电机。它被广泛用于随动控制系统中，通过两台或多台控制电机在电路上的联系，机械上互不相连的两根或多根转轴能够自动地保持同步旋转。

在随动控制系统中，自整角机至少是成对运行的，其中产生控制信号的主自整角机称为发送机，接收控制信号、执行控制命令并与发送机保持同步的自整角机称为接收机。

根据用途不同，自整角机分为控制式和力矩式两类。目前，在随动控制系统中大量使用的是控制式自整角机，它的接收机转轴上不直接带负载，而是当发送机和接收机转子之间存在角位差（失调角）时，在接收机的励磁绕组两端输出与角位差成正弦函数关系的电压信号。力矩式自整角机的接收机转子上能输出较大的力矩，可直接驱动负载，主要用于指示系统或角传递系统。

一、控制式自整角机

（一）基本结构

自整角机主要由定子、转子和集电环及电刷装置等组成，如图 8-25 所示。定、转子铁芯均采用高导磁率、低损耗的硅钢片冲制叠压而成。和小型三相交流发电机一样，在自整角机的定子铁芯槽内也放置三相对称绕组，并作星形连接。自整角机的转子有凸极和隐极两种结构，转子绕组为单相集中式绕组，通过两组集电环和电刷装置与外部电路相连。

（二）工作原理

控制式自整角机常成对组合使用，一台作为发送机，另一台作为接收机，两机的结构完全一样。控制式自整角机的接线原理如图 8-26 所示。发送机和接收机的定子三相绕组引出端子分别用 3 根导线对应连接。发送机的转子绕组为励磁绕组，接单相交流励磁电源 $\dot{U}_1$，接收机的转子绕组作为输出绕组，输出交流电压 $\dot{U}_2$，因此又称为自整角变压器。

设发送机定子 D_1 相绕组轴线与接收机定子 D_1' 相绕组轴线相平行，均指向 d 轴方向。调整发送机的转子位置，以 d 轴为参考，使转子励磁绕组轴线滞后 d 轴 θ_1 电角度；调整接收机的转子位置，以 q 轴为参考，使输出绕组轴线滞后 q 轴 θ_2 电角度，规定两机转子绕组

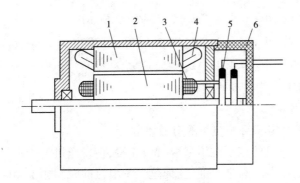

1—定子；2—转子；3—励磁绕组；4—定子绕组；5—电刷；6—滑环

图 8-25　自整角机结构简图

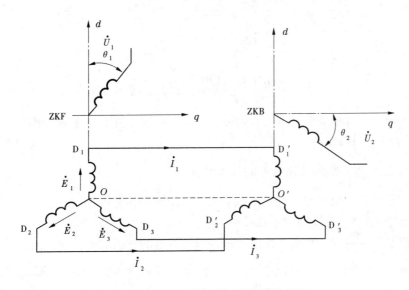

图 8-26　控制式自整角机的接线原理图

轴线互相垂直的位置为平衡位置(或称协调位置)。

根据电磁感应关系,图 8-26 所示的自整角机可以看成是 2 台变压器的串联运行。发送机相当于第一台变压器,接收机相当于第二台变压器。当发送机的励磁绕组接单相交流电源 $\dot{U}_1$ 时,流过励磁电流 $\dot{I}_f$,在气隙中产生脉振磁通 $\dot{\Phi}_m$,分别在定子三相绕组中感应出时间相位相同的变压器电动势,而各绕组中感应电动势的大小与转子的偏转角 θ_1 有关。由于定子三相绕组在空间彼此互差 120°电角度,因此垂直穿过各绕组平面的脉振磁通幅值分别为

$$\left.\begin{array}{l} \Phi_1 = \Phi_m\cos\theta_1 \\ \Phi_2 = \Phi_m\cos(\theta_1 + 120°) \\ \Phi_3 = \Phi_m\cos(\theta_1 - 120°) \end{array}\right\} \tag{8-4}$$

定子三相绕组感应电动势的有效值分别为

$$E_1 = 4.44fNk_{w1}\Phi_1 = 4.44fNk_{w1}\Phi_m\cos\theta_1 = E\cos\theta_1$$
$$\left. \begin{array}{l} E_2 = 4.44fNk_{w1}\Phi_2 = 4.44fNk_{w1}\Phi_m\cos(\theta_1 + 120°) = E\cos(\theta_1 + 120°) \\ E_3 = 4.44fNk_{w1}\Phi_3 = 4.44fNk_{w1}\Phi_m\cos(\theta_1 - 120°) = E\cos(\theta_1 - 120°) \end{array} \right\} \quad (8\text{-}5)$$

式中 E——发送机定子相电动势的幅值；

f——励磁电源的频率；

Nk_{w1}——发送机定子每相绕组的有效匝数。

由于发送机与接收机的定子绕组采取对应连接，在发送机定子每相电动势的作用下，两机定子绕组构成的回路将有电流通过，但这三个电流的时间相位相同，幅值却不相等。

为了分析方便，假设两机定子三相绕组的中点之间有连接虚线 $\overline{OO'}$，这样流过各相绕组回路的电流有效值为

$$\left. \begin{array}{l} I_1 = \dfrac{E_1}{Z} = \dfrac{E\cos\theta_1}{Z} = I\cos\theta_1 \\[2mm] I_2 = \dfrac{E_2}{Z} = \dfrac{E\cos(\theta_1 + 120°)}{Z} = I\cos(\theta_1 + 120°) \\[2mm] I_3 = \dfrac{E_3}{Z} = \dfrac{E\cos(\theta_1 - 120°)}{Z} = I\cos(\theta_1 - 120°) \end{array} \right\} \quad (8\text{-}6)$$

式中 Z——定子每相绕组回路的总阻抗，即发送机、接收机定子每相绕组的阻抗与连接线阻抗之和；

I——定子每相绕组回路电流的最大值，$I = \dfrac{E}{Z}$。

由于定子每相绕组回路电流的时间相位相同，所以中线电流 $I_{OO'} = I_1 + I_2 + I_3 = 0$，即中线中没有电流通过，在使用时不必接中线。

发送机和接收机定子绕组中的电流分别建立各自的脉振磁通。发送机定子电流产生的三个脉振磁通时间相位相同，幅值大小不等，其合成磁通 $\dot{\Phi}'_m$ 仍为脉振磁通，而且 $\dot{\Phi}'_m$ 的方向与励磁脉振磁通 $\dot{\Phi}_m$ 相反，即脉振磁通 $\dot{\Phi}'_m$ 的轴线与励磁绕组轴线重合，与 d 轴的夹角为 θ_1。同样地，接收机定子电流也产生时间相位相同、幅值大小不等的三个脉振磁通，其合成脉振磁通 $\dot{\Phi}_{2m}$ 的轴线也与 d 轴夹角为 θ_1，由图 8-26 可知，$\dot{\Phi}_{2m}$ 与转子输出绕组的夹角为 $(90° + \theta_2 - \theta_1)$。接收机定子合成脉振磁通 $\dot{\Phi}_{2m}$ 在转子输出绕组中的感应电动势大小为

$$E_2 = 4.44fN\Phi_{2m}\cos(90° + \theta_2 - \theta_1) = E_{2m}\sin(\theta_1 - \theta_2) = E_{2m}\sin\delta \quad (8\text{-}7)$$

式中 E_{2m}——接收机转子输出绕组中的感应电动势最大值；

δ——失调角，$\delta = \theta_1 - \theta_2$，即接收机转子输出绕组轴线偏离协调位置的空间电角度，如图 8-27 所示。

当接收机空载时，转子输出绕组两端的电压 $U_2 = E_2$。

由式(8-7)可以看出，控制式自整角机转子上的输出电压 U_2 是失调角 δ 的正弦函数，U_2 的大小和正负与两机转子绕组轴线的相对位置有关。当两机转子绕组轴线处于相互垂直的位置时，$\theta_2 = \theta_1$，失调角 $\delta = 0°$，接收机转子输出电压 $U_2 = 0$。所以，规定 $U_2 = 0$ 时

输出绕组轴线所在位置为控制式自整角机的协调位置,如图 8-27 所示。

(三)控制式自整角机的应用

控制式自整角机主要应用于精度较高、负载较大的伺服系统中,如雷达天线的偏转及俯仰角控制系统中。

图 8-28 所示为控制式自整角机在雷达天线自动控制系统中的应用。在图 8-28 中,发送机 2 的转子励磁绕组施加交流电压 $\dot{U}_1$,转子轴为转动轴,由手轮 7 通过减速器 6 进行摇动。接收机 1 的转轴为从动轴,其一端通过减速器 6 与交流伺服电动机 3 的转轴连接,另一端与被控对象雷达天线 5 连接,接收机的转子输出电压 $\dot{U}_2$ 经过放大器 4 放大后作为交流伺服电动机控制电压 $\dot{U}_K$。

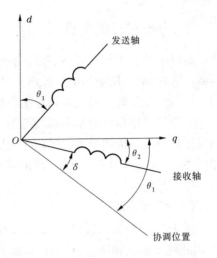

图 8-27 控制式自整角机的协调位置

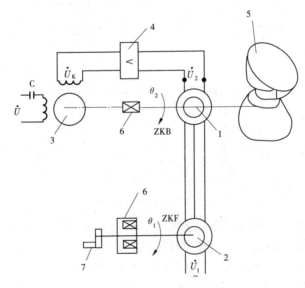

1—接收机;2—发送机;3—交流伺服电动机;4—放大器;5—雷达天线;6—减速器;7—手轮

图 8-28 控制式自整角机在雷达天线自动控制系统中的应用

当搜索飞机时,雷达天线需在空中旋转,而人无法直接摇动笨重的天线。于是雷达操纵手摇动手轮,使发送机的转轴不断偏转(其转角为 θ_1),只要 $\delta \neq 0°$,即接收机的转子偏转角 $\theta_2 \neq \theta_1$,接收机转子输出绕组就有电压 $\dot{U}_2$ 输出,控制伺服电动机转动,带动接收机转子和雷达天线一起偏转(转角为 θ_2),直到 $\theta_2 = \theta_1$,$\delta = 0°$,$\dot{U}_2 = 0$ 为止,从而达到雷达天线自动跟随手轮偏转的要求。

二、力矩式自整角机

由以上分析可知,控制式自整角机转子上只能输出电压,不能直接输出转矩带动被控负载。因此,必须用输出电压控制交流伺服电动机才能带动被控负载,实现转角的随动。而力矩式自整角机转轴上可以输出机械转矩(称为整步转矩),直接带动指针类轻负载。

力矩式自整角机的基本结构与控制式自整角机相同。所不同的是,力矩式自整角机的发送机与接收机的转子绕组均作为励磁绕组,接在同一单相交流电源上,发送机发出转角信号,接收机产生驱动转矩,直接带动仪表指针偏转。下面简要分析力矩式自整角机的工作原理及其应用。

(一)工作原理

图8-29为力矩式自整角机的接线原理图。设发送机定子 D_1 相绕组轴线与接收机定子 D_1' 相绕组轴线相平行,均指向 d 轴方向。以 d 轴为参考,调整两机的转子位置,使发送机转子励磁绕组轴线超前 d 轴 θ_1 电角度,接收机转子绕组轴线超前 d 轴 θ_2 电角度,规定两机转子绕组轴线互相平行的位置为协调位置。

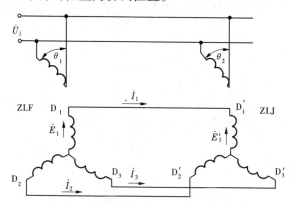

图8-29 力矩式自整角机的接线原理图

由于力矩式自整角机的发送机与接收机的转子绕组均施加交流电压励磁,所以发送机和接收机的定子各绕组会在各自转子脉振磁通的作用下感应出与式(8-7)相同的电动势。但是发送机定子电动势的大小与转子偏转角 θ_1 有关,而接收机定子电动势的大小与转子偏转角 θ_2 有关。当 $\theta_2 = \theta_1$,即失调角 $\delta = 0°$ 时,发送机和接收机定子各绕组回路中的电动势代数和为零,因此各相定子电流也为零,两机转子上均没有转矩作用,处于协调位置。当 $\theta_2 \neq \theta_1$,即失调角 $\delta \neq 0°$ 时,则两机定子绕组所构成的各相回路中便存在着电动势差,于是各相定子电流不等于零,定子电流与接收机的励磁磁通互相作用,产生电磁转矩 M,称为整步转矩。可以证明,整步转矩 M 是失调角 δ 的正弦函数,即

$$M \propto \sin\delta \tag{8-8}$$

整步转矩可以带动轴上的机械负载,使接收机转子沿着失调角减小的方向转动,直到 $\theta_2 = \theta_1$,即失调角 $\delta = 0°$ 为止。同样地,发送机转子也受到与整步转矩方向相反的电磁转矩作用,但由于其转轴已与主令轴固定连接,因而不能转动。

（二）力矩式自整角机的应用

力矩式自整角机广泛用于自动测量和指示系统中。如测量并指示阀门的开度、液面的高度、雷达天线的俯仰角、船舶舵角、高炉探尺的位置、变压器分接开关位置等。

图8-30所示为力矩式自整角机在液位测量中的应用。工作时，浮子1随着液面的升降通过绳索、平衡锤4和滑轮5使发送机2的转轴转动，由于整步转矩的作用，接收机3的转轴及轴上固定的仪表指针跟随发送机同步偏转。于是指针在仪表刻度盘上做出相应的显示，达到了远距离测量的目的。

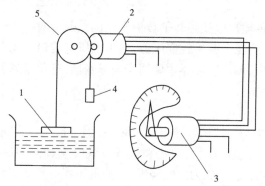

1—浮子；2—自整角发送机；3—自整角接收机；4—平衡锤；5—滑轮

图8-30 力矩式自整角机在液位测量中的应用

三、自整角机的使用

（一）要正确选用自整角机

（1）互相连接使用的自整角发送机和接收机，对应绕组的额定电压和频率必须相同。

（2）自整角机的励磁电压和频率必须与使用的电源相符合。

（3）在电源容量允许的情况下，应选用输入阻抗较低的自整角发送机，以便能获得较大的负载能力。

（4）选用自整角接收机时，其输入阻抗应较高些，以减轻发送机的负载。

（二）使用中的注意事项

零位调整。当自整角机用作传递角度数据时，通常在调整之前，其发送机和接收机刻度盘上的读数总是不一致的，因此需要进行调零。一般调零的方法是：转动发送机转子，使其刻度盘上的读数为零，然后固定发送机定子，使接收机刻度盘的读数为零，并固定接收机定子。

发送机和接收机不能互换。为了简化理论分析，我们曾假定发送机和接收机结构相同。但实际上，发送机和接收机是有差异的。对于控制式发送机，其转子一般制成凸极的，而自整角接收机的转子往往做成隐极的。因为隐极转子与凸极转子相比，其气隙磁场在空间的分布更接近正弦。另外，发送机和接收机的定、转子绕组的参数也不一样。因此，自整角发送机和自整角接收机不能互换。对于力矩式自整角机，其接收机是带有电阻尼或机械阻尼的，而发送机则没有阻尼，所以将发送机和接收机互换，势必使自整角接收机发生振荡。

自整角机的功能是将机械转角信号转换为电信号,或将电信号转换为机械转角信号。在系统中通常要两台或两台以上组合使用,从而实现转角的变换、传输和接收。

控制式自整角机主要用于随动系统,作为检测元件,将转角信号变换为与转角成一定函数关系的电压信号。力矩式自整角机可以远距离传输角度信号,主要用于自动指示系统。

任务六　旋转变压器

旋转变压器是一种输出电压随转子转角变化的信号元件,输出电压与转子转角成正弦、余弦函数关系的称为正余弦旋转变压器,输出电压与转角成线性关系的称为线性旋转变压器。在控制系统中,旋转变压器主要用于坐标变换、三角运算和角度的测量等。

一、基本结构

旋转变压器的结构与绕线式异步电动机相似,但一般为一对磁极,定、转子分别嵌放有两个分布绕组,两个绕组的匝数、线径和接线方式完全相同,只是在空间相差90°电角度。定子上的 D 为励磁绕组,Q 为正交绕组,它们的轴线分别为 d 轴和 q 轴,如图 8-31 所示。转子上的两个输出绕组用 A 和 B 表示,A 为余弦绕组,B 为正弦绕组,分别经滑环和电刷引出。余弦绕组 A 的轴线与 d 轴之间的夹角 α 称为转子转角。定、转子之间有均匀的空气隙。

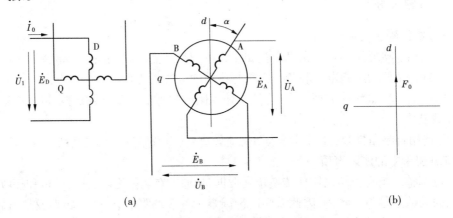

(a)   (b)

图 8-31　正余弦旋转变压器的空载运行

二、正余弦旋转变压器的工作原理

(一)正余弦旋转变压器的空载运行

励磁绕组 D 上施加交流励磁电压 $\dot{U}_1$,正交绕组 Q 和两个输出绕组 A、B 均开路的状态称为空载运行。这时,绕组 D 中流过励磁电流 $\dot{I}_0$,产生的励磁磁通势 F_0 是一个在空间按正弦分布的脉振磁通势,幅值在 d 轴方向,如图 8-31(b)所示。磁通势 F_0 产生的励磁磁通 $\dot{\Phi}_0$ 的轴线也在 d 轴上。

转子上的输出绕组 A、B 均与励磁磁通 $\dot{\Phi}_0$ 相匝链,感应电动势,绕组 A 匝链的磁通为 $\dot{\Phi}_{0A} = \dot{\Phi}_0\cos\alpha$,绕组 B 匝链的磁通为 $\dot{\Phi}_{0B} = \dot{\Phi}_0\sin\alpha$,所以感应电动势的大小为

$$\dot{E}_A = k\dot{U}_1\cos\alpha$$

$$\dot{E}_B = k\dot{U}_1\sin\alpha$$

式中　k——转子与定子每相绕组的有效匝数比。

空载时,输出电压

$$\dot{U}_A = \dot{E}_A = k\dot{U}_1\cos\alpha$$

$$\dot{U}_B = \dot{E}_B = k\dot{U}_1\sin\alpha$$

可见,旋转变压器空载运行时,绕组 A、B 的输出电压与转子转角 α 有严格的余弦、正弦函数关系。

(二)正余弦旋转变压器的负载运行

实际使用中,输出绕组 A 或 B 总要接上一定的负载,实践表明,接负载的输出绕组,其输出电压与转子转角 α 的函数关系将发生畸变,从而产生误差。为此应分析负载时发生畸变的原因,阐明消除畸变、减小误差的方法。

设余弦绕组 A 接上负载 Z_A 后流过的电流为 $\dot{I}_A$,在绕组 A 的轴线方向产生空间正弦分布的脉振磁通势 F_A,如图 8-32 所示。把磁通势 F_A 分解为直轴(d 轴)和交轴(q 轴)方向的两个分量 F_{Ad} 和 F_{Aq},其大小为

$$F_{Ad} = F_A\cos\alpha$$

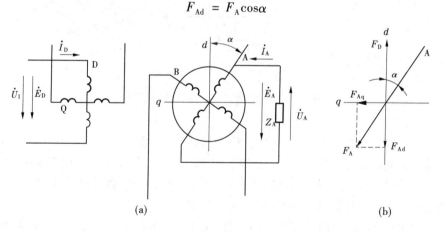

(a)　　　　　　　　　　　　　　　(b)

图 8-32　余弦旋转变压器的负载运行

$$F_{Aq} = F_A\sin\alpha$$

直轴分量 F_{Ad} 相当于变压器副绕组的磁通势,与原边励磁绕组的磁通势 F_D 在同一轴线上并起去磁作用,只要励磁电压 $\dot{U}_1$ 不变,励磁绕组的电动势 $\dot{E}_D$ 和磁通 $\dot{\Phi}_0$ 就近似不变,只是励磁绕组的电流由空载时的 $\dot{I}_0$ 上升为 $\dot{I}_D$,以维持直轴方向总的磁通势不变;交轴分量 F_{Aq} 产生 q 轴方向的磁通,与输出绕组 A 相匝链,在绕组 A 中感应电动势 $\dot{E}'_A$,其大小

$$E'_A \propto F_{Aq} = F_A \sin\alpha$$

这样,输出绕组 A 中的感应电动势为 $\dot{E}_A + \dot{E}'_A$,出现了与 α 成正弦关系的分量,使电动势及电压与转角之间的余弦关系发生了畸变。畸变的程度与负载大小有关,负载阻抗 Z_A 越小,畸变越严重。

如果绕组 B 带负载而绕组 A 空载,即作正弦旋转变压器使用时,同样的原因也会引起绕组 B 的输出电压发生畸变。

由以上分析可知,发生畸变的原因是负载电流磁通势交轴分量的影响,为此要减小误差,需对磁通势的交轴分量进行补偿,具体的补偿方法分为副边补偿和原边补偿。

1. 副边补偿

副边补偿的方法是在另一输出绕组接上与负载阻抗相同的阻抗,例如作余弦旋转变压器使用时,绕组 A 接负载阻抗 Z_A,则绕组 B 接一阻抗 Z_B,并使 $Z_A = Z_B$,如图 8-33 所示。这时绕组 B 将会产生磁通势分量 F_{Bq},与 F_{Aq} 大小相等,方向相反,互相抵消,或称互相补偿,从而消除了磁通势的交轴分量,也就消除了输出电压的畸变。

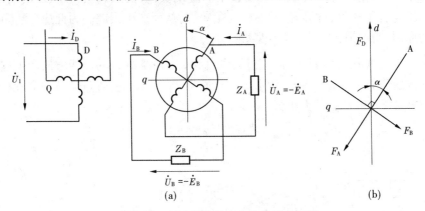

图 8-33　副边补偿的正余弦旋转变压器

2. 原边补偿

原边补偿的方法是将正交绕组 Q 短接,负载运行时,输出绕组 A 或 B 流过负载电流,产生磁通势的交轴分量,其磁通与正交绕组 Q 相匝链,在绕组 Q 中感应产生电动势和电流,此电流建立的交轴方向的磁通势,根据楞次定律分析可知,会对绕组 A 或 B 产生的磁通势的交轴分量进行补偿,从而消除输出电压的畸变。

实际应用时,常采用原边、副边同时补偿,接线如图 8-34 所示,$Z_A = Z_B$,并尽可能大一些,这样补偿效果更好,精度更高。

三、线性旋转变压器

线性旋转变压器的输出电压与转子转角成正比。其结构与正余弦旋转变压器相同。正交绕组 Q 短接作原边补偿,正弦绕组 B 作为输出绕组,接负载阻抗 Z_L,如图 8-35 所示。运行时,励磁电流流过励磁绕组 D 和余弦绕组 A,分别产生磁通势 F_D 和 F_A。磁通势 F_A 可以分解为一个直轴分量和一个交轴分量,其交轴分量可以认为被正交绕组的磁动势完全补偿抵消,直轴分量只影响磁通势 F_D 的大小,直轴方向总的磁动势 F_0 和磁通 Φ_0 不受

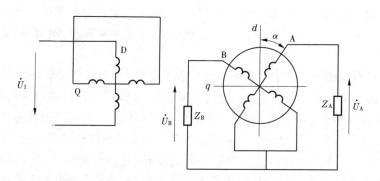

图 8-34　原、副边补偿的正余弦旋转变压器

影响。设直轴磁通 Φ_0 在励磁绕组 D 中感应的电动势为 E_D,则在余弦绕组 A 和正弦绕组 B 中感应的电动势分别为

$$E_A = kE_D\cos\alpha$$
$$E_B = kE_D\sin\alpha$$

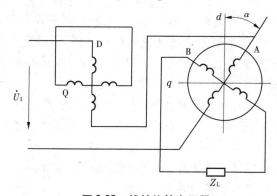

图 8-35　线性旋转变压器

它们的相位均相同,如果忽略绕组的漏阻抗压降,可得励磁电压

$$U_1 = E_D + E_A = E_D + kE_D\cos\alpha = E_D(1 + k\cos\alpha)$$

输出电压

$$U_B \approx E_B = kE_D\sin\alpha = \frac{kU_1\sin\alpha}{1 + k\cos\alpha} \tag{8-9}$$

根据此式,由数学推导和实践证明,如取转子绕组与定子绕组的有效匝数比 $k = 0.52$,则在转子转角 $\alpha = \pm60°$ 范围内,输出电压 U_B 与转子转角 α 的关系,与理想的线性关系相比,误差不超过 $\pm0.1\%$,考虑到其他因素的影响,一般取匝数比 $k = 0.56 \sim 0.57$。

■ 项目小结

控制电机的功能是实现控制信号的转换与传输,在自动控制系统中作执行元件或信号元件。自控系统对控制电机的基本要求是精度高、响应快和性能稳定可靠。

伺服电动机的功能是将控制电压信号转换为转速,拖动负载旋转,在自动控制系统中作执行元件用,故又称执行电动机,分为直流和交流两类。直流伺服电动机的结构和工作原理与小型他励直流电动机相同,一般保持励磁不变,采用电枢控制方法控制电动机的转速和转向。

交流(异步)伺服电动机相当于分相式单相异步电动机,励磁绕组和控制绕组相当于单相异步电动机的主绕组和副绕组。运行时控制信号加于控制绕组,控制方式有3种,即幅值控制、相位控制和幅值－相位控制,都是通过改变电机中旋转磁场的椭圆度和旋转方向,从而控制电动机的转速和转向。交流伺服电动机的转子电阻设计得较大,目的在于克服"自转"现象。交流伺服电动机采用空心杯形转子时,转动惯量小,响应快,运转平稳,维护简单,缺点是结构复杂、气隙较大,因而励磁电流较大,功率因数较低。交流伺服电动机特性的线性度较差,但无换向器和电刷,工作可靠性高,维护简便,所以一般交流伺服电动机应用较多。

测速发电机的功能是将转速信号转换为电压信号,输出电压与转速成正比关系,在自动控制系统中作检测元件,亦分为直流和交流两类。直流测速发电机的结构和工作原理与小型他励直流发电机相同。交流(异步)测速发电机的结构与交流伺服电动机相同,转子通常采用杯形转子,定子两相绕组,一个作为励磁绕组,另一个作为输出绕组。输出电压的有效值与转速成正比,频率则与励磁电源的频率相同,与转速无关。交流(异步)测速发电机使用时,除可能产生线性误差外,还可能产生相位误差和剩余电压,共有3种误差,产生误差的原因有制造工艺问题、材料问题和负载阻抗的大小与性质等,选用时应予以注意。直流测速发电机因有换向器和电刷,可靠性差,维护麻烦,但输出特性斜率较大,没有相位误差和剩余电压,选用直流测速发电机还是交流测速发电机,应视具体情况而定。

步进电动机是将电脉冲信号转换为角位移或转速的电动机,输入一个脉冲,电动机前进一步,转过一个步距角,在自动控制系统中作执行元件。反应式步进电动机结构简单,应用最广。步距角的大小取决于转子齿数和通电方式,双拍制通电方式时的步距角比单拍制时小一半。通电方式一定时,步距角一定,角位移与脉冲的数目成正比。步进电动机的转速与脉冲频率成正比。步进电动机的步距角和转速不受电压波动和负载变化的影响,也不受温度变化和振动等环境条件的影响,步距角的误差不会累计,且具有自锁能力,精度较高,最适用于数字控制的开环或闭环系统。步进电动机的运行状态分为静态运行、步进运行和连续运行,静态运行时的矩角特性、步进运行时的动稳定区和连续运行时的矩频特性都是步进电动机的重要特性,要理解。

微型同步电动机的功能是将不变的交流电信号变换为转速恒定的机械运动,在自动控制系统中作执行元件。与伺服电动机不同的是,微型同步电动机的转速始终保持同步转速 $n_1 = \dfrac{60f_1}{p}$,与频率成正比,与极对数成反比,不受外加电压和负载转矩的影响,定子上有三相、两相对称绕组,通电时产生旋转磁场。

自整角机的功能是将机械转角信号转换为电信号,或将电信号转换为机械转角信号。在系统中通常要用两台或两台以上组合使用,一台作为发送机,另一台作为接收机,从而实现转角的变换、传输和接收。按用途和工作原理的不同,自整角机分为控制式和力矩式两类。控制式自整角机主要用于随动系统,作为检测元件,将转角信号变换为与转角成一定函数关系的电压信号。力矩式自整角机可以远距离传输角度信号,主要用于自动指示系统。

旋转变压器的功能是把转角信号转换为与转角的正弦、余弦函数成正比关系或直接与角度成正比关系的电压信号,前者称为正余弦旋转变压器,后者称为线性旋转变压器,在自动控制系统中作角度测量或解算元件。旋转变压器负载时,出现的交轴磁动势分量会使输出电压与转角的函数关系发生畸变,为消除这种畸变,可采取原边补偿、副边补偿或原、副边同时补偿。

■ 思考与习题

8-1 简述控制电机的分类。

8-2 简述直流伺服电动机实现调速的两种控制方法。

8-3 简述交流伺服电动机的工作原理和控制方法。

8-4 直流测速发电机有哪些应用?

8-5 交流测速发电机的转子不动时,为什么没有电压输出?转子转动时,输出电压为什么和转速成正比,而频率与转速无关?

8-6 什么是步进电动机?

8-7 什么是步进电动机的步距角?什么是单三拍、双三拍和六拍工作方式?

8-8 简述自整角机的应用。

8-9 简述正弦旋转变压器的工作原理及应用。

项目九　电力拖动系统中电动机的选择

【学习目标】

了解电动机的发热与冷却规律、绝缘材料和允许温升。了解电动机的工作制及电动机的选择步骤。掌握电动机额定功率的选择方法和发热校验,掌握电动机种类、额定电压、额定转速和结构型式的选择。

任务一　概　述

电动机是电力拖动系统的原动力与核心,它的配置直接影响系统的可靠性和经济性。电动机的选择包括电动机的类型、额定功率、额定电压、额定转速等的选择,其中额定功率的选择是最重要的,也是最复杂的一项工作,本项目重点介绍电动机额定功率的选择。

一、电动机额定功率选择的一般原则

选择电动机功率的目的,是使电动机功率在能够满足生产机械负载要求的前提下,尽可能得到充分利用。如果电动机的功率选得过大,不但设备投资增加,而且电动机轻载运行,效率及功率因数较低,运行费用较高,极不经济;反之,如果电动机的功率选得过小,则电动机将过载运行,使电动机过热而过早损坏,而且功率过小,一般也难以满足冲击性负载及起动的要求。因此,合理选择电动机的额定功率是非常必要的。

选择电动机功率的一般原则是:

(1)电动机的功率尽可能得到充分利用。

(2)电动机的最高运行温度不超过允许值。

(3)电动机的过载能力和起动能力均应满足负载要求。

二、电动机额定功率选择的一般步骤

选择电动机额定功率时,对于不同性质的负载及不同的工作制,选择过程有所不同,一般步骤是:

(1)确定负载的功率 P_L。

(2)根据负载功率预选一台功率相当的电动机: $P_N \geq P_L$。

(3)对预选的电动机进行发热、过载能力和起动能力校验,若不合格,应另选一台额定功率稍大一点的再进行校验,直至合格为止。

任务二　电动机的发热与冷却

电动机的发热是指运行时由于内部损耗产生热量,电动机温度升高的过程;冷却则是指电动机减小负载或停止运行时,发热量减小,电动机的温度逐步降低,即温升逐步减小的过程。

一、电动机的发热过程

运行时电动机内部损耗产生热量 Q,其中:一部分热量储存在电动机中,使电动机的温度升高,称为储存热 Q_a;另一部分热量则散发到周围的介质中去,称为散发热 Q_s。即

$$Q = Q_a + Q_s \qquad (9\text{-}1)$$

电动机刚开始运行时,由于温差小,它产生的热量主要用于升高电动机的温度,并存储起来。随着温度的升高,温差增大,散发的热量逐渐增多,当散发的热量与发热量相等时,电动机的温度就不再升高,这时电动机的温升叫稳态温升 τ_{bt}。

电动机的发热过程是指电动机运行时温升 τ 随时间 t 的变化关系,即温升曲线: $\tau = f(t)$。电动机的热源产生在绕组、铁芯、轴承等部位,其各部位产生的热量不相等,各部位的温度也不相同,且各部位向周围介质散热的条件和方式也不相同。如果按实际情况来分析电动机的发热过程,将是十分复杂的。因此,在分析电动机发热过程中需作如下假设:

(1)电动机是一个均匀的发热体。电动机各处的温度相等,各处的比热和散热系数相等,且等于常数。

(2)电动机的负载恒定。电动机在单位时间内产生的热量相等。

(3)电动机向周围介质散发的热量与温升 τ 成正比,周围环境温度不变。

由此可知,电动机单位时间内产生的热量 Q 等于电动机的损耗功率 p,故在 dt 时间内的发热量为

$$Q dt = p dt \qquad (9\text{-}2)$$

其中,用于电动机温度升高的储存热

$$Q_a = C d\tau \qquad (9\text{-}3)$$

式中　C——热容量,是电动机温度每升高 1 ℃时所需要的热量,J/℃;

　　　$d\tau$——电动机在 dt 时间内的温升,℃。

散发到周围介质中的散发热 Q_s 为

$$Q_s = A\tau dt \qquad (9\text{-}4)$$

式中　A——散热系数,表示温升为 1 ℃时每秒散发的热量,J/(℃·s);

　　　τ——电动机的温升,℃。

根据热量守恒原理,电动机的热平衡方程为

$$Q dt = C d\tau + A\tau dt \qquad (9\text{-}5)$$

方程两边同时除以 $A\mathrm{d}t$,整理后得

$$\tau + \frac{C\mathrm{d}\tau}{A\mathrm{d}t} = \frac{Q}{A}$$

令 $T = \frac{C}{A}$, $\tau_{bt} = \frac{Q}{A}$,得基本形式的微分方程

$$\tau + T\frac{\mathrm{d}\tau}{\mathrm{d}t} = \tau_{bt} \tag{9-6}$$

这是一个标准的一阶微分方程,其解为

$$\tau = \tau_{bt}(1 - e^{-\frac{t}{T}}) + \tau_{af}e^{-\frac{t}{T}} \tag{9-7}$$

式中 τ_{bt}——$t = \infty$ 时电动机的稳态温升,℃;

T——发热时间常数,s;

τ_{af}——$t = 0$ 时电动机的起始温升,℃。

如果电动机由环境温度开始发热,起始温升 τ_{af} 为零,则有

$$\tau = \tau_{bt}(1 - e^{-\frac{t}{T}}) \tag{9-8}$$

根据式(9-7)和式(9-8)可作出电动机发热过程的温升曲线,如图 9-1 所示,曲线 1 表示起始温升不为零情况,曲线 2 表示起始温升为零情况。

电动机的稳态温升 τ_{bt} 与电动机所带的负载大小有关,负载增加时,损耗增加,发热量增大,故 τ_{bt} 也增大。

值得注意的是,发热时间常数 T 是表明电动机温度变化快慢的物理量,而不是电动机达到稳态温升所需的时间。由式(9-8)可知,从理论上讲,只有当 $t = \infty$ 时,温升才能达到 τ_{bt}。但一般当 $t = (3 \sim 4)T$ 时,可以认为温升已达到稳态温升。

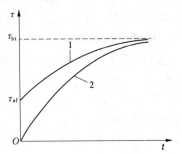

1—起始温升不为零;2—起始温升为零

图 9-1 电动机发热过程温升曲线

二、电动机的冷却过程

电动机的冷却过程是指电动机的发热量小于散热量,电动机的温度逐渐下降,温升逐渐减小的过程。这一过程出现在电动机所带的负载减小或停止工作的状态。因此,电动机的冷却过程可分两种情况来分析。

当电动机的负载减小时,损耗减小,发热量也减小,原来的热平衡遭到破坏,由于发热量小于散热量,电动机的温度将逐渐下降,由原来的稳态温升逐渐下降到负载减小后对应的稳态温升。此时电动机温升变化过程的表达式为

$$\tau = \tau_{bt}(1 - e^{-\frac{t}{T}}) + \tau_{af}e^{-\frac{t}{T}} \tag{9-9}$$

式中 τ_{bt}——负载减小后对应的稳态温升,℃;

τ_{af}——冷却开始时的温升,℃。

这时 $\tau_{af} > \tau_{bt}$，温升的变化是按指数规律衰减的，电动机冷却过程温降曲线如图 9-2 中的曲线 1 所示。

电动机停止工作时，损耗为零，发热量 Q 为零，则稳态温升 τ_{bt} 为零，此时的温降曲线如图 9-2 中的曲线 2 所示，其表达式为

$$\tau = \tau_{af} e^{-\frac{t}{T}} \qquad (9\text{-}10)$$

式(9-10)表明，电动机将内部储存的热量逐渐散发到周围的介质中，直到与周围的温度相同，稳态温升为零。这时发热时间常数用 T_0 表示。

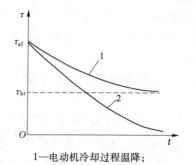

1—电动机冷却过程温降；
2—电动机停止工作时的温降

图 9-2　电动机冷却过程温降曲线

任务三　电动机的绝缘材料及允许温升

一、电动机的绝缘材料

在电动机的功率选择中，往往要进行电动机的发热校验，使电动机运行的最高温度不大于其绝缘材料所允许的最高温度。在电动机中，耐热最差的就是绕组的绝缘材料，绝缘材料所允许的最高温度就是电动机允许的最高温度。根据绝缘材料允许的最高温度不同，把绝缘材料分为 Y、A、E、B、F、H、C 7 个等级，其中 Y 级和 C 级在电动机中一般不采用。现将常用的 A、E、B、F、H 5 个等级绝缘材料的性能介绍如下：

(1)A 级绝缘。指经过绝缘浸渍处理的棉纱、丝、纸等，普通漆包线的绝缘漆，允许的最高温度为 105 ℃。

(2)E 级绝缘。指高强度漆包线的绝缘漆，环氧树脂，三醋酸纤维薄膜、聚酯薄膜及青壳纸，纤维填料塑料，允许的最高温度为 120 ℃。

(3)B 级绝缘。指用有机材料黏合或浸渍的云母、玻璃纤维、石棉等，以及矿物填料塑料，允许的最高温度为 130 ℃。

(4)F 级绝缘。指用耐热优良的环氧树脂黏合或浸渍的云母、玻璃纤维、石棉等，允许的最高温度为 155 ℃。

(5)H 级绝缘。指用硅有机树脂黏合或浸渍的云母、玻璃纤维、石棉，硅有机橡胶，无机填料塑料，允许的最高温度为 180 ℃。

当电动机的温度不超过所用绝缘材料允许的最高温度时，绝缘材料的使用寿命较长，可达 20 年以上；反之，如果温度超过上述允许的最高温度，则绝缘材料容易老化、变脆，会缩短电动机的使用寿命，严重情况下，将使绝缘材料炭化、变质，失去绝缘性能，从而使电动机烧坏。

二、电动机的允许温升

温升是电动机发热校验中常用的一个重要概念。电动机在运行时，内部损耗引起发热，使电动机的温度升高。电动机温度 t 与周围环境温度 t_0 的差值，叫电动机的温升，用

τ 来表示,即 $\tau = t - t_0$,单位为℃。电动机的温升取决于其运行温度和环境温度。我国幅员辽阔,各地区温度相差较大,为了设计和选用电动机有个统一的标准,我国规定标准环境温度为 40 ℃。

所谓电动机的允许温升,是指电动机允许的最高温度与标准环境温度的差值。即

$$\tau_{max} = t_{max} - t_0 \tag{9-11}$$

式中　τ_{max}——电动机的允许温升,℃;

　　　t_{max}——电动机绝缘材料允许的最高温度,℃;

　　　t_0——标准环境温度,℃,取 40 ℃。

例如,使用 A 级绝缘材料的电动机,其允许温升为:$\tau_{max} = 105 - 40 = 65(℃)$。

任务四　电动机的工作制

电动机的温升不仅与负载的大小有关,而且与负载持续时间的长短有关。也就是说,对于相同的某一负载,运行时间的长短,对电动机的发热情况影响很大。若长时间持续运行,电动机必将达到稳态温升;若仅作短时间运行,其将达不到稳态温升。为充分利用电动机的容量,按电动机发热的不同情况,可将电动机分为连续工作制、短时工作制和断续周期工作制三种。

一、连续工作制

连续工作制是指电动机在恒定的负载下连续运行,其温升可达稳态值。显然,工作时间 $t_w > (3 \sim 4)T$,可达几小时甚至几昼夜,属于这一类的生产机械有水泵、鼓风机、造纸机、机床主轴等。

其简化的负载图 $P = f(t)$ 及温升曲线 $\tau = f(t)$ 如图 9-3 所示。

二、短时工作制

短时工作制是指电动机在恒定负载下作短时间运行,$t_w < (3 \sim 4)T$,其温升达不到稳态值,而停止运行的时间又较长,$t_s > (3 \sim 4)T$,其温升能够降到零。这种电动机的容量称为短时容量,它的负载图 $P = f(t)$ 和温升曲线 $\tau = f(t)$ 如图 9-4 所示。由图 9-4 可以看出,短时工作电动机的最高允许温升小于稳态温升,如果电动机运行时间超过工作时间 t_w,其温升将沿曲线的虚线部分上升,超过绝缘材料的允许温升 τ_{max},这是不允许的。我国生产的这类电动机,其工作时间 t_w 有 15 min、30 min、60 min、90 min 四种定额。属于短时工作的生产机械有管道和水库闸门等。

三、断续周期工作制

断续周期工作制是指电动机运行和停机周期性交替进行,其运行时间与停机时间都比较短,即 $t_w < (3 \sim 4)T$,$t_s < (3 \sim 4)T$。在运行期间温升来不及达到稳态值,在停机时间温升也降不到零。这种电动机的容量称为断续周期容量,其负载图 $P = f(t)$ 和温升曲线 $\tau = f(t)$ 如图 9-5 所示。

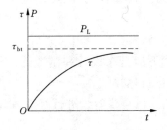

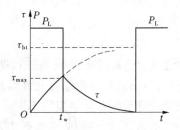

图9-3　连续工作制电动机负载图及温升曲线　图9-4　短时工作制电动机的负载图及温升曲线

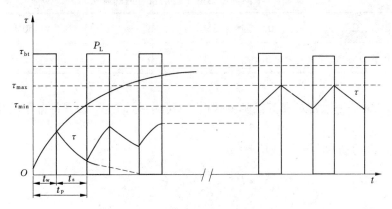

图9-5　断续周期工作制的负载图及温升曲线

在开始工作的前几个周期,每次运行时起始温升和终了温升都有所增加,最后电动机的温升将在 τ_{max} 与 τ_{min} 之间上下波动。属于这类工作制的生产机械有起重机、电梯、轧钢辅助机械等。与短时工作制相似,这类电动机也不可作连续运行,否则电动机会过热而烧毁。

在断续周期工作制中,负载工作时间 t_w 与整个工作周期 t_p 之比称为负载持续率,用 $zc\%$ 表示,即

$$zc\% = \frac{t_w}{t_p} = \frac{t_w}{t_w + t_s} \times 100\% \tag{9-12}$$

我国规定的标准负载持续率有 15%、25%、40%、60% 四种定额,一个工作周期 $t_p = t_w + t_s \leqslant 10 \text{ min}$。

任务五　电动机容量的选择

一、连续工作制电动机额定功率的选择

连续工作制电动机的负载可分为两类,即恒定负载和周期性变化负载,现分别介绍选择电动机额定功率的方法。

(一)恒定负载时电动机额定功率的选择

在生产中属于恒定负载的生产机械很多,如水泵、风机、大型机床的主轴等。给这类

生产机械选电动机的功率比较简单,只要算出生产机械的功率 P_L,就可以选择一台额定功率 P_N 等于或稍大于负载功率 P_L 的电动机,即

$$P_N \geqslant P_L \tag{9-13}$$

因为连续工作制的电动机是按长期在额定负载下运行来设计和制造的,当 $P_N \geqslant P_L$ 时,电动机的稳态温升不会超过允许温升,因此不必进行热校验。

当环境温度与标准环境温度不同时,可对电动机实际可供容量进行修正,修正方法有计算法和经验估算法,经验估算法可按表 9-1 进行。

表 9-1 不同环境温度下电动机容量的修正

环境温度(℃)	30	35	40	45	50	55
可供功率变化的百分数(%)	+8	+5	0	-5	-12.5	-25

生产机械的功率通常可在其铭牌上查得,也可通过计算求得,现将常用的几种计算方法介绍如下:

(1)作直线运动的生产机械功率为

$$P_L = \frac{F_L v}{\eta} \times 10^{-3} \tag{9-14}$$

式中　F_L——负载力,N;

　　　v——运动速度,m/s;

　　　η——传动装置的效率。

(2)作旋转运动的生产机械功率为

$$P_L = \frac{T_L n}{9\,550\eta} \tag{9-15}$$

式中　T_L——负载转矩,N·m;

　　　n——负载转速,r/min;

　　　η——传动装置的效率。

(3)泵类生产机械功率为

$$P_L = \frac{q\gamma h}{\eta_P \eta} \times 10^{-3} \tag{9-16}$$

式中　q——单位时间排送液体的体积,m³/s;

　　　γ——液体的容重,N/m³;

　　　h——排送高度,m;

　　　η_P——泵的效率,活塞泵为 0.8 ~ 0.9,低压泵为 0.3 ~ 0.6,高压离心泵为 0.5 ~ 0.8;

　　　η——传动装置的效率,直接连接为 0.95 ~ 1,皮带连接为 0.9。

(4)风机类生产机械功率为

$$P_L = \frac{qP}{\eta_f \eta} \times 10^{-3} \tag{9-17}$$

式中　q——单位时间排送气体的体积，$\mathrm{m^3/s}$；

　　　　P——排除气体的压力，$\mathrm{N/m^2}$；

　　　　η_{f}——风机的效率，大型风机为 $0.5\sim0.8$，中型风机为 $0.3\sim0.5$，小型风机为 $0.2\sim$

　　　　　0.35；

　　　　η——传动装置的效率。

【例9-1】　已知一台离心式水泵的排水量为 $60~\mathrm{m^3/h}$，扬程总高为 18 m，转速为 1 450 r/min，泵的效率为 0.4，泵与电动机直接相连。试选择电动机的功率。

解：取水的容重为 9 810 $\mathrm{N/m^3}$，则水泵的功率为

$$P_{\mathrm{L}} = \frac{q\gamma h}{\eta_{\mathrm{P}}\eta} \times 10^{-3} = \frac{9\,810 \times 60/3\,600 \times 18}{0.4 \times 1} \times 10^{-3} = 7.358(\mathrm{kW})$$

查产品目录，可选 Y 系列四极鼠笼式异步电动机，额定功率 $P_{\mathrm{N}} = 7.5$ kW，额定转速 $n_{\mathrm{N}} = 1\,450$ r/min。

（二）周期性变化负载时电动机额定功率的选择

有些生产机械的负载在连续运行中不是恒定的，时大时小，最大值与最小值相差较大，但负载的变化具有周期性规律，比如大型龙门刨床和矿井提升机等。这类电动机功率的选择较为复杂，既不能按最大负载来选，也不能按最小负载来选，而是在最大值和最小值之间来选择。其选择步骤如下：

（1）计算并绘制周期负载图 $P = f(t)$ 或 $T = f(t)$ 曲线。

（2）将一个变化周期按负载（功率或转矩）大小分成若干个时间段，在每一个时间段内负载是一定的。

（3）根据负载图计算一个周期内的平均负载（功率或转矩）

$$P_{\mathrm{Lavg}} = \frac{\sum\limits_{1}^{n} P_i t_i}{\sum\limits_{1}^{n} t_i} \tag{9-18}$$

$$T_{\mathrm{Lavg}} = \frac{\sum\limits_{1}^{n} T_i t_i}{\sum\limits_{1}^{n} t_i} \tag{9-19}$$

（4）根据平均负载大小预选电动机。电动机的预选额定功率为

$$P_{\mathrm{N}} = (1.1 \sim 1.6)P_{\mathrm{Lavg}} \tag{9-20}$$

或

$$P_{\mathrm{N}} = (1.1 \sim 1.6)\frac{T_{\mathrm{Lavg}} n_{\mathrm{N}}}{9\,550} \tag{9-21}$$

（5）对预选的电动机进行热校验。经计算，若电动机的发热小于允许发热，且相差不大，则热校验合格；否则，重新选择电动机的容量，再次进行热校验，直到合格为止。

（6）过载能力校验。预选电动机的最大电磁转矩 T_{m} 必须大于负载图中的最大转矩 T_{Lm}，即

$$T_{\mathrm{m}} \geqslant T_{\mathrm{Lm}} \tag{9-22}$$

注意:对于交流电动机,考虑到电压的波动,应取

$$T_{\rm m} = (0.8 \sim 0.85)k_{\rm m}T_{\rm N} \tag{9-23}$$

式中　$k_{\rm m}$——电动机的过载倍数;

　　　$T_{\rm N}$——电动机的额定转矩。

(7)起动能力校验。对于鼠笼式电动机,必要时要校验其起动能力。

(三)热校验的方法

热校验是选择电动机容量的重要内容,所谓热校验,就是要校核电动机运行时的最高温升是否超过绝缘材料所允许的最高温升。只有当电动机运行时的最高温升不大于绝缘材料所允许的最高温升时,该电动机的热校验才是合格的。对于热校验,理论上可以计算出电动机的运行温升,绘制温升曲线,检查最高运行温升是否小于最高允许温升,但这样直接绘制温升曲线是比较困难的(因为发热时间常数 T 和散热系数 A 难以预知),所以热校验一般都用间接的方法——平均损耗法和等效法进行。其中等效法又有等效电流法、等效转矩法和等效功率法。现就这几种间接的热校验方法介绍如下:

1. 平均损耗法

利用电动机的效率曲线,求出每一段负载的功率损耗 P_i,即

$$P_i = P_{i1} - P_{i2} = \frac{P_{i2}}{\eta_i} - P_{i2} \tag{9-24}$$

式中　P_{i1}——第 i 段时间电动机输入功率;

　　　P_{i2}——第 i 段时间电动机输出功率;

　　　η_i——第 i 段时间电动机的效率。

再求出每一周期的平均功率损耗 $P_{\rm avg}$,即

$$P_{\rm avg} = \frac{P_1 t_1 + P_2 t_2 + \cdots + P_n t_n}{t_1 + t_2 + \cdots + t_n} = \frac{\sum\limits_{i=1}^{n} P_i t_i}{t_{\rm p}} \tag{9-25}$$

当 $P_{\rm avg} \leqslant P_{\rm N}$ 时热校验合格。$P_{\rm N}$ 是预选电动机在额定负载时的功率损耗,因电动机的发热产生于内部损耗,所以当 $P_{\rm avg} \ll P_{\rm N}$ 时,电动机的温升不会超过允许温升。

当 $P_{\rm avg} \ll P_{\rm N}$ 时,预选的电动机功率太大,电动机容量得不到充分利用。这时需改选功率较小的电动机,重新进行发热校验。

当 $P_{\rm avg} > P_{\rm N}$ 时,说明预选的电动机功率太小,发热校验不满足要求。需重选功率较大的电动机,再进行发热校验。

这种方法可用于电动机大多数工作情况下的发热校验。其缺点是计算步骤比较复杂。

2. 等效电流法

等效电流法是用一个不变的等效电流 $I_{\rm eq}$ 代替实际变化的负载电流。代替所需满足的条件是:在一个周期时间 $t_{\rm p}$ 内,等效电流产生的热量与实际变化的负载电流产生的热量相等,即

$$P_{\rm eq} t_{\rm p} = \sum_{i=1}^{n} P_i t_i \tag{9-26}$$

式中　P_{eq}——等效电流对应的损耗功率,相当于平均损耗。

因为电动机的损耗由不变损耗 P_0(铁损耗和机械损耗)和可变损耗(铜损耗)两部分组成,于是式(9-26)可写成

$$(P_0 + I_{eq}^2 R)t_p = \sum_{i=1}^{n} (P_0 + I_i^2 R)t_i \tag{9-27}$$

考虑到电阻 R 不变,将式(9-27)整理得

$$I_{eq} = \sqrt{\frac{I_1^2 t_1 + I_2^2 t_2 + \cdots + I_n^2 t_n}{t_p}} = \sqrt{\frac{\sum_{i=1}^{n} I_i^2 t_i}{t_p}} \tag{9-28}$$

若预选电动机的额定电流 $I_N > I_{eq}$,则热校验合格;否则应重新选择电动机再次校验。等效电流法是在铁损耗和电阻 R 不变的条件下推导出来的,因此只适用于一般电动机。对深槽式和双鼠笼式异步电动机,因在经常起动、制动和反转时,其铁损耗和电阻 R 均在变化,故不能使用该法。

3. 等效转矩法

等效转矩法是从等效电流法推导出来的。当电动机的磁通保持额定值不变时,电动机的转矩与电流成正比,则式(9-28)可以写成转矩形式

$$T_{eq} = \sqrt{\frac{T_1^2 t_1 + T_2^2 t_2 + \cdots + T_n^2 t_n}{t_p}} = \sqrt{\frac{\sum_{i=1}^{n} T_i^2 t_i}{t_p}} \tag{9-29}$$

式中　T_{eq}——等效转矩。

若预选电动机的额定转矩 $T_N > T_{eq}$,则发热校验合格;否则应重新选择电动机再次校验。应用等效转矩法,除应满足等效电流法的条件外,还应满足磁通不变的条件。因此,它仅适用于他励直流电动机和负载接近于额定值的异步电动机。但因电动机的负载转矩曲线容易获得,故该种方法还是得到了普遍的使用。

4. 等效功率法

等效功率法是由等效转矩法推导出来的,当电动机的转速基本不变时,输出功率与转矩成正比,则式(9-29)可写成

$$P_{eq} = \sqrt{\frac{P_1^2 t_1 + P_2^2 t_2 + \cdots + P_n^2 t_n}{t_p}} = \sqrt{\frac{\sum_{i=1}^{n} P_i^2 t_i}{t_p}} \tag{9-30}$$

若预选电动机的额定功率 $P_N \geq P_{eq}$,则发热校验合格;反之,若 $P_N < P_{eq}$,则应重新选择电动机校验,直到合格为止。

等效功率法只有恒电压、恒磁通的直流电动机和机械特性较硬的异步电动机才可以使用。

二、短时工作制电动机额定功率的选择

对于短时工作制,可以选择为连续工作制而设计的电动机,也可以选择专为短时工作制而设计的电动机。这两种情况分别介绍如下。

（一）选择专为短时工作制而设计的电动机

我国专为短时工作制而设计的电动机，工作时间有 15 min、30 min、60 min 和 90 min 四种定额。对于同一台电动机，对应不同的工作时间定额，其额定功率是不同的，时间定额越小，额定功率越大，其关系是 $P_{15} > P_{30} > P_{60} > P_{90}$；而电动机的最大功率是一定的，因此其过载倍数 k_m 也是不相同的，其关系为 $k_{15} < k_{30} < k_{60} < k_{90}$。

如果短时负载 P_L 是恒定的，且负载的工作时间 t_w 与电动机的定额时间相同或相近，则可直接选择电动机的额定容量（额定功率），即

$$P_N \geqslant P_L$$

如果短时负载是变动的，则可按等效功率法计算出等效功率，如式（9-30）所示。再按等效功率来选择电动机的功率，即

$$P_N \geqslant P_{eq}$$

如果负载的工作时间 t_w 与电动机的定额时间 t_q 相差较大，应先将负载在工作时间 t_w 下的负载功率 P_L 换算到电动机在定额时间 t_q 下的功率 P_{1c}，再按换算后的功率 P_{1c} 来选择电动机。把 P_L 换算成 P_{1c} 的依据是在这两种情况下电动机的损耗相等，即发热相同，由此得出 P_{1c} 与 P_L 的关系为（推导过程略）

$$P_{1c} = \frac{P_L}{\sqrt{\dfrac{t_q}{t_w} + k\left(\dfrac{t_q}{t_w} - 1\right)}} \tag{9-31}$$

式中　k——电动机不变损耗与可变损耗的比值，$k = \dfrac{P_0}{P_{Cu}}$。

当 t_w 与 t_q 相差不大时，可略去 $k\left(\dfrac{t_q}{t_w} - 1\right)$，则

$$P_{1c} = \sqrt{\frac{t_w}{t_q}} P_L \tag{9-32}$$

按电动机的额定功率 $P_N \geqslant P_{1c}$ 来选择，容量确定后，还要进行过载能力和起动能力的校验。

（二）选择为连续工作制而设计的电动机

若按短时负载功率来选择连续工作制的电动机，如果选择 P_N 大于或等于 P_L，则因工作时间较短，电动机的温升达不到允许值，即在工作时间 t_w 后，电动机的温升 τ_w 小于允许温升 τ_{max}。从发热角度来讲，电动机容量得不到充分利用，如图 9-6 中曲线 1 所示。

为了能充分利用电动机的容量，应选用 P_N 稍小于 P_L 的电动机，使其在工作时间 t_w 内过载运行，并满足在 t_w 时间内，使电动机的温升 τ_w 等于允许温升 τ_{max}，如图 9-6 中曲线 2 所示。此时

$$P_N = P_L / k_w \tag{9-33}$$

式中　k_w——按发热观点的功率过载倍数。

$$k_w = \sqrt{\frac{1 + ke^{-t_w/T}}{1 - e^{-t_w/T}}} \tag{9-34}$$

式中　k——不变损耗与可变损耗之比，即

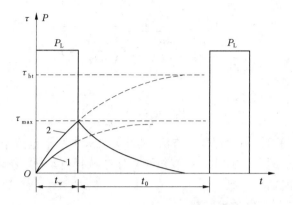

图9-6　短时工作制电动机的负载图及温升曲线

$$k = P_0/P_{Cu}$$

值得注意的是,当 t_w/T 较小时, k_w 值可能大于电动机的过载倍数 k_m。例如,当 $t_w/T = 0.3$ 时, $k_w = 2.5$。这时应按下式选择连续工作制电动机的额定功率

$$P_N \geqslant P_L/k_m \tag{9-35}$$

因为满足电动机的过载能力时,一般发热肯定能通过,可能还有裕度,因此不必进行发热校验。

三、断续周期工作制电动机额定功率的选择

断续周期工作制既可以选择专门为断续周期工作制而设计的电动机,也可以选择连续工作制的电动机。

(一)选择断续周期工作制的电动机

断续周期工作制是指负载的工作时间 t_w 和停机时间 t_s 是交替进行的,且每个周期时间 $t_p = t_w + t_s \leqslant 10$ min。因需要频繁起动和制动,一般的电动机难以满足其要求,故多采用专门为这类负载设计的电动机。

我国生产的这类电动机,负载持续率 $zc\%$ 有 15%、25%、40% 和 60% 四种,对于同一台电动机而言,不同的负载持续率 $zc\%$,其额定输出功率不同,负载持续率越大,额定输出功率越小,即 $P_{15\%} > P_{25\%} > P_{40\%} > P_{60\%}$。此外,对于同一台电动机,其最大电磁力矩 T_m 是固定的,而额定电磁转矩 T_N 与额定输出功率 P_N 成正比,额定输出功率越大,则额定电磁转矩越大,其过载能力 $k_m = T_m/T_N$ 将越小,即 $k_{15\%} < k_{25\%} < k_{40\%} < k_{60\%}$。

断续周期工作制的电动机,每一周期内都有起动、制动过程,停机时间又较短,因此其功率的选择与连续周期工作制变化负载下电动机功率选择过程是相似的,在一般情况下,也要经过预选、校验等步骤。在计算负载功率后作出生产机械负载图,初步确定负载持续率 $zc\%$,根据负载功率的平均值(计算平均值时应是工作时间的平均值,不计算停机时间 t_s)和 $zc\%$ 来预选电动机的功率,然后作出电动机的负载图,进行发热、过载能力、起动能力的校验。

如果负载的实际持续率 $zc\%$ 与标准持续率 $zc_b\%$ 不相同,应向靠近的标准持续率进行折算,折算后的负载功率 P_{Lb} 与实际负载功率 P_L 之间的关系为(推导从略)

$$P_{Lb} = \frac{P_L}{\sqrt{\dfrac{zc_b\%}{zc\%} + k\left(\dfrac{zc_b\%}{zc\%} - 1\right)}} \tag{9-36}$$

也可用下式作近似计算

$$P_{Lb} \approx P_L \sqrt{\frac{zc\%}{zc_b\%}} \tag{9-37}$$

在进行发热校验时,不论用什么方法,其计算公式中都不包括停机时间 t_s。

当负载持续率 $zc\% < 10\%$ 时,可按短时工作制选择电动机;当 $zc\% > 70\%$ 时,可按连续工作制选择电动机。

(二)选择连续工作制的电动机

当电动机(功率为 P_N)连续运行时,其允许温升就是稳态温升 τ_{bt};当在同样的负载下作断续周期运行时,其最大温升 τ_{max} 肯定要比 τ_{bt} 小。为了充分利用电动机的容量,可以选择一台容量比 P_N 稍小的连续工作制的电动机,使其作断续周期的过载运行,只要满足运行时的最大温升 τ_{max} 不超过该电动机的允许温升 τ_{bt} 即可。

预选电动机的功率 P_N 与负载功率 P_L 之间的关系式为

$$P_N = P_L \sqrt{\frac{t_w}{(k+1)(t_w+t_s)} - k} = P_L \sqrt{\frac{zc\%}{k+1} - k} \tag{9-38}$$

式中　$zc\%$——负载持续率;

　　　k——电动机额定情况下不变损耗与可变损耗之比(普通鼠笼型电动机 $k = 0.5 \sim 0.7$,冶金用中小型绕线式电动机 $k = 0.45 \sim 0.6$,冶金用大型绕线式电动机 $k = 0.9 \sim 1$,冶金用直流电动机 $k = 0.5 \sim 0.9$,普通直流电动机 $k = 1 \sim 1.5$)。

可知,所选电动机功率 P_N 与负载持续率 $zc\%$ 大小有关。负载持续率越小,选用电动机的功率越小,电动机的过载能力受到限制。当过载能力不满足要求时,应按电动机的过载能力来选择。

任务六　电动机种类、额定电压、额定转速和结构型式的选择

在选择电动机时,电动机的功率选择是最重要的,此外,还应根据具体情况,正确选择电动机的种类、额定电压、额定转速和结构型式。

一、电动机种类的选择

电动机的种类有鼠笼型异步电动机、绕线式异步电动机、同步电动机和直流电动机。电动机种类选择的主要原则是:在满足生产机械特点的前提下,尽量优先选用结构简单、维护方便、价格便宜的电动机。

鼠笼型异步电动机具有结构简单、维护方便、运行可靠、价格便宜等优点,但其起动和调速性能较差。因此,对不要求调速的生产机械应优先选用鼠笼型异步电动机,如机床、水泵、通风机等。对要求较大起动转矩的生产机械,可选择深槽式或双鼠笼型异步电动

机,如空气压缩机、皮带运输机等。

绕线式异步电动机具有较大的起动力矩和在一定范围内调速的性能,多用于起动、制动比较频繁,需要较大起动转矩、调速范围不大的生产机械,如起重机、卷扬机、电梯、矿井提升机等。

同步电动机具有转速恒定、功率因数可调等特点。但其造价高,运行维护较复杂,因此仅用于负载功率较大且不要求调速的生产机械,如空气压缩机、球磨机、破碎机等。

直流电动机具有起动转矩大、调速性能好的优点。但它的结构复杂,造价高,运行维护较困难。因此,只有在交流电动机无法满足要求的生产机械上才采用,如高精密数控车床、龙门刨床、电力机车等。

随着交流调速系统的不断发展,交流电动机的调速性能不断改善,其技术经济指标正与直流电动机接近,这将使交流电动机的应用越来越广。

二、电动机额定电压的选择

电动机额定电压的选择取决于供电电网的额定电压。

交流供电电压通常有 220 V/380 V、3 kV、6 kV、10 kV 等几种,对于中小型低压异步电动机,一般都采用 220 V/380 V;对于大功率的高压电动机,可根据供电电源情况选择 3 kV、6 kV 或 10 kV 的额定电压。三相电动机接线形式有 Y、△ 和 Y/△ 三种,当采用 Y/△ 降压启动时,则应选择 △ 接线的电动机。

直流电动机的额定电压有 110 V、220 V、330 V、440 V、660 V 等,其电压的选择应根据电源装置来确定。常用的直流电源装置有直流发电机、可控硅整流装置和蓄电池组。

三、电动机额定转速的选择

电动机额定转速的高低,将影响设备投资费用和工作机械的生产效率。额定功率相同的电动机,额定转速越高,额定转矩越小,则电动机的体积、重量和造价也越小,因此选用高速电动机较为经济。但是,对于一定转速的生产机械,电动机的转速高,势必加大传动机构的转速比,使传动机构复杂,造价高。因此,在选择电动机额定转速时,必须综合考虑电动机与生产机械两方面的情况,做出正确选择。

对于连续工作的电动机,一般从初期投资和运行维护费用来考虑,就几个不同的额定转速(不同的转速比)方案进行比较,选出最合适的转速;对于经常起动、制动及反转,但过渡过程的持续时间对生产影响不大的电动机,除考虑初期投资外,主要根据过渡过程能量消耗为最小的条件来选择;对于经常起动、制动及反转,但过渡过程的持续时间对生产影响较大的电动机(如龙门刨床的主电机),主要根据过渡过程持续时间为最短的条件来选择。

实际上,一般都可按与系统动能储存量成正比的 $GD^2 \cdot n_N^2$ 值为最小的条件来选择电动机的额定转速及转速比,因为过渡过程的能量损耗及持续时间都和 $GD^2 \cdot n_N^2$ 值成正比。

四、电动机结构型式的选择

电动机的选择,除要进行以上几个方面的选择外,还要注意选择电动机的结构型式。

电动机的结构型式,按安装方式不同,有卧式和立式两种。一般情况多选用卧式,只有特殊情况才使用立式,如深井水泵、潜水泵和钻床等。按防护型式不同,有开启式电动机、防护式电动机、封闭式电动机、密闭式电动机和防爆式电动机等,这些防护型式的选择,应根据电动机的使用地点、使用环境来确定。

开启式电动机有较大的通风孔,价格便宜,散热性能良好,但尘埃、水滴和铁屑等有害物质容易侵入电动机内部,影响其正常运行和使用寿命。因此,它仅适合在干燥和清洁的环境中使用。

防护式电动机一般可防滴、防雨、防溅,以及防止外界物体从上面落入电动机内部,但不能防潮、防尘。因此,它适用于干燥、灰尘不多,没有腐蚀性、爆炸性气体的环境。

封闭式电动机又分为自扇冷式、他扇冷式和封闭式3种。前两种可用在潮湿、多腐蚀性灰尘、易受风雨侵蚀的环境中。第三种一般用于浸入水中的设备,这种电动机价格较高。

防爆式电动机是在密封式结构基础上制成的。它适用于具有易燃、易爆性气体或尘埃的环境中,如煤矿、油库、煤气站等。

■ 项目小结

本项目介绍了电动机的选择。电动机的选择包括对它的功率、种类、额定电压、额定转速和结构型式的选择,其中最重要的是功率的选择。

电动机功率选择的一般原则:电动机的功率应尽可能得到充分的利用,运行时最高温升不超过允许值,同时应满足过载能力和起动能力的要求。

电动机功率选择的一般步骤:先确定负载功率,然后预选一台功率适当的电动机,再进行发热、过载能力和起动能力校验,直到合格为止。

电动机的发热与冷却过程:电动机运行时,因内部损耗产生的热量,电动机的温升逐步加大,直至某一稳态值;当电动机减载或停机时,电动机的温升将逐步下降,直至某一稳态值或温升为零。电动机允许的最大温升的高低与电动机的绝缘等级有关。电动机的发热校验,实际上就是检查电动机运行时的最大温升是否超过规定值。

电动机的工作制影响对电动机功率的选择。电动机的工作制分为连续工作制、短时工作制和断续周期工作制三种。对于不同的工作制,电动机功率的选择方法有所不同。

连续工作制的电动机功率选择,分为恒定负载和周期性变化负载两种情况。对恒定负载,只要满足 $P_N \geqslant P_L$ 即可;对周期性变化负载,须计算其平均负载,预选某一功率,再进行发热校验、过载能力校验、起动能力校验等。发热校验一般不是直接计算温升,而是用间接的方法来校验,具体有平均损耗法、等效电流法、等效功率法、等效转矩法。

对于短时工作制和断续周期工作制的电动机,既可以选用专门的电动机,也可以选用连续工作制的电动机。

选用电动机时,除选择功率外,还须选择其结构型式、额定电压、额定转速等。

思考与习题

9-1　电力拖动系统中电动机的选择包括哪些内容？其中最主要的是什么？

9-2　选择电动机功率的一般原则是什么？步骤有哪些？

9-3　什么是电动机的稳态温升？什么是允许温升？稳态温升与允许温升分别与哪些因素有关？

9-4　电动机的工作方式有哪几种？各有什么特点？

9-5　如何选择连续工作制电动机周期性变化负载时的功率？

9-6　热校验的方法有哪些？它们的应用条件是什么？

9-7　短时工作制负载可选择哪几种电动机？选择的方法是什么？

9-8　断续周期工作负载可选择哪几种电动机？选择的方法是什么？负载持续率的含义是什么？

9-9　将一台连续工作制电动机用于短时工作制负载时，其输出功率可以增大，试问它的过载能力如何变化？为什么？

9-10　有一抽水站，欲将河水抽到 20 m 高的渠道中去，泵的流量是 600 m^3/h，转速为 1 450 r/min，效率为 0.63，泵与电动机直接相连，水的容重为 9 810 N/m^3，环境温度最高为 40 ℃，现有功率为 22 kW、30 kW、37 kW、45 kW、55 kW、75 kW、90 kW 的鼠笼式电动机，试问选择哪一台比较合适？

9-11　一台他励式直流电动机拖动的生产机械，其负载功率如图 9-7 所示，今欲选一台 $P_N = 5.6$ kW、$U_N = 220$ V、$n_N = 1\,000$ r/min、过载能力 $k_m = 2.3$ 的电动机，试对该电动机进行发热校验和短时过载能力的校验。

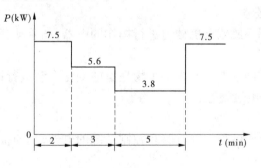

图 9-7　题 9-11 图

项目十　常用低压电器

【学习目标】

　　熟悉熔断器、接触器、低压断路器、继电器等常见低压电器。了解各低压电器工作原理，熟悉各低压电器的结构特点、型号及命名方式。掌握低压电器的工作特点、适用场所，能够正确选择各低压电器。

任务一　低压电器基本知识

　　电器是接通和断开电路或调节、控制和保护电路及电气设备用的电工器具。电器的用途广泛，功能多样，种类繁多，结构各异。

一、几种常用的电器分类

（一）按工作电压等级分类

　　（1）高压电器。用于交流电压 1 200 V、直流电压 1 500 V 以上电路中的电器，例如高压断路器、高压隔离开关、高压熔断器等。

　　（2）低压电器。用于交流 50 Hz（或 60 Hz）、额定电压 1 200 V，直流额定电压 1 500 V及以下的电路中的电器，例如接触器、继电器等。

（二）按动作原理分类

　　（1）手动电器。用手或依靠机械力进行操作的电器，如手动开关、控制按钮、行程开关等主令电器。

　　（2）自动电器。借助于电磁力或某个物理量的变化自动进行操作的电器，如接触器及各种类型的继电器、电磁阀等。

（三）按用途分类

　　（1）控制电器。用于各种控制电路和控制系统的电器，例如接触器、继电器、电动机启动器等。

　　（2）主令电器。用于自动控制系统中发送动作指令的电器，例如按钮、行程开关、万能转换开关等。

　　（3）保护电器。用于保护电路及用电设备的电器，如熔断器、热继电器、各种保护继电器、避雷器等。

　　（4）执行电器。用于完成某种动作或传动功能的电器，如电磁铁、电磁离合器等。

　　（5）配电电器。用于电能的输送和分配的电器，例如高压断路器、隔离开关、刀开关、自动空气开关等。

（四）按工作原理分类

（1）电磁式电器。依据电磁感应原理来工作,如接触器、各种类型的电磁式继电器等。

（2）非电量控制电器。依靠外力或某种非电物理量的变化而动作的电器,如刀开关、行程开关、按钮、速度继电器、温度继电器等。

二、低压电器的作用

低压电器能够依据操作信号或外界现场信号的要求,自动或手动改变电路的状态、参数,实现对电路或被控对象的控制、保护、测量、指示、调节。低压电器的作用有:

（1）控制作用。如电梯的上下移动、快慢速自动切换与自动停层等。

（2）保护作用。根据设备的特点,对设备、环境以及人身实行自动保护,如电机的过热保护、电网的短路保护、漏电保护等。

（3）测量作用。利用仪表及与之相适应的电器,对设备、电网或其他非电参数进行测量,如电流、电压、功率、转速、温度、湿度等。

（4）调节作用。低压电器可对一些电量和非电量进行调整,以满足用户的要求,如柴油机油门的调整、房间温湿度的调节、照明度的自动调节等。

（5）指示作用。利用低压电器的控制、保护等功能,检测出设备运行状况与电气电路工作情况,如绝缘监测、保护掉牌指示等。

（6）转换作用。在用电设备之间转换或对控制电路分时投入运行,以实现功能切换,如励磁装置手动与自动的转换、供电的市电与自备电的切换等。

当然,低压电器的作用远不止这些,随着科学技术的发展,新功能、新设备会不断出现,对低压配电器的要求是灭弧能力强、分断能力好、热稳定性能好、限流准确等;对低压控制电器,则要求其动作可靠、操作频率高、寿命长并具有一定的负载能力。

常见低压电器的主要种类及用途如表 10-1 所示。

表 10-1　常见低压电器的主要种类及用途

序号	类别	主要品种	用途
1	断路器	塑料外壳式断路器	主要用于电路的过负荷保护、短路、欠电压、漏电压保护,也可用于不频繁接通和断开的电路
		框架式断路器	
		限流式断路器	
		漏电保护式断路器	
		直流快速断路器	
2	刀开关	开关板用刀开关	主要用于电路的隔离,有时也能分断负荷
		负荷开关	
		熔断器式刀开关	
3	转换开关	组合开关	主要用于电源切换,也可用于负荷通断或电路的切换
		换向开关	

续表 10-1

序号	类别	主要品种	用途
4	主令电器	按钮	主要用于发布命令或程序控制
		限位开关	
		微动开关	
		接近开关	
		万能转换开关	
5	接触器	交流接触器	主要用于远距离频繁控制负荷,切断带负荷电路
		直流接触器	
6	启动器	磁力启动器	主要用于电动机的起动
		星－三启动器	
		自耦减压启动器	
7	控制器	凸轮控制器	主要用于控制回路的切换
		平面控制器	
8	继电器	电流继电器	主要用于控制电路中,将被控量转换成控制电路所需电量或开关信号
		电压继电器	
		时间继电器	
		中间继电器	
		温度继电器	
		热继电器	
9	熔断器	有填料式熔断器	主要用于电路短路保护,也用于电路过载保护
		无填料式熔断器	
		半封闭插入式熔断器	
		快速熔断器	
		自复熔断器	
10	电磁铁	制动电磁铁	主要用于起重、牵引、制动等地方
		起重电磁铁	
		牵引电磁铁	

三、电磁式低压电器基本结构

从结构上看,电器一般都有两个基本组成部分,即感受部分与执行部分。感受部分接收外界输入的信号,并通过转换、放大与判断做出有规律的反应,使执行部分动作,输出相应的指令,实现控制的目标。对于有触头的电磁式电器,感受部分是电磁机构,执行部分是触头系统。

（一）电磁机构

1.电磁机构的结构型式

电磁机构由吸引线圈、铁芯和衔铁组成。吸引线圈通以一定的电压和电流,产生磁场及吸力,并通过气隙转换成机械能,从而带动衔铁运动使触头动作,完成触头的断开和闭合,实现电路的分断和接通。图10-1是几种常用电磁机构的结构型式。根据衔铁相对铁芯的运动方式,电磁机构有直动式与拍合式,拍合式又有衔铁沿棱角转动和衔铁沿轴转动两种。

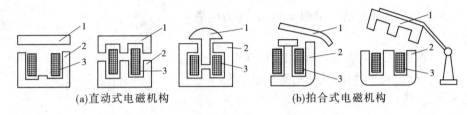

(a)直动式电磁机构　　　　(b)拍合式电磁机构

1—衔铁;2—铁芯;3—线圈

图10-1　电磁机构

吸引线圈用以将电能转换为磁能,按吸引线圈通入电流性质不同,电磁机构分为直流电磁机构和交流电磁机构,其线圈分别称为直流电磁线圈和交流电磁线圈。另外,根据线圈在电路中的连接方式,又有串联线圈和并联线圈。串联线圈采用粗导线、匝数少,又称为电流线圈;并联线圈匝数多,线径较细,又称为电压线圈。

2.电磁机构工作原理

当吸引线圈通入电流后,产生磁场,磁通经铁芯、衔铁和工作气隙形成闭合回路,产生电磁吸力,将衔铁吸向铁芯。与此同时,衔铁还受到反作用弹簧的拉力,只有当电磁吸力大于弹簧反力时,衔铁才可靠地被铁芯吸住。而当吸引线圈断电时,电磁吸力消失,在弹簧作用下,衔铁与铁芯脱离,即衔铁释放。电磁机构的工作特性常用吸力特性和反力特性来表述。

电磁机构的吸力特性是指电磁吸力与气隙的相互关系。当电磁机构吸引线圈通电后,铁芯吸引衔铁(吸合)的力与气隙的关系称为吸力特性。电磁机构使衔铁释放(复位)的力与气隙的关系则称为反力特性。一般低压电器的电磁机构的吸力特性与反力特性曲线如图10-2所示。

3.电磁机构的输入－输出特性

电磁机构的吸引线圈加上电压(或通入电流),产生电磁吸力,从而使衔铁吸合。因此,也可将线圈电压(或电流)作为输入量 x,而将衔铁的位置作为输出量 y,则电磁机构衔铁位置(吸合与释放)与吸引线圈电压(或电流)的关系称为电磁机构的输入－输出特性,通常称为"继电特性"。

将衔铁处于吸合位置记作 $y=1$,释放位置记作 $y=0$。由上分析可知,当吸力特性处于反力特性上方时,衔铁被吸合;当吸力特性处于反力特性下方时,衔铁被释放。使吸力特性处于反力特性上方的最小输入量用 x_0 表示,称为电磁机构的动作值;使吸力特性处

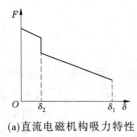 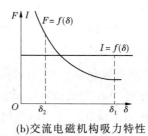 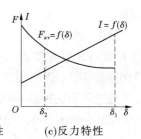

(a)直流电磁机构吸力特性　(b)交流电磁机构吸力特性　(c)反力特性

图 10-2　电磁机构吸力特性与反力特性曲线

于反力特性下方的最大输入量用 x_r 表示,称为电磁机构的复归值。

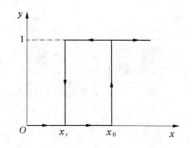

　　电磁机构的输入－输出特性如图 10-3 所示,当输入量 $x < x_0$ 时衔铁不动作,其输出量 $y = 0$;当 $x = x_0$ 时,衔铁吸合,输出量 y 从"0"跃变为"1";再进一步增大输入量使 $x > x_0$,输出量仍为 $y = 1$。当输入量 x 从 x_0 减小的时候,在 $x > x_r$ 的过程中,虽然吸力减小,但因衔铁吸合状态下的吸力仍比反力大,衔铁不会释放,其输出量 $y = 1$。当 $x = x_r$ 时,因吸力小于反力,

图 10-3　电磁机构的输入－输出特性

衔铁才释放,输出量由"1"变为"0";再减小输入量,输出量仍为"0"。所以,电磁机构的输入－输出特性或"继电特性"为一矩形曲线。动作值与复归值均为继电器的动作参数,电磁机构的继电特性是电磁式继电器的重要特性。

（二）触头系统

　　触头亦称触点,是电磁式电器的执行部分,起接通和分断电路的作用。因此,要求触头导电导热性能好,通常用铜、银、镍及其合金材料制成,有时也在铜触头表面电镀锡、银或镍。对于一些特殊用途的电器,如微型继电器和小容量的电器,触头采用银质材料制成。

　　触头闭合且有工作电流通过时的状态称为电接触状态,电接触状态时触头之间的电阻称为接触电阻,其大小直接影响电路工作情况。若接触电阻较大,电流流过触头时造成较大的电压降,这对弱电控制系统影响较严重。同时,电流流过触头时电阻损耗大,将使触头发热,导致温度升高,严重时可使触头熔焊,这样既影响工作的可靠性,又降低了触头的寿命。触头接触电阻大小主要与触头的接触形式、接触压力、触头材料及触头表面状况等有关。

1. 触头的接触形式

　　触头的接触形式有点接触、线接触和面接触三种,如图 10-4 所示。

　　点接触由两个半球形触头或一个半球形触头与一个平面形触头构成,常用于小电流的电器中,如接触器的辅助触头和继电器触头。线接触常做成指形触头结构,它们的接触区是一条直线,触头通断过程是滚动接触并产生滚动摩擦,适用于通电次数多、电流大的场合,多用于中等容量电器。面接触触头一般在接触表面镶有合金,允许通过较大电流,中小容量的接触器的主触头多采用这种结构。

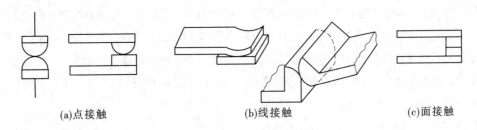

(a)点接触　　　　　　　　(b)线接触　　　　　　　　(c)面接触

图 10-4　触头的接触形式

2. 触头的结构型式

触头在接触时,要求其接触电阻尽可能小,为使触头接触更加紧密以减小接触电阻,同时消除开始接触时产生的振动,在触头上装有接触弹簧,使触头刚刚接触时产生初压力,随着触头闭合逐渐增大触头互压力。

触头按其原始状态可分为常开触头和常闭触头。原始状态时(吸引线圈未通电时)断开,线圈通电后闭合的触头叫常开触头(动合触头)。原始状态时闭合,线圈通电后断开的触头叫常闭触头(动断触头)。线圈断电后所有触头回复到原始状态。

按触头控制的电路可分为主触头和辅助触头。主触头用于接通或断开主电路,允许通过较大的电流;辅助触头用于接通或断开控制电路,只能通过较小的电流。

触头的结构型式主要有桥式和指形,如图 10-5 所示。桥式触头在接通与断开电路时由两个触头共同完成,对灭弧有利。这类结构触头的接触形式一般是点接触和面接触。指形触头在接通或断开时产生滚动摩擦,能去掉触头表面的氧化膜,从而减小触头的接触电阻。指形触头的接触形式一般采用线接触。

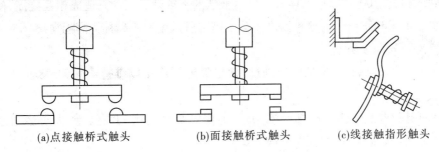

(a)点接触桥式触头　　　　(b)面接触桥式触头　　　　(c)线接触指形触头

图 10-5　触头的结构形式

3. 减小接触电阻的方法

首先,触头材料选用电阻系数小的材料,使触头本身的电阻尽量减小;其次,增加触头的接触压力,一般在动触头上安装触头弹簧;再次,改善触头表面状况,尽量避免或减少触头表面氧化膜形成,在使用过程中尽量保持触头清洁。

(三)电弧的产生和灭弧方法

1. 电弧的产生

在自然环境下开断电路时,如果被开断电路的电流(电压)超过某一数值(根据触头材料的不同,其值在 0.25 ~ 1 A、12 ~ 20 V),在触头间隙中就会产生电弧。电弧实际上是触头间气体在强电场作用下产生的放电现象。这时触头间隙中的气体被游离,产生大量的电子和离子,在强电场作用下,大量的带电粒子作定向运动,使绝缘的气体变成了导体。电流通过这个游离区时所消耗的电能转换为热能和光能,由于光和热的效应,产生高温并发出强光,使触头烧蚀,并使电路切断时间延长,甚至不能断开,造成严重事故。为此,必须采取措施熄灭或减小电弧。

2. 电弧产生的原因

电弧产生的原因主要为四个物理过程:

(1)强电场放射。触头在通电状态下开始分离时,其间隙很小,电路电压几乎全部降落在触头间很小的间隙上,使该处电场强度很高,强电场将触头阴极表面的自由电子拉到气隙中,使触头间隙的气体中存在较多的电子,这种现象称为强电场放射。

(2)撞击电离。触头间的自由电子在电场作用下,向正极加速运动,经一定路程后获得足够大的动能,在其前进途中撞击气体原子,将气体原子分裂成电子和正离子。电子在向正极运动过程中将撞击其他原子,使触头间隙中气体电荷越来越多,这种现象称为撞击电离。

(3)热电子发射。撞击电离产生的正离子向阴极运动,撞击在阴极上使阴极温度逐渐升高,并使阴极金属中电子动能增加,当阴极温度达到一定程度时,一部分电子有足够动能将从阴极表面逸出,再参与撞击电离。由于高温电极发射电子的现象称为热电子发射。

(4)高温游离。当电弧间隙中的气体温度升高时,气体分子热运动速度加快,当电弧温度达到或超过 3 000 ℃时,气体分子发生强烈的不规则热运动并造成相互碰撞,使中性分子游离成电子和正离子。这种因高温分子撞击所产生的游离称为高温游离。

3. 灭弧的基本方法

(1)快速拉长电弧,以降低电场强度,使电弧电压不足以维持电弧的燃烧,从而熄灭电弧。

(2)用电磁力使电弧在冷却介质中运动,降低弧柱周围的温度,使离子运动速度减慢、离子复合速度加快,从而使电弧熄灭。

(3)将电弧挤入绝缘壁组成的窄缝中以冷却电弧,加快离子复合速度,使电弧熄灭。

(4)将电弧分成许多串联的短弧,增加维持电弧所需的临界电压降。

任务二　熔断器

熔断器是一种简单而有效的保护电器,在电路中主要起短路保护作用。它主要由熔体和安装熔体的绝缘管(绝缘座)组成。使用时,熔体串接于被保护的电路中,当电路发生短路故障时,熔体被瞬时熔断而分断电路,起到保护作用。它广泛应用于低压配电系统和控制系统及用电设备中,作短路和过电流保护。

一、熔断器的类型

(一)插入式熔断器

插入式熔断器如图10-6所示,它常用于380 V及以下电压等级的线路末端,作为配电支线或电气设备的短路保护用。

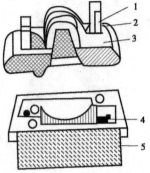

1—动触头;2—熔体;3—瓷插件;
4—静触头;5—瓷座

（a）插入式熔断器实物　　　　　　（b）插入式熔断器结构

图10-6　插入式熔断器

(二)螺旋式熔断器

螺旋式熔断器如图10-7所示,分断电流较大,可用于电压等级500 V及其以下、电流等级200 A以下的电路中,作短路保护。

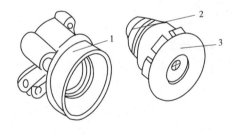

1—底座;2—熔体;3—瓷帽

（a）螺旋式熔断器外形　　　　　　（b）螺旋式熔断器结构

图10-7　螺旋式熔断器

(三)封闭式熔断器

封闭式熔断器分有填料封闭管式熔断器和无填料封闭管式熔断器两种,如图10-8和图10-9所示。有填料封闭管式熔断器一般用方形瓷管,内装石英砂及熔体,分断能力强,用于电压等级500 V及以下、电流等级1 kA以下的电路中。无填料封闭管式熔断器将熔体装入密闭式圆筒中,分断能力稍小,用于500 V以下、600 A以下电力网或配电设备中。

（a）有填料封闭管式熔断器实物

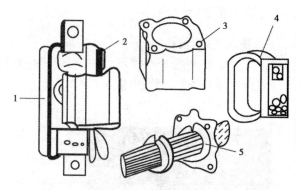

1—瓷底座；2—弹簧片；3—管体；4—绝缘手柄；5—熔体

（b）有填料封闭管式熔断器结构

图 10-8　有填料封闭管式熔断器

（a）无填料封闭管式熔断器实物

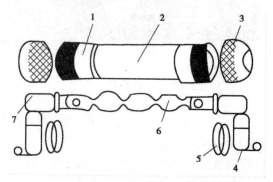

1—钢圈；2—熔断管；3—管帽；4—插座；
5—特殊垫圈；6—熔体；7—熔片

（b）无填料封闭管式熔断器结构

图 10-9　无填料封闭管式熔断器

（四）快速熔断器

　　快速熔断器实物见图 10-10。快速熔断器主要用于半导体整流元件或整流装置的短路保护。由于半导体元件的过载能力很低，只能在极短时间内承受较大的过载电流，因此要求短路保护具有快速熔断的能力。快速熔断器的结构和有填料封闭管式熔断器基本相同，但熔体材料和形状不同，它是以银片冲制的有 V 形深槽的变截面熔体。

（五）自复熔断器

　　自复熔断器是可多次动作使用的熔断器，在日本被称为永久熔断器。在分断过载或短路电流后瞬间，熔体能自动恢复到原状。自复熔断器主要由电流端子（又叫电极）、云母

图 10-10　快速熔断器实物

玻璃(填充剂)、绝缘管、熔体、活塞、氩气和外壳等组成。其中,自复熔断器的外壳一般用不锈钢制成,不锈钢套与其内部的氧化铍陶瓷绝缘管间用云母玻璃隔开,云母玻璃既是填充剂,又是绝缘物。

自复熔断器采用金属钠作熔体,在常温下具有高电导率。当电路发生短路故障时,短路电流产生高温,使钠迅速汽化,气态钠呈现高阻态,从而限制了短路电流。当短路电流消失后,温度下降,金属钠恢复原来的良好导电性能。自复熔断器只能限制短路电流,不能真正分断电路。其优点是不必更换熔体,能重复使用。

自复熔断器常与断路器串联使用,本身先并联一只附加电阻,以抑制分断时出现的过电压。正常工作时,自复熔断器呈低阻状态,并联电阻仅流过很小电流。而当线路发生故障时,自复熔断器呈高阻状态,并联电阻可吸收它所产生的过电压,并维持断路器脱扣器所需的动作电流,保证断路器可靠分断。因此,断路器分断的电流实际上是自复熔断器的限流电流。

二、熔断器的选择

熔断器的选择主要依据负载的保护特性和短路电流的大小。对于容量小的电动机和照明支线,常采用熔断器作为过载及短路保护,因而希望熔体的熔化系数适当小些。通常选用铅锡合金熔体的 RQA 系列熔断器。对于较大容量的电动机和照明干线,则应着重考虑短路保护和分断能力,通常选用具有较高分断能力的 RM10 和 RL1 系列的熔断器;当短路电流很大时,宜采用具有限流作用的 RT0 和 RT12 系列的熔断器。

熔体的额定电流可按以下方法选择:

(1)保护无起动过程的平稳负载,如照明线路、电阻、电炉等时,熔体额定电流略大于或等于负荷电路中的额定电流。

(2)保护单台长期工作的电动机,熔体电流可按最大启动电流选取,也可按下式选取

$$I_{RN} \geq (1.5 \sim 2.5)I_N \tag{10-1}$$

式中　I_{RN}——熔体额定电流;

　　　I_N——电动机额定电流。

如果电动机频繁启动,式(10-1)中系数可适当加大至 3 ~ 3.5,具体应根据实际情况而定。

(3)保护多台长期工作的电动机(供电干线),可按下式选取

$$I_{RN} \geq (1.5 \sim 2.5)I_{Nmax} + \sum I_N \tag{10-2}$$

式中　I_{Nmax}——容量最大单台电动机的额定电流;

　　　$\sum I_N$——其余电动机额定电流之和。

任务三　低压开关与断路器

开关是最普通、使用最早的电器,其作用是分合电路、开断电流。常用的有刀开关、隔离开关、负荷开关、转换开关(组合开关)、自动空气开关(空气断路器)等。

开关有有载运行操作、无载运行操作、选择性运行操作之分,有正面操作、侧面操作、背面操作几种,还有不带灭弧装置和带灭弧装置之分。开关常采用弹簧片以保证接触良好。

一、刀开关

刀开关又叫闸刀,一般用于不需经常切断与接通的交、直流低压(不大于 500 V)电路,在额定电压下其工作电流不能超过额定值。在机床上,刀开关主要用作电源开关,它一般不用来接通或切断电动机的工作电流。刀开关分单极、双极和三极,常用的三极刀开关长期允许通过电流有 100 A、200 A、400A、600 A 和 1 000 A 五种。目前生产的产品型号有 HD(单投)和 HS(双投)等系列。HD 系列刀开关如图 10-11 所示,HS 系列刀开关如图 10-12所示。刀开关的图形和文字符号如图 10-13 所示。

(a)HD 系列刀开关实物

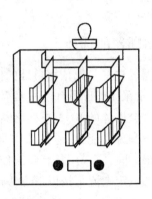

(b)HD 系列刀开关结构

图 10-11　HD 系列刀开关

(a)HS 系列刀开关实物

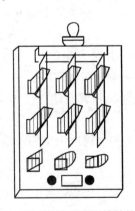

(b)HS 系列刀开关结构

图 10-12　HS 系列刀开关

根据工作原理、使用条件和结构形式的不同,可分为刀开关、刀形转换开关、开启式负荷开关(胶盖瓷底刀开关)、封闭式负荷开关(铁壳开关)、熔断器式刀开关和组合开关等。QA 系列、QF 系列、QSA(HH15)系列刀开关用在低压配电装置中,HY122 带有明显断口的数模隔离开关广泛用于楼层配电、计量箱、终端组电器中。

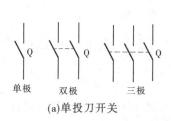

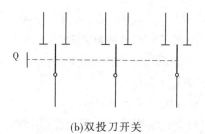

(a)单投刀开关   (b)双投刀开关

图 10-13 刀开关的图形和文字符号

HR6 熔断器式刀开关具有刀开关和熔断器的双重功能,采用这种组合开关电器可以简化配电装置结构,经济实用,它越来越广泛地用在低压配电屏上。实物示例见图 10-14。

HK1、HK2 系列开启式负荷开关(胶壳刀开关),用作电源开关和小容量电动机非频繁启动的操作开关。实物示例见图 10-15。

HH3、HH4 系列封闭式负荷开关(铁壳开关)的操作机构具有速断弹簧与机械联锁,用于非频繁启动 28 kW 以下的三相异步电动机。实物示例见图 10-16。

图 10-14 HR6 系列熔断   图 10-15 HK 系列刀   图 10-16 HH 系列负荷
器式刀开关实物   开关实物   铁壳开关实物

刀开关选择时应考虑以下两个方面:

(1)刀开关结构形式的选择。应根据刀开关的作用和装置的安装形式来选择是否带灭弧装置,若分断负载电流,应选择带灭弧装置的刀开关;根据装置的安装形式来选择是正面、背面还是侧面操作形式,是直接操作还是杠杆传动,是板前接线还是板后接线。

(2)刀开关额定电流的选择。一般应等于或大于所分断电路中各个负载额定电流的总和。对于电动机负载,应考虑其启动电流,所以应选用额定电流大一级的刀开关。若再考虑电路出现的短路电流,应选用额定电流更大一级的刀开关。

二、低压断路器

低压断路器也称为自动空气开关,可用来接通和分断负载电路,也可用来控制不频繁启动的电动机。它的功能相当于闸刀开关、过电流继电器、失电压继电器、热继电器及漏电保护器等电器部分或全部的功能总和,是低压配电网中一种重要的保护电器。

低压断路器具有多种保护功能(过载、短路、欠电压保护等)、动作值可调、分断能力高、操作方便、安全等优点,所以目前被广泛应用。

(一)低压断路器的结构和工作原理

各种低压断路器在结构上都由主触头及灭弧装置、脱扣器、自由脱扣机构和操作机构等部分组成。

1. 主触头及灭弧装置

主触头是断路器的执行元件,用来接通和分断主电路。为提高其分断能力,主触头上装有灭弧装置。

2. 脱扣器

脱扣器是断路器的感受元件,当电路出现故障时,脱扣器感测到故障信号后,经自由脱扣器使断路器主触头分断,从而起到保护作用。有如下几种脱扣器:

(1)分励脱扣器。用于远距离使断路器断开电路的脱扣器,其实质是一个电磁铁,由控制电源供电,可以按照操作人员指令或继电保护信号使电磁铁线圈通电,衔铁动作,使断路器切断电路。一旦断路器断开电路,分励脱扣器电磁线圈也就断电了,所以分励脱扣器是短时工作的。

(2)欠电压、失电压脱扣器。这是一个具有电压线圈的电磁机构,其线圈并接在主电路中。当主电路电压消失或降至一定值以下时,电磁吸力不足以继续吸持衔铁,在反力作用下,衔铁释放,衔铁顶板推动自由脱扣机构,将断路器主触头断开,实现欠电压与失电压保护。

(3)过电流脱扣器。其实质是一个具有电流线圈的电磁机构,电磁线圈串接在主电路中,流过负载电流。当正常电流通过时,产生的电磁吸力不足以克服反力,衔铁不被吸合;当电路出现瞬时过电流或短路电流时,吸力大于反力,使衔铁吸合,并带动自由脱扣机构使断路器主触头断开,实现过电流与短路电流保护。

(4)热脱扣器。该脱扣器由热元件、双金属片组成,将双金属片热元件串接在主电路中,其工作原理与双金属片式热继电器相同。当过载到一定值时,由于温度升高,双金属片受热弯曲并带动自由脱扣机构,使断路器主触头断开,实现长期过载保护。

3. 自由脱扣机构和操作机构

自由脱扣机构是用来联系操作机构和主触头的机构,当操作机构处于闭合位置时,也可操作分励脱扣机构进行脱扣,将主触头断开。

操作机构是实现断路器闭合、断开的机构。通常电力拖动控制系统中的断路器采用手动操作机构,低压配电系统中的断路器有电磁铁操作机构和电动机操作机构两种。电动机操作机构为塑壳式断路器壳架等级额定电流 400 A 及以上断路器和万能式断路器,电磁铁操作机构适用于塑壳式断路器壳架等级额定电流 225 A 及以下断路器。

图 10-17 为 DZ5－20 型低压断路器的外形和结构。

低压断路器的工作原理与符号如图 10-18 所示。图中是一个三极低压断路器,三个主触头串接于三相电路中。经操作机构将其闭合,此时传动杆 3 由锁扣 4 勾住,保持主触头的闭合状态,同时分闸弹簧 1 被拉伸。当主电路出现过电流故障且达到过电流脱扣器的动作电流时,过电流脱扣器 6 的衔铁吸合,顶杆上移将锁扣 4 顶开,在分闸弹簧 1 的作用下主触头断开。当主电路出现欠电压、失电压或过载时,则欠电压、失电压脱扣器和热

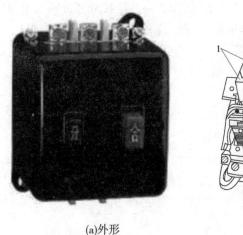

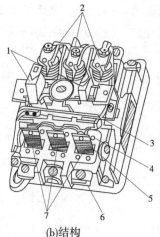

(a)外形　　　　　　　　(b)结构

1—按钮;2—电磁脱扣器;3—自由脱扣机构;4—动触头;

5—静触头;6—接线柱;7—发热元件

图 10-17　DZ5－20 型低压断路器的外形和结构

脱扣器分别将锁扣顶开,使主触头断开。分励脱扣器可由主电路或其他控制电路供电,由操作人员发出指令或继电保护信号使分励线圈通电,其衔铁吸合,将锁扣顶开,在分闸弹簧作用下主触头断开,同时也使分励线圈断电。

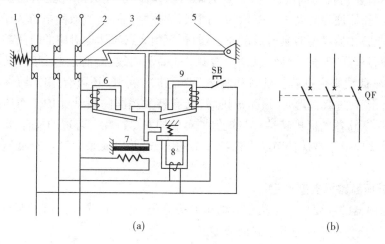

(a)　　　　　　　　　　　　　　(b)

1—分闸弹簧;2—主触头;3—传动杆;4—锁扣;5—轴;6—过电流脱扣器;

7—热脱扣器;8—欠电压、失电压脱扣器;9—分励脱扣器

图 10-18　低压断路器的工作原理与符号

(二)低压断路器的主要技术数据和保护特性

1. 低压断路器的主要技术数据

(1)额定电压。指低压断路器在电路中长期工作时的允许电压值。

(2)额定电流。指脱扣器允许长期通过的电流,即脱扣器额定电流。

(3)壳架等级额定电流。指每一件框架或塑壳中能安装的最大脱扣器额定电流。

（4）通断能力。指在规定操作条件下，低压断路器能接通和分断短路电流的能力。

（5）保护特性。指低压断路器的动作时间与动作电流的关系曲线。

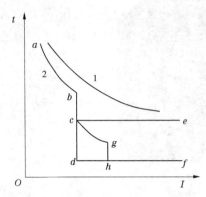

1—被保护对象的发热特性；2—低压断路器的保护特性

图 10-19　低压断路器的保护特性

2. 保护特性

低压断路器的保护特性主要是指低压断路器长期过载和过电流保护特性，即低压断路器动作时间与热脱扣器和过电流脱扣器动作电流的关系曲线，如图 10-19 所示。图中 ab 段为过载保护特性，具有反时限。df 为瞬时动作曲线，当故障电流超过 d 点对应电流时，过电流脱扣器便瞬时动作。ce 段为定时限延时动作曲线，当故障电流大于 c 点对应电流时，过电流脱扣器经短时延时后动作，延时长短由 c 点与 d 点对应的时间差决定。根据需要，低压断路器的保护特性可以是两段式，如 abdf 曲线，既有过载延时，又有短路瞬动保护；而 abce 曲线则为过载长延时和短路延时保护。另外，还可有三段式的保护特性，如 abcghf 曲线，既有过载长延时、短路短延时，又有特大短路的瞬动保护。为达到良好的保护作用，低压断路器的保护特性应与被保护对象的发热特性有合理的配合，即低压断路器的保护特性 2 应位于被保护对象发热特性 1 的下方，并以此来合理选择低压断路器的保护特性。

（三）低压断路器典型产品

低压断路器的主要分类方法是以结构形式分类，即装置式和开启式两种。装置式又称为塑壳式，开启式又称为框架式或万能式。

1. 装置式断路器

装置式断路器有绝缘塑料外壳，内装触点系统、灭弧室及脱扣器等，可手动或电动（对大容量断路器而言）合闸。它有较高的分断能力和动稳定性，有较完善的选择性保护功能，广泛用于配电线路。

目前常用的有 DZ15、DZ20、DZX19 和 C45N（目前已升级为 C65N）等系列产品。其中 C45N（C65N）断路器具有体积小、分断能力高、限流性能好、操作轻便、型号规格齐全，以及可以方便地在单极结构基础上组合成二极、三极、四极断路器的优点，广泛使用在 60 A 及以下的民用照明支干线及支路中（多用于住宅用户的进线开关及商场照明支路开关）。DZ 系列断路器实物示例见图 10-17（a）。

DZ20 系列型号含义如下：

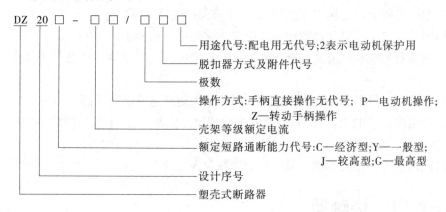

用途代号:配电用无代号;2表示电动机保护用
脱扣器方式及附件代号
极数
操作方式:手柄直接操作无代号；P—电动机操作；
　　　　　Z—转动手柄操作
壳架等级额定电流
额定短路通断能力代号:C—经济型;Y——般型;
　　　　　　　　　　J—较高型;G—最高型
设计序号
塑壳式断路器

2. 框架式断路器

框架式断路器一般容量较大,具有较高的短路分断能力和较高的动稳定性,适用于交流 50 Hz、额定电流 380 V 的配电网络中作为配电干线的主保护。

框架式断路器主要由触头系统、操作机构、过电流脱扣器、分励脱扣器及欠电压脱扣器、附件及框架等部分组成,全部组件进行绝缘处理后装于框架结构底座中。

目前,我国常用的有 DW15、ME、AE、AH 等系列的框架式低压断路器。DW15 系列断路器是我国自行研制生产的,全系列具有 1 000 A、1 500 A、2 500 A 和 4 000 A 等几个型号。DW 系列断路器实物示例见图 10-20。

ME、AE、AH 等系列断路器是利用引进技术生产的。它们的规格型号较为齐全(ME 开关电流等级从 630 A 到 5 000 A,共 13 个等级),额定分断能力较 DW15 更强,常用于低压配电干线的主保护。

3. 智能化断路器

目前,国内生产的智能化断路器有框架式和塑壳式两种。框架式智能化断路器主要用于智能化自动配电系统中的主断路器,塑壳式智能化断路器主要用在配电网络中分配电能和作为线路及电源设备的控制与保护,亦可用作三相笼型异步电动机的控制。智能化断路器的特征是采用以微处理器或单片机为核心的智能控制器(智能脱扣器),它不仅具备普通断路器的各种保护功能,还具备实时显示电路中的各种

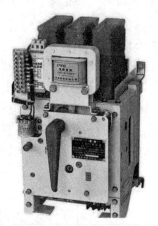

图 10-20　DW15 – 400 型
框架式断路器

电气参数(电流、电压、功率、功率因数等),以及对电路进行在线监视、自行调节、测量、试验、自诊断、通信等功能,能够对各种保护功能的动作参数进行显示、设定和修改,保护电路动作时的故障参数能够存储在非易失存储器中以便查询。

(四)低压断路器的选用原则

(1)根据线路对保护的要求确定断路器的类型和保护形式(确定选用框架式、装置式

或限流式等）。

（2）断路器的额定电压 U_N 应等于或大于被保护线路的额定电压。

（3）断路器欠电压脱扣器额定电压应等于被保护线路的额定电压。

（4）断路器的额定电流及过电流脱扣器的额定电流应大于或等于被保护线路的计算电流。

（5）断路器的极限分断能力应大于线路的最大短路电流的有效值。

（6）配电线路中的上、下级断路器的保护特性应协调配合，下级的保护特性应位于上级保护特性的下方且不相交。

（7）断路器的长延时脱扣电流应小于导线允许的持续电流。

任务四　接触器

接触器是一种用来自动接通或断开大电流电路的电器。它可以频繁地接通或分断交、直流电路，并可实现远距离控制。其主要控制对象是电动机，也可用于电热设备、电焊机、电容器组等其他负载。接触器具有低电压释放保护功能，同时具有控制容量大、过载能力强、寿命长、设备简单经济等特点，是电力拖动自动控制线路中使用最广泛的电器元件之一。

一、接触器的分类

接触器的种类很多，其分类方法也不尽相同。按照一般的分类方法，大致有以下几种。

（一）按主触头极数分

按主触头极数可分为单极、双极、三极、四极、五极接触器。单极接触器主要用于单相负荷，如照明负荷、焊机等，在电动机能耗制动中也可采用；双极接触器用于绕线式异步电机的转子回路中，启动时用于短接启动绕组；三极接触器用于三相负荷，例如在电动机的控制及其他场合，使用最为广泛；四极接触器主要用于三相四线制的照明线路，也可用来控制双回路电动机负载；五极交流接触器用来组成自耦补偿启动器或控制双笼型电动机，以变换绕组接法。

（二）按灭弧介质分

按灭弧介质可分为空气电磁式接触器、真空接触器、油浸式接触器等。依靠空气绝缘的接触器用于一般负载，而采用真空绝缘的接触器常用在煤矿、石油、化工企业及电压为 660 V 和 1 140 V 等一些特殊的场合。

（三）按有无触头分

按有无触头可分为有触头接触器和无触头接触器。常见的接触器多为有触头接触器。而无触头接触器属于电子技术应用的产物，一般采用晶闸管作为回路的通断元件。由于可控硅导通时所需的触发电压很小，而且回路通断时无火花产生，因而可用于高操作频率的设备和易燃、易爆、无噪声的场合。

(四)按主触头控制的电流性质分

按主触头控制的电流性质可分为交流接触器和直流接触器。直流接触器应用于直流电力线路中,供远距离接通与分断电路及直流电动机频繁起动、停止、反转或反接制动控制,以及 CD 系列电磁操作机构合闸线圈或频繁接通和断开起重电磁铁、电磁阀、离合器和电磁线圈等。

应用最广泛的是空气电磁式交流接触器和空气电磁式直流接触器,分别简称交流接触器和直流接触器。

二、交流接触器

(一)结构

如图 10-21 所示为交流接触器实物与结构。交流接触器由以下四部分组成。

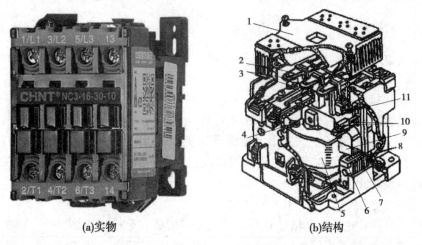

(a)实物　　　　　　　　　　　(b)结构

1—灭弧罩;2—触头压力弹簧片;3—主触头;4—反作用弹簧;5—线圈;6—短路环;7—静触头;
8—弹簧;9—动铁芯;10—辅助常开触头;11—辅助常闭触头

图 10-21　交流接触器

1. 电磁机构

电磁机构由线圈、动铁芯(衔铁)和静铁芯组成,其作用是将电磁能转换成机械能,产生电磁吸力带动触头动作。由于存在磁滞和涡流损耗,铁芯易发热,为此铁芯与衔铁用硅钢片叠制而成,且为改善线圈和铁芯的散热,线圈设有骨架,使铁芯和线圈隔开,并将线圈做成短而厚的矮胖型。

2. 触头系统

触头系统包括主触头和若干辅助触头。主触头通过电动机等负载电流,按接触器主触头的个数不同分为两极、三极与四极接触器;辅助触头通过小电流,通常用于控制电路完成控制联锁等任务。中小容量的交、直流接触器的主、辅触头一般采用直动式双断口桥式结构,大容量的主触头采用转动式单断口指形触头。辅助触头在结构上通常是常开和常闭成对的。

3. 灭弧装置

容量在 10 A 以上的接触器都有灭弧装置。对于小容量的接触器,常采用双断口触头灭弧、电动力灭弧、相间弧板隔弧及陶土灭弧罩灭弧；对于大容量的接触器，采用纵缝灭弧罩及栅片灭弧。

4.其他部件

其他部件包括反作用弹簧、缓冲弹簧、触头压力弹簧、传动机构及外壳等。

（二）工作原理

电磁式接触器的工作原理为：当线圈接通电源时，其电流产生磁场，铁芯被磁化，吸引衔铁，使它有向着铁芯运动的趋势。当吸力增大到足以克服释放弹簧的反作用力时，衔铁就带动与它作刚性连接的动触头，共同向着铁芯运动，并最终吸合在一起，这时动触头和静触头互相接触，把主电路接通。一旦切断线圈的电源，或者电压突然消失或显著降低，衔铁就会因磁场消失或过弱，在释放弹簧的作用下脱离磁轭，返回原位。与此同时，动触头也脱离静触头，把电路切断。

三、直流接触器

直流接触器的结构和工作原理基本上与交流接触器的相同，在结构上也是由电磁机构、触头系统和灭弧装置等部分组成的。

（一）电磁机构

因为线圈中通的是直流电，铁芯中不会产生涡流，所以铁芯可用整块铸铁或铸钢制成，也不需要安装短路环。铁芯中无磁滞和涡流损耗，因而铁芯不发热。线圈的匝数较多，电阻大，线圈本身发热，因此吸引线圈做成长而薄的圆筒状，且不设线圈骨架，使线圈与铁芯直接接触，以便散热。

（二）触头系统

直流接触器有主触头和辅助触头。主触头一般做成单极或双极，由于主触头接通或断开的电流较大，故采用线接触的指形触头；辅助触头的通断电流较小，常采用点接触的双断点桥式触头。

（三）灭弧装置

由于直流电弧比交流电弧难以熄灭，直流接触器常采用磁吹式灭弧装置灭弧。

四、接触器的基本参数

（1）额定电压。接触器额定电压是指主触头之间的正常工作电压值，也就是指主触头所在电路的电源电压。交流接触器常用的额定电压有 127 V、220 V、380 V、500 V、660 V；直流接触器常用的额定电压有 110 V、220 V、380 V、440 V、660 V。

（2）额定电流。指接触器主触头在额定工作条件下的电流值。380 V 三相电动机控制电路中，额定电流可近似等于控制功率的两倍。交流接触器常用额定电流等级有 10 A、20 A、40 A、60 A、100 A、150 A、250 A、400 A、600 A；直流接触器常用的额定电流有 40 A、80 A、100 A、150 A、250 A、400 A、600 A。

（3）约定发热电流。指在规定条件下试验时，电流在 8 h 工作制下，各部分温升不超过极限时接触器所承载的最大电流。对老产品只讲额定电流，对新产品（如 CJ20 系列）则有约定发热电流和额定电流之分。

（4）通断能力。可分为最大接通电流和最大分断电流。最大接通电流是指触头闭合时不会造成触头熔焊的最大电流值。最大分断电流是指触头断开时能可靠灭弧的最大电流。一般通断能力是额定电流的 5～10 倍。当然，这一数值与开断电路的电压等级有关，电压越高，通断能力越小。

（5）动作值。可分为吸合电压和释放电压。吸合电压是指接触器吸合前，缓慢增加吸合线圈两端的电压，接触器可以吸合时的最小电压。释放电压是指接触器吸合后，缓慢降低吸合线圈的电压，接触器释放时的最大电压。一般规定，吸合电压不低于线圈额定电压的 85%，释放电压不高于线圈额定电压的 70%。

（6）吸引线圈额定电压。指接触器正常工作时，吸引线圈上所加的电压值。一般该电压数值以及线圈的匝数、线径等数据均标于线包上，而不是标于接触器外壳铭牌上，使用时应加以注意。

（7）操作频率。接触器在吸合瞬间，吸引线圈需消耗比额定电流大 5～7 倍的电流，如果操作频率过高，则会使线圈严重发热，直接影响接触器的正常使用。为此，规定了接触器的允许操作频率，一般为每小时允许操作次数的最大值。

（8）寿命。包括电气寿命和机械寿命。目前接触器的机械寿命已达 1 000 万次以上，电气寿命一般是机械寿命的 5%～20%。

（9）使用类别。接触器用于不同负载时，其对主触头的接通和分断能力要求不同，按不同使用条件来选用相应使用类别的接触器便能满足其要求。在电力拖动控制系统中，接触器常见的使用类别及典型用途见表 10-2。它们的主触头达到的接通和分断能力为：AC1 和 DC1 类允许接通和分断额定电流；AC2、DC3 和 DC5 类允许接通和分断 4 倍的额定电流；AC3 类允许接通 6 倍的额定电流和分断额定电流；AC4 类允许接通和分断 6 倍的额定电流。

表 10-2　接触器常见使用类别和典型用途

电流种类	使用类别	典型用途
AC（交流）	AC1	无感或微感负载、电阻炉
	AC2	绕线转子异步电动机的起动、制动
	AC3	笼型异步电动机的起动、运转中分断
	AC4	笼型异步电动机的起动、反接制动、反向和点动
DC（直流）	DC1	无感或微感负载、电阻炉
	DC2	并励电动机的起动、反接制动和点动
	DC3	串励电动机的起动、反接制动和点动

五、接触器的符号与型号说明

（一）接触器的符号

接触器的图形符号如图 10-22 所示，文字符号为 KM。

（二）接触器的型号说明

接触器的型号说明如下：

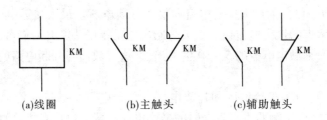

(a)线圈　　　　(b)主触头　　　　(c)辅助触头

图 10-22　接触器的图型符号

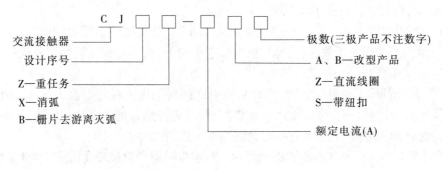

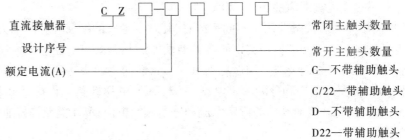

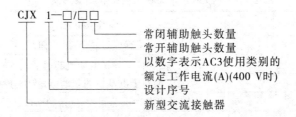

交流接触器制作为一个整体,外形和性能也在不断改善,但是功能始终不变,常见型号如下。

例如:CJ10Z－40/3 为交流接触器,设计序号 10,重任务型,额定电流 40 A,主触头为三极;CJ12T－250/3 为改型后的交流接触器,设计序号 12,额定电流 250 A,3 对主触头。

我国生产的交流接触器常用的有 CJ10、CJ12、CJX1、CJ20 等系列及其派生系列产品,CJ10 系列及其改型产品已逐步被 CJ20、CJX 系列产品取代。上述系列产品一般具有 3 对常开主触头,常开、常闭辅助触头各 2 对。直流接触器常用的有 CZ20 系列,分单极和双极两大类,常开、常闭辅助触头各不超过 2 对。除此之外,目前还有 N 和 B 系列等交流接触器。例如正泰 NC9 系列真空交流接触器,主要用于交流 50 Hz、额定电压至 1 140 V、额定电流至 1 000 A 的电路中,供远距离接通和分断电路之用,并可与适当的热过载继电器或电子保护器等有关保护装置组成真空电磁启动器,特别适用于组成隔爆型真空电磁启动器。

六、接触器的选用

(一)接触器极数和电流种类的确定

根据主触头接通或分断电路的性质来选择直流接触器还是交流接触器。根据系统需要选择所需接触器极数。

(二)接触器主触点的额定电压选择

被选用的接触器主触点的额定电压应大于或等于负载的额定电压。

(三)接触器主触点额定电流的选择

对于电动机负载,接触器主触点额定电流按下式计算

$$I_{\mathrm{N}} = \frac{P_{\mathrm{N}} \times 10^3}{\sqrt{3}\,U_{\mathrm{N}}\cos\varphi \times \eta} \tag{10-3}$$

式中　P_{N}——电动机功率,kW;

　　　U_{N}——电动机额定线电压,V;

　　　$\cos\varphi$——电动机功率因数,其值在 0.85~0.9;

　　　η——电动机效率,其值一般在 0.8~0.9。

在选用接触器时,其额定电流应大于计算值。也可以根据电气设备手册给出的被控电动机的容量和接触器额定电流对应的数据选择。根据式(10-3),在已知接触器主触点额定电流的情况下,可以计算出所控制电动机的功率。

在实际应用中,接触器主触点的额定电流也常用下面的经验公式计算

$$I_{\mathrm{N}} = \frac{P_{\mathrm{N}} \times 10^3}{KU_{\mathrm{N}}} \tag{10-4}$$

式中　K——经验系数,取 1~1.4。

在确定接触器主触点电流等级时,如果接触器的使用类别与所控制负载的工作任务相对应,一般应使主触点的电流等级与所控制的负载相当,或者稍大一些。如果不对应,例如用 AC3 类的接触器控制 AC3 与 AC4 混合类负载,则需降低电流等级使用。

同理,应根据接触器所控制负载的工作任务来选择相应使用类别的接触器。如负载是一般任务则选用 AC3 使用类别;负载为重任务则应选用 AC4 类别;如果负载为一般任务与重任务混合,则可根据实际情况选用 AC3 或 AC4 类接触器,如选用 AC3 类,应降级使用。

考虑到电容器的合闸冲击电流,切换电容器的接触器的额定电流可按电容器额定电流的 1.5 倍选取;用接触器对变压器进行控制时,应考虑浪涌电流的大小,一般可按变压器额定电流的 2 倍选取接触器;由于气体放电灯启动电流大、启动时间长,对于照明设备的控制,可按额定电流的 1.1~1.4 倍选取交流接触器;如果冷却条件较差,选用接触器时,接触器的额定电流按负荷额定电流的 110%~120% 选取;对于长时间工作的电动机,

由于其氧化膜没有机会得到清除,使接触电阻增大,导致触点发热超过允许温升,实际选用时,可将接触器的额定电流减小30%使用。

(四)接触器吸引线圈电压的选择

如果控制线路比较简单,所用接触器数量较少,则交流接触器线圈的额定电压一般直接选用380 V或220 V。如果控制线路比较复杂,使用的电器又比较多,为了安全起见,线圈的额定电压可选低一些。例如,交流接触器线圈电压可选择127 V、36 V等,这时需要附加一个控制变压器。

直流接触器线圈的额定电压应视控制回路的情况而定。同一系列、同一容量等级的接触器,其线圈的额定电压有几种,可以选线圈的额定电压与直流控制电路的电压一致。

直流接触器的线圈加的是直流电压,交流接触器的线圈一般加交流电压。有时为了提高接触器的最大操作频率,交流接触器也有采用直流线圈的。

任务五　电磁式继电器

继电器是根据某种输入信号的变化,接通或断开控制电路,实现自动控制和保护电力装置的自动电器。被转化或施加于继电器的电量或非电量称为继电器的激励量(输入量),继电器的激励量可以是电量,如交流或直流的电流、电压,也可以是非电量,如位置、时间、温度、速度、压力等。当输入量高于它的吸合值或低于它的释放值时,继电器动作,对于有触头式继电器是其触头闭合或断开,对于无触头式继电器是其输出发生阶跃变化,以此提供一定的逻辑变量,实现相应的控制。

继电器的种类很多,按输入信号的性质分为电压继电器、电流继电器、时间继电器、温度继电器、速度继电器、中间继电器、压力继电器等;按工作原理可分为电磁式继电器、感应式继电器、电动式继电器、热继电器和电子式继电器等;按输出形式可分为有触点和无触点两类;按用途可分为控制用继电器与保护用继电器等。

一、电磁式继电器

电磁式继电器是应用得最早、最多的一种型式。其结构及工作原理与接触器大体相同,由电磁机构、触点系统和释放弹簧等组成。电磁式继电器典型结构如图10-23所示。由于继电器用于控制电路,流过触点的电流比较小(一般为5 A以下),故不需要灭弧装置,但继电器为满足控制要求,需调节动作参数,故有调节装置。

(1)电磁机构。直流继电器的电磁机构均为U形拍合式,铁芯和衔铁均由电工软铁制成,为了改变衔铁闭合后的气隙,在衔铁的内侧面上装有非磁性垫片,铁芯在铝基座上。

(2)触头系统。继电器的触头一般都为桥式触头,有常开和常闭两种形式,没有灭弧装置。

(3)调节装置。为改变继电器的动作参数,应设改变继电器释放弹簧松紧程度的调节装置和改变衔铁释放时初始状态磁路气隙大小的调节装置,如调节螺母和非磁性垫片。

（a）实物

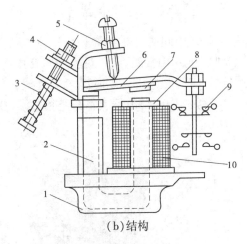

（b）结构

1—底座;2—铁芯;3—释放弹簧;4、5—调节螺母;

6—衔铁;7—非磁性垫片;8—极靴;9—触头系统;10—线圈

图 10-23　电磁式继电器的典型结构

二、电磁式电压继电器

电压继电器用于电力拖动系统的电压保护和控制。其线圈并联接入主电路,感测主电路的线路电压;触点接于控制电路,为执行元件。按吸合电压的大小,电压继电器可分为过电压继电器、欠电压继电器和零电压继电器。

(1)过电压继电器。用于线路的过电压保护,其吸合整定值为被保护线路额定电压的 1.05 ～1.2 倍。当被保护线路的电压正常时,衔铁不动作;当被保护线路的电压高于额定值,达到过电压继电器的整定值时,衔铁吸合,触点机构动作,控制电路失电,控制接触器及时分断被保护线路。

(2)欠电压继电器。用于线路的欠电压保护,其释放整定值为线路额定电压的 0.1 ～ 0.6 倍。当被保护线路电压正常时,衔铁可靠吸合;当被保护线路电压降至欠电压继电器的释放整定值时,衔铁释放,触点机构复位,控制接触器及时分断被保护线路。

(3)零电压继电器。当线路电压降低到 5% ～25% U_N 时释放,对线路实现零电压保护。用于线路的失压保护。

电压继电器的符号如图 10-24 所示。

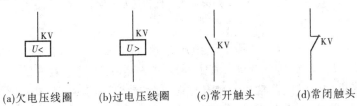

(a)欠电压线圈　　(b)过电压线圈　　(c)常开触头　　(d)常闭触头

图 10-24　电压继电器的图形、文字符号

三、电磁式中间继电器

电磁式中间继电器实质上是一种电磁式电压继电器,其特点是触头数量较多(一般有 4 副常开、4 副常闭,共 8 对),在电路中起增加触头数量和中间放大作用。由于中间继电器只要求线圈电压为零时能可靠释放,对动作参数无要求,故中间继电器没有调节装置。JZ7 系列中间继电器实物与结构如图 10-25 所示,中间继电器图形符号及文字符号见图 10-26。

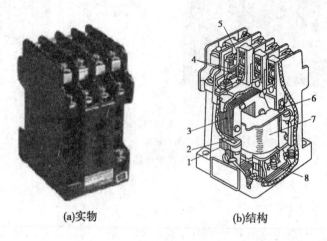

(a)实物　　　　　　　　　(b)结构

1—静铁芯;2—短路环;3—衔铁;4—常开触头;
5—常闭触头;6—释放弹簧;7—线圈;8—缓冲弹簧

图 10-25　JZ7 系列中间继电器实物与结构

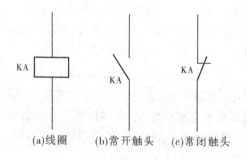

(a)线圈　　　(b)常开触头　　　(c)常闭触头

图 10-26　中间继电器图形符号及文字符号

电磁式中间继电器的吸引线圈属于电压线圈,但它的触点数量较多,触点容量较大(额定电流为 5 ~ 10 A)且动作灵敏。其主要用途是:当其他继电器的触点数量或触点容量不够时,可借助中间继电器来扩大触点数量或触点容量,起到中间转换作用。

电磁式中间继电器常用的有 JZ7、JDZ2、JZ14 等系列。引进产品有 MA406N 系列、3TH 系列(国内型号为 JZC)。JZ14 系列中间继电器型号、规格、技术数据见表 10-3。

表 10-3　JZ14 系列中间继电器型号、规格、技术数据

| 型号 | 电压种类 | 触头电压(V) | 触头规定电流(A) | 触头组合 | | 额定操作频率(次/h) | 通电持续率(%) | 吸引线圈电压(V) | 吸引线圈消耗功率 |
				常开	常闭				
JZ14 –□□J/□ JZ14 –□□Z/□	交流 直流	380 220	5	6 4 2	2 4 6	2 000	40	交流 110、127、220、380 直流 24、48、110、220	10 VA 7 W

JZ14 系列型号含义如下：

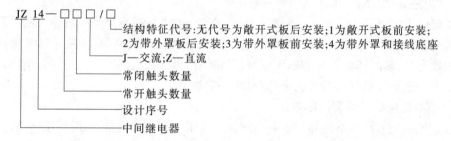

四、电磁式电流继电器

电流继电器用于电力拖动系统的电流保护和控制。其线圈串联接入主电路,用来感测主电路的线路电流;触点接于控制电路,为执行元件。电流继电器反映的是电流信号。常用的电流继电器有欠电流继电器和过电流继电器两种。

(1)欠电流继电器用于电路中起欠电流保护作用。吸引电流为线圈额定电流的30% ~65%,释放电流为额定电流的10% ~20%。因此,在电路正常工作时,衔铁是吸合的,只有当电流降低到某一整定值时,继电器释放,控制电路失电,从而控制接触器及时分断电路。

(2)过电流继电器在电路正常工作时不动作,整定范围通常为额定电流的1.1 ~4倍,当被保护线路的电流高于额定值,达到过电流继电器的整定值时,衔铁吸合,触点机构动作,控制电路失电,从而控制接触器及时分断电路,对电路起过电流保护作用。

电流继电器的图形符号及文字符号如图 10-27 所示。

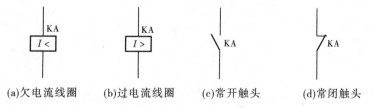

(a)欠电流线圈　(b)过电流线圈　(c)常开触头　(d)常闭触头

图 10-27　电流继电器的图形符号及文字符号

通用电磁式继电器有 JT3 系列直流电磁式继电器和 JT4 系列交流电磁式继电器,均为老产品。新产品有 JT9、JT10、JL12、JL14、JZ7 等系列,其中 JL14 系列为交直流电流继电

器,JZ7 系列为交流中间继电器。

任务六 其他继电器

一、时间继电器

在电力拖动控制系统中,不仅需要动作迅速的继电器,而且需要当吸引线圈通电或断电以后其触点经过一定延时再动作的继电器,这种继电器称为时间继电器。利用电磁原理或机械动作原理实现触点延时接通或断开的自动控制电器,其种类很多,常用的有电磁式、空气阻尼式、电动式、电子式等时间继电器。

按延时方式可分为通电延时型和断电延时型。通电延时型是当接收输入信号后延迟一定时间,输出信号才发生变化;当输入信号消失后,输出瞬时复原。断电延时型是当接收输入信号后,瞬时产生相应的输出信号,当输入信号消失后,延迟一定时间,输出信号才复原。时间继电器图形符号及文字符号如图 10-28 所示。

(一)直流电磁式时间继电器

在直流电磁式电压继电器的铁芯上增加一个阻尼铜套,即可构成时间继电器,其结构示意图如图 10-29 所示。它是利用电磁阻尼原理产生延时的。由电磁感应定律可知,在继电器线圈通断电过程中铜套内将产生感应电动势,并流过感应电流,此电流产生的磁通总是阻碍原磁通变化。继电器通电时,由于衔铁处于释放位置,气隙大,磁阻大,磁通小,铜套阻尼作用相对也小,因此衔铁吸合时延时不显著(一般忽略不计)。当继电器断电时,磁通变化量大,铜套阻尼作用也大,使衔铁延时释放而起到延时作用。因此,这种继电器仅用作断电延时。

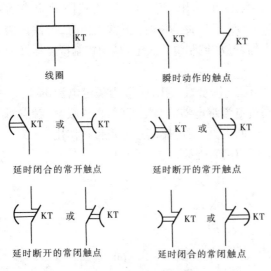

图 10-28 时间继电器图形符号及文字符号

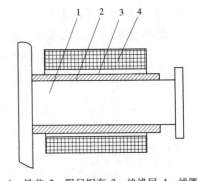

1—铁芯;2—阻尼铜套;3—绝缘层;4—线圈

图 10-29 带有阻尼铜套的铁芯示意图

(二)空气阻尼式时间继电器

空气阻尼式时间继电器是利用空气阻尼原理获得延时的。延时方式有通电延时型和断电延时型两种。其外观区别在于:当衔铁位于铁芯和延时机构之间时为通电延时型;当铁芯位于衔铁和延时机构之间时为断电延时型。它由电磁机构、延时机构和触点系统三部分组成,电磁机构为直动式双 E 型,触点系统借用 LX5 型微动开关,延时机构采用气囊式阻尼器。

图 10-30 为 JS7 - A 系列空气阻尼式时间继电器实物与结构,图 10-31 为其结构原理图。现以通电延时型为例说明其工作原理。当线圈 1 通电后,衔铁 3 吸合,活塞杆 6 在塔形弹簧 7 作用下带动活塞 13 及橡皮膜 9 向上移动,橡皮膜下方空气室的空气变得稀薄,形成负压,活塞杆只能缓慢移动,其移动速度由进气孔气隙大小来决定。经一段延时后,活塞杆通过杠杆 15 压动微动开关 14,使其触点动作,起到通电延时作用。

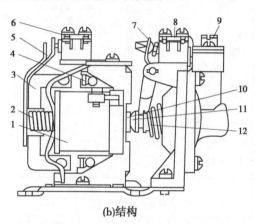

(a)实物 (b)结构

1—线圈;2—释放弹簧;3—衔铁;4—铁芯;5—弹簧片;6—瞬时触头;
7—杠杆;8—延时触头;9—调节螺钉;10—推杆;11—活塞杆;12—塔形弹簧

图 10-30　JS7 - A 系列空气阻尼式时间继电器实物与结构

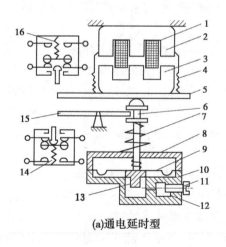
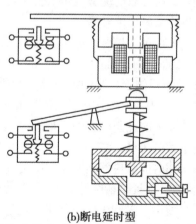

(a)通电延时型 (b)断电延时型

1—线圈;2—铁芯;3—衔铁;4—释放弹簧;5—推板;6—活塞杆;7—塔形弹簧;8—弱弹簧;
9—橡皮膜;10—空气室壁;11—调节螺钉;12—进气孔;13—活塞;14、16—微动开关;15—杠杆

图 10-31　JS7 - A 系列空气阻尼式时间继电器结构原理图

当线圈断电时,衔铁释放,橡皮膜下方空气室内的空气通过活塞肩部所形成的单向阀迅速排出,使活塞杆、杠杆、微动开关迅速复位。由线圈通电至触头动作的一段时间即为时间继电器的延时时间,延时长短可通过调节螺钉 11 调节进气孔气隙大小而改变。

微动开关 16 在线圈通电或断电时,在推板 5 的作用下都能瞬时动作,其触头为时间继电器的瞬动触头。

JS7 – A 系列空气阻尼式时间继电器主要技术参数列于表 10-4。

表 10-4　JS7 – A 系列时间继电器主要技术参数

型号	瞬时动作触点数量		有延时的触点数量				触点额定电压（V）	触点额定电流（A）	线圈电压（V）	延时范围（s）	额定操作频率（次/h）
			通电延时		断电延时						
	动合	动断	动合	动断	动合	动断					
JS7 – 1A	—	—	1	1	—	—	380	5	24 36 110 127 220 380 420	0.4 ~ 60 及 0.4 ~ 180	600
JS7 – 2A	1	1	1	1	—	—					
JS7 – 3A	—	—	—	—	1	1					
JS7 – 4A	1	1	—	—	1	1					

（三）电子式时间继电器

电子式时间继电器在时间继电器中已成为主流产品,电子式时间继电器是采用晶体管或集成电路和电子元件等构成的,按其构成可分为晶体管式时间继电器和数字式时间继电器,多用于电力传动、自动顺序控制及各种过程控制系统中,并以其延时范围宽、精度高、体积小、工作可靠的优势逐步取代传统的电磁式、空气阻尼式等时间继电器。

1. 晶体管式时间继电器

晶体管式时间继电器是以 RC 电路电容充电时,电容器上的电压逐步上升的原理为延时基础制成的。常用的晶体管式时间继电器有 JS14A、JS15、JS20、JSJ、JSB、JS14P 等系列。其中,JS20 系列晶体管式时间继电器是全国统一设计产品,延时范围有 0.1 ~ 180 s、0.1 ~ 300 s、0.1 ~ 3 600 s 三种,电气寿命达 10 万次,适用于交流 50 Hz、电压 380 V 及以下或直流 110 V 及以下的控制电路中。JS20 系列晶体管式时间继电器主要技术参数见表 10-5。

2. 数字式时间继电器

晶体管式时间继电器是利用 RC 充放电原理制成的。由于受延时原理的限制,不容易做成长延时,且延时精度易受电压、温度的影响,精度较低,延时过程也不能显示,因而影响了它的使用。随着半导体技术,特别是集成电路技术的进一步发展,采用新延时原理的时间继电器——数字式时间继电器便应运而生,各种性能指标得到大幅度提高。目前最先进的数字式时间继电器内部装有微处理器。

目前市场上的数字式时间继电器型号很多,有 DH48S、DH14S、DH11S、JSS1、JS14S 等系列。其中,JS14S 系列与 JS14、JS14P、JS20 系列时间继电器兼容,取代方便。DH48S 系列数字式时间继电器(见图 10-32)为引进技术及工艺制造的,可替代进口产品,延时范围为 0.01 s ~ 99 h 99 min,任意预置。另外,还有从日本富士公司引进生产的 ST 系列等。

表 10-5   JS20 系列晶体管式时间继电器主要技术参数

型号	结构形式	延时整定元件位置	延时范围（s）	延时触头数量				瞬时触头数量		工作电压（V）		功率损耗（W）	机械寿命（万次）
				通电延时		断电延时							
				常开	常闭	常开	常闭	常开	常闭	交流	直流		
JS20 – □/00	装置式	内接											
JS20 – □/01	面板式	内接		2	2	—	—	—	—				
JS20 – □/02	装置式	外接	0.1 ~ 300										
JS20 – □/03	装置式	内接											
JS20 – □/04	面板式	内接		1	1	—	—	1	1				
JS20 – □/05	装置式	外接								36,100,127,220,380	24,48,110	≤5	1 000
JS20 – □/10	装置式	内接											
JS20 – □/11	面板式	内接		2	2	—	—	—	—				
JS20 – □/12	装置式	外接	01 ~ 3 600										
JS20 – □/13	装置式	内接											
JS20 – □/14	面板式	内接		1	1	—	—	1	1				
JS20 – □/15	装置式	外接											
JS20 – □/00	装置式	内接											
JS20 – □/01	面板式	内接	0.1 ~ 180	—	—	2	2						
JS20 – □/02	装置式	外接											

图 10-32   DH48S 系列数字式时间继电器实物

JS20 系列晶体管时间继电器型号含义如下:

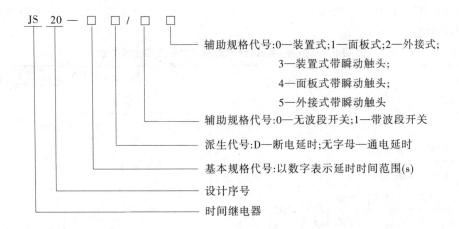

(四)时间继电器的选用

选用时间继电器时注意:其线圈(或电源)的电流种类和电压等级应与控制电路相同;按控制要求选择延时方式和触点型式;校核触点数量和容量,若不够,可用中间继电器进行扩展。对于电源电压波动大的场合,选用空气阻尼式比采用晶体管式好。环境温度变化较大的场合,不宜采用晶体管式时间继电器。

二、热继电器

电动机在实际运行中,常会遇到过载情况,但只要过载不严重、时间短,绕组不超过允许的温升,这种过载是允许的。如果过载情况严重、时间长,则会加速电动机绝缘的老化,缩短电动机的使用年限,甚至烧毁电动机,因此必须对电动机进行过载保护。

热继电器(FR)主要用于电力拖动系统中电动机负载的过载保护,是一种具有反时限(延时)过载保护特性的过电流继电器,广泛用于电动机的过载保护,也可以用于其他电气设备的过载保护。

(一)热继电器结构与工作原理

热继电器主要由热元件、双金属片和触点组成,如图 10-33 所示,热元件由发热电阻

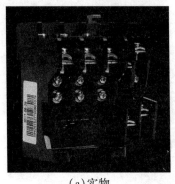

(a)实物

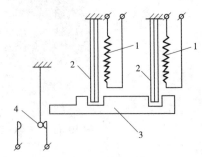

(b)结构原理

1—热元件;2—双金属片;3—导板;4—触点复位

图 10-33 热继电器实物与结构原理

丝做成。双金属片由两种热膨胀系数不同的金属辗压而成,当双金属片受热时,会出现弯曲变形。使用时,把热元件串接于电动机的主电路中,而常闭触点串接于电动机的控制电路中。

当电动机正常运行时,热元件产生的热量虽能使双金属片弯曲,但还不足以使热继电器的触点动作。当电动机过载时,双金属片弯曲位移增大,推动导板使常闭触点断开,从而切断电动机控制电路以起保护作用。热继电器动作后一般不能自动复位,要等双金属片冷却后按下复位按钮复位。热继电器动作电流的调节可以借助旋转凸轮于不同位置来实现。热继电器的图形及文字符号如图 10-34 所示。

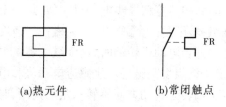

(a)热元件   (b)常闭触点

图 10-34 热继电器的图形及文字符号

(二)热继电器的型号及选用

我国目前生产的热继电器主要有 JR0、JR1、JR2、JR9、R10、JR15、JR16 等系列。

JR1、JR2 系列热继电器采用间接受热方式,其主要缺点是双金属片靠热元件间接加热,热耦合较差;双金属片的弯曲程度受环境温度影响较大,不能正确反映负载的过流情况。

JR15、JR16 等系列热继电器采用复合加热方式并采用了温度补偿元件,因此较能正确反映负载的工作情况。

JR1、JR2、JR0 和 JR15 系列的热继电器均为两相结构,是双热元件的热继电器,可以用作三相异步电动机的均衡过载保护和定子绕组为 Y 连接的三相异步电动机的断相保护,但不能用作定子绕组为△连接的三相异步电动机的断相保护。

JR16 和 JR20 系列热继电器均为带有断相保护的热继电器,具有差动式断相保护机构。

热继电器的选择:主要根据电动机定子绕组的连接方式来确定热继电器的型号,在三相异步电动机电路中,对 Y 连接的电动机可选两相或三相结构的热继电器,一般采用两相结构的热继电器,即在两相主电路中串接热元件。对于三相感应电动机,定子绕组为△连接的电动机必须采用带断相保护的热继电器。

JR20 系列型号含义如下:

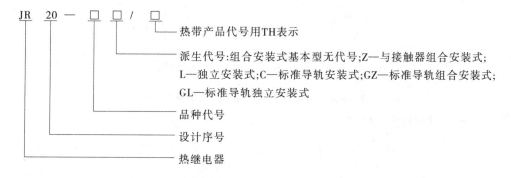

JR 20 — □□/□
- 热带产品代号用TH表示
- 派生代号:组合安装式基本型无代号;Z—与接触器组合安装式; L—独立安装式;C—标准导轨安装式;GZ—标准导轨组合安装式; GL—标准导轨独立安装式
- 品种代号
- 设计序号
- 热继电器

三、速度继电器与干簧继电器

输入信号是非电信号,而只有当非电信号达到一定值时,才有信号输出的电器为信号继电器,常用的有速度继电器与干簧继电器。前者输入信号为电动机的转速,后者输入信号为磁场,输出信号皆为触头的动作。

(一)速度继电器

从结构上看,速度继电器与交流电机相类似,主要由定子、转子和触点三部分组成。定子的结构与笼型异步电动机相似,是一个笼型空心圆环,由硅钢片冲压而成,并装有笼型绕组,转子是一个圆柱形永久磁铁。速度继电器的轴与电动机的轴相连,定子空套在转子外围。当电动机转动时,速度继电器的转子(永久磁铁)随之转动,在空间产生旋转磁场,定子绕组切割磁场产生感应电动势和电流。此电流和永久磁铁的磁场作用产生转矩,使定子随转子转动方向旋转一定的角度,与定子装在一起的摆锤推动触点动作,使动断触点断开,动合触点闭合。当电动机转速低于某一值时,定子产生的转矩减小,在弹簧力的作用下动触点复位。速度继电器实物与结构如图 10-35 所示,其图形及文字符号如图 10-36所示。

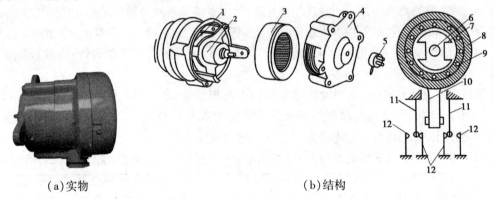

(a)实物　　　　　　　　　　　　　　(b)结构

1—可动支架;2—转子;3—定子;4—端盖;5—连接头;6—电动机轴;7—转子(永久磁铁);8—定子;
9—定子绕组;10—胶木摆杆;11—簧片(动触头);12—静触头

图 10-35　JY1 型速度继电器的实物与结构

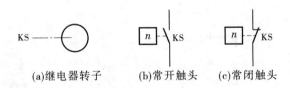

(a)继电器转子　　　　(b)常开触头　　　　(c)常闭触头

图 10-36　速度继电器的图形及文字符号

速度继电器型号含义如下:

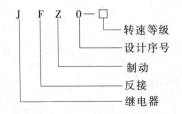

常用的感应式速度继电器有 JY1 和 JFZ0 系列。JY1 系列能在 3 000 r/min 的转速下可靠工作。JFZ0 型触点动作速度不受定子柄偏转快慢的影响,触点改用微动开关。JFZ0 系列 JFZ0 – 1 型适用于 300 ~ 1 000 r/min 转速,JFZ0 – 2 型适用于 1 000 ~ 3 000 r/min 转速。速度继电器有两对常开、常闭触点,分别对应于被控电动机的正、反转运行。一般情况下,速度继电器的触点,在转速达 120 r/min 时能动作,100 r/min 左右时能恢复正常位置。速度继电器根据电动机的额定转速、控制要求进行选择。

(二)干簧继电器

干式舌簧继电器简称干簧继电器,是近年来迅速发展起来的一种新型继电器,是一种具有密封触点的电磁式继电器。干簧继电器可以反映电压、电流、功率以及电流极性等信号,在检测、自动控制、计算机控制技术等领域中应用广泛。干簧继电器主要由干式舌簧片与励磁线圈组成。干式舌簧片(触点)是密封的,由铁镍合金做成,舌片的接触部分通常镀有贵重金属(如金、铑、钯等),接触良好,具有优良的导电性能。触点密封在充有氮气等惰性气体的玻璃管中,因而有效地防止了尘埃的污染,减少了触点的腐蚀,提高了工作可靠性。其结构原理与实物如图 10-37 所示,图形与文字符号如图 10-38 所示。

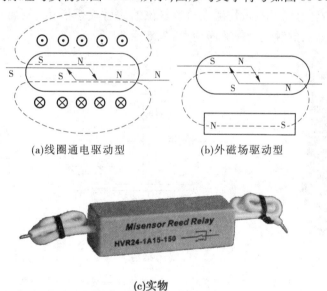

(a)线圈通电驱动型　　　(b)外磁场驱动型

(c)实物

图 10-37　干簧继电器结构原理与实物

当线圈通电后,管中两干簧片的自由端分别被磁化成 N 极和 S 极而相互吸引,因而接通被控线路。线圈断电后,干簧片在本身的弹力作用下分开,将线路切断。干簧继电器常用于电梯电气控制中。目前国产干簧继电器有 JAG2 – 1A 型和 JAG2 – 2A 型等。

图 10-38　干簧继电器
图形与文字符号

任务七 主令电器

控制系统中,主令电器是一种专门发布命令、直接或通过电磁式继电器间接作用于控制电路的电器,常用来控制电力拖动系统中电动机的起动、停车、调速及制动等。常用的主令电器有控制按钮、行程开关、接近开关、万能转换开关、主令控制器,以及其他主令电器,如脚踏开关、倒顺开关、紧急开关、钮子开关等。本任务仅介绍几种常用的主令电器。

一、控制按钮

控制按钮简称按钮,是广泛应用的一种主令电器,它主要用于远距离操作具有电磁线圈的电器,如接触器和继电器,向它们发出"指令",也可用于电气联锁。可以说,按钮是操作人员和控制装置之间的中间环节。

如图 10-39 所示,控制按钮由按钮帽、复位弹簧、桥式触点等组成,通常做成复合式,即具有常闭触点和常开触点。按下按钮帽时,先断开常闭触点,后接通常开触点;按钮释放后,在复位弹簧的作用下,按钮触点自动复位的先后顺序相反。通常,在无特殊说明的情况下,有触点电器的触点动作顺序均为"先断后合"。

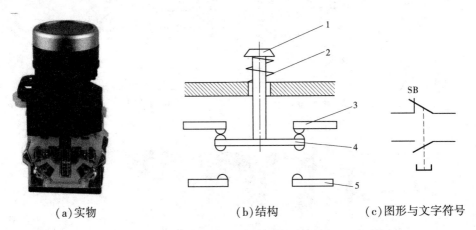

(a)实物 (b)结构 (c)图形与文字符号

1—按钮帽;2—复位弹簧;3—常闭触头;4—动触头;5—常开触头

图 10-39 控制按钮

在电器控制线路中,常开按钮常用来启动电动机,也称启动按钮;常闭按钮常用于控制电动机停车,也称停车按钮;复合按钮用于联锁控制电路中。控制铵钮的种类很多,在结构上有揿钮式、紧急式、钥匙式、旋钮式、带灯式、打碎玻璃按钮。

按钮选择的主要依据是使用场所、所需要的触点数量、种类及颜色。为了表明各个按钮的作用,避免误操作,通常将按钮帽做成不同的颜色以示区别,其颜色一般有红、绿、黑、黄、蓝、白等。一般以红色表示停止按钮,绿色表示启动按钮。

目前使用比较多的有 LA18、LA19、LA20、LA25、LAY3、LAY5、LAY9、HUL11、HUL2 等系列产品。其中,LAY3 系列是引进产品,产品符合 IEC 337 标准及 GB 14048 系列国家标准。LAY5 系列是仿法国施耐德电气公司产品,LAY9 系列是综合日本和泉公司、德国西门子公司等产品的优点而设计制作的,符合 IEC 337 标准。

LA20 系列控制按钮型号含义如下:

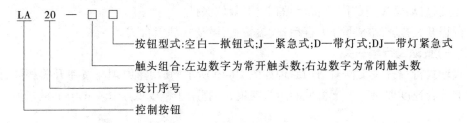

按钮型式:空白—揿钮式;J—紧急式;D—带灯式;DJ—带灯紧急式
触头组合:左边数字为常开触头数;右边数字为常闭触头数
设计序号
控制按钮

LA20 系列控制按钮技术数据见表 10-6。

表 10-6 LA20 系列控制按钮技术数据

型号	触头数量		结构型式	按钮		指示灯	
	常开	常闭		数量	颜色	电压(V)	功率(W)
LA20-11	1	1	揿钮式	1	红、绿、黄、蓝或白	—	—
LA20-11J	1	1	紧急式	1	红	—	—
LA20-11D	1	1	带灯揿钮式	1	红、绿、黄、蓝或白	6	<1
LA20-11DJ	1	1	带灯紧急式	1	红	6	<1
LA20-22	2	2	揿钮式	1	红、绿、黄、蓝或白	—	—
LA20-22J	2	2	紧急式	1	红	—	—
LA20-22D	2	2	带灯揿钮式	1	红、绿、黄、蓝或白	6	<1
LA20-22DJ	2	2	带灯紧急式	1	红	6	<1
LA20-2K	2	2	开启式	2	白红或绿红	—	—
LA20-3K	3	3	开启式	3	白、绿、红	—	—
LA20-2H	2	2	保护式	2	白红或绿红	—	—
LA20-3H	3	3	保护式	3	白、绿、红	—	—

控制按钮选用原则如下:

(1)根据使用场合选择控制按钮的种类,如开启式、防水式、防腐式等;

(2)根据用途选择控制按钮的结构型式,如钥匙式、紧急式、带灯式等;

(3)根据控制回路的需求确定按钮数,如单钮、双钮、三钮、多钮等;

(4)根据工作状态指示和工作情况的要求,选择按钮及指示灯的颜色。

二、行程开关

行程开关又称限位开关,用于控制机械设备的行程及限位保护。在实际生产中,将行程开关安装在预先安排的位置,当装于生产机械运动部件上的模块撞击行程开关时,行程开关的触点动作,实现电路的切换。因此,行程开关是一种根据运动部件的行程位置而切换电路的电器,它的作用原理与按钮类似。行程开关广泛用于各类机床和起重机械中,用以控制其行程,进行终端限位保护。在电梯的控制电路中,还利用行程开关来控制开关轿门的速度、自动开关门的限位,轿厢的下、下限位保护。

行程开关按其结构可分为直动式、滚轮式、微动式和组合式。

(一)直动式行程开关

直动式行程开关实物与结构原理如图 10-40 所示,其动作原理与按钮开关相同,但其触点的分合速度取决于生产机械的运行速度,不宜用于速度低于 0.4 m/min 的场所。

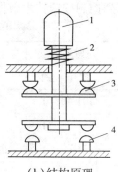

（a）实物 　　　　　　　　　　　（b）结构原理

1—推杆;2—弹簧;3—动断触点;4—动合触点

图 10-40　直动式行程开关

(二)滚轮式行程开关

滚轮式行程开关实物与结构原理如图 10-41 所示,当被控机械上的撞块撞击带有滚轮的撞杆时,撞杆转向右边,带动凸轮转动,顶下推杆,使微动开关中的触点迅速动作。当运动机械返回时,在复位弹簧的作用下,各部分动作部件复位。

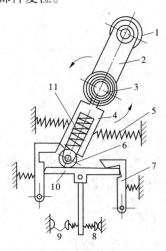

（a）实物 　　　　　　　　　　　（b）结构原理

1—滚轮;2—上转臂;3、5、11—弹簧;4—套架;6—滑轮;7—压板;8、9—触点;10—横板

图 10-41　滚轮式行程开关

滚轮式行程开关又分为单滚轮自动复位式和双滚轮（羊角式）非自动复位式，双滚轮行程开关具有两个稳态位置，有"记忆"作用，在某些情况下可以简化线路。

（三）微动式行程开关

微动式行程开关是具有瞬时动作和微小行程的灵敏开关。

微动式行程开关实物与结构原理如图 10-42 所示。常用的有 LXW – 5/11 系列产品。

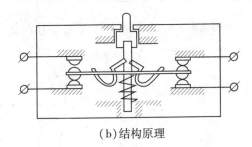

（a）实物　　　　　　　　　　　　　（b）结构原理

图 10-42　微动式行程开关

　　目前市场上常用的行程开关有 LX19、LX22、LX32、LX33、JLXL1 以及 LXW – 11、JLXK1 – 11、JLXW5 等系列。行程开关的图形及文字符号见图 10-43（a）。

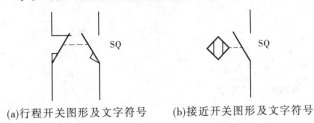

（a）行程开关图形及文字符号　　　（b）接近开关图形及文字符号

图 10-43　行程开关、接近开关的图形及文字符号

JLXK 系列行程开关型号含义如下：

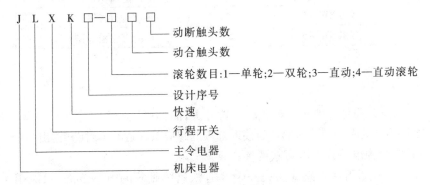

JLXK1 系列行程开关的主要技术数据见表 10-7。

表 10-7　JLXK1 系列行程开关的主要技术数据

型号	额定电压（V）	额定电流（A）	结构型式	触头对数		动作行程距离及角度	超行程
				常开	常闭		
JLXK1 – 111	AC 500	5	单轮防护式	1	1	12°～15°	≤30°
JLXK1 – 211			双轮防护式			～45°	≤45°
JLXK1 – 311			直动防护式			1～3 mm	2～4 mm
JLXK1 – 411			直动滚轮防护式			1～3 mm	2～4 mm

YBLXW – 5/11 系列行程开关型号含义如下：

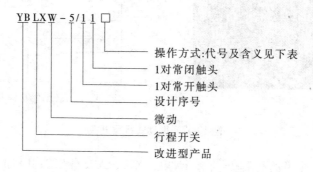

$$YB\,LXW - 5/1\,1\,\square$$

- 操作方式：代号及含义见下表
- 1 对常闭触头
- 1 对常开触头
- 设计序号
- 微动
- 行程开关
- 改进型产品

型号	操作方式
YBLXW – 5/11Z	推杆柱塞型
YBLXW – 5/11N2	压杆型
YBLXW – 5/11G2	滚轮压杆型
YBLXW – 5/11D	短弹簧柱塞型
YBLXW – 5/11M	面板安桩柱塞型
YBLXW – 5/11Q1	面板安桩滚轮柱塞型
YBLXW – 5/11Q2	面板安桩横向滚轮柱塞型
YBLXW – 5/11N1	铰链横杆型
YBLXW – 5/11G1	铰链滚轮长横杆型
YBLXW – 5/11G3	铰链滚轮横杆型

三、接近开关

接近式位置开关是一种非接触式的位置开关，简称接近开关。它由感应头、高频振荡器、放大器和外壳组成。当运动部件与接近开关的感应头接近时，就使其输出一个电信号。

接近开关分为电感式和电容式两种：

（1）电感式接近开关的感应头是一个具有铁氧体磁芯的电感线圈，只能用于检测金属体。振荡器在感应头表面产生一个交变磁场，当金属块接近感应头时，金属中产生的涡流吸收了振荡的能量，使振荡减弱以至于停振，因而产生振荡和停振两种信号，经整形放大器转换成二进制的开关信号,从而起到"开""关"的控制作用。

(2)电容式接近开关的感应头是一个圆形平板电极,与振荡电路的地线形成一个分布电容,当有导体或其他介质接近感应头时,电容量增大而使振荡器停振,经整形放大器输出电信号。电容式接近开关既能检测金属,又能检测非金属及液体。

常用的电感式接近开关型号有 LJ1、LJ2 等系列,电容式接近开关型号有 LXJ15、TC 等系列。接近开关实物示例见图 10-44,图形及文字符号见图 10-43(b)。

图 10-44 LJ8A3 – 2 – Z/BX 接近开关

目前市场上接近开关的产品很多,型号各异,例如,LXJ0 型、LJ – 1 型、LJ – 2 型、LJ – 3 型、CJK 型、JKDX 型、JKS 型晶体管无触点接近开关以及 J 系列接近开关等,但功能基本相同,外形有 M6 – M34 圆柱型、方型、普通型、分离型、槽型等。

J 系列接近开关的型号含义如下:

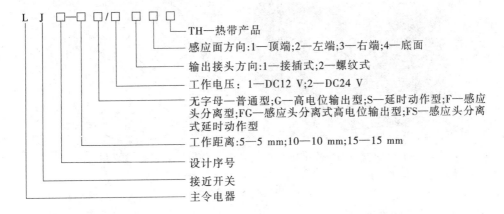

四、红外线光电开关

光电开关又称为无接触检测和控制开关。它是利用物质对光束的遮蔽、吸收或反射等作用,对物体的位置、形状、标志、符号等进行检测。

光电开关能非接触、无损伤地检测各种固体、液体、透明体、烟雾等。它具有体积小、功能多、寿命长、功耗低、精度高、响应速度快、检测距离远,抗光、电、磁干扰性能好等优点。红外线光电开关实物示例见图 10-45。

红外线光电开关分为反射式和对射式两种:

(1)反射式光电开关是利用物体对光电开关发射出的红外线反射回去,由光电开关接收,从而判断是否有物体存在。如有物体存在,光电开关接收到红外线,其触点动作,否则其触点复位。

（2）对射式光电开关是由分离的发射器和接收器组成的。当无遮挡物时，接收器接收到发射器发出的红外线，其触点动作；当有物体挡住时，接收器便接收不到红外线，其触点复位。

光电开关和接近开关的用途已远超出一般行程控制和限位保护，可用于高速计数、测速、液面控制、检测物体是否存在、检测零件尺寸等许多场合。

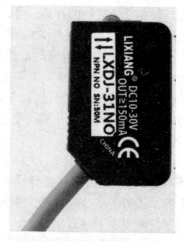

图 10-45　LXDJ-31 光电开关

五、万能转换开关

万能转换开关是一种多挡式、控制多回路的主令电器。万能转换开关主要用于各种控制线路的转换，电压表、电流表的换相测量控制，配电装置线路的转换和遥控等。万能转换开关还可以用于直接控制小容量电动机的启动、调速和换向。如图 10-46 所示为万能转换开关单层的结构示意图。

(a)LW5D-16万能转换开关

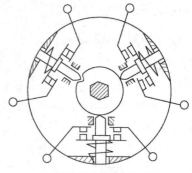

(b)万能转换开关单层结构

图 10-46　万能转换开关

万能转换开关的手柄操作位置是以角度表来表示的，如图 10-47 所示。不同型号万能转换开关的手柄有不同的触点，万能转换开关电路图中的图形符号如图 10-47（a）所示，文字符号为 SC。由于其触点的分合状态与操作手柄的位置有关，所以除在电路图中画出触点图形符号外，还应画出操作手柄与触点分合状态的关系。图 10-47 中当万能转换开关打向左 45°时，触点 1-2、3-4、5-6 闭合，触点 7-8 打开；打向 0°时，只有触点 5-6 闭合；打向右 45°时，触点 7-8 闭合，其余打开。

目前常用的万能转换开关有 LW5、LW6、LW12-16 和 3LB、3ST1、JXS2-20 等系列。LW5 系列可控制 5.5 kW 及以下的小容量电动机；LW6 系列只能控制 2.2 kW 及以下的小容量电动机。用于可逆运行控制时，只有在电动机停车后才允许反向启动。LW5 系列万能转换开关按手柄的操作方式可分为自复式和自定位式两种。所谓自复式，是指用手拨动手柄于某一挡位时，手松开后，手柄自动返回原位；而自定位式则是指手柄被置于某一挡位时，不能自动返回原位而停在该挡位。

万能转换开关的型号及其含义如下：

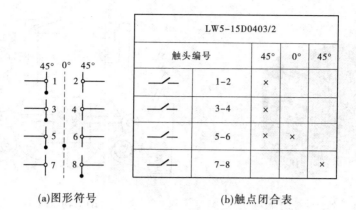

(a)图形符号　　　　　　(b)触点闭合表

图10-47　万能转换开关的图形符号及触点闭合表

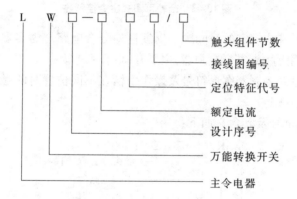

万能转换开关的选用原则如下：

(1)按额定电压和工作电流选用相应的万能转换开关系列。

(2)按操作需要选定手柄和定位特征。

(3)按控制要求参照转换开关产品样本,确定触头数量和接线图编号。

(4)选择面板形式及标志。

六、主令控制器

主令控制器是一种频繁对电路进行接通和切断的电器。通过它的操作,可以对控制电路发布命令,与其他电路联锁或切换。常配合磁力启动器对绕线式异步电动机的启动、制动、调速及换向实行远距离控制,广泛用于各类起重机械的拖动电动机的控制系统中。

主令控制器一般由外壳、触点、凸轮、转轴等组成,与万能转换开关相比,它的触点容量大些,操纵挡位也较多。主令控制器的动作过程与万能转换开关相似,也是由一块可转动的凸轮带动触点动作。如图10-48所示为凸轮可调式主令控制器。

常用的主令控制器有LK5和LK6系列和LK17、LK18系列,它们都属于有触头的主令控制器,对电路输出的是开关量主令信号。其中LK5系列有直接手动操作、带减速器的机械操作与电动机驱动等三种型式的产品;LK6系列是由同步电动机和齿轮减速器组

（a）LK5 系列凸轮控制器

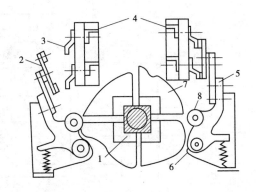

（b）结构原理

1—凸轮块；2—动触点；3—静触点；4—接线端子；5—支杆；6—转动轴；7—凸轮块；8—小轮

图 10-48　凸轮可调式主令控制器

成定时元件，由此元件按规定的时间顺序周期性地分合电路。为实现对电路输出模拟量的主令信号，可采用无触头主令控制器，主要有 WLK 系列。

控制电路中，主令控制器图形符号及操作手柄在不同位置时的触点分合状态表示方法与万能转换开关相似。

主令控制器的型号及其含义如下：

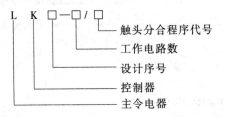

主令控制器的选用原则如下：

（1）使用环境：室内选用防护式，室外选用防水式。

（2）主要根据所需操作位置数、控制电路数、触头闭合顺序以及额定电压、额定电流来选择。

（3）控制电路的选择：全系列主令控制器的电路数有 2、5、6、8、16、24 等规格，一般选择时应留有裕量，以做备用。

（4）在起重机控制中，主令控制器应根据磁力控制盘型号来选择。

■ 项目小结

本项目主要介绍了常用低压电器中的熔断器、刀开关与低压断路器、接触器、继电器、主令电器等电器的工作原理、结构特点、型号以及不同工作场所下低压电器的正确选择等内容。

熔断器是一种简单而有效的保护电器,广泛应用于低压配电系统和控制系统及用电设备中作短路和过电流保护。熔断器的选择主要依据负载的保护特性和短路电流的大小。

刀开关是最普通、使用最早的电器,主要用于分合电路、开断电流。

低压断路器也称为自动空气开关,用于接通和分断负载电路,也可用来控制不频繁启动电动机。低压断路器具有多种保护功能(过载、短路、欠电压保护等)、动作值可调、分断能力高、操作方便、安全等优点。低压断路器选择时需要考虑线路对保护的要求,断路器及断路器脱扣器的额定电压、额定电流,上下级断路器的保护特性配合等多方面因素。

接触器是一种可用来自动接通或断开大电流电路的电器,可频繁接通或分断交、直流电路,方便实现远距离控制。接触器选用时首先需要根据接触器极数和电流种类来确定接触器的类型,然后确定接触器主触点的额定电压、电流。确定接触器的主触点额定电流时还应结合接触器的使用类别进行。

继电器是根据某种输入信号的变化,接通或断开控制电路,实现自动控制和保护电力装置的自动电器。电磁式电压、电流继电器按照动作值划分为过电压继电器、欠电压继电器以及欠电流继电器、过电流继电器。中间继电器在电路中起到扩大触点数目和触点容量的作用。时间继电器是当吸引线圈通电或断电以后其触点经过一定延时再动作的继电器。按延时方式分为通电延时型和断电延时型,它们分别适用于不同延时要求的场合。热继电器主要用于电力拖动系统中电动机负载的过载保护。速度继电器的输入信号为电动机的转速,仅当电动机转速达到一定值时速度继电器才会动作。干簧继电器能反映电压、电流、功率以及电流极性等信号,在检测、自动控制、计算机控制等领域中应用广泛。

主令电器是一种专门发布命令,直接或通过电磁式继电器间接作用于控制电路的电器。常用的主令电器有控制按钮、行程开关、接近开关、万能转换开关、主令控制器等。

■ 思考与习题

10-1 交流接触器在衔铁吸合前的瞬间,为什么在线圈中产生很大的冲击电流?直流接触器会不会出现这种现象?为什么?

10-2 交流电磁线圈误接入直流电源,直流电磁线圈误接入交流电源,会发生什么问题?为什么?

10-3 在接触器标准中规定其适用工作制有什么意义?

10-4 交流接触器在运行中有时在线圈断电后,衔铁仍掉不下来,电动机不能停止,这时应如何处理?故障原因在哪里?应如何排除?

10-5 继电器和接触器有何区别?

10-6 电压继电器、电流继电器各在电路中起什么作用?它们的线圈和触点各接于什么电路中?如何调节电压(电流)继电器的返回系数?

10-7 时间继电器和中间继电器在控制电路中各起什么作用?如何选用时间继电器和中间继电器?

10-8 电动机的启动电流很大,当电动机启动时,热继电器会不会动作?为什么?

10-9 既然在电动机的主电路中装有熔断器,为什么还要装热继电器? 装有热继电器是否就可以不装熔断器? 为什么?

10-10 分析感应式速度继电器的工作原理,它在线路中起何作用?

10-11 在交流电动机的主电路中用熔断器作短路保护,能否同时起到过载保护作用? 为什么?

10-12 低压断路器在电路中的作用如何? 如何选择低压断路器? 怎样实现干、支线断路器的级间配合?

项目十一 电气控制基本环节

【学习目标】

熟悉电气控制系统图绘制原则;掌握电气控制电路基本控制规律并能熟练运用;熟悉常用三相异步电动机的启动、制动、调速的控制方法,能够识读常用启动、制动、调速控制电路图,掌握各控制电路的工作原理;掌握电气控制常用保护环节并能合理运用。

任务一 电气控制系统图绘制原则

电气控制系统是由电气控制元件按一定要求连接而成的。为了清晰地表达生产机械电气控制系统的工作原理,便于系统的安装、调整、使用和维修,将电气控制系统中的各电气元件用一定的图形符号和文字符号表达出来,再将其连接情况用一定的图形表达出来,这种图形就是电气控制系统图。

常用的电气控制系统图有电气原理图、电气元件布置图与电气安装接线图。

一、电气原理图

电气原理图是用来表示电路各个电气元件导电部件的连接关系和工作原理的图。该图应根据简单、清晰的原则,采用电气元件展开形式来绘制。它不按电气元件的实际位置来画,也不反映电气元件的大小、安装位置,只用电气元件的导电部件及其接线端钮表示电气元件,用导线将这些导电部件连接起来,反映其连接关系。所以,电气原理图结构简单、层次分明、关系明确,适用于分析研究电路的工作原理,且为其他电气图的依据,在设计部门和生产现场获得广泛的应用。

现以如图 11-1 所示的 CW6132 型普通车床电气原理图为例来阐明绘制电气原理图的原则和注意事项。

(一)绘制电气原理图的原则

绘制电气原理图的原则如下:

(1)图中所有的元器件都应采用国家统一规定的图形符号和文字符号。

(2)电气原理图的组成。电气原理图由主电路和辅助电路组成。主电路是从电源到电动机的电路,其中有刀开关、熔断器、接触器主触头、热继电器发热元件与电动机等。主电路用粗线绘制在图面的左侧或上方。辅助电路包括控制电路、照明电路、信号电路及保护电路等。它们由继电器、接触器的电磁线圈,继电器、接触器辅助触头,控制按钮,其他控制元件触头,控制变压器,熔断器,照明灯、信号灯及控制开关等组成,用细实线绘制在图面的右侧或下方。

(3)电源线的画法。原理图中直流电源用水平线画出,一般直流电源的正极画在图

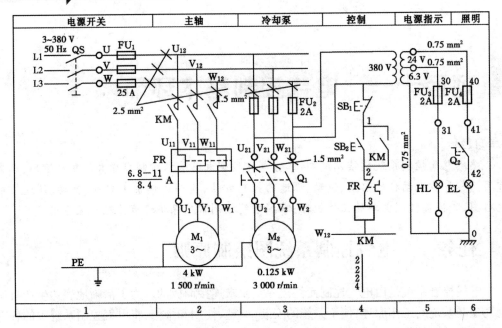

图 11-1　CW6132 型普通车床电气原理图

面上方,负极画在图面的下方。三相交流电源线集中水平画在图面的上方,顺序自上而下依 L1、L2、L3 排列,中性线(N 线)和保护接地线(PE 线)排在相线之下。主电路垂直于电源线画出,控制电路与信号电路垂直画在两条水平电源线之间。耗电元件(如接触器、继电器的线圈、电磁铁线圈、照明灯、信号灯等)直接与下方水平电源线相接,控制触头接在上下方电路水平线与耗电元件之间。

(4)原理图中电气元件的画法。原理图中的各电气元件均不画实际的外形图,原理图中只画出其带电部件,同一电气元件上的不同带电部件按电路中的连接关系画出,但必须按国家标准规定的图形符号绘制,并且用同一文字符号表示。对于几个同类电气元件,在表示名称的文字符号后加上数字符号,以示区别。

(5)电气原理图中电气触头的画法。原理图中各元器件触头状态均按没有外力作用时或未通电时触头的自然状态画出。对于接触器、电磁式继电器,按电磁线圈未通电时的触头状态绘制;对于控制按钮、行程开关的触头,按不受外力作用时的状态绘制;对于断路器和开关电器触头,按断开状态绘制。

(6)原理图的布局。原理图按功能布置,即同一功能的电气元件集中在一起,尽可能地按动作顺序从上到下或从左到右的原则绘制。

(7)线路连接点、交叉点的绘制。在电路图中,对于需要测试和拆接的外部引线的端子,用“空心圆”表示;有直接电联系的导线连接点,用“实心圆”表示;无直接电联系的导线交叉点不画黑圆点,但在电气图中应尽量避免线条的交叉。

(8)原理图的绘制要层次分明,各电气元件及触头的安装要合理,既要做到所用元器件最少、耗能最少,又要保证电路运行可靠,节省连接导线以及安装、维修方便。

(二)电气原理图图面区域的划分

为了便于确定原理图的内容和组成部分在图中的位置,可在各种幅面的图样上分区。

每个分区内竖边方向用大写的拉丁字母编号,横边方向用阿拉伯数字编号。编号的顺序应从与标题栏相对应的图符的左上角开始,分区代号用该区的拉丁字母和阿拉伯数字表示。有时为了分析方便,也把数字区放在图的下面。为了方便读图,利于理解电路工作原理,常在图面区域对应的上方表明该区域的元件或电路的功能,如图11-1所示。

(三)继电器、接触器触头位置的索引

电气原理图中,在继电器、接触器线圈的下方注有该继电器、接触器触头所在图中位置的索引代号,索引代号用图面区域号表示。其中左栏为常开触头所在图区号,右栏为常闭触头所在图区号,见图11-1。

(四)电气原理图中技术数据的标注

电气原理图中电气元件的相关数据,常在电气原理图中电气元件文字符号下方标注出来。如图11-1中热继电器文字符号 FR 下方标有 $\frac{6.8-11}{8.4}$ A,6.8 - 11 A 为该热继电器的动作电流值范围,而8.4 A 为该继电器的整定电流值。

二、电气元件布置图

电气元件布置图用来表明电气原理图中各元器件的实际安装位置,可按实际情况分别绘制,如电气控制箱中的电气元件布置图、控制面板图等。电气元件布置图是控制设备生产及维护的技术文件,电气元件布置注意事项及布置示例详见项目十二任务三。

三、电气安装接线图

电气安装接线图主要用于电器的安装接线、线路检查、线路维修和故障处理,通常与电气原理图和电气元件布置图一起使用。电气安装接线图表示出项目的相对位置、项目代号、端子号、导线号、导线型号、导线截面等内容,图中的各个项目(如元件、器件、部件、组件、成套设备等)采用简化外形(如正方形、矩形、圆形)表示,简化外形旁应标注项目代号,并应与电气原理图中的标注一致。

电气安装接线图的绘制原则及示例详见项目十二任务三。

任务二　电气控制电路基本控制规律

由继电器、接触器所组成的电气控制电路,基本控制规律有自锁控制、互锁控制、点动与连续运转控制、多地控制、顺序控制与自动循环控制等。

一、自锁与互锁控制

自锁与互锁控制统称为电气的联锁控制,在电气控制电路中应用十分广泛。

(一)自锁控制

图11-2为三相笼型异步电动机全压启动单向运转控制电路。我们看图11-2(a),电动机启动时,合上电源开关 Q,接通控制电路电源,按下启动按钮 SB,其常开触头闭合,接触器 KM 线圈通电吸合,KM 常开主触头闭合,使电动机接入三相交流电源启动旋转;松

开 SB 启动按钮,KM 线圈断电释放,KM 常开主触头打开,电动机停止运转。再看图 11-2(b),启动按钮 SB_2 与 KM 常开辅助触头并联,当接通电源按下启动按钮 SB_2 时,接触器 KM 线圈通电吸合,KM 常开主触头与常开辅助触头同时闭合,前者使电动机接入三相交流电源启动旋转,后者使 KM 线圈经 SB_2 常开触头与 KM 自身的常开辅助触头两路供电。松开启动按钮 SB_2 时,虽然 SB_2 这一路已断开,但 KM 线圈仍通过自身常开触头这一通路而保持通电,使电动机继续运转。这种依靠接触器自身辅助触头而保持通电的现象称为自锁,这对起自锁作用的辅助触头称为自锁触头,这段电路称为自锁电路。要使电动机停止运转,可按下停止按钮 SB_1,KM 线圈断电释放,主电路及自锁电路均断开,电动机断电停止。图 11-2(b)所示电路是一个典型的有自锁控制的单向运转电路,又称启 - 保 - 停电路,也是一个具有最基本控制功能的电路。

自锁控制电路中的保护环节如下:

(1)熔断器 FU_1、FU_2 作为短路保护,但不能实现过载保护。

(2)热继电器 FR 作为过载保护。当电动机长时间过载时,FR 会断开控制电路,使接触器断电释放,电动机停止工作,实现电动机的过载保护。

(3)欠电压保护与失电压保护。由启动按钮 SB_2 与接触器 KM 配合,当发生欠电压或失电压时,接触器会自动释放而切断电动机电源;当电源电压恢复时,由于接触器自锁触头已断开,不会自行启动。

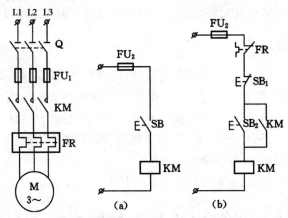

图 11-2　三相笼型异步电动机全压启动单向运转控制电路

(二)互锁控制

各种生产机械常要求具有上、下、左、右、前、后等相反方向的运动,这就要求电动机能够正、反向运转。对于三相交流电动机可采用改变定子绕组相序的方法来实现。

若在图 11-2 自锁控制电路基础上,在主电路中加入转换开关 SA,SA 有 4 对触头,3 个工作位置。当转换开关 SA 置于上、下方不同位置时,通过其触头来改变电动机定子接入三相交流电源的相序,进而改变电动机的旋转方向。在这里,接触器 KM 作为线路接触器使用,如图 11-3 所示。转换开关 SA 为电动机旋转方向预选开关,由按钮来控制接触器,再由接触器主触头来接通或断开电动机三相电源,实现电动机的启动和停止。电路保护环节与自锁控制电路相同。

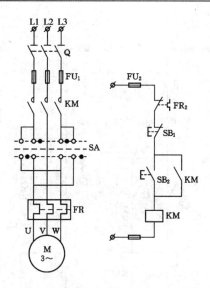

图 11-3　转换开关控制电动机正反转电路

　　图 11-4 为借助正、反向接触器改变定子绕组相序实现三相异步电动机正反转控制的电路,左方为其主电路图,右方为三种控制电路图。图 11-4(a)是将两个单向旋转控制电路组合而成的。主电路由正、反转接触器 KM_1、KM_2 的主触头来实现电动机三相电源任意两相的换相,从而实现电动机正反转。当正转启动时,按下正转启动按钮 SB_2,KM_1 线圈通电吸合并自锁,电动机正向启动并运转;当反转启动时,按下反转启动按钮 SB_3,KM_2 线圈通电吸合并自锁,电动机便反向启动并运转。但若在按下正转启动按钮 SB_2,电动机已进入正转运行后,发生又按下反转启动按钮 SB_3 的误操作时,由于正反转接触器 KM_1、KM_2 线圈均通电吸合,其主触头均闭合,于是发生电源两相短路,致使熔断器 FU_1 熔体熔断,电动机无法工作。为了避免上述事故的发生,就要求保证两个接触器不能同时工作。这种在同一时间里两个接触器只允许一个工作的相互制约的控制作用称为互锁。在控制电路中将正、反转两个接触器常闭触头串接在对方线圈电路中,这两对动断触头称为互锁触头。图 11-4(b)为带接触器互锁保护的正反转控制电路。这样当按下正转启动按钮 SB_2 时,正转接触器 KM_1 线圈通电,主触头闭合,电动机正转,与此同时,由于 KM_1 的动断辅助触头断开而切断了反转接触器 KM_2 的线圈电路。同理,在反转接触器 KM_2 动作后,也保证了正转接触器 KM_1 的线圈电路不再工作。

　　图 11-4(b)是利用正反转接触器常闭辅助触头作互锁的,这种互锁称为电气互锁。这种电路要实现电动机由正转到反转,或由反转变正转,都必须先按下停止按钮,然后才可进行反向启动,这种电路称为正 - 停 - 反电路。

　　图 11-4(c)是在图 11-4(b)基础上又增加了一对互锁,这对互锁是将正、反转启动按钮的常闭辅助触头串接在对方接触器线圈电路中,这种互锁称为按钮互锁,又称机械互锁。所以,图 11-4(c)是具有双重互锁的控制电路,该电路可以实现不按停止按钮,由正转直接变反转,这是因为按钮互锁触头可实现先断开正在运行的电路,再接通反向运转电路。这种电路称为正 - 反 - 停电路。

　　由上述可知,具有互锁功能的电动机正反转控制电路增加了相间短路保护环节。

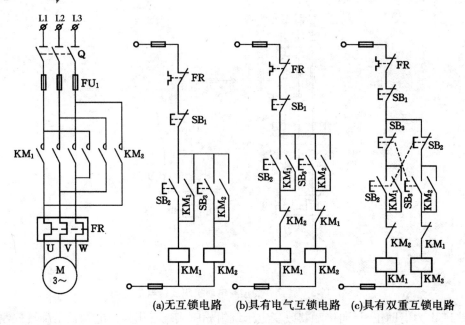

(a)无互锁电路　(b)具有电气互锁电路　(c)具有双重互锁电路

图 11-4　三相异步电动机正反转控制电路

二、点动与连续运转的控制

生产机械的运转状态有连续运转与短时间运转,所以对其拖动电动机的控制也有点动与连续运转两种电路。图 11-5 为电动机点动与连续运转控制电路,左方为主电路图,右方为三种控制形式的控制电路图。

图 11-5(a)是基本点动控制电路。按下点动按钮 SB,KM 线圈通电,电动机启动旋转;松开按钮 SB,KM 线圈断电释放,电动机停转。所以,该电路为单纯的点动控制电路。

如图 11-2 所示,连续运行与点动运行在控制环节上最大的区别就在于是否有自锁环节。图 11-5(b)是用开关 SA 断开或接通自锁电路,可实现点动,也可实现连续运转的电路。合上开关 SA 时,可实现连续运转;断开开关 SA 时,可实现点动控制。图 11-5(c)是用复合按钮 SB_3 实现点动控制、按钮 SB_2 实现连续运转的电路。

三、多地控制

有些机械设备为了操作方便,常在两个或两个以上的地点进行控制,如重型龙门刨床有时在固定的操作台上控制,有时需要在机床四周悬挂按钮控制;又如自动电梯,人在梯厢里可以控制,人在梯厢外也能控制,这样就形成了需要多地控制的电路。多地控制是用多组启动按钮、停止按钮来进行的,这些按钮连接的原则是:启动按钮常开触头要并联,即逻辑或的关系;停止按钮常闭触头要串联,即逻辑与的关系。图 11-6 为多地控制电路。

四、顺序控制

具有多台电动机拖动的机械设备,在操作时为了保证设备的安全运行和工艺过程的

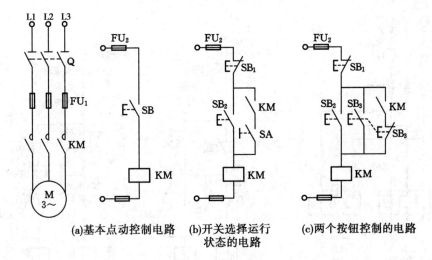

(a)基本点动控制电路　(b)开关选择运行　(c)两个按钮控制的电路
　　　　　　　　　　　状态的电路

图 11-5　电动机点动与连续运转控制电路

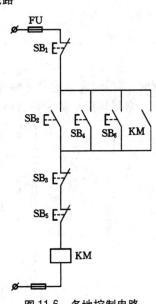

图 11-6　多地控制电路

顺利进行,对电动机的启动、停止,必须按一定顺序来控制,这就称为电动机的顺序控制。这种情况在机械设备中是常见的。例如,某机床的油泵电动机要先于主轴电动机启动,主轴电动机又先于切削液泵电动机启动等。顺序控制电路有顺序启动、同时停止控制电路和顺序启动、顺序停止的控制电路。图 11-7 为两台电动机顺序控制电路,图中左方为两台电动机顺序控制主电路,右方为两种不同控制要求的控制电路。其中图 11-7(a)为按顺序启动电路,合上主电路与控制电路电源开关,按下启动按钮 SB_2,KM_1 线圈通电并自锁,电动机 M_1 启动旋转,同时串在 KM_2 控制电路中的 KM_1 常开辅助触头也闭合,此时再按下按钮 SB_4,KM_2 线圈通电并自锁,电动机 M_2 启动旋转。如果先按下 SB_4 按钮,因 KM_1 常开辅助触头断开,电动机 M_2 不可能先启动,达到按顺序启动 M_1、M_2 的目的。

　　生产机械除要求按顺序启动外,有时还要求按一定顺序停止,如传送带运输机,前面的第一台运输机先启动,再启动后面的第二台;停车时应先停第二台,再停第一台,这样才不会造成物料在皮带上的堆积和滞留。图 11-7(b)为按顺序启动、停止的控制电路,为此在图 11-7(a)基础上,将接触器 KM_2 的常开辅助触头并接在停止按钮 SB_1 的两端,这样,即使先按下 SB_1,由于 KM_2 线圈仍通电,电动机 M_1 不会停转,只有按下 SB_3,电动机 M_2 先停后,再按下 SB_1 才能使 M_1 停转,达到先停 M_2、后停 M_1 的要求。

　　在许多顺序控制中,要求有一定的时间间隔,此时往往用时间继电器来实现。图 11-8 为时间继电器控制的顺序启动电路,接通主电路与控制电路电源,按下启动按钮 SB_2,KM_1、KT 同时通电并自锁,电动机 M_1 启动运转。当通电延时型时间继电器 KT 延时时间

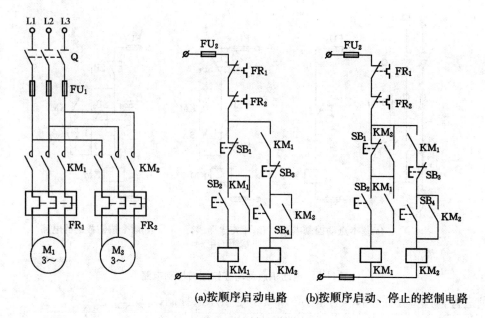

(a)按顺序启动电路　　(b)按顺序启动、停止的控制电路

图 11-7　两台电动机顺序控制电路

到时,其延时闭合的常开触头闭合,接通 KM₂ 线圈电路并自锁,电动机 M₂ 启动旋转,同时 KM₂ 常闭辅助触头断开,将时间继电器 KT 线圈电路切断,KT 不再工作。

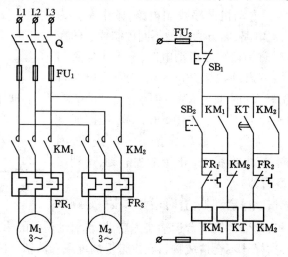

图 11-8　时间继电器控制的顺序启动电路

五、自动往复循环系统

在生产中,某些机床的工作台需要进行自动往复运行,通常是利用行程开关来控制自动往复运动的相对位置,再来控制电动机的正反转或电磁阀的通断点来实现生产机械的自动往复运动的。图 11-9(a)为机床工作台自动往复运动示意图,在床身两端固定有行程开关 SQ₁、SQ₂,用来表明加工的起点与终点。在工作台上设有撞块 A 和 B,其随运动部

件工作台一起移动,分别压下 SQ_2、SQ_1,来改变控制电路状态,实现电动机的正反向运转,拖动工作台实现工作台的自动往复运动。图 11-9(b)为自动往复循环控制电路,其中左方为主电路,右方为控制电路。图中 SQ_1 为反向转正向行程开关,SQ_2 为正向转反向行程开关,SQ_3 为正向限位开关,SQ_4 为反向限位开关。电路工作原理:合上主电路与控制电路电源开关,按下正转启动按钮 SB_2,KM_1 线圈通电并自锁,电动机正向启动旋转,拖动工作台前进向右移动;当移动到位时,撞块 A 压下 SQ_2,其常闭触头断开,常开触头闭合,前者使 KM_1 线圈断电,后者使 KM_2 线圈通电并自锁,电动机由正转变为反转,拖动工作台由前进变为后退,工作台向左移动。当后退到位时,撞块 B 压下 SQ_1,使 KM_2 断电,KM_1 通电,电动机由反转变为正转,拖动工作台变后退为前进,如此周而复始实现自动往返工作。当按下停止按钮 SB_1 时,电动机停止,工作台停下。当行程开关 SQ_1、SQ_2 失灵时,由限位开关 SQ_3、SQ_4 来实现极限保护,避免运动部件因超出极限位置而发生事故。

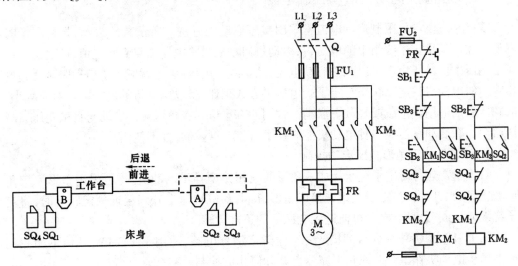

(a)机床工作台自动往复运动示意图　　　　(b)自动往复循环控制电路

图 11-9　自动往复循环控制

任务三　三相异步电动机的起动控制

以上介绍的电动机控制电路中,均以感应电动机(异步电动机)直接启动(起动)控制为例。所谓直接启动,即启动时电动机的定子绕组直接接在额定电压的交流电源上。这种方法的优点是启动设备简单、启动力矩大、启动时间短。缺点是启动电流大(启动电流为额定电流的 4~7 倍),当电动机容量很大时,过大的启动电流一方面会引起供电线路上很大的压降,影响线路上其他用电设备的正常运行,另一方面电动机频繁启动会严重发热,加速线圈老化,缩短电动机的寿命。因此,直接启动只能用于电源容量较电动机容量大得多的情况。

电源容量是否允许电动机在额定电压下直接启动,可根据下式判断

$$\frac{I_{ST}}{I_N} \leq \frac{3}{4} + \frac{P_S}{4P_N}$$

式中　I_{ST}——电动机全压启动电流，A；

　　　I_N——电动机额定电流，A；

　　　P_S——电源容量，kVA；

　　　P_N——电动机额定功率，kW。

一般容量小于 10 kW 的电动机常采用直接启动。若电动机不适于直接启动，则需采用本任务介绍的启动方法。

为了减小启动电流，在电动机启动时必须采取适当措施，本任务将分别介绍笼型感应电动机和绕线转子感应电动机限制启动电流的控制电路。

一、笼型感应电动机启动控制电路

笼型感应电动机限制启动电流常采用减压启动的方法。所谓减压启动，是指启动时降低加在电动机定子绕组上的电压，待电动机启动后再将电压恢复到额定值，使之运行在额定电压下。减压启动可以减小启动电流，减小线路电压降，也就减小了启动时对线路的影响。但电动机的电磁转矩与定子端电压平方成正比，所以电动机的启动转矩对应减小，故减压启动适用于空载或轻载下启动。常用的有星形 – 三角形减压启动与自耦变压器减压启动。软启动是当代一种电动机控制技术，正在一些场合推广使用。

（一）星形 – 三角形减压启动控制

对于正常运行时定子绕组接成三角形的三相笼型异步电动机，均可采用星形 – 三角形减压启动。启动时，定子绕组先接成星形，待电动机转速上升到接近额定转速时，将定子绕组换接成三角形，电动机便进入全压下的正常运转。

图 11-10 为 QX4 系列自动星形 – 三角形启动器电路，适用于 125 kW 及以下的三相笼型异步电动机作星形 – 三角形减压启动和停止的控制。

电路工作原理：合上电源开关 Q，按下启动按钮 SB_2，KM_1、KT、KM_3 线圈同时接通并自锁，电动机三相定子绕组接成星形接入三相交流电源进行减压启动。当电动机转速接近额定转速时，通电延时型时间继电器动作，KT 常闭触头断开，KM_3 线圈断电释放；同时 KT 常开触头闭合，KM_2 线圈通电吸合并自锁，电动机绕组接成三角形全压运行。当 KM_2 线圈通电吸合后，KM_2 常闭触头断开，使 KT 线圈断电，避免时间继电器长期工作。KM_2、KM_3 常闭触头为互锁触头，以防同时接成星形和三角形造成电源短路。

QX4 系列自动星形 – 三角形启动器技术数据见表 11-1。

（二）自耦变压器减压启动控制

电动机自耦变压器减压启动是将自耦变压器一次侧接在电网上，启动时定子绕组接在自耦变压器二次侧上。这样，启动时电动机获得的电压为自耦变压器的二次电压。待电动机转速接近电动机额定转速时，再将电动机定子绕组接在电网上（电动机额定电压）进入正常运转。这种减压启动适用于较大容量电动机的空载或轻载启动，启动转矩可以通过改变不同抽头来获得。

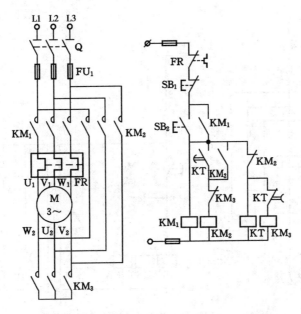

图 11-10　QX4 系列自动星形－三角形启动器电路

表 11-1　QX4 系列自动星形－三角形启动器技术数据

型号	控制电动机功率（kW）	额定电流（A）	热继电器额定电流（A）	时间继电器整定值（s）
QX4 – 17	13	26	15	11
	17	33	19	13
QX4 – 30	22	42.5	25	15
	38	58	34	17
QX4 – 55	40	77	45	20
	55	105	61	24
QX4 – 75	75	142	85	30
QX4 – 125	125	260	100 ~ 160	14 ~ 60

　　图 11-11 为 XJ01 系列自耦变压器减压启动电路。图中 KM_1 为减压启动接触器，KM_2 为全压运行接触器，KA 为中间继电器，KT 为减压启动时间继电器，HL_1 为电源指示灯，HL_2 为减压启动指示灯，HL_3 为正常运行指示灯。

　　电路工作原理：合上主电路与控制电路电源开关，HL_1 灯亮，表明电源电压正常。按下启动按钮 SB_2，KM_1、KT 线圈同时通电并自锁，将自耦变压器接入，电动机由自耦变压器二次电压供电作减压启动，同时指示灯 HL_1 灭，HL_2 亮，显示电动机正进行减压启动。当电动机转速接近额定转速时，时间继电器 KT 通电延时闭合触头闭合，使 KA 线圈通电并自锁，其常闭触头断开 KM_1 线圈电路，KM_1 线圈断电释放，将自耦变压器从电路切除；KA 的另一对常闭触头断开，HL_2 指示灯灭；KA 的常开触头闭合，使 KM_2 线圈通电吸合，电源电压全部加在电动机定子上，电动机在额定电压下进入正常运转，同时 HL_3 指示灯亮，表

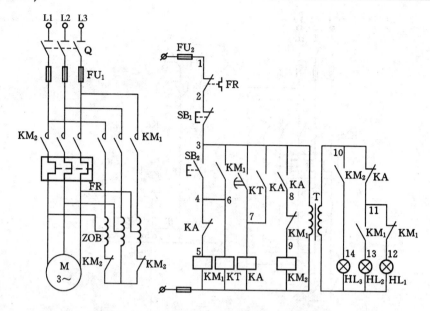

图 11-11　XJ01 系列自耦变压器减压启动电路

明电动机减压启动结束。由于自耦变压器星形连接部分的电流为自耦变压器一、二次电流之差,故用 KM$_2$ 辅助触头来连接。

二、三相绕线转子感应电动机的启动控制

三相绕线转子感应电动机较直流电动机结构简单、维护方便,调速和启动性能比笼型感应电动机优越。有些生产机械要求较大的启动力矩和较小的启动电流,笼型感应电动机不能满足这种启动性能的要求,在这种情况下可采用绕线转子感应电动机拖动,通过滑环在转子绕组中串接外加设备达到减小启动电流、增大启动转矩及调速的目的。因此,三相绕线转子感应电动机的启动控制适用于重载启动的场合。

按绕线转子启动过程中串接装置不同分串电阻启动和串频敏变阻器启动电路,转子串电阻启动又有按时间原则和按电流原则控制两种。

(一)转子串电阻启动控制

图 11-12 为按时间原则控制的转子串电阻启动电路。图中 KM$_1$ 为线路接触器,KM$_2$、KM$_3$、KM$_4$ 为短接电阻启动接触器,KT$_1$、KT$_2$、KT$_3$ 为短接转子电阻时间继电器。电路工作原理读者可自行分析。值得注意的是,电路在转子全部电阻串入情况下启动,且当电动机进入正常运行时,只有 KM$_1$、KM$_4$ 两个接触器处于长期通电状态,而 KT$_1$、KT$_2$、KT$_3$ 与 KM$_2$、KM$_3$ 线圈通电时间均压缩到最低限度,一方面节省电能,延长电器使用寿命,另一方面减少电路故障,保证电路安全可靠地工作。由于电路为逐级短接电阻,电动机电流与转矩突然增大,产生机械冲击。

图 11-13 是由电动机转子电流大小的变化来控制电阻短接的启动控制电路,图中主电路转子绕组中除串接启动电阻外,还串接有欠电流继电器 KA$_2$、KA$_3$ 和 KA$_4$ 的线圈,三个电流继电器的吸合电流都一样,但是释放电流不同,KA$_2$ 释放电流最大,KA$_3$ 次之,KA$_4$

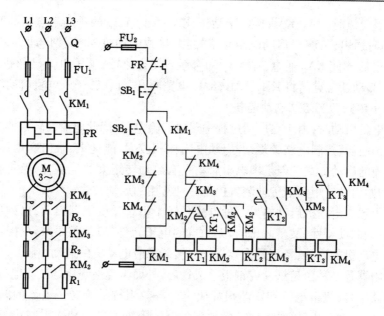

图 11-12 按时间原则控制的转子串电阻启动电路

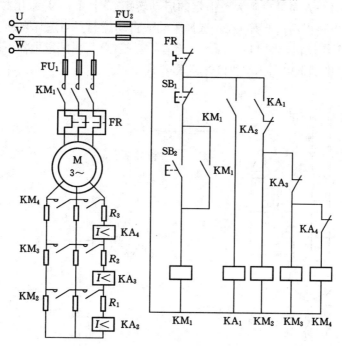

图 11-13 按电流原则控制的转子串电阻启动控制电路

最小。当刚启动时,启动电流很大,电流继电器全部吸合,控制电路中的动断触点打开,接触器 KM₂、KM₃、KM₄ 的线圈不能得电吸合,因此全部启动电阻接入。随着电动机转速升高,电流变小,电流继电器根据释放电流的大小等级依次释放,使接触器线圈依次得电,主触点闭合,逐级短接电阻,直到全部电阻都被短接,电动机启动完毕,进入正常运行。

控制电路中所接中间继电器 KA₁ 的作用:若无 KA₁,当转子电流由零上升尚未达到电流继电器吸合值时,KA$_2$、KA$_3$、KA$_4$ 未动作,KA$_2$、KA$_3$、KA$_4$ 的动断触点未断开,使 KM$_2$、KM$_3$、KM$_4$ 同时通电,将转子启动电阻全部短接,导致电动机 M 直接启动。有了 KA$_1$,在 KM$_1$ 线圈通电后才使 KA$_1$ 通电,在 KA$_1$ 动合触点闭合之前,转子电流已超过 KA$_2$、KA$_3$、KA$_4$ 吸合值,其动断触点已将 KM$_2$、KM$_3$、KM$_4$ 电路断开,确保转子串电阻启动。

(二)转子串频敏变阻器启动控制

转子串电阻启动时,由于在启动过程中逐级切除电阻,因此电流及转矩的突然变化存在机械冲击,并且其控制电路较复杂,启动电阻体积较大,能耗大,维修麻烦,故实际生产中常采用其他的启动方式。但是串电阻启动具有启动转矩大的优点,因而对有低速运行要求,并且初始启动转矩大的传动装置仍是一种常用的启动方式。

绕线转子感应电动机启动的另一种方法是转子串频敏变阻器启动,这种启动方法具有恒转矩的起、制动特性,又是静止的、无触点的电子元件,很少需要维修,因而常用于绕线转子感应电动机的启动,特别是大容量绕线转子感应电动机的启动控制。

频敏变阻器是一种由铸铁片或钢板叠成铁芯,外面再套上绕组的三相电抗器,接在转子绕组的电路中,其绕组电抗和铁芯损耗决定的等效阻抗随着转子电流的频率而变化。在启动过程中,当电动机转速增高时,频敏变阻器的阻抗值自动地平滑减小,这一方面限制了启动电流,另一方面可得到大致恒定的启动转矩。图 11-14 是采用频敏变阻器的启动控制电路,该电路可用选择开关 SA 选择手动或自动控制。当选择自动控制时,按下启动按钮 SB$_2$,其工作过程如图 11-15 所示。选择手动控制时,时间继电器不起作用,手动控制按钮 SB$_3$ 控制中间继电器 KA 和接触器 KM$_2$ 通电工作。

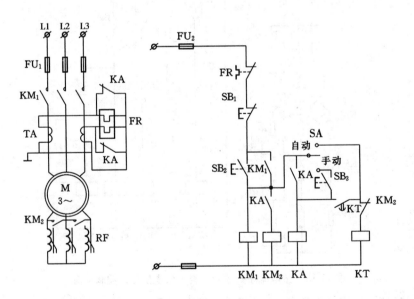

图 11-14 转子串频敏变阻器启动控制电路

启动过程中,KA 的动断触点将继电器发热元件短接,以免启动时间过长而使热继电器产生误动作。

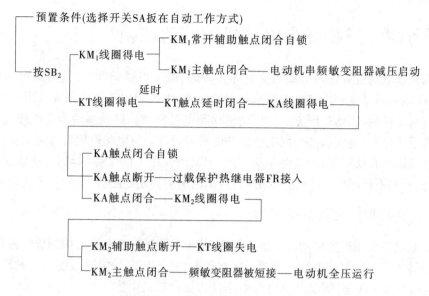

图 11-15　采用频敏变阻器的工作过程

三、固态减压启动器的启动控制

前述的传统异步电动机启动方式的共同特点是电路简单,但启动转矩固定不可调,启动过程存在较大的冲击电流,使被拖动负载受到较大的机械冲击,且易受电网电压波动影响。固态减压启动器是一种集电机软启动、软停车、轻载节能和多种保护功能于一体的新颖电机控制装置。

固态减压启动器由电动机的起停控制装置和软启动控制器组成,其核心部件是软启动控制器。软启动控制器是利用电力电子技术与自动控制技术,将强电与弱电结合起来的控制技术,其主要结构是一组串接于电源与被控电动机之间的三相反并联晶闸管及其电子控制电路,利用晶闸管移相控制原理,控制三相反并联晶闸管的导通角,使被控电动机的输入电压按不同的要求而变化,从而实现不同的启动功能。启动时,使晶闸管的导通角从零开始,逐渐前移,电动机的端电压从零开始,按预设函数关系逐渐上升,直至达到满足启动转矩而使电动机顺利启动,再使电动机全电压运行。所以,三相异步电动机在软启动过程中,软启动控制器通过加到电动机上的平均电压来控制电动机的启动电流和转矩,也就控制了电动机的转速。一般软启动控制器可以通过设定得到不同的启动特性,以满足不同负载特性的要求。

我国软启动器有 JKR 软启动器及 JQ、JQZ 型交流电动机固态节能启动器等。国外产品有 ABB 公司的 PSA、PSD 和 PSDH 型软启动器,美国罗克韦尔公司的 STC、SMC – 2、SMCPLUS 和 SMC Dialog PLUS 等 4 个系列软启动器,以及法国施耐德电气公司 Altistart46 型软启动器、德国西门子公司 3RW22 型软启动器、英国欧丽公司 MS2 型软启动器、英国 CT 公司 SX 型和德国 AEG 公司 3DA、3DM 型软启动器等。

■ 任务四 三相异步电动机的制动控制

三相异步电动机从切除电源到完全停止旋转,由于机械惯性,总需要经过一定的时间,这往往不能满足生产机械要求迅速停车的要求,也影响生产率的提高。因此,应对电动机进行制动控制,制动控制方法有机械制动和电气制动。机械制动是用机械装置来强迫电动机迅速停车;电气制动是使电动机的电磁转矩方向与电动机旋转方向相反,起制动作用。电气制动有反接制动、能耗制动、再生制动以及派生的电容制动等,这些制动方法各有特点,适用不同场合,本任务介绍几种典型的制动控制电路。

一、电动机单向反接制动控制

反接制动是利用改变电动机电源的相序,使定子绕组产生相反方向的旋转磁场,因而产生制动转矩的一种制动方法。电源反接制动时,转子与定子旋转磁场的相对转速接近 2 倍的电动机同步转速,所以定子绕组中流过的反接制动电流相当于全压启动时启动电流的 2 倍,因此反接制动制动转矩大,制动迅速,冲击大,通常适用于 10 kW 及以下的小容量电动机。为了减小冲击电流,通常在笼型感应电动机定子电路中串入反接制动电阻。另外,当电动机转速接近零时,要及时切断反相序电源,以防电动机反向再启动,通常用速度继电器来检测电动机转速并控制电动机反相序电源的断开。

图 11-16 为电动机单向反接制动控制电路。图中 KM_1 为电动机单向运行接触器,KM_2 为反接制动接触器,KS 为速度继电器,R 为反接制动电阻。启动电动机时,合上开关,按下 SB_2,KM_1 线圈通电并自锁,主触头闭合,电动机全压启动,当与电动机有机械连接的速度继电器 KS 转速超过其动作值 140 r/min 时,其相应触头闭合,为反接制动作准备。停止时,按下停止按钮 SB_1,SB_1 常闭触头断开,使 KM_1 线圈断电释放,KM_1 主触头断开,切断电动机原相序三相交流电源,电动机仍以惯性高速旋转。当将停止按钮 SB_1 按到底时,其常开触头闭合,使 KM_2 线圈通电并自锁,电动机定子串入三相对称电阻,接入反相序三相交流电源进行反接制动,电动机转速迅速下降。当转速下降到 KS 释放转速即 100 r/min 时,KS 释放,KS 常开触头复位,断开 KM_2 线圈电路,KM_2 线圈断电释放,主触头断开电动机反相序交流电源,反接制动结束,电动机自然停车至零。

二、电动机可逆运行反接制动控制

图 11-17 为电动机可逆运行反接制动控制电路。图中 KM_1、KM_2 为电动机正、反转接触器,KM_3 为短接制动电阻接触器,KA_1、KA_2、KA_3、KA_4 为中间继电器,KS 为速度继电器,其中 KS – 1 为正转闭合触头,KS – 2 为反转闭合触头。电阻 R 启动时起定子串电阻减压启动作用,停车时,电阻 R 又作为反接制动电阻。

电路工作原理:合上电源开关,按下正转启动按钮 SB_2,正转中间继电器 KA_3 线圈通电并自锁,其常闭触头断开,互锁了反转中间继电器 KA_4 线圈电路,KA_3 常开触头闭合,使接触器 KM_1 线圈通电,KM_1 主触头闭合,使电动机定子绕组经电阻 R 接通正相序三相交流电源,电动机 M 开始减压启动。当电动机转速上升到一定值时,速度继电器正转常

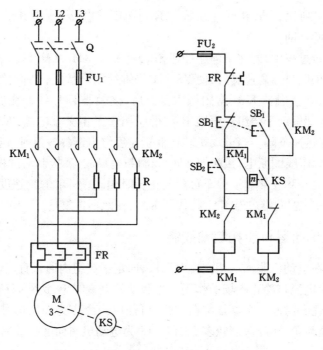

图 11-16　电动机单向反接制动控制电路

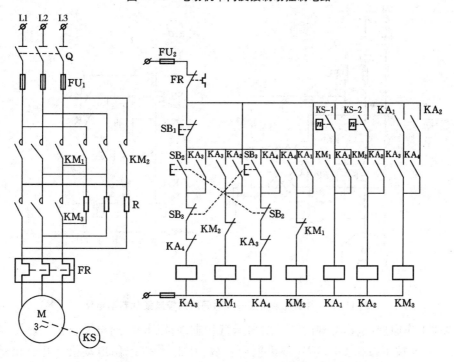

图 11-17　电动机可逆运行反接制动控制电路

开触头 KS－1 闭合,中间继电器 KA_1 通电并自锁。这时由于 KA_1、KA_3 的常开触头闭合,接触器 KM_3 线圈通电,于是电阻 R 被短接,定子绕组直接加以额定电压,电动机转速上升到稳定工作转速。所以,电动机转速从零上升到速度继电器 KS 常开触头闭合这一区间是定子串电阻降压启动。

在电动机正转过程中,若按下停止按钮 SB₁,则 KA₃、KM₁、KM₃ 线圈相继断电释放,但此时电动机转子仍以惯性高速旋转,使 KS –1 仍维持闭合状态,中间继电器 KA₁ 仍处于吸合状态。所以,在接触器 KM₁ 常闭触头复位后,接触器 KM₂ 线圈便通电吸合,其常开主触头闭合,使电动机定子绕组经电阻 R 获得反相序三相交流电源,对电动机进行反接制动,电动机转速迅速下降。当电动机转速低于速度继电器释放值时,速度继电器常开触头 KS –1 复位,KA₁ 线圈断电,接触器 KM₂ 线圈断电释放,反接制动过程结束。

电动机反向启动和反接制动停车过程与正转时相同,不同的是,速度继电器起作用的是反向触头 KS –2,中间继电器 KA₂ 替代了 KA₁,在此不再复述。

三、电动机单向运行能耗制动控制

能耗制动是在电动机脱离三相交流电源后,向定子绕组内通入直流电流,建立静止磁场,利用转子感应电流与静止磁场的作用产生制动的电磁制矩,达到制动的目的。在制动过程中,电流、转速和时间 3 个参量都在变化,可任取一个作为控制信号。以时间作为变化参量,控制电路简单,实际应用较多。图 11-18 为电动机单向运行按时间原则控制能耗制动电路。

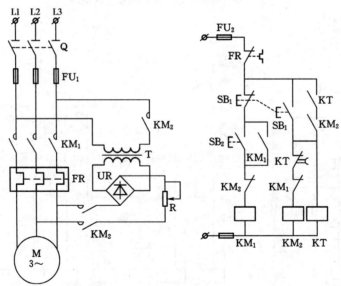

图 11-18　电动机单向运行按时间原则控制能耗制动电路

电路工作原理:电动机现已处于单向运行状态,所以 KM₁ 通电并自锁。若要使电动机停转,只要按下按钮 SB₁,KM₁ 线圈断电释放,其主触头断开,电动机断开三相交流电源。同时,KM₂、KT 线圈同时通电并自锁,KM₂ 主触头将电动机定子绕组接入直流电源进行能耗制动,电动机转速迅速降低,当转速接近零时通电延时型时间继电器 KT 延时时间到,KT 常闭延时断开触头动作,使 KM₂、KT 线圈相继断电释放,能耗制动结束。

四、无变压器单管能耗制动控制

对于 10 kW 以下的电动机,在制动要求不高时,可采用无变压器单管能耗制动控制。图 11-19 为电动机无变压器单管能耗制动电路,图中 KM_1 为运行接触器,KM_2 为制动接触器,KT 为能耗制动时间继电器。该电路整流电源电压为 220 V,由 KM_2 主触头接至电动机定子绕组,经整流二极管 VD 接至电源中性线 N,构成闭合电路。制动时电动机 U、V 相由 KM_2 主触头短接,因此只有单方向制动转矩。电路工作原理与图 11-18 所示电路相似,读者可自行分析。

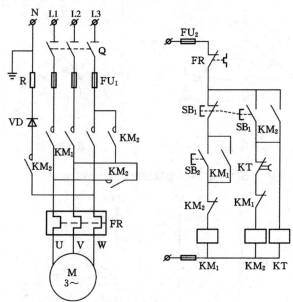

图 11-19 电动机无变压器单管能耗制动电路

任务五 三相异步电动机的调速控制

一般电动机只有一种转速,机械部件(如机床的主轴)是用减速箱来调整的。但在有些机床中,如 T68 镗床和 M143 万能外圆磨床的主轴,要得到较宽的调整范围,则采用双速电动机来传动。有的机床还采用三速电动机和四速电动机等。

通过异步电动机转速表达式知道,可以采取改变磁极对数 p、电源频率或转差率来调整。多速异步电动机是改变磁极对数来调速的,称为变极调速。通常采用改变定子绕组的接法来改变磁极对数。若绕组改变一次极对数,可获得两个转速,称为双速电动机;改变两次极对数,可获得三个转速,称为三速电动机;同理,有四速、五速电动机等。

定子绕组的极对数改变后,转子绕组必须相应改变,由于笼型感应电动机的转子无固定极对数,能随着定子绕组极对数的变化而变化,故变极调速仅适用于这种类型的电动机。

一、双速电动机的接线方式

双速电动机的每一相绕组可以串联或并联,对于三相绕组,还可连接成星形或三角形,这样组合起来接线的方式就多了。双速电动机常用的接线方式有 △/YY 和 Y/YY 两种。

4/2 极双速电动机 △/YY 接线如图 11-20 所示。

4/2 极双速电动机 Y/YY 接线如图 11-21 所示。

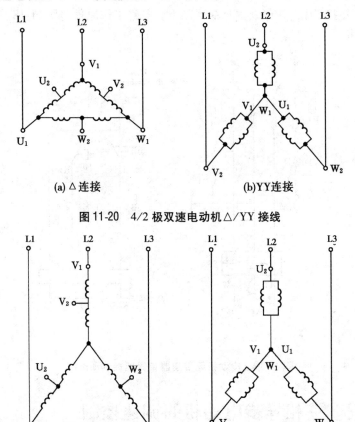

(a) △ 连接   (b)YY连接

图 11-20 4/2 极双速电动机 △/YY 接线

(a)Y连接   (b)YY连接

图 11-21 4/2 极双速电动机 Y/YY 接线

二、△/YY 连接双速电动机控制电路

(一)接触器控制双速电动机的控制电路

接触器控制双速电动机控制电路如图 11-22 所示,工作原理如下:先合上电源开关 QS,按下低速启动按钮 SB_2,低速接触器 KM_1 线圈获电,互锁触头断开,自锁触头闭合,KM_1 主触头闭合,电动机定子绕组连成三角形,电动机低速运转。如需换为高速运转,可按下高速启动按钮 SB_3,于是低速接触器 KM_1 线圈断电释放,主触头断开,自锁触头断开,互锁触头闭合,高速接触器 KM_2 和 KM_3 线圈几乎同时获电动作,主触头闭合,使电动机定子绕组连成双星形并联,电动机高速运转。因为电动机的高速运转是由 KM_2 和 KM_3

两个接触器来控制的,所以把它们的常开辅助触头串联起来作为自锁,只有当两个接触器都吸合时才允许工作。

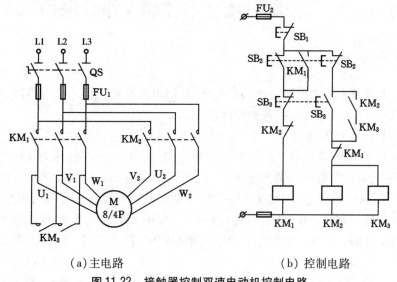

（a）主电路   （b）控制电路

图 11-22　接触器控制双速电动机控制电路

（二）时间继电器自动控制双速电动机的控制电路

时间继电器自动控制双速电动机的控制电路如图 11-23 所示。

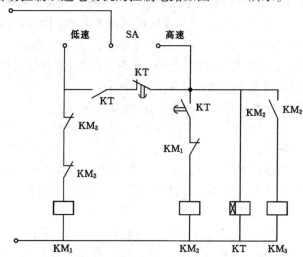

图 11-23　时间继电器自动控制双速电动机的控制电路

如把 SA 扳到标有"低速"的位置时,接触器 KM_1 线圈获电动作,电动机定子绕组的三个出线端子 U_1、V_1、W_1 与电源连接,电动机定子绕组连成三角形,以低速运转。

如把 SA 扳到标有"高速"的位置时,时间继电器 KT 瞬时闭合,接触器 KM_1 线圈获电动作,使电动机定子绕组连接成三角形,首先以低速启动。经过一定的整定时间,时间继电器 KT 的常闭触头延时断开,接触器 KM_1 线圈断电释放,时间继电器 KT 的延时常开触头延时闭合,接触器 KM_2 线圈获电动作,紧接着 KM_3 接触器线圈也获电动作,使电动机定子绕组接成双星形以高速运转。

■ 任务六　电气控制系统基本控制规律及保护

一、基本控制规律总结

通过对上述基本控制电路分析和讨论后,我们可以总结出组成电气控制电路的基本规律,更好地掌握电气控制电路基本原理。

(一)按联锁控制的规律

电气控制电路中,各电器之间具有互相制约、互相配合的控制,称为联锁控制。在顺序控制电路中,要求接触器 KM_1 得电后,接触器 KM_2 才能得电。可以将前者的常开触点串接在 KM_2 线圈的控制电路中,或者将 KM_2 控制线圈的电源从 KM_1 的自锁触点后引入。在电动机正反转控制电路中,要求接触器 KM_1 线圈得电后,接触器 KM_2 线圈不能得电吸合,则需将前者的常闭接触点串接在 KM_2 线圈电路中;反之亦然。这种联锁关系称为互锁。

在单相点动、连续运行混合控制电路中,为了可靠地实现点动控制,要求电动机的正常连续工作与点动工作实现联锁控制,则需用复合按钮作点动控制按钮,并将点动按钮的常闭触点串联在自锁回路中。在具有自动停止的正反转控制电路中,为使运动部件在规定的位置停下来,可以把正向行程开关 SQ_2 的常闭触点串入正转接触 KM_1 的线圈回路中,把反向行程开关 SQ_1 的常闭触点串入反转接触器 KM_2 的线圈回路中。

综上所述,实现联锁控制的基本方法是采用反映某一运动的联锁触点控制另一运动的相应电器,从而达到联锁控制的目的。联锁控制的关键是正确地选择联锁触点。

(二)按控制过程的变化参量进行控制的规律

在生产过程中总伴随着一系列的参数变化,例如电流、电压、压力、温度、速度、时间等参数。在电气控制中,常选择某些能反映生产过程的变化参数作为控制参量进行控制,从而实现自动控制的目的。

在星形－三角形减压启动控制电路中,选择时间作为控制参量,采用时间继电器实现电动机绕组由星形向三角形连接的自动转换的控制,这种控制过程中选择时间作为控制参量进行控制的方式称为时间原则。

在自动往返控制电路中,选择运动部件的行程作为控制参量,采用行程开关实现运动部件的自动往返运动的控制,这种控制过程中选择行程作为控制参量进行控制的方式称为行程原则。

在反接制动控制电路中,选择速度作为控制参量,采用速度继电器实现及时切断反向制动电源的控制,这种控制过程中选择速度(转速)作为控制参量进行控制的方式称为速度原则。

在绕线式异步电动机的控制电路中,选择电流作为控制参量,采用电流继电器实现电动机启动过程中逐级短接启动电阻的控制,这种控制过程中选择电流作为控制参量进行控制的方式称为电流原则。

控制过程中选择电压、压力、温度等控制参量进行控制的方式分别称为电压原则、压力原则、温度原则。

按控制过程的变化参量进行控制的关键是正确选择参量、确定控制原则,并选定能反映该控制参量变化的电气元件。

二、常用保护环节

电气控制系统必须在安全可靠的前提下来满足生产工艺要求。为此,在电气控制系统的设计与运行中,必须考虑系统发生各种故障和不正常工作情况的可能性,在控制系统中设置有各种保护装置。保护环节是所有电气控制系统不可缺少的组成部分。常用的保护环节有过电流、过载、短路、过电压、失电压、欠电压、断相、弱磁、超速保护等,下面主要介绍低压电动机常用的保护环节。

(一)短路保护

当电器或线路绝缘遭到破坏、负载短路、接线错误时都将产生短路现象。短路时产生的瞬时故障电流可达到额定电流的十几倍,使电气设备或配电线路因过电流产生电动力而损坏,甚至因电弧而引起火灾。短路保护要求具有瞬动特性,即要求在很短时间内切断电源。短路保护的常用办法有熔断器保护和低压断路器保护。熔断器熔体的选择见项目十有关内容。低压断路器动作电流按电动机启动电流的 1.2 倍来整定,相应低压断路器切断短路电流的触头容量应增大。

(二)过电流保护

过电流保护是区别于短路保护的一种电流型保护。所谓过电流,是指电动机或电气元件超过其额定电流的运行状态,其一般比短路电流小,不超过 6 倍额定电流。在过电流情况下,电气元件并不是马上损坏,只要在达到最大允许温升之前,电流值能恢复正常,还是允许的。但过大的冲击负载,使电动机流过过大的冲击电流,以致损坏电动机。同时,过大的电动机电磁转矩也会使机械的传动部件受到损坏,因此要瞬时切断电源。电动机在运行中产生过电流的可能性要比发生短路的可能性大,特别是对频繁启动和正反转、重复短时工作电动机更是如此。

过电流保护常用过电流继电器来实现,通常过电流继电器与接触器配合使用,即将过电流继电器线圈串接在被保护电路中,当电路电流达到其整定值时,过电流继电器动作,而过电流继电器常闭触头串接在接触器线圈电路中,使接触器线圈断电释放,接触器主触头断开切断电动机电源。这种过电流保护环节常用于直流电动机和三相绕线转子异步电动机的控制电路中。若过电流继电器动作电流为 1.2 倍电动机电流,则过电流继电器也可实现短路保护作用。

(三)过载保护

过载保护是过电流保护中的一种。过载是指电动机的运行电流大于其额定电流,但在 1.5 倍额定电流以内。引起电动机过载的原因很多,如负载的突然增加,缺相运行或电源电压降低等。若电动机长期过载运行,其绕组的温升将超过允许值而使绝缘老化、损坏。过载保护装置要求具有反时限特性,且不会受到电动机短时过载冲击电流或短路电流的影响而瞬时动作,所以通常用热继电器作过载保护。当有 6 倍以上额定电流通过热继电器时,需经5 s后才动作,这样在热继电器动作前,可能使热继电器的发热元件先烧坏,所以在使用热继电器作过载保护时,还必须装有熔断器或低压断路器的短路保护装置。由于过载保护特性与过电流保护不同,故不能用过电流保护方法来进行过载保护。

对于同时要求断相保护的电动机,可选用带断相保护的热继电器来实现过载保护。

(四)失电压保护

电动机应在一定的额定电压下才能正常工作,电压过高、过低或者工作过程中非人为因素造成的突然断电,都可能造成生产机械损坏或人身事故。因此,在电气控制电路中,应根据要求设置失电压保护、过电压保护和欠电压保护。

电动机正常工作时,如果因为电源电压消失而停转,一旦电源电压恢复,有可能自行启动,电动机的自行启动将造成人身事故或机械设备损坏。为防止电压恢复时电动机自行启动或电气元件自行投入工作而设置的保护,称为失电压保护。采用接触器和按钮控制的启动、停止电路,就具有失电压保护作用。这是因为当电源电压消失时,接触器就会自动释放而切断电动机电源,当电源电压恢复时,由于接触器自锁触头已断开,不会自行启动。如果不是采用按钮,而是用不能自动复位的手动开关、行程开关来控制接触器,必须采用专门的零电压继电器。工作过程中一旦失电,零电压继电器释放,其自锁电路断开,电源电压恢复时,不会自行启动。

(五)欠电压保护

电动机运转时,电源电压过分降低引起电磁转矩下降,在负载转矩不变情况下,转速下降,电动机电流增大。此外,电压的降低引起控制电器释放,造成电路不能正常工作。因此,当电源电压降到60% ~80% 额定电压时,将电动机电源切除而停止工作,这种保护称欠电压保护。

除上述采用接触器及按钮控制方式,利用接触器本身的欠电压保护作用外,还可采用欠电压继电器来进行欠电压保护,吸合电压通常整定为 $0 8 ~0.85U_N$,释放电压通常整定为 $0.5 ~0.7U_N$。其方法是将电压继电器线圈跨接在电源上,其常开触头串接在接触器线圈电路中,当电源电压低于释放值时,电压继电器动作使接触器释放,接触器主触头断开电动机电源,实现欠电压保护。

(六)过电压保护

电磁铁、电磁吸盘等大电感负载及直流电磁机构、直流继电器等,在通断时会产生较高的感应电动势,将使电磁线圈绝缘击穿而损坏。因此,必须采用过电压保护措施。通常过电压保护是在线圈两端并联一个电阻,电阻串电容或二极管串电阻,以形成一个放电回路,实现过电压保护。

(七)弱磁保护

直流电动机磁场的过度减弱会引起电动机超速,需设置弱磁保护,这种保护是通过在电动机励磁线圈回路中串入电流继电器来实现的。在电动机运行时,若励磁电流过小,欠电流继电器释放,其触头断开电动机电枢回路接触器线圈电路,接触器线圈断电释放,接触器主触头断开电动机电枢回路,电动机断开电源,实现保护电动机的目的。

(八)其他保护

除上述保护外,还有超速保护、行程保护、油压(水压)保护等,这些都是在控制电路中串接一个受这些参量控制的常开触头或常闭触头来实现对控制电路的电源控制的。这些装置有离心开关、测速发电机、行程开关、压力继电器等。

■ 项目小结

　　本项目首先介绍了电气控制系统图的绘制原则。常用电气控制系统图有电气原理图、电气元件布置图与电气安装接线图。这些图纸的绘制都有一定的标准与原则，按照标准与原则进行绘制，便于工程人员识读。电气控制电路基本控制规律常见的有自锁控制、互锁控制、点动与连续运转控制、多地控制、顺序控制与自动循环控制等。三相异步电动机直接启动，设备简单，启动力矩大，启动时间短，缺点是启动电流大。当电动机容量很大时，过大的启动电流将引起供电线路上很大的压降，影响线路上其他用电设备的正常运行；若电动机频繁启动，则会造成严重发热，加速线圈老化，缩短电动机寿命。针对大容量电动机启动电流过大的问题，对于笼型感应电动机通常采用降压启动的方式，降压启动可有效减小启动电流，但启动转矩对应减小，故降压启动适用于空载或轻载启动。对于要求较大启动力矩和较小启动电流的场合，可考虑采用绕线转子感应电动机，通过滑环在转子绕组中串接外加设备达到减小启动电流、增大启动转矩及调速的目的。因此，三相绕线转子异步电动机的启动控制适用于重载启动的场合。本项目还介绍了三相异步电动机的电气制动控制。常见电气制动有反接制动、能耗制动、再生制动以及派生的电容制动等，这些制动方法各有特点，适用于不同场合。电气制动的基本原理就是使电动机的电磁转矩方向与电动机旋转方向相反，从而起到制动作用。有些机床在工作中需要有双速甚至是三速、四速电动机来获得较宽的调速范围，可通过调整笼型异步电动机定子绕组极对数的方法来获得双速电动机，从而实现调速控制。最后，对电气控制系统常用控制规律及保护环节进行了总结。常用保护环节包括过电流、过载、短路、过电压、失电压、欠电压、断相、弱磁、超速保护等。

■ 思考与习题

11-1　常用的电气控制系统图有哪三种？

11-2　何为电气原理图？绘制电气原理图的原则是什么？

11-3　何为电气元件布置图？电气元件的布置应注意哪几方面？

11-4　何为电气安装接线图？绘制电气安装接线图应注意哪几个方面？

11-5　电动机点动控制与连续运转控制在电气控制电路上有何不同？其关键控制环节是什么？

11-6　采用接触器与按钮控制的电路是如何实现电动机的失电压与欠电压保护的？

11-7　何为互锁控制？实现电动机正、反转互锁控制的方法有哪两种？为何有了机械互锁还要有电气互锁？

11-8　电动机正、反转控制电路中的控制关键环节是哪两处？

11-9　试设计一个电气控制电路：三台三相笼型异步电动机启动时，M_1先启动，经10

s 后 M$_2$ 自行启动,运行 30 s 后 M$_1$ 停止,同时使 M$_3$ 自行启动,再运行 30 s 后其余两台电动机全部停止。

11-10 为两台三相笼型异步电动机设计电气控制电路,其要求如下:

(1)两台电动机互不影响地独立操作;

(2)能同时控制两台电动机的启动和停止;

(3)当任一台电动机发生过载时,两台电动机均停止。

11-11 有两台电动机 M$_1$ 和 M$_2$,要求 M$_1$ 先启动,经过 10 s 后,才能用按钮启动电动机 M$_2$,电动机 M$_2$ 启动后,M$_1$ 立即停转,试设计控制电路图。

11-12 某一三相笼型异步电动机采用 Y - △ 减压启动,能耗制动停车,试画出其电气控制电路图。

11-13 电气控制系统常用的保护环节有哪些? 它们各采用什么电气元件?

项目十二　电气控制系统设计基础知识

【学习目标】

熟悉电气控制系统设计的主要内容、一般程序及系统设计的基本原则；熟悉电气控制线路设计的方法和步骤；熟悉电气控制系统的安装与调试；能够按照电气控制系统设计的程序及基本原则进行简单电气控制系统的设计。

任务一　电气控制系统设计的主要内容、程序及基本原则

一、电气控制系统设计的主要内容

电气控制系统设计的基本任务是根据要求，设计和编制出设备制造和使用维修过程中所必需的图纸、资料，包括电气原理图、电气元件布置图、电气安装接线图、电气箱图及控制面板等，编制外购件目录、单台消耗清单、设备说明书等资料。

由此可见，电气控制系统的设计包括原理设计和工艺设计两部分，现以电力拖动控制系统为例说明两部分的设计内容。

（一）原理设计内容

（1）拟定电气设计任务书（技术条件）。

（2）确定电力拖动方案（电气传动形式）以及控制方案。

（3）选择电动机，包括电动机的类型、电压等级、容量及转速，并选择出具体型号。

（4）设计电气控制的原理框图，包括主电路、控制电路和辅助控制电路，确定各部分之间的关系，拟订各部分的技术要求。

（5）设计并绘制电气原理图，计算主要技术参数。

（6）选择电气元件，制定电动机和电气元件明细表，以及装置易损件及备用件的清单。

（7）编写设计说明书。

（二）工艺设计内容

工艺设计的主要目的是便于组织电气控制装置的制造，实现电气原理设计所要求的各项技术指标，为设备在今后的使用、维修提供必要的图纸资料。

工艺设计的主要内容包括：

（1）根据已设计完成的电气原理图及选定的电气元件，设计电气设备的总体配置，绘制电气控制系统的总装配图及总接线图。总图应反映出电动机、执行电器、电气箱各组件、操作台布置、电源以及检测元件的分布状况和各部分之间的接线关系与连接方式，这一部分的设计资料供总体装配调试以及日常维护使用。

（2）按照电气原理框图或划分的组件，对总原理图进行编号，绘制各组件原理电路图，列出各组件的元件目录表，并根据总图编号标出各组件的进出线号。

（3）根据各组件的原理电路及选定的元件目录表，设计各组件的装配图（包括电气元件的布置图和安装图）、接线图。图中主要反映各电气元件的安装方式和接线方式，这部分资料是各组件电路的装配和生产管理的依据。

（4）根据组件的安装要求，绘制零件图纸，并标明技术要求。这部分资料是机械加工和对外协作加工所必需的技术资料。

（5）设计电气箱，根据组件的尺寸及安装要求，确定电气箱结构与外形尺寸，设置安装支架，标明安装尺寸、安装方式、各组件的连接方式、通风散热及开门方式。在这一部分的设计中，应注意操作维护的方便与造型的美观。

（6）根据总原理图、总装配图及各组件原理图等资料进行汇总，分别列出外构件清单、标准件清单以及主要材料消耗定额。这部分是生产管理和成本核算所必须具备的技术资料。

（7）编写使用说明书。

在实际设计过程中，根据生产机械设备的总体技术要求和电气系统的复杂程度，可对上述步骤做适当的调整及修正。

二、电气控制系统设计的一般程序

电气控制系统的设计一般按如下程序进行。

（一）拟订设计任务书

电气控制系统设计的技术条件，通常是以电气设计任务书的形式加以表达的。电气设计任务书是整个系统设计的依据，拟订电气设计任务书，应聚集电气、机械工艺、机械结构三方面的设计人员，根据所设计的机械设备的总体技术要求，共同商讨，拟订认可。

在电气设计任务书中，应简要说明所设计的机械设备的型号、用途、工艺过程、技术性能、传动要求、工作条件、使用环境等。除此之外，还应说明以下技术指标及要求：

（1）控制精度、生产效率要求。

（2）有关电力拖动的基本特性，如电动机的数量、用途、负载特性、调速范围以及对反向、启动和制动的要求等。

（3）用户供电系统的电源种类、电压等级、频率及容量等要求。

（4）有关电气控制的特性，如自动控制的电气保护、联锁条件、动作程序等。

（5）其他要求，如主要电气设备的布置草图、照明、信号指示、报警方式等。

（6）目标成本及经费限额。

（7）验收标准及方式。

（二）电力拖动方案与控制方式的选择

电力拖动方案的选择是以后各部分设计内容的基础和先决条件。

电力拖动方案是指根据生产工艺要求、生产机械的结构、运动部件的数量、运动要求、负载特性、调速要求以及投资额等条件，去确定电动机的类型、数量、拖动方式，并拟定电动机的启动、运行、调速、转向、制动等控制要求，作为电气控制原理图设计及电气元件选择的依据。

（三）电动机的选择

根据已选择的拖动方案，就可以进一步选择电动机的类型、数量、结构形式以及容量、额定电压、额定转速等。

（四）电气控制方案的确定

拖动方案确定后，电动机已选好，采用什么方法来实现这些控制要求就是控制方式的选择。随着电气技术、电子技术、计算机技术、检测技术及自动控制理论的迅速发展，生产机械电力拖动控制方式发生了深刻的变革。从传统的继电器、接触器控制向可编程控制、计算机控制等方面发展，各种新型的工业控制器及标准系列控制系统不断出现，可供选择的控制方式很多。

（五）设计电气控制原理图

设计电气控制原理图，合理选择元器件，编制元器件目录清单。

（六）设计施工图

设计电气设备制造、安装、调试所必需的各种施工图纸，并以此为根据编制各种材料定额清单。

（七）编写说明书

编写设计说明书和使用说明书。

三、电气控制系统设计的基本原则

电气控制系统的设计一般应遵循以下原则。

（一）最大限度满足生产机械和工艺对电气控制系统的要求

电气控制系统是为整个生产机械设备及其工艺过程服务的。因此，在设计之前，首先要弄清楚生产机械设备需满足的生产工艺要求，对生产机械设备的整个工作情况做一全面细致的了解。同时深入现场调查研究，收集资料，并吸取技术人员及现场操作人员的经验，以此作为设计电气控制线路的基础。

（二）在满足生产工艺要求的前提下，力求使控制线路简单、经济

（1）尽量选用标准电气元件，尽量减少电气元件的数量，尽量选用相同型号的电气元件以减少备用品的数量。

（2）尽量选用标准的、常用的或经过实践考验的典型环节或基本电气控制线路。

（3）尽量减少不必要的触点，以简化电气控制线路。

（4）尽量缩短连接导线的数量和长度。

如图12-1所示，仅从控制线路上分析，没有什么不同，但若考虑实际接线，图12-1（a）中的接线就不合理。因为按钮装在操作台上，接触器装在电气柜内，按图12-1（a）的接法从电气柜到操作台需引4根导线。图12-1（b）中的接线合理，因为它将启动按钮和停止按钮直接相连，从而保证了两个按钮之间的距离最短，导线连接最短，此时，从电气柜到操作台只需引出3根导线。所以，一般都将启动按钮和停止按钮直接连接。

特别要注意，同一电器的不同触点在电气线路中尽可能具有更多的公共连接线，这样，可减少导线段数和缩短导线长度，如图12-2所示。行程开关装在生产机械上，继电器

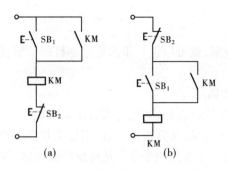

图 12-1　电气连接图的合理与不合理

装在电气柜内。图 12-2(a)中用 4 根长导线连接,而图 12-2(b)中用 3 根长导线连接。

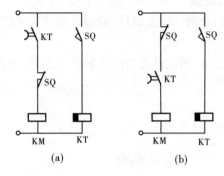

图 12-2　节省连接导线的方法

(5)控制线路在工作时,除必要的电气元件必须通电外,其余的尽量不通电,以利于节能,延长电气元件寿命及减少线路故障。

(三)保证电气控制线路工作的可靠性

保证电气控制线路工作的可靠性,最主要的是选择可靠的电气元件。同时,在具体的电气控制线路设计上要注意以下几点。

(1)正确连接电气元件的触点。

在控制线路设计时,应使分布在线路不同位置的同一电器触点尽量接到同一个极或尽量共接同一等位点,以避免在电气元件触点上引起短路。如图 12-3(a)所示,行程开关 SQ 的动合、动断触点相距很近,在触头断开时,由于电弧可能造成电源短路,不安全,且 SQ 引出线需用 4 根也不合理。而用图 12-3(b)接法更为合理。

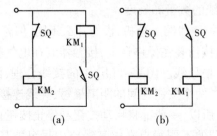

图 12-3　触点的正确与不正确连接

（2）正确连接电器的线圈。

①在交流控制线路中不允许串联接入两个电气元件的线圈，即使外加电压是两个线圈额定电压之和。因为每个线圈上所分配的电压与线圈的阻抗成正比，而两个电气元件的动作总是有先有后，不可能同时动作。若接触器 KM_1 先吸合，则线圈的电感显著增加，其阻抗比未吸合的接触器 KM_2 的阻抗大，因而在 KM_1 线圈上的电压降增大，使 KM_2 的线圈电压达不到动作电压；同时，电路电流增大，有可能将线圈烧毁。若需要两个电气元件同时工作，其线圈应并联。

②两电感量悬殊的直流电压线圈不能直接并联。如果直接并联，则可能在电路断开时，电感量较大的线圈产生的感应电动势超过电感量小的线圈的工作电压，从而使电器误动作。

（3）避免出现寄生电路。

在电气控制线路的动作过程中，发生意外接通的电路称为寄生电路。寄生电路将破坏电气元件和控制线路的工作顺序或造成误动作。图 12-4（a）所示是一个具有指示灯和过载保护的电动机正反向控制电路，正常工作时，能完成正反向启动、停止和信号指示。但当热继电器 FR 动作时，产生寄生电路，电流流向如图 12-4（a）中虚线所示，使正向接触器 KM_1 不能释放，起不到保护作用。如果将指示灯与其相应接触器线圈并联，则可防止寄生电路，如图 12-4（b）所示。

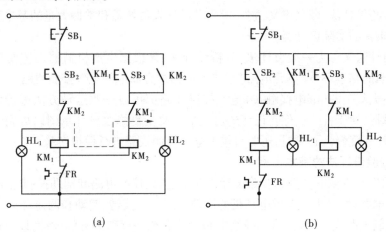

图 12-4　防止寄生电路

（4）在电气控制线路中应尽量避免许多电气元件依次动作才能接通另一个电气元件的控制线路。

（5）在频繁操作的可逆线路中，正反向接触器之间要有电气联锁和机械联锁。

（6）设计的电气控制线路应适应所在电网的情况，并据此来决定电动机的启动方式是直接启动还是间接启动。

（7）在设计电气控制线路时，应充分考虑继电器触点的接通和分断能力。若要增加接通能力，可用多触点并联；若要增加分断能力，可用多触点串联。

（四）保证电气控制线路工作的安全性

在电气控制线路中常设的保护环节有短路、过电流、过载、失电压、弱磁、超速等。关于保护环节的设置可参见项目二任务六。

（五）应力求操作、维护、检修方便

电气控制线路对电气控制设备而言应力求维修方便，使用简单。为此，在具体进行电气控制线路的安装与配线时，电气元件应留有备用触点，必要时留有备用元件；为检修方便，应设置电气隔离，避免带电检修工作；为调试方便，控制方式应操作简单，能迅速实现从一种控制方式到另一种控制方式的转变，如从自动控制转换到手动控制等；设置多点控制，便于在生产机械旁进行调试；操作回路较多时，应采用主令控制器，而不能采用许多按钮。

任务二　电气控制线路设计的方法和步骤

电气控制线路的设计有两种方法：其一是经验设计法；其二是逻辑设计法。下面对两种方法分别加以阐述。

一、经验设计法

所谓经验设计法，顾名思义，它一般要求设计人员熟悉和掌握大量的基本环节和典型电路，具有丰富的实际设计经验。

经验设计法又称为一般设计法、分析设计法，是根据生产机械的工艺要求和生产过程，选择适当的基本环节（单元电路）或典型电路综合而成的电气控制线路。

一般不太复杂的（继电接触式）电气控制线路都可以按照这种方法进行设计。这种方法易于掌握，便于推广。但在设计的过程中需要反复修改设计草图以得到最佳设计方案，因此设计速度慢。必要时，还要对整个电气控制线路进行模拟实验。

（一）经验设计法的基本步骤

一般的生产机械电气控制线路设计包含主电路、控制电路和辅助控制电路等的设计。

（1）主电路设计：主要考虑电动机的启动、点动、正反转、制动和调速。

（2）控制电路设计：包括基本控制电路和控制电路特殊部分的设计，以及选择控制参量和确定控制原则。主要考虑如何满足电动机的各种运转功能和生产工艺要求。

（3）联锁保护环节设计：主要考虑如何完善整个控制电路的设计，包含各种联锁环节以及短路、过载、过电流、失电压等保护环节。

（4）线路的综合审查：反复审查所设计的控制电路是否满足设计原则和生产工艺要求。在条件允许的情况下，进行模拟实验，逐步完善整个电气控制线路的设计，直至满足生产工艺要求。

（二）经验设计法的基本设计方法

（1）根据生产机械的工艺要求和工作过程，适当选用已有的典型基本环节，将它们有机地组合起来，并加以适当的补充和修改，综合成所需要的电气控制线路。

（2）若选择不到适当的典型基本环节，则根据生产机械的工艺要求和生产过程自行

设计,边分析边画图,将输入的主令信号经过适当的转换,得到执行元件所需的工作信号。随时增减电气元件和触点,以满足所给定的工作条件。

二、逻辑设计法

逻辑设计法是利用逻辑代数这一数学工具来设计电气控制线路。即从机械设备的生产工艺要求出发,将控制线路中的接触器、继电器等电气元件线圈的通电与断电,触点的闭合与断开,以及主令元件的接通与断开等均看成逻辑变量,并根据控制要求,将这些逻辑变量关系表示为逻辑函数关系式,再运用逻辑函数基本公式和运算规律对逻辑函数式进行化简,然后按化简后的逻辑函数式画出相应的电路结构图,最后再做进一步的检查和完善,以期获得最佳设计方案,使设计出的控制电路既符合工艺要求,又达到线路简单、工作可靠、经济合理的要求。

逻辑设计法的基本步骤如下:

(1)根据生产工艺要求,作出工作循环示意图。

(2)确定执行元件和检测元件,并根据工作循环示意图制作执行元件动作节拍表和检测元件状态表。

执行元件动作节拍表由生产工艺要求决定,是预先提供的。执行元件动作节拍表实际上表明接触器、继电器等电器线圈在各程序中的通电、断电情况。

检测元件状态表根据各程序中检测元件状态变化编写。

(3)根据主令元件和检测元件状态表写出各程序的特征数,确定待相区分组,增设必要的中间记忆元件,使各待相区分组的所有程序区分开。

程序特征数,即由对应程序中所有主令元件和检测元件的状态构成的二进制数码的组合数。例如,当一个程序有两个检测元件时,根据状态取值的不同,则该程序可能有四个不同的特征数。

当两个程序中不存在相同的特征数时,这两个程序是相区分的;否则,是不相区分的。将具有相同特征数的程序归为一组,称为待相区分组。

根据待相区分组可设置必要的中间记忆元件,通过中间记忆元件的不同状态将各待相区分组区分开。

(4)列出中间记忆元件的开关逻辑函数式及执行元件动作逻辑函数式,并画出相应的电路结构图。

(5)对按逻辑函数式画出的控制电路进行检查、化简和完善,增加必要的保护和联锁环节。

■ 任务三　电气元件布置图与电气安装接线图设计

电气元件布置图及电气安装接线图设计的目的是满足电气控制设备的调试、使用和维修等要求。在完成电气原理图的设计及电气元件的选择之后,即可进行电气元件布置图及电气安装接线图设计。

一、电气元件布置图的设计

(一)电气元件布置图的绘制原则

(1)在一个完整的自动控制系统中,各种电气元件所起的作用不同,各自安装的位置也不同。因此,在进行电气元件布置图绘制之前应根据电气元件各自安装的位置划分各组件(根据生产机械的工作原理和控制要求,将控制系统划分为几个组成部分,这些组成部分称为部件;根据电气设备的复杂程度,每一部分又可划分为若干组件)。同一组件内,电气元件的布置应满足以下原则:

①体积大和较重的元件应安装在电器板的下面,发热元件应安装在电器板的上面。

②强电与弱电分开,应注意弱电屏蔽,防止外界干扰。

③需要经常维护、检修、调整的电气元件安装位置不宜过高或过低。

④电气元件的布置应考虑整齐、美观、对称。结构和外形尺寸较类似的电气元件应安装在一起,以利于加工、安装、配线。

⑤各种电气元件的布置不宜过密,要有一定的间距。

(2)各种电气元件的位置确定之后,即可以进行电气元件布置图的绘制。电气元件布置图根据电气元件的外形进行绘制,并要求标出各电气元件之间的间距尺寸。其中,每个电气元件的安装尺寸(外形大小)及其公差范围应严格按其产品手册标准进行标注,以作为安装底板加工依据,保证各电气元件的顺利安装。

(3)在电气元件的布置图中,还要根据本部件进出线的数量和采用导线的规格,选择进出线方式及适当的接线端子板或接插件,按一定顺序在电气元件布置图中标出进出线的接线号。为便于施工,在电气元件的布置图中往往还留有10%以上的备用面积及线槽位置。

(二)电气元件布置图设计举例

以项目十一的 CW6132 型普通车床电气原理图(见图 11-1)为例,设计它的电气元件布置图。根据各电气元件的安装位置不同划分各组件;根据各电气元件的实际外形尺寸进行电气元件布置,如果采用线槽布线,还应画出线槽的位置;选择进出线方式,标出接线端子。

由此,设计出的 CW6132 型车床控制盘电气元件布置图如图 12-5 所示,电气设备安装布置图如图 12-6 所示。

二、电气安装接线图的设计

电气安装接线图是根据电气原理图和电气元件布置图进行绘制的。按照电气元件布置最合理、连接导线最经济等原则来安排,为安装电气设备、电气元件间的配线及电气故障的检修等提供依据。

(一)电气安装接线图的绘制原则

(1)在接线图中,各电气元件的相对位置应与实际安装的相对位置一致。各电气元件按其实际外形尺寸以统一比例绘制。

(2)一个元件的所有部件画在一起,并用点画线框起来。

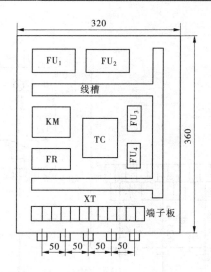

图 12-5　CW6132 型车床控制盘电气元件布置图　（单位:mm）

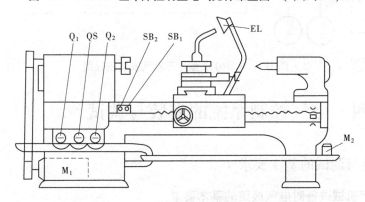

图 12-6　CW6132 型车床电气设备安装布置图

（3）各电气元件上凡需接线的端子均应予以编号,且与电气原理图中的导线编号必须一致。

（4）在接线图中,所有电气元件的图形符号、各接线端子的编号和文字符号必须与原理图中的一致,且符合国家的有关规定。

（5）电气安装接线图一律采用细实线。成束的接线可用一条实线表示。接线很少时,可直接画出电气元件间的接线方式;接线很多时,接线方式用符号标注在电气元件的接线端,标明接线的线号和走向,可以不画出两个元件间的接线。

（6）在接线图中应当标明配线用的电线型号、规格、标称截面。穿管或成束的接线还应标明穿管的种类、内径、长度等及接线根数、接线编号。

（7）安装底板上下的电气元件之间的连线需通过接线端子板进行。

（8）注明有关接线安装的技术条件。

（二）电气安装接线图举例

同样以图 11-1 中 CW6132 型普通车床为例,根据电气元件布置图,绘制电气安装接线图,如图 12-7 所示。

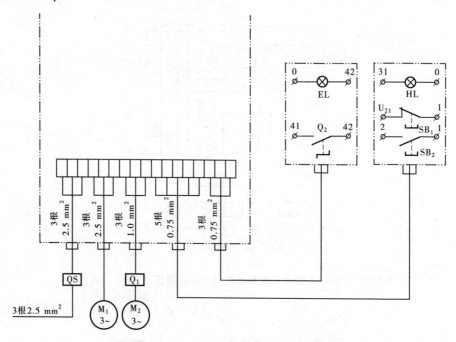

图 12-7　CW6132 型车床电气安装接线图

■ 任务四　电气控制系统的安装与调试

一、安装与调试的基本要求

（一）生产机械设备对电气线路的基本要求

（1）所设计的电气线路必须满足生产机械的生产工艺要求。

（2）电气控制线路的动作应准确,动作顺序和安装位置要合理。对电气控制线路既要求其电气元件的动作准确,又要求当个别电气元件或导线损坏时,不应破坏整个电气线路的工作顺序。安装时,安装位置既要紧凑,又要留有余地。

（3）为防止电气控制线路发生故障时对设备和人身造成伤害,电气控制线路各环节之间应具有必要的联锁和各种保护措施。

（4）电气控制线路要简单经济。在保证电气控制线路工作安全、可靠的前提下,应尽量使控制线路简单,选用的电气元件要合理,容量要适当,尽可能减少电气元件的数量和型号,采用标准的电气元件;导线的截面积选择要合理,截面不宜过大等;布线要经济合理。

（5）维护和检修方便。

（二）生产机械电气线路的安装步骤及要求

根据生产机械的结构特点、操作要求和电气线路的复杂程度决定生产机械电气线路的安装方式和方法。对控制线路简单的生产机械,可把生产机械的床身作为电气控制柜（箱或板）,对控制线路复杂的生产机械,常将控制线路安装在独立的电气控制柜内。

1. 安装的准备工作

（1）充分了解生产机械的电气原理图及生产机械的主要结构和运动形式。对电气原理图的了解是保证顺利安装接线、检查调试和故障检修的前提。因此，在熟悉电气原理图时必须了解下面几个方面：

①生产机械的主要结构和运动形式。

②电气原理图由几部分构成，各部分又有哪几个控制环节，各部分之间的相互关系如何。

③各种电气元件之间的控制及连接关系。

④电气控制线路的动作顺序。

⑤电气元件的种类和数量、规格等。

为安装接线以及维护检修方便，一般对电气原理图要标注线号。标注时，将主电路和控制电路分开，各自从电源端开始，各相线分开，顺次标注到负荷端，做到每段导线均有线号，一线一号，不能重复。

（2）检查电气元件。在安装前，对使用的所有电气设备和电气元件逐个检查，这一环节是保证安装质量的前提，检查包含以下几个方面：

①根据电气元件明细表，检查各电气元件和电气设备是否短缺，规格是否符合设计要求。例如，电动机的功率和转速、电器的电压等级和电流容量、时间继电器的类型、热继电器的额定电流等。若不符合要求，应更换或调整。

②检查各电气元件的外观是否损坏，各接线端子及紧固件有无短缺、生锈等。尤其是注意检查电气元件中触点的质量，如触点是否光滑、接触面是否良好等。

③检查有延时作用的电气元件的功能能否保证。如时间继电器的延时动作、延时范围及整定机构等。

④用兆欧表检查电气元件及电气设备的绝缘电阻是否符合要求。用万用表或电桥检查一些电气或电气设备（接触器、继电器、电动机）线圈的通断情况，以及各操作机构和复位机构是否灵活。

（3）导线的选择。根据电动机的额定功率、控制电路的电流容量、控制回路的子回路数及配线方式选择导线，包含导线的类型、导线的绝缘、导线的截面积和导线的颜色。

（4）绘制电气安装接线图。根据电气原理图，对电气元件在电气控制柜或配电板或其他安装底板上进行布局。其布局总的原则是：连接导线最短，导线交叉最少。为便于接线和维修，控制柜所有的进出线要经过接线端子板连接，接线端子板安装在柜内的最下面或侧面，接线端子的节数和规格应根据进出线的根数及流过的电流进行选配组装，且根据连接导线的线号进行编号。

（5）准备好安装工具和检查仪表。如十字旋具、一字旋具、剥线钳、电工刀、万用表等。

2. 电气控制柜（箱或板）的安装

（1）安装电气元件。

按产品说明书和电气接线图进行电气元件的安装，做到安全可靠、排列整齐。电气元件可按下列步骤进行安装：

①底板选料。可选择 2.5 ~ 5 mm 厚的钢板或 5 mm 的层压板等。

②底板剪裁。按电气元件的数量和大小、位置和安装接线圈确定板面的尺寸。

③电气元件的定位。按电气元件产品说明书的安装尺寸,在底板上确定元件安装孔的位置并固定钻孔中心。

④钻孔。选择合适的钻头对准钻孔中心进行冲眼。在此过程中,钻孔中心应保持不变。

⑤电气元件的固定。用螺栓加以适当的垫圈,将电气元件按各自的位置在底板上进行固定。

(2)电气元件之间的导线连接。

接线时应按照电气安装接线图的要求,并结合电气原理图中的导线编号及配线要求进行。

①接线方法。所有导线的连接必须牢固,不得松动。在任何情况下,连接器件必须与连接的导线截面和材料性质相适应,导线与端子接线时,一般一个端子只连接一根导线。有些端子不适合连接软导线时,可在导线端头上采用针形、叉形等冷压接线头。如果采用专门设计的端子,可以连接两根或多根导线,但导线的连接方式必须是工艺上成熟的各种方式,如夹紧、压接、焊接、绕接等。导线的接头除必须采用焊接方法外,所有的导线应当采用冷压接线头。若电气设备在运行时承受的振动很大,则不许采用焊接的方式。

②导线的标志。导线的颜色标志:保护导线采用黄绿双色;动力电路的中性线采用浅蓝色;交、直流动力线路采用黑色;交流控制电路采用红色;直流控制电路采用蓝色等。导线的线号标志:导线的线号标志必须与电气原理图和电气安装接线图相符合,且在每一根连接导线的接线端子处需套有标明该导线线号的套管。

③控制柜的内部配线方法。控制柜的内部配线方法有板前配线、板后配线和线槽配线等。板前配线和线槽配线综合的方法采用较广泛,如板前线槽配线等。较少采用板后配线。采用线槽配线时,线槽装线不要超过线槽容积的70%,以便安装和维修。线槽外部的配线,对装在可拆卸门上的电气接线必须采用互连端子板或连接器,它们必须牢固固定在框架、控制箱或门上。从外部控制电路、信号电路进入控制箱内的导线超过10根时,必须接到端子板或连接器件过渡,但动力电路和测量电路的导线可以直接接到电气的端子上。

④控制箱的外部配线方法。由于控制箱一般处于工业环境中,为防止铁屑、灰尘和液体进入,除必要的保护电缆外,控制箱所有的外部配线一律装入导线通道内,且导线通道应留有余地,供备用导线和今后增加导线之用。导线采用钢管时,壁厚应不小于 1 mm。如用其他材料,必须有等效于壁厚 1 mm 钢管的强度。如用金属软管,必须有适当的保护。当用设备底座作导线通道时,无须再加预防措施,但必须能防止液体、铁屑和灰尘的侵入。移动部件或可调整部件上的导线必须用软线,运动的导线必须支撑牢固,使得在接线上不致产生机械拉力,又不出现急剧的弯曲。不同电路的导线可以穿在同一管内或处于同一电缆之中,如果它们的工作电压不同,则所用导线的绝缘等级必须满足其中最高一级电压的要求。

⑤导线连接的步骤。

一是了解电气元件之间导线连接的走向和路径。

二是根据导线连接的走向和路径及连接点之间的长度,选择合适的导线长度,并将导线的转弯处弯成90°角。

三是用电工工具剥除导线端子处的绝缘层,套上导线的标志套管,将剥除绝缘层的导线弯成羊角圈,按电气安装接线图套入接线端子上的压紧螺钉并拧紧。

四是所有导线连接完毕之后进行整理,做到横平竖直,导线之间没有交叉、重叠且相互平行。

二、电气控制柜的安装配线

电气控制柜的配线有柜内配线和柜外配线两种。柜内配线有明配线和暗配线、线槽配线等。柜外配线有线管配线等。

(一)柜内配线

1. 明配线

明配线又称板前配线,适用于电气元件较少、电气线路比较简单的设备。这种配线方式导线的走向较清晰,对于安全维修及故障的检查较方便。采用这种配线要注意以下几个方面:

(1)连接导线一般选用 BV 型的单股塑料硬线。

(2)线路应整齐美观、横平竖直,导线之间不交叉、不重叠,转弯处应为直角,成束的导线用线束固定;导线的敷设不影响电气元件的拆卸。

(3)导线和接线端子应保证可靠的电气连接,线端应弯成羊角圈。对不同截面的导线在同一接线端子连接时,大截面在上,且每个接线端子原则上不超过两根导线。

2. 暗配线

暗配线又称板后配线。这种配线方式的板面整齐美观,且配线速度快。采用这种配线方式应注意以下几个方面。

(1)电气元件的安装孔、导线的穿线孔位置应准确,孔的大小应合适。

(2)板前与电气元件的连接线应接触可靠,穿板的导线应与板面垂直。

(3)配电盘固定时,应使安装电气元件的一面朝向控制柜的门,便于检查和维修。板与安装面要留有一定的余地。

3. 线槽配线

这种配线方式综合了明配线和暗配线的优点,其适用于电气线路较复杂、电气元件较多的设备,不仅安装、检查维修方便,而且整个板面整齐美观,是目前使用较广的一种接线方式。线槽一般由槽底和盖板组成,其两侧留有导线的进出口,槽中容纳导线(多采用多股软导线作连接导线),视线槽的长短用螺钉固定在底板上。

4. 配线的基本要求

(1)配线之前首先要认真阅读电气原理图、电气元件布置图和电气安装接线图,做到心中有数。

(2)根据负荷的大小、配线方式及回路的不同,选择导线的规格、型号,并考虑导线的走向。

（3）对主电路进行配线,然后对控制电路配线。

（4）具体配线时应满足以上三种配线方式的具体要求及注意事项。如横平竖直、减少交叉、转角成直角、成束导线用线束固定、导线端部加有套管、与接线端子相连的导线头弯成羊角圈、整齐美观等。

（5）导线的敷设不应妨碍电气元件的拆卸。

（6）配线完成之后应根据各种图纸再次检查是否正确无误,并将各种紧压件压紧。

（二）线管配线

线管配线属于柜外配线方式,耐潮、耐腐蚀,不易遭受机械损伤。它适用于有一定的机械压力的地方。

1.铁管配线

（1）根据使用的场合、导线截面积和导线根数选择铁管类型和管径,且管内应留有40%的余地。

（2）尽量取最短距离敷设线管,管路尽量少弯曲,不得不弯曲时,弯曲半径不应太小,弯曲半径一般不小于管径的4~6倍。弯曲后不应有裂缝,如管路引出地面,离地面应有一定的高度,一般不小于0.2 m。

（3）同一电压等级或同一回路的导线允许穿在同一线管内。管内的导线不准有接头,也不准有绝缘破损之后修补的导线。

（4）线管在穿线时可以采用直径1.2 mm的钢丝作引线。敷设时,首先要清除管内的杂物和水分;明面敷设的线管应做到横平竖直,必要时可采用管卡支持。

（5）铁管应可靠地保护接地和接零。

2.金属软管配线

生产机械本身所属的各种电器或各种设备之间的连接常采用这种连接方式。根据穿管导线的总截面选择软管的规格,软管的两头应有接头以保证连接;在敷设时,中间的部分应用适当数量的管卡加以固定;有所损坏或有缺陷的软管不能使用。

三、电气控制柜的调试

这一步骤是生产机械在正式投入使用之前的必经步骤。

（一）调试前的准备工作

（1）调试前必须了解各种电气设备和整个电气系统的功能,掌握调试的方法和步骤。

（2）做好调试前的检查工作。包含:

①根据电气原理图和电气安装接线图、电气元件布置图检查各电气元件的位置是否正确,并检查以下各项:外观有无损坏;触点接触是否良好;配线导线的选择是否符合要求;柜内和柜外的接线是否正确、可靠及接线的各种具体要求是否达到;电动机有无卡壳现象;各种操作、复位机构是否灵活;保护电器的整定值是否达到要求;各种指示和信号装置是否按要求发出指定信号等。

②对电动机和连接导线进行绝缘电阻检查。用兆欧表检查,应分别符合各自的绝缘电阻要求,如连接导线的绝缘电阻不小于7 MΩ,电动机的绝缘电阻不小于0.5 MΩ等。

③与操作人员和技术人员一起,检查各电气元件动作是否符合电气原理图的要求及

生产工艺要求。

④检查各开关按钮、行程开关等电气元件应处于原始位置；调速装置的手柄应处于最低速位置。

（二）电气控制柜的调试

在调试前的准备工作完成之后方可进行试车和调整工作。

1. 空操作试车

断开主电路，接通电源开关，使控制电路空操作，检查控制电路的工作情况，如：按钮对继电器、接触器的控制作用；自锁、联锁的功能；急停器件的动作；行程开关的控制作用；时间继电器的延时时间等。如有异常，立刻切断电源检查原因。

2. 空载试车

在第一步的基础之上，接通主电路即可进行。首先点动检查各电动机的转向及转速是否符合要求，然后调整好保护电器的整定值，检查指示信号和照明灯的完好性等。

3. 带负荷试车

在以上两步通过之后，即可进行带负荷试车。此时，在正常的工作条件下，验证电气设备所有部分运行的正确性，特别是验证在电源中断和恢复时对人身和设备的伤害、损坏程度。此时进一步观察机械动作和电气元件的动作是否符合原始工艺要求；进一步调整行程开关的位置及挡块的位置，对各种电气元件的整定数值进一步调整。

4. 试车的注意事项

（1）调试人员在调试前必须熟悉生产机械的结构、操作规程和电气系统的工作要求。

（2）通电时，先接通主电源；断电时，顺序相反。

（3）通电后，注意观察各种现象，随时做好停车准备，以防止意外事故发生。如有异常，应立即停车，待查明原因之后再继续进行。未查明原因不得强行送电。

■ 任务五　电气控制系统设计举例

本任务以 CW6163 型卧式车床电气控制系统的设计为例，说明继电接触式电气控制系统的设计过程。

一、CW6163 型卧式车床的主要结构及设计要求

（一）主要结构

CW6163 型卧式车床属于普通的小型车床，性能优良，应用较广泛。其主轴运动的正、反转由两组机械式摩擦片离合器控制，主轴的制动采用液压制动器，进给运动的纵向左右运动、横向前后运动及快速移动均由一个手柄操作控制。可完成工件最大车削直径为 630 mm，工件最大长度为 1 500 mm。

（二）对电气控制的要求

（1）根据工件的最大长度要求，为了减少辅助工作时间，要求配备一台主轴运动电动机和一台刀架快速移动电动机，主轴运动的起、停要求两地操作控制。

（2）车削时产生的高温，可由一台普通冷却泵电动机加以控制。

（3）根据整个生产线状况，要求配备一套局部照明装置及必要的工作状态指示灯。

二、电动机的选择

根据前面的设计要求可知，本设计需要配备 3 台电动机，各自分别为：

（1）主轴电动机：M_1，型号选定为 Y160M – 4，性能指标为 11 kW、380 V、22.6 A、1 460 r/min。

（2）冷却泵电动机：M_2，型号选定为 JCB – 22，性能指标为 0.125 kW、0.43 A、2 790 r/min。

（3）快速移动电动机：M_3，型号选定为 Y90S – 4，性能指标为 1.1 kW、2.7 A、1 400 r/min。

三、电气控制线路图的设计

（一）主电路设计

（1）主轴电动机 M_1。根据设计要求，主轴电动机的正、反转由机械式摩擦片离合器加以控制，且根据车削工艺的特点，同时考虑到主轴电动机的功率为 11 kW，最后确定 M_1 采用单向直接启动控制方式，由接触器 KM 进行控制。对 M_1 设置过载保护（FR_1），并采用电流表 PA 指示的电流监视其车削量。由于向车床供电的电源开关要装熔断器，所以电动机 M_1 没有用熔断器进行短路保护。

（2）冷却泵电动机 M_2 及快速移动电动机 M_3。由前文可知，M_2 和 M_3 的功率及额定电流均较小，因此可用交流中间继电器 KA_1 和 KA_2 来进行控制。在设置保护时，考虑到 M_3 属于短时运行，故不需要设置过载保护。

综合以上考虑，绘出 CW6163 型卧式车床的主电路，如图 12-8 所示。

（二）控制电源的设计

考虑到安全可靠和满足照明及指示灯的要求，采用控制变压器 T 供电，其一次侧为交流 380 V，二次侧为交流 127 V、36 V、6.3 V。其中，127 V 给接触器 KM 和中间继电器 KA_1 及 KA_2 的线圈供电，36 V 给局部照明电路供电，6.3 V 给指示灯供电。由此，绘出 CW6163 型卧式车床的电源控制线路，如图 12-8 所示。

（三）控制电路的设计

（1）主轴电动机 M_1 的控制设计。根据设计要求，主轴电动机要求实现两地控制。因此，可在机床的床头操作板上和刀架托板上分别设置启动按钮 SB_3、SB_4 和停止按钮 SB_1、SB_2 进行控制。

（2）冷却泵电动机 M_2 和快速移动电动机 M_3 的控制设计。根据设计要求和 M_2、M_3 需完成的工作任务，确定 M_2 采用单向起、停控制方式，M_3 采用点动控制方式。

综合以上的考虑，绘出 CW6163 型卧式车床的控制电路，如图 12-8 所示。

（四）局部照明及信号指示灯电路的设计

局部照明设备用照明灯 EL、灯开关 S 和照明回路熔断器 FU_3 来组合。

信号指示灯电路由两路构成：一路为三相电源接通指示灯 HL_2（绿色），在电源开关

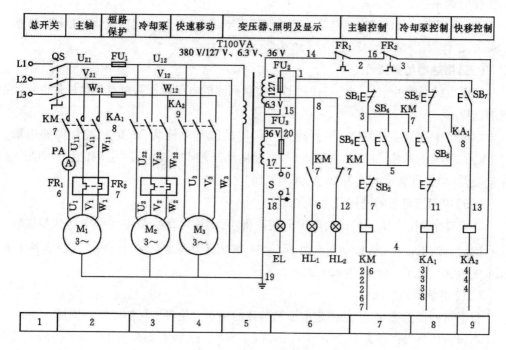

图 12-8　CW6163 型卧式车床电气原理图

QS 接通以后立即发光,表示机床电气线路已处于供电状态;另一路指示灯 HL$_1$(红色),表示主轴电动机是否运行。两路指示灯 HL$_1$ 和 HL$_2$ 分别由接触器 KM 的动合、动断触点进行切换通电显示。

由此绘出 CW6163 型卧式车床的照明及信号指示电路,如图 12-8 所示。

四、电气元件的选择

在电气原理图设计完毕之后就可以根据电气原理图进行电气元件的选择工作。本设计中需选择的电气元件如下:

(一)电源开关 QS 的选择

QS 的作用主要是电源的引入及控制 M$_1$ ~ M$_3$ 起、停和正、反转等。因此,QS 的选择主要考虑电动机 M$_1$ ~ M$_3$ 的额定电流和启动电流。由前文已知 M$_1$ ~ M$_3$ 的额定电流数值,通过计算可得额定电流之和为 25.73 A,同时考虑到 M$_2$、M$_3$ 虽为满载启动,但功率较小,M$_1$ 虽功率较大,但为轻载启动,所以 QS 最终选择组合开关:HZ10 – 25/3 型,额定电流为 25 A。

(二)热继电器 FR 的选择

根据电动机的额定电流进行热继电器的选择。

由 M$_1$ 和 M$_2$ 的额定电流,现选择如下:

FR$_1$ 选用 JR0 – 40 型热继电器。热元件额定电流 25 A,额定电流调节范围为 16 ~ 25

A,工作时调整在 22.6 A。

FR$_2$ 选用 JR0 – 40 型热继电器。热元件额定电流 0.64 A,额定电流调节范围为 0.40 ~ 0.64 A,工作时调整在 0.43 A。

(三)接触器的选择

根据负载回路的电压、电流,接触器所控制回路的电压及所需触点的数量等进行接触器的选择。

本设计中,KM 主要对 M$_1$ 进行控制,而 M$_1$ 的额定电流为 22.6 A,控制回路电源为 127 V,需主触点 3 对,辅助动合触点 2 对,辅助动断触点 1 对。所以,KM 选择 CJ20 – 40 型接触器,主触点额定电流为 40 A,线圈电压为 127 V。

(四)中间继电器的选择

本设计中,由于 M$_2$ 和 M$_3$ 的额定电流都很小,因此可用交流中间继电器代替接触器进行控制。这里,KA$_1$ 和 KA$_2$ 均选择 JZ7 – 44 型交流中间继电器,动合、动断触点各 4 个,额定电流为 5 A,线圈电压为 127 V。

(五)熔断器的选择

根据熔断器的额定电压、额定电流和熔体的额定电流等进行熔断器的选择。

本设计中涉及的熔断器有 3 个:FU$_1$、FU$_2$、FU$_3$。这里主要分析 FU$_1$ 的选择,其余类似。

FU$_1$ 主要对 M$_2$ 和 M$_3$ 进行短路保护,M$_2$ 和 M$_3$ 的额定电流分别为 0.43 A、2.7 A。因此,熔体的额定电流为

$$I_{\mathrm{FU}_1} \geq (1.5 \sim 2.5)I_{\mathrm{Nmax}} + \sum I_{\mathrm{N}}$$

计算可得 $I_{\mathrm{FU}_1} \geq 7.18$ A,因此 FU$_1$ 选择 RL1 – 15 型熔断器,熔体额定电流为 10 A。
FU$_2$、FU$_3$ 选用 RL1 – 15 型熔断器,配 2 A 的熔体。

(六)按钮的选择

根据需要的触点数目、动作要求、使用场合、颜色等进行按钮的选择。

本设计中 SB$_3$、SB$_4$、SB$_6$ 选择 LA – 18 型按钮,颜色为黑色;SB$_1$、SB$_2$、SB$_5$ 也选择 LA – 18 型按钮,颜色为红色;SB$_7$ 的选择型号相同,但颜色为绿色。

(七)照明及指示灯的选择

照明灯 EL 选择 JC$_2$ 型,交流 36 V、40 W,与开关 S 成套配置;指示灯 HL$_1$ 和 HL$_2$ 选择 ZSD – 0 型,指标为 6.3 V、0.25 A,颜色分别为红色和绿色。

(八)控制变压器的选择

变压器的具体计算、选择请参照有关书籍。本设计中,变压器选择 BK – 100,100 VA,380 V/127 V、36 V、6.3 V。

综合以上的计算,给出 CW6163 型卧式车床的电气元件明细表,如表 12-1 所示。

表 12-1　CW6163 型卧式车床的电气元件明细表

符号	名称	符号	规格	数量
M_1	三相异步电动机	Y160M – 4	11 kW,380 V,22.6 A,1 460 r/min	1
M_2	冷却泵电动机	JCB – 22	0.125 kW,0.43 A,2 790 r/min	1
M_3	三相异步电动机	Y90S – 4	1.1 kW,2.7 A,1 400 r/min	1
QS	组合开关	HZ10 – 25/3	三极,500 V,25 A	1
KM	交流接触器	CJ20 – 40	40 A,线圈电压 127 V	1
KA_1、KA_2	交流中间继电器	JZ7 – 44	5 A,线圈电压 127 V	2
FR_1	热继电器	JR0 – 40	热元件额定电流 25 A,整定电流 22.6 A	1
FR_2	热继电器	JR0 – 40	热元件额定电流 0.64 A,整定电流 0.43 A	1
FU_1	熔断器	RL1 – 15	500 V,熔体 10 A	1
FU_2、FU_3	熔断器	RL1 – 15	500 V,熔体 2 A	2
T	控制变压器	BK – 100	100 VA,380 V/127 V、36 V、6.3 V	1
SB_3、SB_4、SB_6	控制按钮	LA – 18	5 A,黑色	3
SB_1、SB_2、SB_5	控制按钮	LA – 18	5 A,红色	3
SB_7	控制按钮	LA – 18	5 A,绿色	1
HL_1、HL_2	指示灯	ZSD – 0	6.3 V,绿色 1 个,红色 1 个	2
EL、S	照明灯及灯开关		36 V,40 W	2
PA	交流电流表	62 T2	0 ~ 50 A,直接接入	1

五、绘制电气元件布置图和电气安装接线图

根据本项目任务三所做的讲述,依据电气原理图的布置原则,并结合 CW6163 型卧式车床的电气原理图的控制顺序对电气元件进行合理布局,做到连接导线最短、导线交叉最少。

电气元件布置图完成之后,再依据电气安装接线图的绘制原则及相应的注意事项进行电气安装接线图的绘制。这样,所绘制的电气元件布置图如图 12-9 所示,电气安装接线图如图 12-10 所示,电气安装接线图中管内敷线明细表如表 12-2 所示。

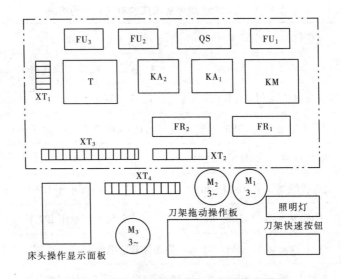

图 12-9　CW6163 型卧式车床电气元件布置图

表 12-2　CW6163 型卧式车床的电气安装接线图中管内敷线明细表

代号	穿线用管（或电缆类型）内径	电线		接线号
		截面（mm^2）	根数	
#1	内径 15 mm 聚氯乙烯软管	4	3	U_1、V_1、W_1
#2	内径 15 mm 聚氯乙烯软管	4	2	U_1、U_{11}
		1	7	1、3、5、6、9、11、12
#3	内径 15 mm 聚氯乙烯软管	1	13	U_2、V_2、W_2、U_3、V_3、W_3
#4	G3/4（in）螺纹管			1、3、5、7、13、17、19
#5	15 mm 金属软管	1	10	U_3、V_3、W_3、 1、3、5、7、13、17、19
#6	内径 15 mm 聚氯乙烯软管	1	8	U_3、V_3、W_3、 1、3、5、7、13
#7	18×16 mm^2 铝管			
#8	11 mm 金属软管	1	2	17、19
#9	内径 8 mm 聚氯乙烯软管	1	2	1、13
#10	YHZ 橡套电缆	1	3	U_3、V_3、W_3

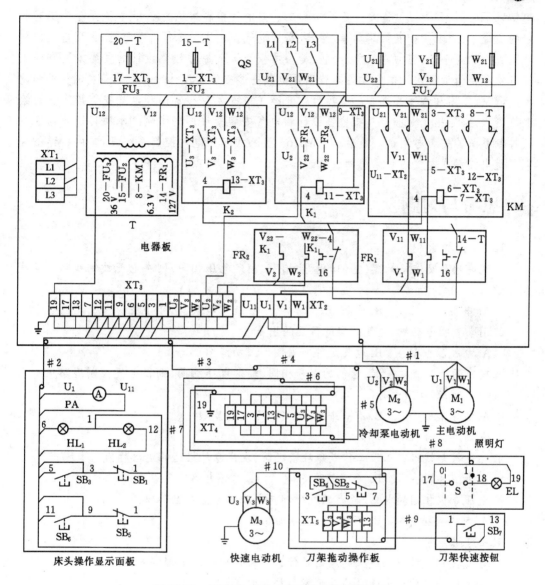

图 12-10　CW6163 型卧式车床电气安装接线图

项目小结

　　本项目主要介绍电气控制系统的设计。电气控制系统设计的基本任务是根据要求，设计和编制出设备制造和使用维修过程中所必需的图纸、资料，包括电气原理图、电气元件布置图、电气安装接线图、电气箱图及控制面板等，编制外购件目录、单台消耗清单、设备说明书等资料。电气控制系统的设计包括原理设计和工艺设计两部分。电气控制系统设计的一般程序包括拟定设计任务书、电力拖动方案与控制方式的选择、电动机的选择、电气控制方案的确定、设计控制原理图、设计施工图与编写说明书。电气控制系统设计应遵循以下原则:最大限度满足生产机械和工艺对电气控制系统的要求;在满足生产工艺要求的前提下,力求使控制线路简单、经济;保证电气控制线路工作的可靠性;保证电气控制线路工作的安全性;应力求操作、维护、检修方便。电气原理线路设计的主要方法有经验设计法和逻辑设计法。电气元件布置图及电气安装接线图设计的目的是满足电气控制设备的调试、使用和维修等要求。本项目在介绍了电气元件布置图和电气安装接线图的绘制原则之后,给出了对应电气布置图设计和电气安装接线图的举例。本项目还介绍了电气控制系统的安装与调试。最后以 CW6163 型卧式车床电气控制系统设计为例,详细说明了继电接触式电气控制系统的设计过程。

思考与习题

12-1 选择题

1.现有两个交流接触器,它们的型号相同,额定电压相同,则在电气控制线路中其线圈应该(　　)。

A.串联　　　　　　B.并联　　　　　　C.既可串联,也可并联

2.用来表明电动机、电气的实际位置的图是(　　)。

A.电气原理图　　B.电气元件布置图　C.功能图

3.现有两个交流接触器,它们的型号相同,额定电压相同,则在电气控制线路中如果将其线圈串联,则在通电时(　　)。

A.都不能吸合　　B.有一个吸合,另一个可能烧毁

C.都能吸合,正常工作

4.电气控制线路在正常工作或事故情况下,发生意外接通的电路称为(　　)。

A.振荡电路　　　B.寄生电路　　　　C.自锁电路

5.电压等级相同的电感、较大的电磁阀与电压继电器在电路中(　　)。

A.可以直接并联　B.不可以直接并联　C.只能串联

12-2 问答题

1.电气控制设计中应遵循的原则是什么? 设计内容包括哪些方面?

2.如何根据设计要求选择拖动方案与控制方式?

3.正确选择电动机容量有什么重要意义?

4.电气原理图设计方法有几种? 常用什么方法?

5.如何绘制电气设备及电气元件的布置图和安装图? 有哪些注意事项?

12-3 设计题

1.某电动机要求只有在继电器 KA_1、KA_2、KA_3 中任何一个或两个动作时才能运转,而在其他条件下都不运转,试用逻辑设计法设计其控制线路。

2.某送料小车的示意图如图 12-11 所示。小车由交流感应电动机拖动,电动机正转,小车前进;电动机反转,小车后退。对小车的控制要求如下:单循环工作方式,每按一次送料按钮,小车后退至装料处,10 s 后装料完成,自动前进至卸料处,15 s 后卸料完毕,小车返回至装料处待命。

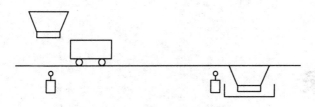

图 12-11 送料小车的示意图

附 录

附表　电气简图用图形及文字符号一览表

名称	图形符号	文字符号	名称	图形符号	文字符号
直流电			插座		X
交流电			插头		X
交直流电			滑动(滚动)连接器		E
正、负极	+ －		电阻器一般符号		R
三角形连接的三相绕组	△		可变(可调)电阻器		R
星形连接的三相绕组	Y		滑动触点电位器		RP
导线			电容器一般符号		C
三根导线			极性电容器		C
导线连接			电感器、线圈、绕组、扼流圈		L
端子	○		带铁芯的电感器		L
可拆卸的端子	∅		电抗器		L
端子板	1 2 3 4 5 6 7 8	X	普通刀开关		Q

续附表

名称	图形符号	文字符号	名称	图形符号	文字符号
接地		E	普通三相刀开关		Q
可调压的单相自耦变压器		T	按钮开关常开触点(启动按钮)		SB
有铁芯的双绕组变压器		T	按钮开关常闭触点(停止按钮)		SB
三相自耦变压器星形连接		T	无自动复位的手动按钮		SB
电流互感器		TA	位置开关常开触点		SQ
电机扩大机		AR	位置开关常闭触点		SQ
串励直流电动机		M	熔断器		FU
并励直流电动机		M	接触器常开主触点		KM
他励直流电动机		M	接触器常开辅助触点		KM

续附表

名称	图形符号	文字符号	名称	图形符号	文字符号
三相笼型异步电动机		M3~	接触器常闭主触点		KM
三相绕线转子异步电动机		M3~	接触器常闭辅助触点		KM
永磁式直流测速发电机		BR	继电器常开触点		KA
延时闭合的常闭触点		KT	继电器常闭触点		KA
延时断开的常闭触点		KT	热继电器常闭触点		FR
延时断开的动断触点		KT	电磁阀		YV
延时闭合的动断触点		KT	电磁制动器		YR
接近开关动合触点		SQ	电磁铁		YA
接近开关动断触点		SQ	照明灯一般符号		EL
气压式液压继电器动合触点		SP	指示灯、信号灯一般符号		HL

续附表

名称	图形符号	文字符号	名称	图形符号	文字符号
气压式液压继电器动断触点		SP	电铃		HA
速度继电器动合触点		KS	电喇叭		HA
速度继电器动断触点		KS	蜂鸣器		HA
操作器件(线圈)一般符号		KM	电警笛、报警器		HA
缓慢释放继电器的线圈		KT	普通二极管		VD
缓慢吸合继电器的线圈		KT	普通晶闸管		VTH
热继电器的驱动器件		FR	稳压二极管		VS
电磁离合器		YC	PNP 晶体管		VT
运算放大器		N	NPN 晶体管		VT
断路器		QF	单结晶体管		VU

参考文献

[1] 王广惠,王铁光,李树元.电机与拖动[M].2版.北京:中国电力出版社,2007.

[2] 许晓峰.电机及拖动[M].北京:高等教育出版社,2000.

[3] 应崇实.电机及拖动基础[M].北京:机械工业出版社,2000.

[4] 胡幸鸣.电机及拖动基础[M].北京:机械工业出版社,2000.

[5] 吴浩烈.电机及电力拖动基础[M].重庆:重庆大学出版社,1999.

[6] 陈隆昌.控制电机[M].西安:西安电子科技大学出版社,2000.

[7] 刘景峰.电机与拖动基础[M].北京:中国电力出版社,2002.

[8] 《电机工程手册》编委会.电机工程手册[M].北京:机械工业出版社,1996.

[9] 张运波,刘淑荣.工厂电气控制技术[M].北京:高等教育出版社,2006.

[10] 许谬,王淑英.电气控制与PLC应用[M].北京:机械工业出版社,2009.

[11] 张桂香.电气控制与PLC应用[M].北京:化学工业出版社,2004.

[12] 王芹,王艳玲.电气控制技术[M].天津:天津大学出版社,2011.

[13] 陈立定,等.电气控制与可编程序控制器的原理及应用[M].北京:机械工业出版社,2004.

[14] 梁小布.可编程控制器[M].北京:中国水利水电出版社,2004.